VDE-Schriftenreihe **106**

VDE-Schriftenreihe Normen verständlich   **106**

DIN VDE 0100
richtig angewandt

Errichten von Niederspannungsanlagen
übersichtlich dargestellt

Prof. Dipl.-Ing. Gerhard Kiefer

2. Auflage 2006

VDE VERLAG GMBH • Berlin • Offenbach

Auszüge aus DIN-Normen mit VDE-Klassifikation sind für die angemeldete limitierte Auflage wiedergegeben mit Genehmigung 112.005 des DIN Deutsches Institut für Normung e.V. und des VDE Verband der Elektrotechnik Elektronik Informationstechnik e. V. Für weitere Wiedergaben oder Auflagen ist eine gesonderte Genehmigung erforderlich.

Die zusätzlichen Erläuterungen geben die Auffassung der Autoren wieder. Maßgebend für das Anwenden der Normen sind deren Fassungen mit dem neuesten Ausgabedatum, die bei der VDE VERLAG GMBH, Bismarckstraße 33, 10625 Berlin und der Beuth Verlag GmbH, Burggrafenstraße 6, 10787 Berlin erhältlich sind.

Bibliografische Information Der Deutschen Bibliothek
Die Deutsche Bibliothek verzeichnet diese Publikation in der Deutschen Nationalbibliografie; detaillierte bibliografische Daten sind im Internet über
http://dnb.ddb.de abrufbar

ISBN 978-3-8007-2866-4
ISBN 3-8007-2866-4

ISSN 0506-6719

© 2006 VDE VERLAG GMBH, Berlin und Offenbach
   Bismarckstraße 33, D-10625 Berlin

Alle Rechte vorbehalten

Satz: KOMAG Druck- und Verlagsanstalt, Berlin – Brandenburg
Druck: Gallus Druckerei KG, Berlin   2006-01

Vorwort zur zweiten Auflage

Bedingt durch die technische Weiterentwicklung und die zunehmende Ausstattung von elektrischen Anlagen und die deshalb auch notwendige Normung wird das gesamte Normenwerk ständig umfangreicher und immer komplizierter. Dies trifft auch auf die DIN VDE 0100 „Errichten von Niederspannungsanlagen" und die in unmittelbarem Zusammenhang stehenden Normen zu. Durch die ständig steigende Zahl von Normen und Normentwürfen wird dies eindrucksvoll dokumentiert. Die DIN VDE 0100 besteht zwischenzeitlich aus mehr als 30 gültigen Normen, mit nahezu 400 Seiten Normentext im Format DIN A 4, für die allgemeinen Anwendungen (Gruppe 100 bis Gruppe 600). Als Vergleich diene die VDE 0100/12.65, die aus 113 Seiten im A5-Format für den allgemeinen Teil bestand. Hinzu kommen mehr als 40 Normentwürfe, die die genormten Festlegungen in Kürze ändern oder ergänzen können. Hier auf dem Laufenden zu bleiben, ist die große Aufgabe für den verantwortlichen Fachmann.

Der Anwender hat es also nicht leicht, den Gesamtüberblick zu behalten, zumal es ständig Änderungen gibt. In vorliegendem Buch wird versucht, diesen Überblick zu vermitteln. Das Buch lehnt sich in seinem Aufbau an die DIN VDE 0100 an. Zunächst werden die Begriffe und die Grundlagen behandelt. Danach werden die verschiedenen Maßnahmen zum Schutz gegen elektrischen Schlag besprochen. Schutzleiter, Potentialausgleich und Erdungen sowie der Schutz bei Überspannungen sind die nächsten Themen. Es folgen Auswahl und Errichtung elektrischer Betriebsmittel sowie die Bemessung und Verlegung von Kabeln und Leitungen, die ausführlich behandelt werden. Die Themen Trennen und Schalten sowie Leuchten und Beleuchtungsanlagen folgen, und ein Kapitel über die Prüfungen von elektrischen Anlagen schließt den allgemeinen Teil ab. Weiter werden dann noch die wichtigsten Betriebsmittel, die zum Aufbau einer elektrischen Anlage notwendig sind, besprochen. Es werden Betriebsmittel wie Steckvorrichtungen, Überstrom-Schutzeinrichtungen, Fehlerstrom-/Differenzstrom-Schutzeinrichtungen, Isolationsüberwachungsgeräte und Überspannungsschutzgeräte, die in den jeweiligen Gerätenormen behandelt sind, dargestellt. Ein Kapitel über Brandschutz und Brandverhütung folgt, und der Anhang befasst sich mit der Berechnung von Kurzschlussströmen. Am Ende eines Kapitels folgen Literaturangaben, die es dem Leser ermöglichen, zu den verschiedenen Themen noch mehr Informationen zu erhalten. Ein umfangreiches Stichwortverzeichnis findet der Leser am Ende des Buches.

Das Buch richtet sich an Ingenieure, Techniker, Fachmeister und Fachmonteure, also an den Personenkreis, der die Verantwortung für Planung, Errichtung und Prüfung einer elektrischen Anlage trägt. Auch für Lehrkräfte und Ausbilder, Studenten, Schüler und Auszubildende, welche die Bestimmungen nicht unmittelbar anwenden, aber die Theorie beherrschen müssen, ist das Buch von großem Nutzen. Auch als Nachschlagewerk und als Hilfe zum Selbststudium wird „DIN VDE 0100 richtig angewandt" seine Anwendung finden.

Der Verfasser weist darauf hin, dass das Buch nicht die DIN-VDE-Bestimmungen ersetzen kann, sondern nur das Verständnis und die Umsetzung der Normen in die Praxis erleichtern soll. Ausdrücklich wird betont, dass für Auseinandersetzungen, vor allem rechtlicher Art, also vor Gericht, letztendlich nur die einschlägigen Normen gelten.

An dieser Stelle dankt der Verfasser allen Fachleuten, die durch Zuschriften, Telefonanrufe oder in persönlichen Gesprächen geholfen haben, dieses Werk zu Papier zu bringen. Ein besonderes Dankeschön geht an Herrn Dipl.-Ing. (Univ.) Roland Werner für die verlagsseitige Bearbeitung.

Karlsruhe, Mai 2005   Der Verfasser

Auszüge aus DIN-Normen mit VDE-Klassifikation sind für die angemeldete limitierte Auflage wiedergegeben mit Genehmigung 112.005 des DIN Deutsches Institut für Normung e. V. und des VDE Verband der Elektrotechnik Elektronik Informationstechnik e. V. Für weitere Wiedergaben oder Auflagen ist eine gesonderte Genehmigung erforderlich.

Die zusätzlichen Erläuterungen geben die Auffassung des Autors wieder. Maßgebend für das Anwenden der Normen sind deren Fassungen mit dem neuesten Ausgabedatum, die bei der VDE VERLAG GMBH, Bismarckstraße 33, 10625 Berlin und der Beuth Verlag GmbH, Burggrafenstraße 6, 10787 Berlin erhältlich sind.

Inhalt

1	**Grundlagen zur Normung**	**19**
1.1	Internationale, regionale und nationale Normung	19
1.1.1	IEC: International Electrotechnical Commission	20
1.1.2	CENELEC: Comité Europeen de Normalisation Electrotechnique	20
1.1.3	DKE: Deutsche Kommission Elektrotechnik Elektronik Informationstechnik im DIN und VDE	21
1.1.4	DIN: Deutsches Institut für Normung e.V.	21
1.1.5	VDE: Verband der Elektrotechnik Elektronik Informationstechnik e.V.	21
1.2	Grundsätze und Organisation der Normungsarbeit	22
1.3	VDE-Vorschriftenwerk	23
1.4	Benummerung von Normen	24
1.5	Prüf- und Zertifizierungszeichen	30
1.6	Anwendungsbereich und Struktur der DIN VDE 0100 – DIN VDE 0100-100	33
1.7	Literatur zu Kapitel 1	37
2	**Begriffe – DIN VDE 0100-200**	**39**
2.1	Bemessungsdaten – DIN 40200	39
2.2	Anlagen, Betriebsmittel und Netze	40
2.3	Schutzmaßnahmen und Teile einer Anlage	42
2.4	Elektrische Stromkreise	44
2.5	Spannungen	44
2.6	Ströme	46
2.7	Isolierungen	47
2.8	Leiterarten	48
2.9	Erdung	49
2.10	Trennen und Schalten	51
2.11	Raumarten	52
2.12	Fehlerarten	53
2.13	Schirme, Schutzschirme und Trennung	53
3	**Technische Grundlagen**	**55**
3.1	Gefahren der Elektrizität – DIN V VDE V 0140-479	55

3.1.1	Stromstärke und Einwirkungsdauer	55
3.1.2	Körperimpedanz und Stromweg	57
3.1.3	Stromart bzw. Frequenz	59
3.1.4	Herzstromfaktor	60
3.1.5	Zulässige Berührungsspannung	61
3.2	Schutzklassen – DIN EN 61140 (VDE 0140-1)	61
3.3	Schutzarten – DIN EN 60529 (VDE 0470-1)	62
3.4	Allgemeines für Stromversorgungssysteme – DIN VDE 0100-300	64
3.4.1	Elektrische Größen	64
3.4.2	Stromversorgungssysteme nach der Art der Erdverbindung	66
3.4.2.1	TN-Systeme	66
3.4.2.2	TT-System	68
3.4.2.3	IT-System	68
3.4.3	Äußere Einflüsse	70
3.5	Schutzmaßnahmen	70
3.6	Literatur zu Kapitel 3	72
4	**Schutz durch Verwendung kleiner Spannungen – DIN VDE 0100-410 und DIN VDE 0100-470**	**73**
4.1	Kleinspannungen SELV und PELV	73
4.2	Schutz durch Kleinspannung SELV	75
4.3	Schutz durch Kleinspannung PELV	75
4.4	Stromquellen für SELV und PELV	76
4.4.1	Sicherheitstransformatoren	77
4.4.2	Motorgeneratoren und Umformer	78
4.4.3	Elektrochemische Stromquellen	79
4.4.4	Generatoren	79
4.4.5	Elektronische Stromquellen	79
4.5	Anforderungen an die Stromkreise	79
4.6	Schutz gegen direktes Berühren	80
4.7	Schutz bei indirektem Berühren	81
4.8	Kleinspannung FELV – DIN VDE 0100-470	81
4.9	Literatur zu Kapitel 4	84
5	**Basisschutz – DIN VDE 0100-410**	**85**
5.1	Schutz durch Isolierung von aktiven Teilen	86
5.2	Schutz durch Abdeckungen oder Umhüllungen	86
5.3	Schutz durch Hindernisse	87

5.4	Schutz durch Abstand	87
5.5	Zusätzlicher Schutz durch RCD	88
5.6	Literatur zu Kapitel 5	88
6	**Fehlerschutz – DIN VDE 0100-410**	**91**
6.1	Schutz durch automatische Abschaltung der Stromversorgung – Teil 410 Abschnitt 413.1	92
6.2	TN-Systeme – Teil 410 Abschnitt 413.1.3	93
6.2.1	Schutzeinrichtungen in TN-Systemen	94
6.2.2	Abschaltzeiten in TN-Systemen	95
6.2.3	Schutzleiter und PEN-Leiter im TN-System	97
6.2.4	Erdungen im TN-System	97
6.2.5	Schutz im TN-System außerhalb des Einflussbereichs des Hauptpotentialausgleichs	98
6.3	TT-System – Teil 410 Abschnitt 413.1.4	98
6.3.1	Schutzeinrichtungen im TT-System	99
6.3.2	Abschaltzeiten im TT-System	100
6.3.3	Erdungen im TT-System	100
6.4	IT-System – Teil 410 Abschnitt 413.1.5	101
6.4.1	Schutz- und Überwachungseinrichtungen im IT-System	104
6.4.2	Erdungsbedingungen im IT-System	105
6.4.3	Abschaltzeiten im IT-System	106
6.5	Potentialausgleich – Teil 410 Abschnitt 413.1.2	106
6.5.1	Hauptpotentialausgleich – Teil 410 Abschnitt 413.1.2.1	106
6.5.2	Zusätzlicher Potentialausgleich – Teil 410 Abschnitt 413.1.2.2 und 413.1.6	107
6.6	Schutz durch Verwendung von Betriebsmitteln der Schutzklasse II oder durch gleichwertige Isolierung; Schutzisolierung – Teil 410 Abschnitt 413.2	109
6.7	Schutz durch Schutztrennung – Teil 410 Abschnitt 413.5	115
6.7.1	Schutztrennung mit nur einem Verbrauchsmittel	118
6.7.2	Schutztrennung mit mehreren Verbrauchsmitteln	118
6.8	Literatur zu Kapitel 6	119
7	**Zusatzschutz – DIN VDE 0100-410 und DIN VDE 0100-739**	**121**
7.1	Zusatzschutz durch RCD in TN-Systemen	125
7.2	Zusatzschutz durch RCD im TT-System	125
7.3	Zusatzschutz durch RCD im IT-System	125

7.4	Zusatzschutz durch RCD bei Schutzisolierung	127
7.5	Zusatzschutz durch RCD bei Schutztrennung	127
7.6	Literatur zu Kapitel 7	127

8	**Schutzleiter und Potentialausgleichsleiter – DIN VDE 0100-540**	**129**
8.1	Allgemeines	129
8.2	Schutzleiter	129
8.2.1	Bemessung der Schutzleiter	129
8.2.2	Mindestquerschnitte für den Schutzleiter	133
8.2.3	Verlegen des Schutzleiters	133
8.3	PEN-Leiter	134
8.4	Erdungsleiter	137
8.5	Potentialausgleichsleiter	137
8.5.1	Hauptpotentialausgleichsleiter	137
8.5.2	Leiter für den zusätzlichen Potentialausgleich	139
8.6	Literatur zu Kapitel 8	140

9	**Erdungen – DIN VDE 0100-540**	**141**
9.1	Grundsätzliche Aussagen über Erdungen	141
9.2	Spezifischer Erdwiderstand	142
9.3	Erderarten	145
9.3.1	Oberflächenerder	145
9.3.2	Tiefenerder	145
9.3.3	Fundamenterder	145
9.3.4	Natürliche Erder	146
9.4	Ausbreitungswiderstand von Erdern	147
9.4.1	Oberflächenerder	147
9.4.2	Tiefenerder	149
9.4.3	Fundamenterder	151
9.4.4	Natürliche Erder	151
9.5	Materialien und Mindestquerschnitte für Erder	152
9.6	Literatur zu Kapitel 9	154

10	**Schutz bei Überspannungen**	**155**
10.1	Schutz von Niederspannungsanlagen bei Erdschlüssen in Netzen mit höherer Spannung – DIN VDE 0100-442 155	
10.2	Schutz gegen transiente Überspannungen – DIN VDE 0100-443 und DIN V VDE V 0100-534	160
10.2.1	Allgemeines	160

10.2.2	Überspannungsschutzeinrichtungen in Gebäuden (Verbraucheranlagen)	162
10.2.2.1	Überspannungsschutzeinrichtungen in TN-Systemen	162
10.2.2.2	Überspannungsschutzeinrichtungen im TT-System	162
10.2.2.3	Überspannungsschutzeinrichtungen im IT-System	162
10.2.3	Überspannungsschutzeinrichtungen im Niederspannungsnetz	163
10.3	Schutz gegen elektromagnetische Störungen (EMI) – DIN VDE 0100-444	166
10.4	Literatur zu Kapitel 10	168
11	**Auswahl und Errichtung elektrischer Betriebsmittel – DIN VDE 0100-510**	**171**
11.1	Allgemeine Bestimmungen	171
11.2	Betriebsbedingungen	172
11.3	Äußere Einflüsse	173
11.4	Zugänglichkeit	174
11.5	Kennzeichnung	174
11.6	Vermeidung gegenseitiger nachteiliger Beeinflussung	176
11.7	Kurzschlussströme	176
11.8	Luftstrecken und Kriechstrecken – VDE 0110-1	177
11.8.1	Luftstrecken	180
11.8.2	Kriechstrecken	185
11.9	Literatur zu Kapitel 11	185
12	**Kabel und Leitungen**	**187**
12.1	Mindestquerschnitte – Teil 520 Abschnitt 524	187
12.2	Spannungsfall in Verbraucheranlagen – Teil 520 Abschnitt 525	188
12.3	Kurzzeichen für Kabel – DIN VDE 0298	190
12.4	Häufig verwendete Kabel	194
12.5	Kurzzeichen für Leitungen nach nationalen Normen – DIN VDE 0250	196
12.6	Kurzzeichen für harmonisierte Leitungen – DIN VDE 0281 und DIN VDE 0282	197
12.7	Häufig verwendete Leitungen	199
12.8	Anwendungsbereiche von Leitungen	199
12.8.1	PVC-Verdrahtungsleitungen H05V	205
12.8.2	Wärmebeständige PVC-Verdrahtungsleitungen H05V2	205
12.8.3	PVC-Lichterkettenleitung H03VH7-H	205
12.8.4	PVC-Aderleitungen H07V	205

12.8.5	Wärmebeständige PVC-Aderleitungen H07V2	205
12.8.6	Kältebeständige PVC-Aderleitungen H07V3	205
12.8.7	Leichte Zwillingsleitungen H03VH-Y	205
12.8.8	Zwillingsleitungen H03VH-H	206
12.8.9	PVC-Schlauchleitungen H03VV und A03VV	206
12.8.10	PVC-Schlauchleitungen H05VV und A05VV	206
12.8.11	Illuminationsleitungen H05RN-F und H05RNH2-F	206
12.8.12	Wärmebeständige Silikon-Aderleitungen H05SJ und A05SJ	206
12.8.13	Gummi-Aderschnüre H03RT und A03RT	206
12.8.14	Wärmebeständige Gummiaderleitungen H07G...............	206
12.8.15	Gummi-isolierte Schweißleitungen H01N2..................	207
12.8.16	Gummi-Schlauchleitungen H05RR und A05RR	207
12.8.17	Gummi-Schlauchleitungen H05RN und A05RN	207
12.8.18	Gummi-Schlauchleitungen H07RN und A07RN	207
12.8.19	PVC-Mantelleitungen NYM	207
12.8.20	Stegleitungen NYIF und NYIFY	207
12.8.21	Bleimantelleitungen NYBUY	207
12.8.22	Gummi-Schlauchleitungen NSSHÖU	208
12.8.23	Gummi-Flachleitungen NGFLGÖU	208
12.8.24	Leitungstrossen NMTWÖU und NMSWÖU	208
12.8.25	Schlauchleitungen mit Polyurethanmantel NGMH11YÖ	208
12.8.26	Gummi-Aderleitungen N4GA und N4GAF	208
12.8.27	ETFE-Aderleitungen N7YA und N7YAF	208
12.8.28	Silikon-Aderschnüre N2GSA rd (rund) und N2GSA fl (flach) ...	208
12.8.29	Silikon-Fassungsadern N2GFA und N2GFAF	209
12.8.30	Silikon-Schlauchleitungen N2GMH2G	209
12.8.31	Gummi-Pendelschnüre NPL	209
12.8.32	Sonder-Gummi-Aderleitungen NSGAFÖU	209
12.8.33	Einadrige mineralisolierte Leitungen NUM und NUMK	209
12.9	Kennzeichnung von Kabeln und Leitungen	209
12.10	Farbige Kennzeichnung von Kabeln und Leitungen	211
12.11	Allgemeines zum Verlegen von Kabeln und Leitungen – Teil 520	216
12.12	Anforderungen an die Verlegung von Kabeln und Leitungen	220
12.12.1	Installationszonen	220
12.12.2	Verdrahtungsleitungen	222
12.12.3	Aderleitungen.......................................	222
12.12.4	Stegleitungen	222
12.12.5	Mantelleitungen	222

12.12.6	Flexible Leitungen	222
12.12.7	Kabel	223
12.13	Verlegung von Kabeln und Leitungen	223
12.13.1	Elektroinstallationsrohrsysteme für elektrische Installationen ...	223
12.13.2	Verlegung in Elektro-Installationskanälen	226
12.13.3	Verlegung in unterirdischen Kanälen und Schutzrohren	228
12.13.4	Verlegung in Beton	228
12.13.5	Verlegung von Kabeln in Erde	229
12.13.6	Verlegung von Kabeln an Decken, auf Wänden und auf Pritschen	229
12.13.7	Zugbeanspruchungen für Kabel und Leitungen	230
12.13.8	Kabelverlegung bei tiefen Temperaturen	231
12.14	Zusammenfassen der Leiter verschiedener Stromkreise	232
12.14.1	Aderleitungen in Elektro-Installationsrohren und Elektro-Installationskanälen	232
12.14.2	Mehraderleitungen und Kabel	232
12.14.3	Haupt- und Hilfsstromkreise getrennt verlegt	232
12.14.4	Stromkreise, die mit Kleinspannung SELV und PELV betrieben werden	233
12.14.5	Stromkreise mit unterschiedlicher Spannung	233
12.14.6	Neutralleiter bzw. PEN-Leiter	233
12.14.7	Schutzleiter	234
12.15	Erdschluss- und kurzschlusssichere Verlegung	234
12.16	Anschlussstellen und Verbindungen	236
12.17	Kreuzungen und Näherungen	237
12.18	Maßnahmen gegen Brände und Brandfolgen	237
12.19	Literatur zu Kapitel 12	237
13	**Bemessung von Kabeln und Leitungen – DIN VDE 0100-430**	**239**
13.1	Allgemeine Anforderungen	239
13.2	Belastbarkeit von Kabeln und Leitungen	240
13.3	Umrechnungsfaktoren für die Belastbarkeit von Kabeln und Leitungen	251
13.4	Schutz bei Überlast	255
13.4.1	Allgemeines	255
13.4.2	Zuordnung der Überstrom-Schutzeinrichtungen	257
13.4.3	Anordnung der Überstrom-Schutzeinrichtungen bei Überlast ...	258
13.5	Schutz bei Kurzschluss	259
13.5.1	Allgemeines	259

13.5.2	Anordnung der Kurzschluss-Schutzeinrichtungen	266
13.6	Koordinieren des Schutzes bei Überlast und Kurzschluss – Teil 430 Abschnitt 7	267
13.6.1	Schutz durch eine gemeinsame Schutzeinrichtung	267
13.6.2	Schutz durch getrennte Schutzeinrichtungen	268
13.6.3	Gemeinsame Versetzung der Schutzeinrichtungen für Überlast- und Kurzschlussschutz	272
13.6.4	Verzicht auf Schutzeinrichtungen für Überlast- und Kurzschlussschutz	273
13.7	Literatur zu Kapitel 13	273
14	**Trennen und Schalten – DIN VDE 0100-460 und DIN VDE 0100-537**	**275**
14.1	Allgemeines	275
14.2	Begriffe	276
14.3	Trennen	276
14.3.1	Maßnahmen zum Trennen	276
14.3.2	Geräte zum Trennen	277
14.4	Ausschalten für mechanische Wartung (Instandhaltung)	278
14.4.1	Maßnahmen zur mechanischen Wartung (Instandhaltung)	278
14.4.2	Geräte zum Ausschalten bei mechanischer Wartung (Instandhaltung)	279
14.5	Schalthandlungen im Notfall	280
14.5.1	Maßnahmen bei Schaltungen im Notfall	280
14.5.2	Geräte zum Schalten im Notfall	281
14.6	Betriebsmäßiges Schalten	283
14.6.1	Maßnahmen zum betriebsmäßigen Schalten	283
14.6.1.1	Maßnahmen für Steuerstromkreise	283
14.6.1.2	Maßnahmen für Motorsteuerungen	283
14.6.2	Schaltgeräte für betriebsmäßiges Schalten	284
15	**Leuchten und Beleuchtungsanlagen – DIN VDE 0100-559**	**285**
15.1	Anbringung von Leuchten auf Gebäudeteilen	286
15.2	Anbringung von Leuchten auf Einrichtungsgegenständen	287
15.3	Vorschaltgeräte	287
15.4	Sicherheitszeichen und technisch relevante Bildzeichen für Leuchten und deren Zubehör	288
15.5	Aufschriften auf Leuchten	290

15.6	Befestigung von Leuchten	291
15.7	Schutzarten für Leuchten	291
15.8	Besondere Beleuchtungsanlagen	291
15.8.1	Leuchten für Vorführstände	291
15.8.2	Fassausleuchten und bewegliche Backofenleuchten	294
15.8.3	Beleuchtungsanlagen mit Niedervolt-Halogenlampen	294
15.9	Literatur zu Kapitel 15	294
16	**Prüfungen – DIN VDE 0100-610**	**295**
16.1	Allgemeine Anforderungen	295
16.2	Prüfen	296
16.3	Besichtigen	296
16.3.1	Allgemeine Besichtigung	296
16.3.2	Schutzmaßnahmen gegen direktes Berühren	297
16.3.3	Schutzmaßnahmen mit Schutzleiter	297
16.3.4	Schutzmaßnahmen ohne Schutzleiter	297
16.4	Erproben und Messen	298
16.5	Messgeräte	299
16.6	Dokumentation der Prüfung	300
16.7	Literatur zu Kapitel 16	303
17	**Steckvorrichtungen – DIN VDE 0620 bis DIN VDE 0625**	**305**
17.1	Steckvorrichtungen für den Hausgebrauch und ähnliche Zwecke	306
17.2	Steckvorrichtungen für industrielle Anwendungen	306
18	**Überstrom-Schutzeinrichtungen – VDE 0636 und VDE 0641**	**313**
18.1	Niederspannungssicherungen – VDE 0636	313
18.1.1	Allgemeine Anforderungen	313
18.1.2	Technische Anforderungen an Niederspannungssicherungen	314
18.1.2.1	Bemessungswerte	314
18.1.2.2	Ausschaltbereich und Betriebsklasse	315
18.1.2.3	Zeit-Strom-Kennlinien, Zeit-Strom-Bereiche	316
18.1.2.4	Leistungsabgabe	317
18.1.2.5	Bemessungsausschaltvermögen	317
18.1.2.6	Konventionelle Prüfzeiten und Prüfströme	317
18.1.2.7	Ausschaltzeiten	317
18.1.2.8	Durchlassstrom und Durchlassstrom-Kennlinie (Strombegrenzung)	318

18.1.2.9	Aufschriften auf Sicherungen	318
18.1.3	Messersicherungen (NH-Sicherungssystem)	319
18.1.3.1	Bemessungswerte für NH-Sicherungen	321
18.1.3.2	Ausschaltbereich und Betriebsklasse von NH-Sicherungen	321
18.1.3.3	Zeit-Strom-Bereiche von NH-Sicherungen	321
18.1.3.4	Leistungsabgabe von NH-Sicherungen	326
18.1.3.5	Bemessungsausschaltvermögen von NH-Sicherungen	326
18.1.3.6	Konventionelle Prüfströme und Prüfzeiten für NH-Sicherungen	326
18.1.3.7	Ausschaltzeiten von NH-Sicherungen	327
18.1.3.8	Durchlassstrom und Durchlassstromkennlinien von NH-Sicherungen	327
18.1.3.9	Aufschriften auf NH-Sicherungen	327
18.1.4	Schraubsicherungen (D- und D0-System)	329
18.1.4.1	Bemessungswerte für D- und D0-Sicherungen	330
18.1.4.2	Ausschaltbereiche und Betriebsklassen für D- und D0-Sicherungen	330
18.1.4.3	Zeit-Strom-Bereiche und Zeit-Strom-Kennlinien für D- und D0-Sicherungen	330
18.1.4.4	Leistungsabgabe von D- und D0-Sicherungen	333
18.1.4.5	Bemessungsausschaltvermögen von D- und D0-Sicherungen	333
18.1.4.6	Konventionelle Prüfzeiten und Prüfströme von D- und D0-Sicherungen	333
18.1.4.7	Ausschaltzeiten von D- und D0-Sicherungen	334
18.1.4.8	Durchlassstrom und Durchlassstromkennlinien von D- und D0-Sicherungen	334
18.1.4.9	Aufschriften auf D- und D0-Sicherungen	334
18.2	Leitungsschutzschalter (LS-Schalter) – VDE 0641	334
18.2.1	Allgemeine Anforderungen	334
18.2.2	Technische Anforderungen an LS-Schalter	335
18.2.2.1	Bemessungswerte für LS-Schalter	335
18.2.2.2	Ausschaltcharakteristik (Charakteristik) für LS-Schalter	336
18.2.2.3	Zeit-Strom-Bereiche und Zeit-Strom-Kennlinien für LS-Schalter	337
18.2.2.4	Leistungsabgabe und Verlustleistung von LS-Schaltern	337
18.2.2.5	Bemessungsschaltvermögen für LS-Schalter	339
18.2.2.6	Konventionelle Prüfströme und Prüfzeiten für LS-Schalter	339
18.2.2.7	Ausschaltzeiten für LS-Schalter	341
18.2.2.8	Strombegrenzung für LS-Schalter	341
18.2.2.9	Aufschriften auf LS-Schaltern	343
18.3	Selektivität	344
18.4	Literatur zu Kapitel 18	347

19	**Fehlerstrom-/Differenzstrom-Schutzeinrichtungen**	**349**
19.1	RCCB und RCBO – DIN VDE 0664	350
19.1.1	Technische Anforderungen	351
19.1.2	Produktinformationen	355
19.1.2.1	Bemessungswerte	355
19.1.2.2	Abschaltzeiten und Nichtauslösezeiten	356
19.1.2.3	Bemessungsschaltvermögen und Bemessungsfehlerschaltvermögen	357
19.1.2.4	Aufschriften	358
19.1.3	Auswahl und Errichtung von Fehlerstrom-Schutzeinrichtungen (RDC)	359
19.1.3.1	RCD zum Schutz gegen elektrischen Schlag	360
19.1.3.2	RCD zum Brandschutz	362
19.1.3.3	RCD zum zusätzlichen Schutz (Zusatzschutz)	362
19.2	RCCB für höhere Spannungen bzw. höhere Ströme – VDE 0664-101	362
19.3	PRCD – DIN VDE 0661	363
19.4	SRCD – VDE 0662	365
19.5	Leistungsschalter mit Fehlerstromschutz (CBR) – DIN EN 60947-2 (VDE 0660-101), Anhang B	366
19.6	Literatur zu Kapitel 19	367
20	**Isolationsüberwachungsgeräte (IMD) – VDE 0413-8**	**369**
20.1	Technische Anforderungen	370
20.2	Aufschriften auf Isolationsüberwachungsgeräten	372
20.3	Isolationsfehlersucheinrichtung – VDE 0413-9	373
20.3	Literatur zu Kapitel 20	374
21	**Überspannungsschutzgeräte – DIN VDE 0675**	**377**
21.1	Technische Grundlagen	378
21.2	Überspannungsschutzgeräte für den Einsatz in Niederspannungsanlagen	380
21.2.1	Überspannungsschutzgeräte für den Einbau in Niederspannungsnetzen	381
21.2.2	Überspannungsschutzgeräte für den Einbau in Verbraucheranlagen	381
21.2.3	Überspannungsschutzgeräte für ortsveränderliche Geräte	382
21.3	Literatur zu Kapitel 21	383
22	**Brandschutz**	**385**
22.1	Normen für den Brandschutz	385

22.2	Physikalische Grundlagen	385
22.3	Wärmequellen	386
22.4	Elektrische Geräte als Zündquelle	387
22.5	Isolationsfehler als Zündquelle	387
22.6	Lichtbogen als Zündquelle	388
22.7	Brandverhalten von Baustoffen	389
22.7.1	Nicht brennbare Baustoffe	390
22.7.2	Brennbare Baustoffe	390
22.8	Brandverhalten von Bauteilen	391
22.9	Temperaturen von Bränden	392
22.10	Bauliche Brandschutzmaßnahmen	393
22.11	Brandschutz durch vorbeugende Installationstechnik	394
22.12	Schutz gegen thermische Einflüsse	395
22.13	Brandschutz bei feuergefährdeten Betriebsstätten DIN VDE 0100-482	396
22.14	Literatur zu Kapitel 22	399
23	**Anhang**	**401**
23.1	Anhang A: Berechnung des kleinsten Kurzschlussstroms	401
23.1.1	Grundlagen	401
23.1.2	Beispiel zur Berechnung des kleinsten Kurzschlussstroms	406
23.2	Anhang B: Maximal zulässige Stromkreislänge	408
23.3	Anhang C: Materialbeiwert k	414
23.3.1	Tabellen für Materialbeiwerte	414
23.3.2	Verfahren zur Ermittlung des Materialbeiwerts	416
23.4	Anhang D: Berechnung des größten Kurzschlussstroms	417
23.4.1	Grundlagen	417
23.4.2	Beispiel zur Berechnung der größten Kurzschlussströme	421
23.5	Anhang E: Spannungsfall	424
23.6	Anhang F: Umrechnung von Leiterwiderständen	426
23.7	Literatur zu Kapitel 23	429
24	**Abkürzungen**	**431**
25	**Weiterführende Literatur**	**439**
26	**Stichwortverzeichnis**	**441**

1 Grundlagen zur Normung

Unser modernes Leben ist ohne Normung nicht mehr vorstellbar. Das beginnt bei Kleinigkeiten im Alltag und reicht bis zur komplizierten Festlegung, zum Beispiel dem Bedienen von Computern, Surfen im Internet, Telefonieren über Satelliten und ähnlichen Tätigkeiten. Immer gibt es Regeln, die von den verschiedenen Teilnehmern (Hersteller, Betreiber, Anwender, Servicepersonal usw.) einzuhalten sind. So gibt es auch für den Bereich „Elektrotechnik" bestimmte Regeln (Normen), die die Zusammenarbeit erleichtern und letztendlich einer breiten Bevölkerungsschicht dienen. Die Erarbeitung und Pflege dieser Normen erfolgt durch die zuständigen Normenorganisationen.

Durch die internationale Normung bei IEC und die regionale Normung bei CENELEC tritt die nationale Normung in den Hintergrund. So werden nahezu alle nationalen Normungsvorhaben als internationale Normungsvorhaben auch an die IEC gegeben und nachfolgend von CENELEC als Harmonisierungsdokument (HD) oder Europäische Norm (EN) für den regionalen Bereich umgesetzt. Neue nationale Normen sind deshalb entweder nur international (IEC), international und regional (IEC und CENELEC) oder nur regional (CENELEC) abgestimmt. Parallel zur deutschen Benummerung ist die Norm dann auch mit der entsprechenden IEC- und EN- bzw. HD-Nummer gekennzeichnet.

1.1 Internationale, regionale und nationale Normung

Im Bereich der Elektrotechnik erfolgt die Normung auf internationaler, regionaler und nationaler Ebene.

- Weltweite/internationale Normung erfolgt durch die „International Electrotechnical Commission" (IEC).
- Europäische/regionale Normung wird vom „Comité Europeen de Normalisation Electrotechnique" (CENELEC) durchgeführt.
- Deutsche/nationale Normung wird durch die „Deutsche Kommission Elektrotechnik Elektronik Informationstechnik" (DKE) im DIN Deutsches Institut für Normung e. V. und VDE Verband der Elektrotechnik Elektronik Informationstechnik erarbeitet.

Die DKE koordiniert die Interessen der verschiedenen betroffenen Kreise innerhalb Deutschlands, vertritt die deutschen Interessen auf internationaler und regionaler Ebene und ist zuständig für die Umsetzung internationaler und regionaler Normen in das deutsche Normenwerk.

Für die Zusammenarbeit dieser Normenorganisationen gibt es bestimmte Regeln und Verfahrensrichtlinien, wodurch Doppelarbeit und auch sich widersprechende Regeln vermieden werden sollen.

1.1.1 IEC: International Electrotechnical Commission

Die IEC (de: Internationale Elektrotechnische Kommission) hat weltweite Bedeutung. Mitglieder sind die Nationalen Komitees von 63 Ländern, wobei 52 Länder Vollmitglieder sind und mit 11 Ländern Assoziierungsvereinbarungen bestehen. Weitere 67 Länder nehmen am Affiliate-Country-Programm teil, sind also Affiliate Members der IEC. Diese Länder zahlen keinen Mitgliedsbeitrag, haben aber das Recht, als Beobachter an Ratstagungen und Sitzungen der Lenkungsgremien teilzunehmen. Außerdem sollen diese Länder beim Aufbau einer nationalen elektrotechnischen Normung unterstützt werden. Gegründet wurde die IEC im Jahre 1906, nachdem die Idee hierzu während eines Kongresses im Jahre 1904 geboren wurde. Neben der allgemeinen elektrotechnischen Normung ist es eine wichtige Aufgabe der IEC, die Sicherheit elektrischer Betriebsmittel und deren Zuverlässigkeit zu gewährleisten. Langfristiges Ziel der Normungsarbeit bei IEC ist es, ein widerspruchsfreies internationales Normenwerk zu schaffen, das die verschiedenen nationalen Normen der Länder Zug um Zug ablöst.

Die Arbeitsergebnisse der IEC werden als Publikationen veröffentlicht. Dabei steht es den jeweiligen nationalen Komitees frei, festzulegen, ob und zu welchem Zeitpunkt eine IEC-Publikation in das nationale Normenwerk übernommen wird oder in welcher Weise sie national anzuwenden ist.

1.1.2 CENELEC: Comité Europeen de Normalisation Electrotechnique

Die CENELEC (de: Europäisches Komitee für elektrotechnische Normung) hat regionale (europäische) Bedeutung. Mitglieder von CENELEC sind die nationalen Komitees der Länder Belgien, Dänemark, Deutschland, Estland, Finnland, Frankreich, Griechenland, Großbritannien, Irland, Island, Italien, Lettland, Litauen, Luxemburg, Malta, Niederlande, Norwegen, Österreich, Polen, Portugal, Schweden, Schweiz, Slowakei, Slowenien, Spanien, Tschechien, Ungarn und Zypern. Hauptaufgabe von CENELEC ist es, Handelshemmnisse, die im grenzüberschreitenden Warenverkehr bestehen, abzubauen, also die nationalen Normen und Vorschriften zu vereinheitlichen bzw. sie durch „Harmonisierte Normen" oder „Europäische Normen" zu ersetzen. Diese Aufgabe wird abgeleitet aus dem Vertrag von Rom, der die Europäische Wirtschaftsgemeinschaft (EWG) – danach Europäische Gemeinschaft (EG), heute Europäische Union (EU) – begründete, wobei besonders Artikel 100, der auch die Angleichung von Rechts- und Verwaltungsvorschriften fordert, maßgeblich ist.

Die Arbeitsergebnisse von CENELEC werden als „Europäische Norm" (EN) oder als „Harmonisierungsdokument" (HD) veröffentlicht. Die nationalen Komitees der

Mitgliedsländer haben sich verpflichtet, eine EN mit vollständigem Text als nationale Norm zu veröffentlichen oder als nationale Norm anzuerkennen, ohne zusätzliche Änderungen oder Anforderungen. Bei einem HD sind die nationalen Komitees frei, ob sie einen identischen oder technisch gleichwertigen Text als nationale Norm veröffentlichen wollen oder ob sie gar nichts veröffentlichen wollen. Letzteres gilt nur unter der Voraussetzung, dass alle entgegenstehenden nationalen Anforderungen vollständig zurückgezogen werden und dass, wenn eine nationale Norm später veröffentlicht wird, diese entweder identisch oder technisch gleichwertig mit dem HD ist. Im Vorwort einer EN oder eines HDs werden hierzu Daten festgelegt wie:

- spätestes Datum der Ankündigung der EN (des HDs)
- spätestes Datum, zu dem die EN (das HD) auf nationaler Ebene durch Veröffentlichung einer identischen nationalen Norm oder durch Anerkennung übernommen werden muss
- spätestes Datum, zu dem nationale Normen, die der EN (dem HD) entgegenstehen, zurückgezogen werden müssen

1.1.3 DKE: Deutsche Kommission Elektrotechnik Elektronik Informationstechnik im DIN und VDE

Die DKE wurde am 13. Oktober 1970 durch einen Vertrag zwischen dem DIN und VDE gegründet. Sie entstand durch die Zusammenführung vom Fachnormenausschuss Elektrotechnik im Deutschen Normenausschuss (heute DIN) und dem Verband Deutscher Elektrotechniker (VDE). Die DKE vertritt die deutschen Interessen in den internationalen und regionalen Normenorganisationen. Das bedeutet, sie ist Mitglied in IEC und CENELEC und benennt die deutschen Delegierten für die Arbeitsgremien in den verschiedenen Komitees, Unterkomitees und Arbeitsgruppen.

Die Arbeitsergebnisse der elektrotechnischen Normungsarbeit der DKE werden in DIN-Normen niedergelegt und, wenn sie gleichzeitig sicherheitstechnische Belange enthalten, auch als VDE-Bestimmung oder als VDE-Leitlinie in das VDE-Vorschriftenwerk aufgenommen und entsprechend gekennzeichnet.

1.1.4 DIN: Deutsches Institut für Normung e.V.

Unter Federführung des DIN werden in über hundert Normenausschüssen für fast alle technischen und naturwissenschaftlichen Bereiche Normen erarbeitet, die als „Deutsche Normen" herausgegeben werden.

1.1.5 VDE: Verband der Elektrotechnik Elektronik Informationstechnik e.V.

Der VDE ist ein nach dem BGB eingetragener technisch-wissenschaftlicher Verein. Er wurde am 22. 01. 1893 in Berlin gegründet. Der VDE ist organisiert in 34 Bezirksvereinen mit 55 Zweigstellen und besitzt mehr als 30 000 persönliche Mitglieder.

Satzungsgemäße Aufgabe des VDE ist, die auf dem Gebiet der Elektrotechnik oder verwandter Berufszweige tätigen Personen und Organisationen zusammenzuschließen zum Zwecke

- der Pflege und Förderung der technischen Wissenschaften und ihrer Anwendungen
- der Hebung des Verantwortungsbewusstseins der Mitglieder gegenüber der Allgemeinheit bei der Fortentwicklung und Anwendung der technischen Wissenschaften
- der Vertretung der Belange der Elektrotechnik nach außen
- der Unterrichtung der Öffentlichkeit über die Bedeutung und Aufgaben der Elektrotechnik

Der VDE verfolgt ausschließlich gemeinnützige Zwecke. Im Sinne oben genannter satzungsgemäßer Aufgaben gehören zu den ständigen Arbeiten des VDE insbesondere

- Ausarbeitung, Herausgabe und Auslegung des VDE-Vorschriftenwerks
- Durchführung des VDE-Prüf- und Zertifizierungswesens
- Herausgabe und Förderung von technisch-wissenschaftlichem Schrifttum
- Mitarbeit an der Aufstellung, Herausgabe und Auslegung von Normen für die Elektrotechnik
- Mitwirkung bei der Ausgestaltung des einschlägigen Bildungswesens
- Anregung und Förderung von ausschließlich gemeinnützigen Zwecken dienenden Forschungsarbeiten
- Unterstützung der Arbeit der Mitglieder
- Förderung und Durchführung technisch-wissenschaftlicher Veranstaltungen
- Zusammenarbeit mit anderen wissenschaftlichen Vereinigungen im In- und Ausland
- sonstige die Zwecke des VDE fördernde Maßnahmen

Die Buchstabenfolge „VDE" ist ein markenrechtlich geschütztes Verbandskennzeichen. Diese Buchstaben kennzeichnen die Sicherheitsnormen der Elektrotechnik (VDE-Bestimmungen, VDE-Leitlinien und VDE-Vornormen). Sie sind auch in verschiedenen VDE-Zeichen enthalten und stellen ein die Sicherheit angebendes Zeichen für elektrotechnische Erzeugnisse mit weltweiter Bedeutung dar.

1.2 Grundsätze und Organisation der Normungsarbeit

Normung ist die planmäßige, durch die interessierten Kreis gemeinschaftlich durchgeführte Vereinheitlichung von materiellen und immateriellen Gegenständen zum Nutzen der Allgemeinheit. Sie darf nicht zum wirtschaftlichen Vorteil Einzelner führen. Die Normung fördert die Rationalisierung und Qualitätssicherung in Wirtschaft, Technik, Wissenschaft und Verwaltung und dient auch der Sicherheit von

Personen und Sachen sowie der Qualitätsverbesserung in allen Lebensbereichen. Die Normung dient außerdem einer sinnvollen Ordnung und der Information auf dem jeweiligen Normungsgebiet.

Die fachliche Arbeit wird in Komitees (K), Unterkomitees (UK) und Arbeitskreisen (AK) geleistet. Für eine bestimmte Normungsaufgabe ist jeweils nur ein Komitee, Unterkomitee oder Arbeitskreis zuständig. Von diesem K, UK oder AK werden in der Regel auch die regionalen und internationalen Normungsaufgaben wahrgenommen. Die fachliche Arbeit wird von ehrenamtlichen Mitgliedern geleistet, die dabei von hauptamtlichen Referenten des VDE unterstützt werden. Die ehrenamtlichen Mitarbeiter sind Fachleute aus den interessierten Kreisen (z. B. Anwender, Behörden, Berufsgenossenschaften, Berufs-, Fach- und Hochschulen, Handel, Handwerk, industrielle Hersteller, Prüfinstitute, Sachversicherer, Sachverständige, Technische Überwacher, Verbraucher und Wissenschaft). Die ehrenamtlichen Mitarbeiter müssen von den sie entsendenden Stellen für die Arbeit in den entsprechenden Gremien autorisiert und entscheidungsbefugt sein. Bei der Zusammensetzung der entsprechenden Gremien ist der Grundsatz zu berücksichtigen, dass die interessierten Kreise in einem angemessenen Verhältnis vertreten sind.

Die Bearbeitung neuer Normen sowie Änderungen, Ergänzung oder Aufhebung geltender Normen kann jedermann beantragen. Außerdem wird eine bestehende Norm spätestens nach fünf Jahren überprüft und gegebenenfalls überarbeitet. Das Erscheinen neuer Normen (VDE-Bestimmungen), Entwürfe, VDE-Vornormen und Beiblätter wird der Öffentlichkeit in der „etz Elektrotechnik + Automation" und im Abschnitt „DIN-Anzeiger für technische Regeln" innerhalb der Zeitschrift „DIN-Mitteilungen + elektronorm", bekannt gegeben. Zu den Entwürfen kann jedermann innerhalb der genannten Einspruchsfrist unter Angabe von Gründen Vorschläge, Stellungnahmen oder Einsprüche einreichen.

1.3 VDE-Vorschriftenwerk

Die DKE ist die nationale Organisation für die nationale und internationale Erarbeitung von Normen und VDE-Bestimmungen auf dem Gebiet der gesamten Elektrotechnik in der Bundesrepublik Deutschland. Internationale und regionale Arbeitsergebnisse werden möglichst ohne Änderung in das VDE-Vorschriftenwerk und gleichzeitig in das deutsche Normenwerk übernommen. Dabei ist der VDE bestrebt, optimale technisch-wissenschaftliche Lösungen in das VDE-Vorschriftenwerk aufzunehmen. Er verfolgt mit dem Erarbeiten der VDE-Bestimmungen für sich selbst keinerlei wirtschaftliche Interessen. Im Vorschriftenwerk sind VDE-Bestimmungen, VDE-Leitlinien, VDE-Vornormen und Beiblätter zu unterscheiden:

- VDE-Bestimmungen enthalten sicherheitstechnische Festlegungen für das Errichten und Betreiben elektrischer Anlagen sowie für das Herstellen und Betreiben elektrischer Betriebsmittel. VDE-Bestimmungen können außerdem

Festlegungen über Eigenschaften, Bemessung, Prüfung, Schutz und Unterhaltung solcher Anlagen und Betriebsmittel sowie über den Blitzschutz enthalten.

- VDE-Leitlinien enthalten sicherheitstechnische Festlegungen mit einem im Vergleich zu den VDE-Bestimmungen wesentlich erweiterten Ermessensspielraum für eigenverantwortliches und sicherheitstechnisches Handeln. Sie sollen dem Anwender als Beispielsammlung oder auch als Grundlage für eigene sicherheitstechnische Entscheidung dienen. Dabei braucht sich der Inhalt einer VDE-Leitlinie nicht ausschließlich auf sicherheitstechnische Festlegungen und Belange zu beschränken.

- VDE-Vornormen sind das Ergebnis einer Normungsarbeit, das wegen bestimmter Vorbehalte zum Inhalt oder wegen des gegenüber einer DIN-VDE-Norm abweichenden Aufstellungsverfahrens vom VDE nicht als Norm gekennzeichnet wird. Sie werden jedoch wie alle anderen DKE-Arbeitsergebnisse mit sicherheitstechnischen Festlegungen durch eine VDE-Klassifikationsnummer gekennzeichnet. VDE-Vornormen sind Bestandteil des VDE-Vorschriftenwerks; sie sind jedoch keine Normen und als solche nicht Bestandteil des Deutschen Normenwerks.

- Beiblätter enthalten zusätzliche Informationen zu den VDE-Bestimmungen oder VDE-Leitlinien. Sie dürfen keine zusätzlichen Festlegungen mit normativem Charakter enthalten. Beiblätter werden von den für VDE-Bestimmungen oder VDE-Leitlinien zuständigen Arbeitsgremien erarbeitet. Sie unterliegen normalerweise nicht dem öffentlichen Einspruchsverfahren. Sie werden auch nicht als Deutsche Normen geführt.

Einen Sonderfall stellen noch „Normen mit Pilotfunktion" dar. Derartige Normen enthalten grundsätzliche Aussagen zu einem wichtigen Thema. So hat zum Beispiel DIN VDE 0100-410 Pilotfunktion zum „Schutz gegen elektrischen Schlag". Das bedeutet, dass in der Pilotnorm die grundsätzlichen Festlegungen getroffen sind und in anderen Bestimmungen diese Aussagen zu übernehmen sind oder auf sie verwiesen werden muss.

1.4 Benummerung von Normen

Die Kopfzeilen und die Benummerung zeigen den Status einer VDE-Bestimmung auf und geben an, ob eine VDE-Bestimmung aus der internationalen, regionalen oder nationalen Arbeit stammt. So zeigt die Kopfzeile auch, ob sie als EN oder HD in das Deutsche Normenwerk überführt wurde. Neben der DIN-Nummer ist dabei die VDE-Klassifikation im Kopfteil einer Norm eine wichtige Aussage. Im Kopfteil einer Norm ist auch das Erscheinungsdatum platziert.

Bis zum 31.12.2003 wurde auch der Titel der Norm (in deutscher Sprache) im Kopfteil angegeben. Weitere wichtige Angaben wie

- ICS-Nummer
- Ersatzvermerk
- Titel und Untertitel in englischer und französischer Sprache
- Warnhinweis zur Vervielfältigung
- Aussagen über internationale und regionale Zusammenhänge
- Anzeige von Entwurfsveröffentlichungen
- Anzeige von Pilotfunktionen

sind auf dem Deckblatt einer VDE-Bestimmung angegeben. **Bild 1.1** zeigt einige Beispiele für Kopfzeilen von VDE-Bestimmungen, die aber keinen Anspruch auf Vollständigkeit erheben können.

Die verschiedenen Darstellungen in Bild 1.1 zeigen:

a) Eine VDE-Bestimmung, die der internationalen Arbeit bei IEC entstammt und übernommen wurde, weil regional bei CENELEC zu diesem Thema keine Arbeiten durchgeführt wurden.

b) Eine VDE-Bestimmung, die aus der regionalen Arbeit bei CENELEC stammt und als Europäische Norm in das Deutsche Normenwerk übernommen wurde.

c) Eine VDE-Bestimmung, die aus der regionalen Arbeit bei CENELEC stammt und als Europäische Norm in das Deutsche Normenwerk übernommen wurde, die aber auch einen Bezug zur internationalen Normung bei IEC hat.

d) Eine VDE-Bestimmung, die aus der regionalen Arbeit bei CENELEC stammt und als Harmonisierungsdokument in das Deutsche Normenwerk übernommen wurde.

e) Eine VDE-Bestimmung, für die weder internationale noch regionale Zusammenhänge existieren, also eine reine Deutsche Norm darstellt.

f) Eine VDE-Vornorm, die auf blauem Papier gedruckt und nicht als Deutsche Norm geführt wird. Die Angabe „Deutsche Norm" fehlt.

g) Ein VDE-Beiblatt, das ebenfalls nicht als Deutsche Norm geführt wird.

h) Eine Norm, die zwar elektrotechnische Belange zum Inhalt hat, die aber keine sicherheitsrelevanten Aussagen enthält und deshalb nicht in das VDE-Vorschriftenwerk übernommen wurde.

Neben den in Bild 1.1 gezeigten Beispielen gibt es noch Entwurfsveröffentlichungen, die, wenn sie der internationalen Arbeit entstammen, auf rosa Papier gedruckt wurden. Entwürfe nationaler Art wurden auf gelbem Papier und Vornormen auf blauem Papier gedruckt. Seit Januar 2002 werden VDE-Bestimmungen und Normen nicht mehr auf farbigem Papier herausgegeben. Normen, Vornormen, Entwürfe usw. werden generell auf weißem Papier gedruckt.

a)

	DEUTSCHE NORM	Juni 1997
VDE	Kurzschlußströme **Berechnung der Ströme in Drehstromanlagen** Teil 3: Doppelerdkurzschlußströme und Teilkurzschlußströme über Erde (IEC 909-3:1995)	**DIN** **IEC 909-3**
	Diese Norm ist zugleich eine VDE-Bestimmung im Sinne von VDE 0022. Sie ist nach Durchführung des vom VDE-Vorstand beschlossenen Genehmigungsverfahrens unter nebenstehenden Nummern in das VDE-Vorschriftenwerk aufgenommen und in der etz Elektrotechnische Zeitschrift bekanntgegeben worden.	Klassifikation **VDE 0102** Teil 3

b)

	DEUTSCHE NORM	November 1998
VDE	Sicherheit von Maschinen **Elektrische Ausrüstung von Maschinen** Teil 1: Allgemeine Anforderungen (IEC 60204-1:1997 + Corrigendum 1998) Deutsche Fassung EN 60204-1:1997	**DIN** **EN 60204-1**
	Diese Norm ist zugleich eine VDE-Bestimmung im Sinne von VDE 0022. Sie ist nach Durchführung des vom VDE-Vorstand beschlossenen Genehmigungsverfahrens unter nebenstehenden Nummern in das VDE-Vorschriftenwerk aufgenommen und in der etz Elektrotechnische Zeitschrift bekanntgegeben worden.	Klassifikation **VDE 0113** Teil 1

c)

	DEUTSCHE NORM	Juni 1998
VDE	Kurzschlußströme **Kurzschlußströme in Gleichstrom-Eigenbedarfsanlagen in Kraftwerken und Schaltanlagen** Teil 1: Berechnung der Kurzschlußströme (IEC 61660-1:1997) Deutsche Fassung EN 61660-1:1997	**DIN** **EN 61660-1**
	Diese Norm ist zugleich eine VDE-Bestimmung im Sinne von VDE 0022. Sie ist nach Durchführung des vom VDE-Vorstand beschlossenen Genehmigungsverfahrens unter nebenstehenden Nummern in das VDE-Vorschriftenwerk aufgenommen und in der etz Elektrotechnische Zeitschrift bekanntgegeben worden.	Klassifikation **VDE 0102** Teil 10
	Diese Norm enthält die deutsche Übersetzung der Internationalen Norm	**IEC 61660-1**

Bild 1.1 Kopfzeilen von verschiedenen Normen, üblich bis Ende 2003

d)

	DEUTSCHE NORM	Januar 1997
	Errichten von Starkstromanlagen mit Nennspannungen bis 1000 V Teil 4: Schutzmaßnahmen Kapitel 41: Schutz gegen elektrischen Schlag (IEC 364-4-41:1992, modifiziert) Deutsche Fassung HD 384.4.41 S2:1996	**DIN** VDE 0100-410
VDE	Diese Norm ist zugleich eine **VDE-Bestimmung** im Sinne von VDE 0022. Sie ist nach Durchführung des vom VDE-Vorstand beschlossenen Genehmigungsverfahrens unter nebenstehenden Nummern in das VDE-Vorschriftenwerk aufgenommen und in der etz Elektrotechnische Zeitschrift bekanntgegeben worden.	Klassifikation **VDE 0100** Teil 410
	Diese Norm enthält die deutsche Fassung des Harmonisierungsdokuments **HD 384.4.41 S2**	

e)

	DEUTSCHE NORM	Mai 1995
	Anforderungen an die im Bereich der Elektrotechnik tätigen Personen	**DIN** VDE 1000-10
VDE	Diese Norm ist zugleich eine **VDE-Bestimmung** im Sinne von VDE 0022. Sie ist nach Durchführung des vom VDE-Vorstand beschlossenen Genehmigungsverfahrens unter nebenstehenden Nummern in das VDE-Vorschriftenwerk aufgenommen und in der etz Elektrotechnische Zeitschrift bekanntgegeben worden.	Klassifikation **VDE 1000** Teil 10

f)

		Februar 2002
	Überwachungsanlagen	Vornorm
	Drahtlose Personen-Notsignal-Anlagen für gefährliche Alleinarbeiten Teil 1: Geräte- und Prüfanforderungen	**DIN V** VDE V 0825-1
VDE	Dies ist eine **VDE-Vornorm** im Sinne von VDE 0022. Sie ist unter nebenstehenden Nummern in das VDE-Vorschriftenwerk aufgenommen und in der etz Elektrotechnische Zeitschrift bekannt gegeben worden.	Klassifikation **VDE V 0825** Teil 1

Bild 1.1 (Fortsetzung) Kopfzeilen von verschiedenen Normen, üblich bis Ende 2003

g)

	Elektrische Anlagen von Gebäuden Teil 200: Begriffe Beiblatt 1: Zusammenfassung der deutschsprachigen Begriffe	Juni 1998
		Beiblatt 1 zu DIN VDE 0100-200
VDE	Dies ist ein VDE-Beiblatt im Sinne von VDE 0022. Es ist unter nebenstehenden Nummern in das VDE-Vorschriftenwerk aufgenommen und in der etz Elektrotechnische Zeitschrift bekanntgegeben worden.	Klassifikation Beiblatt 1 zu VDE 0100 Teil 200

Dieses Beiblatt enthält Informationen zu DIN VDE 0100-200 (VDE 0100 Teil 200), jedoch keine zusätzlichen genormten Festlegungen

h)

DK 621.3 : 001.4		Oktober 1981
	Nennwert, Grenzwert, Bemessungswert, Bemessungsdaten Begriffe	DIN 40 200
Nominal value, limiting value, rated value, rating – concepts Valeur nominale, valeur limite, valeur assignée, caractéristiques assignées – notions		

Bild 1.1 (Fortsetzung) Kopfzeilen von verschiedenen Normen, üblich bis Ende 2003

Ein neues Layout für Normen und Normentwürfe usw. wurde zum 01. Januar 2004 eingeführt. Die neu gestaltete Titelseite zeigt im bisherigen Titelfeld nur noch die Benummerung der Norm. Der Titel der Norm wird auf dem Deckblatt, etwa in Seitenmitte, nacheinander in deutscher, englischer und französischer Sprache angegeben. Daneben werden auf der Titelseite noch die ICS-Nummer, die Ersatzvermerke, der Gesamtumfang, der Anwendungswarnvermerk bei Entwürfen und die Träger der Norm angegeben. **Bild 1.2** zeigt ein Beispiel.

Seit 01.04.2005 wird auch die Schreibweise der VDE-Nummer, entsprechend den Festlegungen in DIN 820-11 „Normungsarbeit; Gestaltung von Normen mit sicherheitstechnischen Festlegungen, die VDE-Bestimmungen oder VDE-Leitlinien sind", in der Art geändert, dass das Wort „Teil" durch einen Bindestrich ersetzt wird. So wird zum Beispiel aus DIN VDE 0636-201 (VDE 0636 Teil 201) die Bezeich-

DEUTSCHE NORM   Oktober 2004

**DIN VDE 0636-201
(VDE 0636-201)**

Diese Norm ist zugleich eine **VDE-Bestimmung** im Sinne von VDE 0022. Sie ist nach Durchführung des vom VDE-Präsidium beschlossenen Genehmigungsverfahrens unter der oben angeführten Nummer in das VDE-Vorschriftenwerk aufgenommen und in der „etz Elektrotechnik + Automation" bekannt gegeben worden.

Vervielfältigung – auch für innerbetriebliche Zwecke – nicht gestattet.

ICS 29.120.50

Ersatz für
DIN VDE 0636-201
(VDE 0636-201):2003-02
Siehe jedoch Beginn der Gültigkeit

**Niederspannungssicherungen (NH-System) –
Teil 2-1: Zusätzliche Anforderungen an Sicherungen zum Gebrauch durch
Elektrofachkräfte bzw. elektrotechnisch unterwiesene Personen
(Sicherungen überwiegend für den industriellen Gebrauch) –
Hauptabschnitt I bis VI: Beispiele von genormten Sicherungstypen
(IEC 60269-2-1:1998 + A1:1999 + A2:2002, modifiziert);
Deutsche Fassung HD 630.2.1 S6:2003**

Low-voltage fuses –
Part 2-1: Supplementary requirements for fuses for use by authorized persons (fuses mainly for industrial application) –
Sections I to VI: Examples of types of standardized fuses
(IEC 60269-2-1:1998 + A1:1999 + A2:2002, modified);
German version HD 630.2.1 S6:2003

Fusibles basse tension –
Partie 2-1: Règles supplémentaires pour les fusibles destinés à être utilisés par des personnes habilitées (fusibles pour usages essentiellement industriels) –
Sections I à VI: Exemples de fusibles normalisés
(CEI 60269-2-1:1998 + A1:1999 + A2:2002, modifiée);
Version allemande HD 630.2.1 S6:2003

Gesamtumfang 86 Seiten

DKE Deutsche Kommission Elektrotechnik Elektronik Informationstechnik im DIN und VDE

© DIN Deutsches Institut für Normung e. V. und VDE Verband der Elektrotechnik Elektronik Informationstechnik e. V.
Jede Art der Vervielfältigung, auch auszugsweise, nur mit Genehmigung des DIN, Berlin, und
des VDE, Frankfurt am Main, gestattet.
Einzelverkauf und Abonnements durch VDE VERLAG GMBH, 10625 Berlin
Einzelverkauf auch durch Beuth Verlag GmbH, 10772 Berlin · 10.04 vwu

Preisgr. 47 K
VDE-Vertr.-Nr. 0636031

Bild 1.2 Titelseite (Deckblatt) einer DIN VDE-Norm ab Januar 2004 für das Layout und ab April 2005 für die Schreibweise der VDE-Nummer

nung DIN VDE 0636-201 (VDE 0636-201), wie in Bild 1.2 auch gezeigt. Die neue Schreibweise wird auch bei der Angabe von VDE-Bestimmungen verwendet, die noch die alte Nummerierung tragen.

In Normen wird fast immer auf andere Normen Bezug genommen oder darauf verwiesen. Zu der dabei angewandten Verweistechnik ist zu bemerken:

- Bei einer **undatierten Verweisung** im normativen Text (Verweisung auf eine Norm ohne Angabe des Ausgabedatums und ohne Hinweis auf eine Abschnittsnummer, eine Tabelle, ein Bild usw.) bezieht sich die Verweisung immer auf die jeweils neueste Ausgabe der Norm, auf die Bezug genommen wird (einschließlich aller Änderungen der Norm).

- Bei einer **datierten Verweisung**, also mit Angabe des Ausgabedatums, bezieht sich die Verweisung immer auf die Ausgabe der Norm, auf die Bezug genommen wurde.

1.5 Prüf- und Zertifizierungszeichen

Aus der großen Menge von Prüf- und Zertifizierungszeichen sind für elektrische Anlagen und Betriebsmittel die folgenden von besonderer Bedeutung:

VDE-Zeichen

Das VDE-Zeichen (**Bild 1.3**) kennzeichnet die Konformität mit den VDE-Bestimmungen bzw. europäischen oder international harmonisierten Normen und bestätigt die Einhaltung der Schutzanforderungen der zutreffenden Richtlinien. Das VDE-Zeichen steht für die Sicherheit des Produkts hinsichtlich elektrischer, mechanischer, toxischer, radiologischer und sonstiger Gefährdung.

Bild 1.3 VDE-Prüfzeichen

Das VDE-Zeichen ist für Installationsmaterial, Einzelteile, Betriebsmittel und auch für technische Arbeitsmittel im Sinne des Gerätesicherheitsgesetzes anwendbar. Weitere VDE-Prüfzeichen (z. B. Prägung, Aufdruck und Kennfaden) kommen zur Kennzeichnung von Leitungen und Kabeln zum Einsatz.

GS-Zeichen

Das Gesetz über technische Arbeitsmittel gilt für alle verwendungsfähigen Betriebsmittel und Arbeitseinrichtungen. Der Hersteller oder Einführer eines Betriebsmittels oder technischen Arbeitsmittels darf dieses mit dem Bundesminister für Arbeit und Sozialordnung im Bundesgesetzblatt bekannt gemachte GS-Zeichen (GS = Geprüfte Sicherheit) versehen, wenn es von einer Prüfstelle einer Bauartprüfung unterzogen wurde. Das GS-Zeichen (**Bild 1.4**) ist in Verbindung mit dem Zeichen einer Prüfstelle (z. B. VDE, TÜV, DEKRA) anzugeben. Das Prüfstellenzeichen darf bei einer Höhe bis 20 mm in das GS-Zeichen integriert sein. Bei einer Höhe über 20 mm steht das Prüfstellenzeichen separat. Der Hersteller muss Kontrollmaßnahmen durch die zugelassene Prüfstelle zulassen.

 a)    b)

Bild 1.4 GS-Zeichen
a) Höhe über 20 mm
b) Höhe bis einschließlich 20 mm

ENEC-Zeichen

Das ENEC-Zeichen (**Bild 1.5**) ist das zwischen den nationalen Zertifizierungsstellen europäischer Länder gemeinsam vereinbarte europäische Konformitätszeichen für Produkte der Elektrotechnik. Das ENEC-Zeichen steht für die Konformität mit europäischen Normen und wird durch eine (einzige) am ENEC-Abkommen teilnehmende Zertifizierungsstelle erteilt.

Bild 1.5 ENEC-Zeichen (die Verwendung des VDE-Zeichens ist optional)
Dabei bedeuten:
EN   European Norms
EC   Electrical Certification
10   Identifikationsnummer der Zertifizierungsstelle

Die Zertifizierungsstellen der Länder müssen Erzeugnisse, die berechtigterweise das ENEC-Zeichen tragen, so behandeln, als hätten sie das vereinbarte Zeichen selbst erteilt. Somit dient das ENEC-Zeichen dem freien Warenverkehr in den Märkten des europäischen Wirtschaftsraums einschließlich der Schweiz und in zunehmendem Maße dem osteuropäischen Markt. Die Mitgliedsländer und Prüfstellen mit Identifikationsnummer der Prüfstelle sind in **Tabelle 1.1** aufgelistet.

Ident. Nr.	Land	Zertifizierungsstelle
01	Spanien	AENOR
02	Belgien	CEBEC
03	Italien	IMQ
04	Portugal	IPQ
05	Niederlande	KEMA
06	Irland	NSAI
07	Luxemburg	SEE
08	Frankreich	UTE
09	Griechenland	ELOT
10/24/25	Deutschland	VDE/TÜV Rheinland/TÜV Product Service
11	Österreich	ÖVE
12/19/20	Großbritannien	BSI/BEAB/ASTA
13	Schweiz	SEV
14	Schweden	SEMKO
15	Dänemark	DEMKO
16	Finnland	FIMKO
17	Norwegen	NEMKO
18	Ungarn	MEEI
21	Tschechien	EZU
22	Slowenien	SIQ

Die Tabelle entspricht dem Stand April 2005; der aktuelle Stand ist auf der Internet-Homepage **www.enec.com** zu finden.

Tabelle 1.1 Mitgliedsländer und Prüfstellen des ENEC-Abkommens

CE-Zeichen

Das CE-Kennzeichen (**Bild 1.6**) ist eine gesetzliche Kennzeichnung und kein Prüfzeichen für elektrische Betriebsmittel. Auf Erzeugnissen, die innerhalb der Europäischen Union (EU) vertrieben werden, hat der Hersteller oder Importeur das CE-Zeichen anzubringen, um zu dokumentieren, dass das Produkt allen erforderlichen EG-Richtlinien entspricht.

Bild 1.6 CE-Zeichen

VDE-EMV-Zeichen

Die EG-Richtlinie über die elektromagnetische Verträglichkeit (EMV-Richtlinie) nennt EMV-Schutzziele, die hochfrequente Störaussendungen (Störspannung und Störfeldstärke) und niederfrequente Störaussendung (Netzoberschwingungen) begrenzen. Das VDE-EMV-Zeichen (**Bild 1.7**) wird vergeben für Geräte, die den Anforderungen entsprechen.

Bild 1.7 VDE-EMV-Zeichen

Die Einhaltung der EMV-Richtlinie gewährleistet, dass Geräte weder unzulässige Störungen abgeben noch in ihrer Funktion von anderen Geräten beeinträchtigt werden. Es können auch mehrere Geräte nebeneinander betrieben werden, ohne dass sie sich gegenseitig beeinflussen. Die EMV-Verträglichkeit ist besonders dort notwendig, wo empfindliche elektronische Geräte betrieben werden.

1.6 Anwendungsbereich und Struktur der DIN VDE 0100 – DIN VDE 0100-100

Die VDE-Bestimmung DIN VDE 0100 (VDE 0100-100) „Errichten von Niederspannungsanlagen" und die entsprechenden internationalen Normen wie das Harmonisierungsdokument HD 384 sowie die IEC-Publikation IEC 60364 sind anzuwenden bei der Planung und Errichtung sowie Änderung und Erweiterung von elektrischen Anlagen, die mit Nennspannungen bis AC 1000 V (Effektivwert) und DC 1500 V betrieben werden. Die bevorzugten Frequenzen bei AC sind 50 Hz, 60 Hz und 400 Hz, wobei andere Frequenzen für besondere Anwendungsfälle nicht ausgeschlossen sind. Sie gilt in gleicher Weise auch bei Erweiterungen oder Änderungen bestehender Anlagen, bei Änderung der Raumart und/oder Nutzung oder wenn eine Anpassungsforderung in einer Bestimmung aufgenommen ist.

Hauptanwendungsbereiche der DIN VDE 0100 sind:

- Wohnanwesen
- Gewerbeanwesen
- öffentliche Anwesen
- Industrieanwesen

- landwirtschaftliche und gartenbauliche Anwesen
- vorgefertigte Gebäude
- Caravan, Campingplätze und ähnliche Plätze
- Baustellen, Ausstellungen, Messen und andere vorübergehend errichtete Anlagen
- Marinas

Außerdem ist die Norm DIN VDE 0100 für folgende Anlagen und Bereiche anzuwenden:

- Stromkreise, die mit Spannungen über AC 1000 V betrieben werden und über Anlagen mit Nennspannungen bis AC 1000 V versorgt werden (z. B. Beleuchtungsanlagen mit Entladungslampen, elektrostatische Sprühanlagen). Die innere Verdrahtung der Geräte ist davon ausgenommen.
- Für alle Verdrahtungen sowie Kabel- und Leitungsanlagen, die nicht durch entsprechende Gerätenormen abgedeckt sind.
- Für alle Verbraucheranlagen außerhalb von Gebäuden.
- Für feste Kabel und Leitungsanlagen für die Informations- und Kommunikationstechnik, Meldung, Steuerung und Ähnliches. Die innere Verdrahtung der Geräte ist davon ausgenommen.

In den verschiedenen Teilen der Gruppen 300 bis 600 sind die allgemein für elektrische Anlagen gültigen Forderungen wie „Allgemeine Festlegungen" (Gruppe 300), „Schutzmaßnahmen" (Gruppe 400), „Auswahl und Errichtung elektrischer Betriebsmittel" (Gruppe 500) und „Prüfungen" (Gruppe 600) beschrieben.

Die Teile der Gruppe 700 – **Anforderungen für Betriebsstätten, Räume und Anlagen besonderer Art** – enthalten in der Regel zusätzlich geltende Forderungen. Für diese Betriebsstätten, Anlagen und Räume gelten neben den Anforderungen, die in den Teilen der Gruppen 300 bis 600 beschrieben sind, noch zusätzliche Anforderungen, die in den Teilen der Gruppe 700 enthalten sind. Wichtige Teile sind zum Beispiel (Titel nur in Kurzform, Aufzählung nicht vollständig):

- Teil 701 Baderäume
- Teil 702 Schwimmbäder
- Teil 703 Saunen
- Teil 704 Baustellen
- Teil 705 Landwirtschaftliche und gartenbauliche Anwesen
- .....
- Teil 710 Medizinisch genutzte Bereiche
- Teil 711 Ausstellung, Shows und Stände
- Teil 714 Beleuchtungsanlagen im Freien
- Teil 721 Caravans, Boote und Jachten

- Teil 722 Wagen und Wohnwagen nach Schaustellerart
- .....
- Teil 737 Feuchte und nasse Bereiche und Anlagen im Freien
- Teil 739 Zusätzlicher Schutz bei direktem Berühren
- .....
- Teil 753 Fußboden- und Decken-Flächenheizungen

Für eine Reihe von Anlagen, die mit Niederspannung betrieben werden, gilt DIN VDE 0100 nicht, da die Forderungen in besonderen Bestimmungen enthalten sind. Hierzu gehören zum Beispiel (Titel nur in Kurzform, Aufzählung nicht vollständig):

- DIN VDE 0108 Bauliche Anlagen für Menschenansammlungen
- DIN VDE 0113 Sicherheit von Maschinen
- DIN VDE 0118 Anlagen im Bergbau unter Tage
- DIN VDE 0165 Anlagen in explosionsgefährdeten Bereichen

Außerdem gilt DIN VDE 0100 nicht für:

- elektrische Bahnanlagen (einschließlich Fahrzeuge und Signaltechnik)
- elektrische Betriebsmittel von Kraftfahrzeugen (einschließlich Elektroautos)
- elektrische Anlagen an Bord von Schiffen sowie auf beweglichen und fest verankerten Plattformen vor Küsten (z. B. Bohr- und Förderplattformen)
- elektrische Anlagen von Flugzeugen
- öffentliche Beleuchtungsanlagen, die Teil des öffentlichen Versorgungsnetzes sind

  Anmerkung: Für andere Beleuchtungsanlagen im Freien gilt DIN VDE 0100-714

- Anlagen im Bergbau, Tagebau und in Steinbrüchen
- Betriebsmittel zur Funk-Entstörung, es sei denn, dass diese die Sicherheit der elektrischen Anlagen beeinflussen
- Elektrozaunanlagen
- Blitzschutzanlagen von Gebäuden

Weiterhin ist nicht vorgesehen, DIN VDE 0100 anzuwenden für:

- öffentliche oder privat betriebene Versorgungsnetze zur Verteilung elektrischer Energie
- die Stromerzeugung, Stromübertragung und ihre Hilfseinrichtungen für öffentliche oder private Versorgungsnetze

Anmerkung: Es ist den einzelnen Ländern freigestellt, die Norm ganz oder teilweise für die genannten Zwecke anzuwenden. **In Deutschland gelangt die DIN VDE 0100 für öffentliche und private Verteilungsnetze zur Anwendung.**

Der Aufbau der DIN VDE 0100 ist so gehalten, dass der Planer bzw. Errichter einer Anlage systematisch vorgehen kann. Nach dem Anwendungsbereich (Teil 100) über die Begriffe (Teil 200) gelangt der Planer bzw. Errichter zum Teil 300 zu den Bestimmungen allgemeiner Merkmale für eine Anlage. Die Schutzmaßnahmen sind in den Teilen 410 bis 482 beschrieben, und für die Auswahl und Errichtung elektrischer Betriebsmittel gelten die Teile 510 bis 560. Nach Durchlaufen dieser Schritte folgen noch die Prüfungen (Teil 610), die für alle Komponenten durchzuführen sind. Die Anforderungen für Betriebsstätten, Räume und Anlagen besonderer Art sind in den verschiedenen Teilen der Gruppe 700 zu finden. Die Struktur der DIN VDE 0100 zeigt **Bild 1.8**.

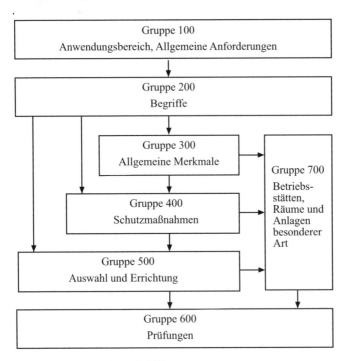

Bild 1.8 Struktur der DIN VDE 0100

1.7 Literatur zu Kapitel 1

[1] Barz, N.; Moritz, D.: EG-Niederspannungsrichtlinie. VDE-Schriftenreihe, Bd. 69. 2. Aufl., Berlin und Offenbach: VDE VERLAG, 2001

[2] Niedziella, W.: Wie funktioniert Normung? VDE-Schriftenreihe, Bd. 107. Berlin und Offenbach: VDE VERLAG, 2000

[3] Barz, N.; Ackers, D.; Moritz, D.: Europäische Sicherheitsvorschriften für elektrische Betriebsmittel. Berlin und Offenbach: VDE VERLAG, 2004

[4] Moritz, D.: Das Geräte- und Produktensicherheitsgesetz (GSPG). VDE-Schriftenreihe, Bd. 116. Berlin und Offenbach: VDE VERLAG, 2004

2 Begriffe – DIN VDE 0100-200

Begriffe sind wichtige Bestandteile von Normen. Sie dienen der einheitlichen Sprachregelung und der besseren Verständigung, besonders bei Arbeiten im internationalen Bereich. So sollen auch alle elektrotechnischen Begriffe künftig im „International Electrotechnical Vocabulary" (IEV) aufgenommen werden. In Teil 200 wird deshalb zwischen „international festgelegten Begriffen", die im IEV aufgenommen sind, und „national festgelegten Begriffen" unterschieden. Im Folgenden sind häufig vorkommende Begriffe zusammengestellt. Die Begriffe geben den Teil 200 nicht komplett wieder; die Reihenfolge ist willkürlich. Begriffe, die keine allgemein gültigen Festlegungen treffen, werden an der Stelle erläutert, an der sie benötigt werden. Auch in den verschiedenen Teilen von DIN VDE 0100, hauptsächlich in den Teilen zur Gruppe 700, sind noch weitere Begriffe enthalten, die für die jeweilige Norm wichtig sind, aber für die Normenreihe DIN VDE 0100 nur untergeordnete Bedeutung haben.

2.1 Bemessungsdaten – DIN 40200

Elektrische Größen sind zunächst nach DIN 40200 „Nennwert, Grenzwert, Bemessungswert, Bemessungsdaten" zu unterscheiden in:

- Nennwert (en: nominal value)

  Ein geeigneter gerundeter Wert einer Größe zur Bezeichnung oder Identifizierung eines Elements, einer Gruppe oder einer Einrichtung. Zum Beispiel: Nennspannung, Nennstrom, Nennleistung, Nennfrequenz und dgl.

- Bemessungswert (en: rated value)

  Ein für eine vorgegebene Betriebsbedingung geltender Wert einer Größe, der im allgemeinen vom Hersteller für ein Element, eine Gruppe oder eine Einrichtung festgelegt wird. Zum Beispiel: Bemessungsspannung, Bemessungsstrom, Bemessungsleistung und dgl.

- Grenzwert (en: limiting value)

  Der in einer Festlegung enthaltene größte oder kleinste zulässige Wert einer Größe. Zum Beispiel: oberer Grenzwert der Spannung 12 kV, unterer Grenzwert der Spannung 10 kV.

- Bemessungsdaten (en: rating)

  Zusammenstellung von Bemessungswerten und Betriebsbedingungen.

Als Index für Formelzeichen wurden national (DIN 1304-1) und international (IEC 60027-1) festgelegt
- Nennwert „n" oder „nom", z. B. für die Nennspannung U_n oder U_{nom}
- Bemessungswert „r" oder „rat", z. B. für den Bemessungsstrom I_r oder I_{rat}

International wurde vereinbart, die bisher üblichen „Nennwerte" für Geräte und Betriebsmittel in „Bemessungswerte" zu ändern. Nach IEC 60027-1 sollten die bisher für Nennwerte verwendeten Indizes „n" oder „nom" durch „r" oder „rat" ersetzt werden. Prinzipiell ist festzustellen, dass es sich um „Nennwerte" handelt, wenn eine Einheit oder Anlage nach diesem Wert benannt ist, zum Beispiel die Netz-Nennspannung U_n. Das in diesem Netz eingesetzte Betriebsmittel bzw. Gerät ist dann unter Berücksichtigung der Grenzabweichungen zu bemessen, d. h., es ist vom „Bemessungswert", zum Beispiel von der Bemessungsspannung U_r, zu sprechen.

Die Abgrenzung zwischen „Nennwert" und „Bemessungswert" ist nicht immer einfach. Häufig sind die Werte gleich, zum Beispiel haben bei einem LS-Schalter der Bemessungsstrom und der Nennstrom denselben Wert. Auch bei einem Synchronmotor mit einer Umdrehungszahl von 1500 min^{-1} ist dieser Wert sowohl Nenndrehzahl, weil der Anwender von dieser Drehzahl ausgeht, als auch Bemessungsdrehzahl, weil sie Grundlage für die Konstruktion des Motors ist. Bei einem Mittelspannungsnetz, das zum Beispiel als „20-kV-Netz" bezeichnet wird, der Begriff also der Bezeichnung des Netzes dient, das aber für eine obere Grenzspannung (Grenzwert) von 24 kV gebaut ist, ist die Bemessungsspannung $U_r = 24$ kV, die Nennspannung $U_n = 20$ kV. Ein Nennwert kann also Grenzabweichungen nach oben und/oder nach unten haben.

Die vorgegebene Verwendung der Indizes hat sich in Deutschland und auch im Ausland noch nicht richtig durchsetzen können. So werden auch in verschiedenen neuen Normen weiterhin die Bemessungsspannung mit U_n, der Bemessungsstrom mit I_n und die Bemessungsfrequenz mit f_n bezeichnet.

2.2 Anlagen, Betriebsmittel und Netze

Elektrische Anlagen (von Gebäuden) sind alle einander zugeordneten elektrischen Betriebsmittel für einen bestimmten Zweck und mit koordinierten Kenngrößen.
(Quelle: DIN VDE 0100-200 Abschnitt 2.1.1)

Starkstromanlagen sind elektrische Anlagen mit Betriebsmitteln zum Erzeugen, Umwandeln, Speichern, Fortleiten, Verteilen und Verbrauchen elektrischer Energie mit dem Zweck des Verrichtens von Arbeit.
(Quelle: DIN VDE 0100-200 Abschnitt A.1.1)

Verbraucheranlage ist die Gesamtheit aller elektrischen Betriebsmittel hinter dem Hausanschlusskasten oder, wo dieser nicht benötigt wird, hinter den Ausgangsklemmen der letzten Verteilung vor den Verbrauchsmitteln.
(Quelle: DIN VDE 0100-200 Abschnitt A.1.4)

Hausinstallationen sind Starkstromanlagen mit Nennspannungen bis 250 V gegen Erde für Wohnungen sowie andere Starkstromanlagen mit Nennspannungen bis 250 V gegen Erde, die in Art und Umfang den Starkstromanlagen für Wohnungen entsprechen.
(Quelle: DIN VDE 0100-200 Abschnitt A.1.8)

Speisepunkt einer elektrischen Anlage (Anfang der elektrischen Anlage) ist der Punkt, an dem die elektrische Energie in die Anlage eingespeist wird.
(Quelle: DIN VDE 0100-200 Abschnitt 2.1.2)

Verteilungsnetz ist die Gesamtheit aller Leitungen und Kabel vom Stromerzeuger bis zur Verbraucheranlage ausschließlich.
(Quelle: DIN VDE 0100-200 Abschnitt A.1.2)

Hausanschlusskasten ist die Übergabestelle vom Verrteilungsnetz zur Verbraucheranlage. Er ist in der Lage, Überstrom-Schutzeinrichtungen, Trennmesser, Schalter oder sonstige Geräte zum Trennen und Schalten aufzunehmen.
(Quelle: DIN VDE 0100-732 Abschnitt 2.3)

Elektrische Betriebsmittel sind alle Gegenstände, die zum Zwecke der Erzeugung, Umwandlung, Übertragung, Verteilung und Anwendung von elektrischer Energie benutzt werden.
(Quelle: DIN VDE 0100-200 Abschnitt 2.7.1)

Elektrische Verbrauchsmittel sind Betriebsmittel, die dazu bestimmt sind, elektrische Energie in eine andere Form der Energie umzuwandeln.
(Quelle: DIN VDE 0100-200 Abschnitt 2.7.2)

Ortsveränderliche Betriebsmittel sind Betriebsmittel, die während des Betriebs bewegt werden oder die leicht von einem Platz zu einem anderen gebracht werden können, während sie an den Versorgungsstromkreis angeschlossen sind.
(Quelle: DIN VDE 0100-200 Abschnitt 2.7.4)

Ortsfeste Betriebsmittel sind fest angebrachte Betriebsmittel oder Betriebsmittel, die keine Tragevorrichtung haben und deren Masse so groß ist, dass sie nicht leicht bewegt werden können. In IEC-Normen ist für Geräte für den Hausgebrauch die Masse mit 18 kg festgelegt.
(Quelle: DIN VDE 0100-200 Abschnitt 2.7.6)

Fest angebrachte Betriebsmittel sind Betriebsmittel, die auf einer Haltevorrichtung angebracht oder in einer anderen Weise fest an einer bestimmten Stelle montiert sind.
(Quelle: DIN VDE 0100-200 Abschnitt 2.7.7)

Handgeräte sind ortsveränderliche Betriebsmittel, die dazu bestimmt sind, während des üblichen Gebrauchs in der Hand gehalten zu werden, und bei denen ein gegebenenfalls eingebauter Motor einen festen Bestandteil des Betriebsmittels bildet. Ortsveränderliche Betriebsmittel können nicht nur Motoren, sondern zum Beispiel auch Heizeinrichtungen enthalten, da das Kriterium für Handgeräte nicht nur vom motorischen Antrieb abhängt.
(Quelle: DIN VDE 0100-200 Abschnitt 2.7.5)

RCD ist der Oberbegriff für:

- RCDs mit Hilfsspannungsquelle, die als „Differenzstrom-Schutzeinrichtungen" bezeichnet werden,
- RCDs ohne Hilfsspannungsquelle, die als „Fehlerstrom-Schutzeinrichtungen" bezeichnet werden.

IP-Code ist ein Bezeichnungssystem, um die Schutzarten durch ein Gehäuse gegen den Zugang zu gefährlichen Teilen, Eindringen von festen Fremdkörpern und Eindringen von Wasser anzuzeigen und zusätzliche Informationen in Verbindung mit einem solchen Schutz anzugeben.
(Quelle: DIN VDE 0470-1 Abschnitt 3.4)

2.3 Schutzmaßnahmen und Teile einer Anlage

Aktive Teile sind Leiter oder leitfähige Teile, die dazu bestimmt sind, bei ungestörtem Betrieb unter Spannung zu stehen. Hierzu gehört auch der Neutralleiter, vereinbarungsgemäß aber nicht der Schutzleiter. Der Begriff besagt nicht unbedingt, dass die Gefahr eines elektrischen Schlags besteht.
(Quelle: DIN VDE 0100-200 Abschnitt 2.3.1)

Fremde leitfähige Teile sind Teile, die nicht zur elektrischen Anlage gehören, die jedoch ein elektrisches Potential einschließlich des Erdpotentials einführen können. Hierzu gehören auch leitfähige Fußböden und Wände, wenn durch diese ein elektrisches Potential einschließlich des Erdpotentials eingeführt werden kann.
(Quelle: DIN VDE 0100-200 Abschnitt 2.3.3)

Gefährliche aktive Teile sind Teile, von denen unter bestimmten Bedingungen äußerer Einflüsse ein elektrischer Schlag ausgehen kann.
(Quelle: DIN VDE 0100-200 Abschnitt 2.3.15)

Gleichzeitig berührbare Teile sind Leiter oder leitfähige Teile, die von einer Person – ggf. auch von Nutztieren (Haustieren) – gleichzeitig berührt werden können.
(Quelle: DIN VDE 0100-200 Abschnitt 2.3.10)

Körper sind berührbare, leitfähige Teile eines elektrischen Betriebsmittels, das normalerweise nicht unter Spannung steht, das jedoch im Fehlerfall unter Spannung stehen kann.
(Quelle: DIN VDE 0100-200 Abschnitt 2.3.2)

Abdeckung ist ein Teil, durch das Schutz gegen direktes Berühren in allen üblichen Zugangs- oder Zugriffsrichtungen gewährt wird.
(Quelle: DIN VDE 0100-200 Abschnitt 2.3.13)

Umhüllung = Gehäuse ist ein Teil, das ein Betriebsmittel gegen bestimmte äußere Einflüsse schützt und durch das Schutz gegen direktes Berühren in allen Richtungen gewährt wird.
(Quelle: DIN VDE 0100-200 Abschnitt 2.3.12)

Hindernis ist ein Teil, das ein unbeabsichtigtes direktes Berühren verhindert, nicht aber eine absichtliche Handlung.
(Quelle: DIN VDE 0100-200 Abschnitt 2.3.14)

Handbereich ist der Bereich, der sich von Standflächen aus erstreckt, die üblicherweise betreten werden, und dessen Grenzen eine Person in allen Richtungen ohne Hilfsmittel mit der Hand erreichen kann.
(Quelle: DIN VDE 0100-200 Abschnitt 2.3.11)

Direktes Berühren ist das Berühren aktiver Teile durch Personen oder Nutztiere (Haustiere).
(Quelle: DIN VDE 0100-200 Abschnitt 2.3.5)

Indirektes Berühren ist das Berühren von Körpern elektrischer Betriebsmittel, die infolge eines Fehlers unter Spannung stehen, durch Personen oder Nutztiere (Haustiere).
(Quelle: DIN VDE 0100-200 Abschnitt 2.3.6)

Schutz gegen direktes Berühren (Basisschutz) sind alle Maßnahmen zum Schutz von Personen und Nutztieren vor Gefahren, die sich aus einer Berührung mit aktiven Teilen elektrischer Betriebsmittel ergeben. Es kann sich hierbei um einen vollständigen oder teilweisen Schutz handeln. Bei teilweisem Schutz besteht nur ein Schutz gegen zufälliges Berühren.
(Quelle: DIN VDE 0100-200 Abschnitt A.8.1)

Schutz bei indirektem Berühren (Fehlerschutz) ist der Schutz von Personen und Nutztieren vor Gefahren, die sich im Fehlerfall aus einer Berührung mit Körpern oder fremden leitfähigen Teilen ergeben können.
(Quelle: DIN VDE 0100-200 Abschnitt A.8.4)

Schutz bei direktem Berühren (Zusatzschutz) sind alle Maßnahmen zum Schutz von Personen und Nutztieren vor Gefahren, die sich aus der Berührung aktiver Teile elektrischer Betriebsmittel ergeben, wenn Schutzmaßnahmen gegen direktes Berühren (Basisschutz) versagen und Schutzmaßnahmen bei indirektem Berühren (Fehlerschutz) nicht wirksam werden können.

Schutz durch Begrenzung des Beharrungsstroms und der Entladeenergie ist der Schutz gegen elektrischen Schlag durch die Konzeption des Stromkreises oder Betriebsmittels, sodass unter üblichen Bedingungen oder unter Fehlerbedingungen der Beharrungsstrom und die Entladeenergie auf einen Wert begrenzt sind, der unter der Gefährdungsgrenze (Gefährlichkeitsgrenze) liegt.
(Quelle: DIN VDE 0100-200 Abschnitt 2.3.16)

Elektrischer Schlag ist der pathophysiologische Effekt, der durch einen elektrischen Strom ausgelöst wird, der den menschlichen Körper oder den Körper eines Tieres durchfließt.
(Quelle: DIN VDE 0100-200 Abschnitt 2.3.4)

2.4 Elektrische Stromkreise

Stromkreis (elektrischer Stromkreis in einer Anlage) ist die Gesamtheit der elektrischen Betriebsmittel einer Anlage, die von demselben Speisepunkt versorgt wird und durch dieselbe Überstrom-Schutzeinrichtung geschützt wird.
(Quelle: DIN VDE 0100-200 Abschnitt 2.5.1)

Hauptstromkreise sind Stromkreise, die Betriebsmittel zum Erzeugen, Umformen, Verteilen, Schalten und Verbrauch elektrischer Energie enthalten.
(Quelle: DIN VDE 0100-200 Abschnitt A.1.5.1)

Hilfsstromkreise sind Stromkreise für zusätzliche Funktionen, wie Steuerstromkreise, Meldestromkreise und Messstromkreise.
(Quelle: DIN VDE 0100-200 Abschnitt A.1.5.2)

Endstromkreis in einer Anlage ist ein Stromkreis, an den unmittelbar Verbrauchsmittel oder Steckdosen angeschlossen sind.
(Quelle: DIN VDE 0100-200 Abschnitt 2.5.3)

Verteilungsstromkreis ist ein Stromkreis, der eine Verteilungstafel oder einen Schaltschrank versorgt.
(Quelle: DIN VDE 0100-200 Abschnitt 2.5.2)

2.5 Spannungen

Bei den angegebenen Spannungswerten handelt es sich normalerweise um Effektivwerte bei AC und um arithmetische Mittelwerte bei DC.

Nennspannung (einer Anlage) ist die Spannung, durch die eine Anlage oder ein Teil der Anlage gekennzeichnet ist.
(Quelle: DIN VDE 0100-200 Abschnitt 2.2.1)

Nennspannung eines Netzes (Netzspannung) ist die Spannung, nach der das Netz benannt ist und auf die sich bestimmte Betriebsgrößen des Netzes beziehen.
(Quelle: DIN VDE 0100-200 Abschnitt A.4.2)

Die Nennspannung wird auch durch die Kombination der Werte U_0/U angegeben. Dabei ist U die Spannung zwischen den Außenleitern und U_0 die Spannung zwischen Außenleiter und Erde.

Höchste Spannung eines Netzes U_m ist der höchste Spannungswert eines Systems, für die Betriebsmittel verwendet werden dürfen.

Bemessungsspannung (eines Betriebsmittels) ist die Spannung, die vom Hersteller dem Betriebsmittel zugeordnet ist.

Spannung gegen Erde ist:

- in Netzen mit geerdetem Mittel- oder Sternpunkt die Spannung eines Außenleiters gegen den geerdeten Mittel- oder Sternpunkt,
- in den übrigen Netzen die Spannung, die bei Erdschluss eines Außenleiters an den übrigen Außenleitern gegen Erde auftritt.

(Quelle: DIN VDE 0100-200 Abschnitt A.4.5)

Betriebsspannung U_B ist die jeweils örtlich zwischen den Leitern herrschende Spannung an einem Betriebsmittel oder Anlageteil.
(Quelle: DIN VDE 0100-200 Abschnitt A.4.4)

Berührungsspannung U_T (touch voltage) ist die Spannung, die zwischen gleichzeitig berührbaren Teilen während eines Isolationsfehlers auftreten kann. Dabei kann der Strom durch die Impedanz einer Person erheblich beeinflusst werden.
(Quelle: DIN VDE 0100-200 Abschnitt 2.2.2)

Zu erwartende Berührungsspannung U_{PT} (prospective touch voltage) ist die höchste Berührungsspannung, die im Falle eines Fehlers mit vernachlässigbarer Impedanz in einer elektrischen Anlage je auftreten kann.
(Quelle: DIN VDE 0100-200 Abschnitt 2.2.3)

Vereinbarte Grenze der Berührungsspannung U_L (conventional touch voltage limit) ist der Höchstwert der Berührungsspannung, der zeitlich unbegrenzt bestehen bleiben darf.
(Quelle: DIN VDE 0100-200 Abschnitt 2.2.4)

Spannungsbereiche sind im CENELEC-HD 193 und in der IEC-Publikation 449 „Spannungsbereiche für elektrische Anlagen von Gebäuden" beschrieben. Sie sind in **Tabelle 2.1** dargestellt.

Spannungs-bereich	Strom-art	geerdete Netze		isolierte oder nicht wirksam geerdete Netze
		Außenleiter–Erde	Außenleiter–Außenleiter[1]	Außenleiter–Außenleiter[1]
I	AC[2]	$U \leq 50$ V		
	DC[3]	$U \leq 120$ V		
II	AC[2]	$50\text{ V} < U \leq 600\text{ V}$	$50\text{ V} < U \leq 1000\text{ V}$	
	DC[3]	$120\text{ V} < U \leq 900\text{ V}$	$50\text{ V} < U \leq 1500\text{ V}$	

[1] Für AC gilt die Spannung zwischen den Außenleitern L1, L2, L3 für DC gilt die Spannung zwischen den Leitern L+, L–
[2] Für AC gelten Effektivwerte
[3] Die Werte für DC gelten für oberschwingungsfreie Gleichspannung

Tabelle 2.1 Darstellung der Spannungsbereiche für AC und DC

Normspannungen sind nach DIN IEC 60038 (VDE 0175) festgelegt und in **Tabelle 2.2** dargestellt. Das festgelegte Toleranzband für die Spannungen liegt bei ± 10 %.

Gleichspannung in V	Wechselspannung in V
6	6
12	12
24	24
36	–
48	48
60	–
72	–
96	–
110	110
220	120/240[1]
440	230/400[2]
–	277/480[2]
750	400/690[2]
1500	1000[2]
[1] Einphasen-Dreileiternetze	
[2] Drehstrom-Drei- oder -Vierleiternetze	

Tabelle 2.2 Normspannungen (Vorzugswerte) für Gleich- und Wechselspannungen bis 1000 V AC und 1500 V DC

2.6 Ströme

Nennstrom (einer Anlage) ist der Strom, durch die eine Anlage oder ein Teil der Anlage gekennzeichnet ist.

Bemessungsstrom (eines Betriebsmittels) ist der vom Hersteller angegebene, dem Betriebsmittel zugeordnete Strom.

Betriebsstrom (eines Stromkreises) I_b ist der Strom, den der Stromkreis im ungestörten Betrieb führen soll.
(Quelle: DIN VDE 0100-200 Abschnitt 2.5.4)

Zulässige (Dauer-) Strombelastbarkeit (eines Leiters) I_z ist der höchste Strom, der von einem Leiter unter festgelegten Bedingungen dauernd geführt werden kann, ohne dass seine dauernd zulässige Temperatur einen festgelegten Wert überschreitet.
(Quelle: DIN VDE 0100-200 Abschnitt 2.5.5)

Überstrom ist der Strom, der den Bemessungswert überschreitet. Der Bemessungswert für Leiter ist die zulässige Strombelastbarkeit. Überstrom ist der Oberbegriff für Überlaststrom und Kurzschlussstrom.
(Quelle: DIN VDE 0100-200 Abschnitt 2.5.6)

Überlaststrom (eines Stromkreises) ist der Überstrom, der in einem fehlerfreien Stromkreis auftritt.
(Quelle: DIN VDE 0100-200 Abschnitt 2.5.7)

Kurzschlussstrom I_k ist ein Überstrom, der durch einen Fehler vernachlässigbarer Impedanz zwischen zwei aktiven Leitern verursacht wird, die im ungestörten Betrieb unterschiedliches Potential haben.
(Quelle: DIN VDE 0100-200 Abschnitt 2.5.8)

Überstromüberwachung ist der Vorgang, durch den festgestellt wird, ob die Stromstärke in einem Stromkreis während einer festgelegten Zeit einen vorgegebenen Wert überschreitet.
(Quelle: DIN VDE 0100-200 Abschnitt 2.5.10)

Vereinbarter Ansprechstrom ist der festgelegte Wert eines Stroms, der die Schutzeinrichtung innerhalb einer festgelegten Zeit, der so genannten „vereinbarten Zeit", zum Ansprechen bringt.
(Quelle: DIN VDE 0100-200 Abschnitt 2.5.9)

Fehlerstrom ist der Strom, der durch einen Isolationsfehler zum Fließen kommt.
(Quelle: DIN VDE 0100-200 Abschnitt A.7.9)

Differenzstrom ist die vektorielle Summe (Betrag und Phasenlage) der Momentanwerte von Strömen, die an einer Stelle der elektrischen Anlage durch alle aktiven Leiter eines Stromkreises fließen.
(Quelle: DIN VDE 0100-200 Abschnitt 2.3.9)

Gefährlicher Körperstrom ist ein Strom, der den Körper eines Menschen oder Tieres durchfließt und der Merkmale hat, die üblicherweise einen pathophysiologischen (schädigenden) Effekt auslösen.
(Quelle: DIN VDE 0100-200 Abschnitt 2.3.7)

Berührungsstrom ist ein Strom, der durch den Körper eines Menschen oder Tieres zum Fließen kommt, wenn entweder direktes oder indirektes Berühren vorliegt.

Ableitstrom (in einer Anlage) ist ein Strom, der in einem fehlerfreien Stromkreis zur Erde oder zu einem fremden leitfähigen Teil fließt. Dieser Strom kann auch eine kapazitive Komponente haben.
(Quelle: DIN VDE 0100-200 Abschnitt 2.3.8)

2.7 Isolierungen

Basisisolierung ist eine Isolierung, die bei aktiven Teilen als grundlegender Schutz (Basisschutz) gegen elektrischen Schlag angewendet wird.
(Quelle: DIN VDE 0100-200 Abschnitt 2.3.17)

Betriebsisolierung ist die zum ordnungsgemäßen Betrieb der Betriebsmittel bemessene Isolierung.

Funktionsisolierung ist eine Isolierung zwischen leitenden Teilen, die nur für die bestimmungsgemäße Funktion des Betriebsmittels notwendig ist.
(Quelle: DIN VDE 0110-1 Abschnitt 1.3.17.1)

Schutzisolierung ist eine Schutzmaßnahme, wobei die Basisisolierung so verbessert wird, dass auch im Fehlerfall keine gefährlichen Körperströme zum Fließen kommen können.

Zusätzliche Isolierung ist eine unabhängige Isolierung, die zusätzlich zur Basisisolierung angewendet wird, um den Schutz gegen elektrischen Schlag im Fall eines Versagens der Basisisolierung sicherzustellen.
(Quelle: DIN VDE 0100-200 Abschnitt 2.3.18)

Doppelte Isolierung ist eine Isolierung, die aus der Basisolierung und der zusätzlichen Isolierung besteht.
(Quelle: DIN VDE 0100-200 Abschnitt 2.3.19)

Verstärkte Isolierung ist eine Isolierung von gefährlichen aktiven Teilen, die einen gleichwertigen Schutz gegen elektrischen Schlag gewährt wie die doppelte Isolierung. Verstärkte Isolierung darf aus mehreren Schichten bestehen.
(Quelle: DIN VDE 0100-200 Abschnitt 2.3.20)

2.8 Leiterarten

Die Symbole und die zeichnerische Darstellung der verschiedenen Leiterarten zeigt **Tabelle 2.3**.

Leiterart	Symbol	Darstellung
Außenleiter	L1 L2 L3	————
Neutralleiter	N	——•/
Schutzleiter	PE	——/
PEN-Leiter	PEN	——•/
Erdungsleiter	–	——/
Potentialausgleichsleiter	PA	——/

Tabelle 2.3 Leiterarten, Symbole und zeichnerische Darstellung

Außenleiter sind Leiter, die Stromquellen mit Verbrauchsmitteln verbinden, aber nicht vom Mittelpunkt oder Sternpunkt ausgehen.
(Quelle: DIN VDE 0100-200 Abschnitt A.3.1)

Neutralleiter ist ein mit dem Mittelpunkt bzw. Sternpunkt des Netzes verbundener Leiter, der geeignet ist, zur Übertragung elektrischer Energie beizutragen.
(Quelle: DIN VDE 0100-200 Abschnitt 2.1.3)

Schutzleiter ist ein Leiter, der für einige Schutzmaßnahmen gegen gefährliche Körperströme erforderlich ist, um die elektrische Verbindung zu einem der nachfolgenden Teile herzustellen:

- Körper der elektrischen Betriebsmittel
- fremde leitfähige Teile
- Haupterdungsklemme oder Hauptpotentialausgleich
- Erder
- geerdeter Punkt der Stromquelle oder künstlicher Sternpunkt

(Quelle: DIN VDE 0100-200 Abschnitt 2.4.5)

PEN-Leiter ist ein geerdeter Leiter, der zugleich die Funktionen des Schutzleiters und des Neutralleiters erfüllt.
(Quelle: DIN VDE 0100-200 Abschnitt 2.4.6)

Erdungsleiter ist ein Schutzleiter, der die Haupterdungsklemme oder die Haupterdungsschiene mit dem Erder verbindet.
(Quelle: DIN VDE 0100-200 Abschnitt 2.4.7)

Potentialausgleichsleiter ist ein Schutzleiter zum Sicherstellen des Potentialausgleichs.
(Quelle: DIN VDE 0100-200 Abschnitt 2.4.10)

2.9 Erdung

Erde ist die Bezeichnung für leitfähiges Erdreich, dessen elektrisches Potential an jedem Punkt vereinbarungsgemäß gleich null gesetzt wird.
(Quelle: DIN VDE 0100-200 Abschnitt 2.4.1)

Erden ist, einen elektrisch leitfähigen Teil über eine Erdungsanlage mit der Erde zu verbinden.
(Quelle: DIN VDE 0100-200 Abschnitt A.5.1)

Erdung ist die Gesamtheit aller Mittel und Maßnahmen zum Erden. Sie wird als offen bezeichnet, wenn Überspannungsschutzeinrichtungen, z. B. Schutzfunkenstrecken, in die Erdungsleitung eingebaut sind.
(Quelle: DIN VDE 0100-200 Abschnitt A.5.2)

Erder ist ein leitfähiges Teil oder mehrere leitfähige Teile, die in gutem Kontakt mit Erde sind und mit dieser eine elektrische Verbindung bilden.
(Quelle: DIN VDE 0100-200 Abschnitt 2.4.2)

Elektrisch unabhängige Erder sind Erder, die in einem solchen Abstand voneinander angebracht sind, dass der höchste Strom, der durch einen Erder fließen kann, das Potential der anderen Erder nicht nennenswert beeinflusst.
(Quelle: DIN VDE 0100-200 Abschnitt 2.4.4)

Natürlicher Erder ist ein mit Erde oder mit Wasser unmittelbar oder über Beton in Verbindung stehendes Metallteil, dessen ursprünglicher Zweck nicht die Erdung ist, das aber als Erder wirkt, z. B. Rohrleitungen, Spundwände, Betonpfahlbewehrungen, Stahlteile von Gebäuden usw.
(Quelle: DIN VDE 0100-200 Abschnitt A.5.4)

Fundamenterder ist ein Leiter, der in Beton eingebettet ist, der mit Erde großflächig in Berührung steht.
(Quelle: DIN VDE 0100-200 Abschnitt A.5.5)

Erdungsanlage ist eine örtlich abgegrenzte Gesamtheit miteinander leitend verbundener Erder oder in gleicher Weise wirkender Metallteile und Erdungsleiter.
(Quelle: DIN VDE 0100-200 Abschnitt A.5.8)

Steuererder ist ein Erder, der nach Form und Anordnung mehr zur Potentialsteuerung als zur Einhaltung eines bestimmten Ausbreitungswiderstands dient.
(Quelle: DIN VDE 0100-200 Abschnitt A.5.6)

Potentialsteuerung ist die Beeinflussung des Erdpotentials, insbesondere des Erdoberflächenpotentials, durch Erder.
(Quelle: DIN VDE 0100-200 Abschnitt A.5.11)

Erdungswiderstand (Ausbreitungswiderstand) eines Erders ist der Widerstand der Erde zwischen dem Erder und der Bezugserde.
(Quelle: DIN VDE 0100-200 Abschnitt A.5.10)

Gesamterdungswiderstand ist der Widerstand zwischen der Potentialausgleichsschiene (Haupterdungsklemme bzw. Haupterdungsschiene) und der Erde.
(Quelle: DIN VDE 0100-200 Abschnitt 2.4.3)

Spezifischer Erdungswiderstand r_E in [$\Omega\, m^2/m = \Omega\, m$] ist der spezifische Widerstand der Erde. Er stellt den Widerstand eines Erdwürfels von 1 m Kantenlänge zwischen zwei gegenüberliegenden Würfelflächen dar.
(Quelle: DIN VDE 0100-200 Abschnitt A.5.9)

Erdungsspannung U_E ist die zwischen einer Erdungsanlage und Bezugserde auftretende Spannung.
(Quelle: DIN VDE 0141 Abschnitt 2.6.1)

Schrittspannung U_S ist der Teil der Erdungsspannung, der von Menschen oder Tieren überbrückt werden kann, wobei der Stromweg über den menschlichen Körper

von Fuß zu Fuß verläuft. (Grenzwerte sind nicht vorgeschrieben.)
(Quelle: DIN VDE 0141 Abschnitt 2.6.4)

Betriebserdung ist die Erdung eines Punktes des Betriebsstromkreises, die für den ordnungsgemäßen Betrieb von Geräten oder Anlagen notwendig ist. Sie gilt als:

- unmittelbar, wenn sie außer der Erdungsimpedanz keine weiteren Widerstände enthält
- mittelbar, wenn sie über zusätzliche Ohm'sche, induktive oder kapazitive Widerstände hergestellt ist.

(Quelle: DIN VDE 0141 Abschnitt 2.4.2)

Schutzerdung ist die Erdung eines nicht zum Betriebsstromkreis gehörenden leitfähigen Teils zum Schutz von Personen gegen zu hohe Berührungsspannungen.
(Quelle: DIN VDE 0141 Abschnitt 2.4.1)

Potentialausgleich ist die elektrische Verbindung, die die Körper elektrischer Betriebsmittel und fremde leitfähige Teile auf gleiches oder annähernd gleiches Potential bringt.
(Quelle: DIN VDE 0100-200 Abschnitt 2.4.9)

Haupterdungsklemme, Haupterdungsschiene sind vorgesehen, die Schutzleiter, Potentialausgleichsleiter und gegebenenfalls die Leiter für die Funktionserdung mit der Erdungsanlage zu verbinden.
(Quelle: DIN VDE 0100-200 Abschnitt 2.4.8)

2.10 Trennen und Schalten

Trennen ist die Funktion, die dazu bestimmt ist, aus Gründen der Sicherheit die Stromversorgung von allen Abschnitten oder von einem einzelnen Abschnitt der Anlage zu unterbrechen, indem die Anlage oder deren Abschnitte von jeder elektrischen Stromquelle abgetrennt werden.
(Quelle: DIN VDE 0100-200 Abschnitt 2.8.1)

Ausschalten für mechanische Instandhaltung ist die Betätigung, die dazu bestimmt ist, ein einzelnes oder mehrere Betriebsmittel, die mit elektrischer Energie betrieben werden, abzuschalten, um andere Gefahren als solche durch elektrischen Schlag oder Lichtbogen während nicht elektrischer Arbeiten an diesen Betriebsmitteln zu verhüten.
(Quelle: DIN VDE 0100-200 Abschnitt 2.8.2)

Not-Aus-Schaltung ist die Betätigung, die dazu bestimmt ist, Gefahren, die unerwartet auftreten können, so schnell wie möglich zu beseitigen.
(Quelle: DIN VDE 0100-200 Abschnitt 2.8.3)

Not-Halt ist die Not-Aus-Schaltung, die dazu bestimmt ist, eine Bewegung anzuhalten, die gefährlich geworden ist.
(Quelle: DIN VDE 0100-200 Abschnitt 2.8.4)

Betriebsmäßiges Schalten ist die Betätigung, die dazu bestimmt ist, die Stromversorgung für eine elektrische Anlage oder für einen Teil der Anlage im normalen Betrieb ein- oder auszuschalten oder zu verändern.
(Quelle: DIN VDE 0100-200 Abschnitt 2.8.5)

Schalt- und Steuergeräte sind Betriebsmittel, die in einem elektrischen Stromkreis eingesetzt werden, um eine oder mehrere der nachfolgenden Funktionen zu erfüllen: Schützen, Steuern, Trennen, Schalten.
(Quelle: DIN VDE 0100-200 Abschnitt 2.7.3)

2.11 Raumarten

Elektrische Betriebsstätten sind Räume oder Orte, die im Wesentlichen zum Betrieb elektrischer Anlagen dienen und in der Regel nur von unterwiesenen Personen betreten werden.
(Quelle: DIN VDE 0100-200 Abschnitt A.6.1)

Abgeschlossene elektrische Betriebsstätten sind Räume oder Orte, die ausschließlich zum Betrieb elektrischer Anlagen dienen und unter Verschluss gehalten werden. Der Zutritt ist nur unterwiesenen Personen gestattet.
(Quelle: DIN VDE 0100-200 Abschnitt A.6.2)

Trockene Räume sind Räume oder Orte, in denen in der Regel kein Kondenswasser auftritt oder in denen die Luft nicht mit Feuchtigkeit gesättigt ist.
(Quelle: DIN VDE 0100-200 Abschnitt A.6.3)

Feuchte und nasse Räume sind Räume oder Orte, in denen die Sicherheit der Betriebsmittel durch Feuchtigkeit, Kondenswasser, chemische oder ähnliche Einflüsse beeinträchtigt werden kann.
(Quelle: DIN VDE 0100-200 Abschnitt A.6.4)

Anlagen im Freien sind außerhalb von Gebäuden als Teil von Verbraucheranlagen errichtete Anlagen auf Straßen und Plätzen, z. B. in Höfen, Durchfahrten und Gärten, auf Bauplätzen, Bahnsteigen, Rampen und Dächern, an Kranen, Baumaschinen, Tankstellen und Gebäudeaußenwänden sowie Überdachungen;

- **geschützte Anlagen im Freien** sind z. B. Anlagen auf überdachten Bahnsteigen, in Toreinfahrten und überdachten Tankstellen,
- **ungeschützte Anlagen im Freien** sind z. B. Anlagen auf Rampen und auf nicht überdachten Bahnsteigen.

(Quelle: DIN VDE 0100-200 Abschnitt A.1.6)

2.12 Fehlerarten

Isolationsfehler ist ein fehlerhafter Zustand in der Isolierung.
(Quelle: DIN VDE 0100-200 Abschnitt A.7.1)

Körperschluss ist eine durch einen Fehler entstandene leitende Verbindung zwischen Körper und aktiven Teilen elektrischer Betriebsmittel.
(Quelle: DIN VDE 0100-200 Abschnitt A.7.2)

Leiterschluss ist eine durch einen Fehler entstandene Verbindung zwischen betriebsmäßig gegeneinander unter Spannung stehender Leiter (aktive Teile), wenn im Fehlerstromkreis ein Nutzwiderstand liegt, z. B. Glühlampen und dergleichen.
(Quelle: DIN VDE 0100-200 Abschnitt A.7.3)

Kurzschluss ist eine durch einen Fehler entstandene leitende Verbindung zwischen betriebsmäßig gegeneinander unter Spannung stehenden Leitern (aktive Teile), wenn im Fehlerstromkreis kein Nutzwiderstand liegt.
(Quelle: DIN VDE 0100-200 Abschnitt A.7.4)

Erdschluss ist ein durch einen Fehler, auch über einen Lichtbogen, entstandene leitende Verbindung eines Außenleiters oder eines betriebsmäßig isolierten Neutralleiters mit Erde oder geerdeten Teilen.
(Quelle: DIN VDE 0100-200 Abschnitt A.7.7)

Kurzschlussfest ist ein Betriebsmittel, das den thermischen und dynamischen Wirkungen des am Einbauort zu erwartenden Kurzschlussstroms ohne Beeinträchtigung seiner Funktion standhält.
(Quelle: DIN VDE 0100-200 Abschnitt A.7.5)

Kurzschlusssicher und erdschlusssicher sind Betriebsmittel oder Strombahnen, bei denen durch Anwendung geeigneter Maßnahmen oder Mittel unter bestimmungsgemäßen Betriebsbedingungen weder ein Kurzschluss noch ein Erdschluss zu erwarten ist.
(Quelle: DIN VDE 0100-200 Abschnitt A.7.6)

Vollkommener Erd-, Kurz- oder Körperschluss liegt vor, wenn die leitende Verbindung an der Fehlerstelle nahezu widerstandslos ist.
(Quelle: DIN VDE 0100-200 Abschnitt A.7.8)

2.13 Schirme, Schutzschirme und Trennung

Schirm, elektrischer Schirm ist ein leitfähiges Teil, das Stromkreise und/oder Leiter umschließt oder trennt.
(Quelle: EN 61140 (VDE 0140-1) Abschnitt 3.20)

Schutzschirm, elektrischer Schutzschirm ist ein leitfähiger Schirm, der zur Trennung eines Stromkreises und/oder elektrischer Leiter von gefährlichen aktiven Teilen verwendet wird.
(Quelle: EN 61140 (VDE 0140-1) Abschnitt 3.21)

Schutzschirmung, elektrische Schutzschirmung ist die Trennung von Stromkreisen und/oder Leitern von gefährlichen aktiven Teilen mittels eines elektrischen Schutzschirms, der mit der Schutzpotentialausgleichsanlage verbunden ist und für den Schutz gegen elektrischen Schlag vorgesehen ist.
(Quelle: EN 61140 (VDE 0140-1) Abschnitt 3.22)

Einfache Trennung ist die Trennung zwischen Stromkreisen oder einem Stromkreis und Erde durch Basisisolierung.
(Quelle: EN 61140 (VDE 0140-1) Abschnitt 3.23)

Sichere Trennung, elektrisch sichere Trennung ist die gegenseitige Trennung von elektrischen Stromkreisen mittels:

- doppelter Isolierung
- Basisisolierung und elektrischer Schutzschirmung oder
- verstärkte Isolierung

(Quelle: EN 61140 (VDE 0140-1) Abschnitt 3.24)

Anmerkung: Die Begriffe **sichere Trennung** und **elektrisch sichere Trennung** sollen künftig die bisher auch üblichen Begriffe „elektrische Trennung", „sichere elektrische Trennung" und „elektrische Trennung auf Dauer" ersetzen.

Schutztrennung ist eine Schutzmaßnahme, bei der ein Stromkreis, der gefährlich aktiv ist, gegenüber allen anderen Stromkreisen und Teilen gegen Erde und gegen Berührung isoliert ist.
(Quelle: EN 61140 (VDE 0140-1) Abschnitt 3.25)

3 Technische Grundlagen

3.1 Gefahren der Elektrizität – DIN V VDE V 0140-479

Wenn entweder durch direktes oder indirektes Berühren ein Stromfluss über den menschlichen Körper oder den Körper eines Tieres eingeleitet wird, ist die Gefährdung von verschiedenen zusammenhängenden Faktoren abhängig. Von besonderer Wichtigkeit sind

- Stromstärke und Einwirkungsdauer
- Körperimpedanz und Stromweg
- Stromart bzw. Frequenz
- Herzstromfaktor
- Berührungsspannung

Schon seit den dreißiger Jahren beschäftigen sich Ingenieure und Mediziner damit, diese Zusammenhänge zu erforschen und Gefährdungsgrenzen aufzuzeigen. Die IEC hat hierzu ein Expertengremium einberufen, das die aus elektropathologischer Sicht notwendigen Schutz- und Sicherheitsbedürfnisse für Menschen und Tiere festlegen sollte. Die Ergebnisse dieser Arbeitsgruppe wurden in mehreren IEC-Reports veröffentlicht. Der IEC-Report 479-1:1994 wurde vom VDE auch als Vornorm DIN V VDE V 0140-479:1996-02 „Wirkungen des elektrischen Stromes auf Menschen und Nutztiere" herausgegeben. Dieser Bericht stellt den derzeitigen Wissensstand über das Thema dar. Wichtig zu wissen ist, dass die dargestellten Daten und Zusammenhänge hauptsächlich durch Tierversuche gewonnen wurden. Nur wenige Experimente, mit Strömen von sehr geringer Dauer (maximal 0,03 s), wurden an lebenden Menschen bei Berührungsspannungen mit bis zu 200 V durchgeführt. Die Aussagen des IEC-Reports 479-1 liegen in der Regel auf der sicheren Seite, sodass sie unter den üblichen physiologischen Bedingungen als Grundlage für sicherheitstechnische Überlegungen herangezogen werden können. Die Bedingungen gelten auch für Kinder, unabhängig von Alter und Gewicht.

3.1.1 Stromstärke und Einwirkungsdauer

Beim Stromdurchfluss durch den menschlichen Körper ist nicht nur die Höhe des Stroms, sondern auch seine Einwirkungsdauer wichtig. **Bild 3.1** zeigt die Zusammenhänge für AC bei Frequenzen von 15 Hz bis 100 Hz und die aus medizinischer Sicht zu erwartenden Schädigungen. Für die Bereiche sind demnach folgende physiologische Auswirkungen zu erwarten:

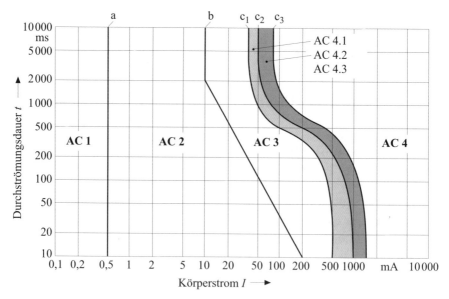

Bild 3.1 Wirkungsbereiche von Wechselströmen zwischen 15 Hz und 100 Hz
(Quelle: DIN V VDE V 0140-479:1996-02)

- AC 1: Üblicherweise keine Reaktionen.
- AC 2: Üblicherweise keine schädlichen Effekte.
- AC 3: Üblicherweise wird kein organischer Schaden erwartet. Zunehmend mit Stromstärke und Einwirkungsdauer sind reversible Störungen der Bildung und Weiterleitung der Impulse im Herzen, einschließlich Vorhofflimmern und vorübergehender Herzstillstand ohne Herzkammerflimmern zu erwarten. Bei einem Stromfluss länger als 2 s können krampfartige Muskelkontraktionen und Schwierigkeiten beim Atmen auftreten.
- AC 4: Zunehmend mit Stromstärke und Einwirkungsdauer können gefährliche pathophysiologische Effekte, wie Herzstillstand, Atemstillstand und schwere Verbrennungen, zusätzlich zu den Effekten von Bereich AC 3, auftreten. Die Wahrscheinlichkeit von Herzkammerflimmern liegt im Bereich AC 4.1 bei etwa 5 %, steigt im Bereich AC 4.2 auf bis zu 50 % an und liegt im Bereich AC 4.3 bei über 50 %.

Die Abgrenzungen (Linien und Kurven zwischen den Bereichen) zeigen:

- Linie a: Wahrnehmbarkeitsschwelle und Reaktionsschwelle

  Die Schwellen hängen hauptsächlich von der Berührungsfläche, den Berührungsbedingungen (Trockenheit, Feuchte, Temperatur) und den individuellen physiologischen Eigenschaften des Menschen ab.

- Linie b: Loslassschwelle
  Die Schwelle hängt hauptsächlich von der Berührungsfläche, der Form und Größe der Elektroden und von den individuellen physiologischen Eigenschaften des Menschen ab.
- Kurve c_1: Schwelle für Herzkammerflimmern
  Die Schwelle hängt sowohl von den physiologischen Eigenschaften des Menschen (Aufbau des Körpers, Zustand der Herzfunktion) als auch von den elektrischen Einflüssen (Einwirkungsdauer, Stromweg, Stromstärke) ab.
- Kurven c_2 und c_3: Wahrscheinlichkeit von Herzkammerflimmern
  Bei der Kurve c_2 liegt eine Wahrscheinlichkeit von 5 % für Herzkammerflimmern vor. Bei der Kurve c_3 sind es 50 %. Die Werte wurden durch Auswertung von Tierversuchen ermittelt.

3.1.2 Körperimpedanz und Stromweg

Die Körperimpedanz Z_T (auch Gesamtkörperimpedanz) ergibt sich aus der Addition von Körperinnenimpedanz Z_i, die als überwiegend Ohm'scher Widerstand angenommen werden kann, und der Hautimpedanz Z_p, die hauptsächlich von der Spannung, der Frequenz, der Dauer des Stromflusses, der Berührungsspannung, dem Kontaktdruck, dem Hauttyp und der Feuchte der Haut abhängt. Die jeweiligen kapazitiven Anteile sind gering und können vernachlässigt werden. Zur Änderung der Körperimpedanz ist festzustellen, dass bei

- Berührungsspannungen $\leq$ 50 V die Körperimpedanz sich ändern kann, da die Hautimpedanz erheblich von den Umständen abhängt
- Berührungsspannungen > 50 V die Körperimpedanz von der Hautimpedanz nahezu unabhängig ist und hauptsächlich von der Körperinnenimpedanz bestimmt wird

Die Körperimpedanz in Abhängigkeit von der Berührungsspannung für lebende Versuchspersonen bei 50 Hz/60 Hz für die Stromwege „Hand zu Hand" oder „Hand zu Fuß" zeigt **Bild 3.2**.
Bei anderen Stromwegen durch den menschlichen Körper kann die jeweilige Körperimpedanz unter Anwendung von **Bild 3.3** abgeschätzt werden. Die Zahlen geben den prozentualen Anteil der Körperinnenimpedanz des betreffenden Körperteils im Verhältnis zum Stromweg „Hand zu Fuß" an. Bei der Ermittlung der Körperinnenimpedanz für einen bestimmten Stromweg durch den menschlichen Körper sind Reihen- und Parallelschaltungen der Einzelimpedanzen zu berücksichtigen.

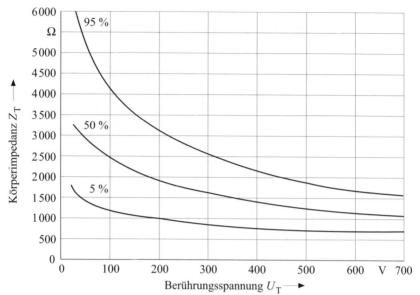

Bild 3.2 Körperimpedanz in Abhängigkeit von der Berührungsspannung bei 50 Hz/60 Hz (Quelle: DIN V VDE V 0140-479:1996-02)

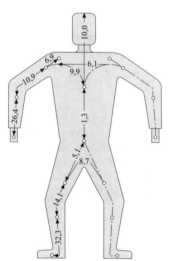

Bild 3.3 Körperinnenimpedanzen für verschiedene Körperteile in Prozent. Stromweg Hand–Fuß entspricht 100 %.
(Quelle: DIN V VDE V 0141-479:1996-02)

3.1.3 Stromart bzw. Frequenz

Dass Gleichstrom weniger gefährlich ist als Wechselstrom mit einer Frequenz von 50 Hz bis 60 Hz, ist schon lange bekannt. Bei höheren Frequenzen geht die Gefährdung bei Stromfluss durch den menschlichen Körper merkbar zurück und wird bei sehr hohen Frequenzen in der Medizin zu Heilzwecken eingesetzt. Das **Bild 3.4** zeigt die Abhängigkeit der Körperimpedanz von der Frequenz im Bereich von 50 Hz bis 2000 Hz. Es ist zu erkennen, dass bei höheren Frequenzen die Körperimpedanz abnimmt, wodurch eine höhere Gefährdung bei hohen Frequenzen eigentlich gegeben wäre. Da hier noch viele andere Faktoren eine wichtige Rolle spielen, reagiert der menschliche Organismus aber nicht so, und die Gefährdung nimmt bei steigender Frequenz ab. Bei höheren Frequenzen können also auch höhere Berührungsspannungen zugelassen werden.

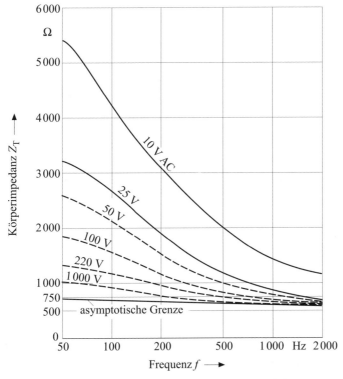

Bild 3.4 Körperimpedanz in Abhängigkeit von der Frequenz, bei einem Stromweg von Hand zu Hand oder Hand zu Fuß, bei großflächiger Berührung und Berührungsspannungen von 10 V AC bis 1000 V AC (Quelle: DIN V VDE V 0141-479:1996-02)

3.1.4 Herzstromfaktor

Bei den verschiedenen Stromwegen durch den menschlichen Körper fließen auch verschiedene Anteile des Stroms über das Herz. Mit Hilfe des Herzstromfaktors kann abgeschätzt werden, wie hoch die relative Gefahr des Herzkammerflimmerns bei den verschiedenen Stromwegen ist. Der Herzstromfaktor ist in **Tabelle 3.1** für die verschiedenen Stromwege dargestellt und ergibt sich durch die Beziehung:

$$F = \frac{I_{ref}}{I_h} \tag{3.1}$$

mit

F Herzstromfaktor nach Tabelle 3.1

I_{ref} Strom, der über den menschlichen Körper zum Fließen kommt, beim Stromweg linke Hand zu beiden Füßen (Herzstromfaktor $F = 1,0$) auch Referenzstrom genannt

I_h Strom für die in Tabelle 3.1 genannten Stromwege

Stromweg		Herzstrom-
von	zu	faktor
linker Hand	linkem oder rechtem Fuß	1,0
linker Hand	beiden Füßen	
beiden Händen	beiden Füßen	1,0
linker Hand	rechter Hand	0,4
rechter Hand	linkem oder rechtem Fuß	0,8
rechter Hand	beiden Füßen	
Rücken	rechter Hand	0,3
Rücken	linker Hand	0,7
Brust	rechter Hand	1,3
Brust	linker Hand	1,5
Gesäß	linker oder rechter Hand	0,7
Gesäß	beiden Händen	

Tabelle 3.1 Herzstromfaktor für verschiedene Stromwege
(Quelle: DIN V VDE V 0140-479:1996-02)

3.1.5 Zulässige Berührungsspannung

Wie schon Bild 3.1 zeigt, ist die zulässige Stromstärke im Bereich der gefährlichen Ströme von der Zeit abhängig. Damit ist auch die zulässige Berührungsspannung zeitabhängig. Da dies jedoch in der Praxis kaum machbar wäre, wurden die dauernd zulässigen Berührungsspannungen international vereinbart.

Die vereinbarte Grenze der Berührungsspannung beträgt, wenn normale Bedingungen vorliegen

- $U_L = 50$ V AC effektiv
- $U_L = 120$ V DC oberschwingungsfrei

Eine Gleichspannung gilt als „oberschwingungsfrei", wenn die Welligkeit nicht mehr als 10 % effektiv bei überlagerter sinusförmiger Wechselspannung beträgt. Dies bedeutet, dass der maximal zulässige Scheitelwert U_S der Spannung im Allgemeinen folgender Beziehung entsprechen muss:

$$U_S \leq U_n + 0{,}1\, U_n \sqrt{2} \tag{3.2}$$

Bei einer Nennspannung von $U_n = 120$ V ergibt dies zum Beispiel eine zulässige Scheitelspannung von $U_S = 120$ V $+ 12$ V $\sqrt{2} = 137$ V. Vereinbarungsgemäß sind bei 120 V aber $U_S = 140$ V und bei 60 V damit $U_S = 70$ V zugelassen.

Bei erschwerten Bedingungen (Feuchtigkeit, Nässe) oder beim Vorhandensein von Tieren kann es notwendig werden, die zulässigen Werte der Berührungsspannung zu verringern, zum Beispiel bei AC auf 25 V, 12 V oder 6 V bzw. die äquivalenten Spannungen von 60 V, 30 V und 15 V bei DC.

3.2 Schutzklassen – DIN EN 61140 (VDE 0140-1)

In Schutzklassen werden hauptsächlich Geräte für den Hausgebrauch eingeteilt. Die Ausweitung dieser Festlegungen auf alle Betriebsmittel wird zwar angestrebt, stößt aber vor allem wegen der internationalen Normungsarbeit auf große Schwierigkeiten. Die wichtigsten Eigenschaften und Konstruktionsmerkmale der verschiedenen Geräte sind nachfolgend beschrieben.

- Betriebsmittel der Schutzklasse 0

  Der Schutz gegen elektrischen Schlag beruht auf der Basisisolierung. Ein Schutzleiter kann nicht angeschlossen werden. Der Schutz im Falle des Versagens der Basisisolierung muss durch die Umgebung gewährleistet werden.

  Anmerkung: Es wird empfohlen, Betriebsmittel mit der Schutzklasse 0 in Zukunft aus der internationalen Normung auszuschließen. Betriebsmittel der Schutzklasse 0 sind in der Norm VDE 0140 jedoch enthalten, weil diese Schutzklasse noch in einigen Betriebsmittelnormen enthalten ist.

- Betriebsmittel (Gerät) der Schutzklasse 0I

  Der Schutz gegen elektrischen Schlag beruht auf der Basisisolierung. Es ist möglich, einen Schutzleiter anzuschließen, die Anschlussleitung ist jedoch ohne Schutzleiter. Außerdem hat der Stecker keinen Schutzkontakt und lässt sich auch nicht in eine Schutzkontaktsteckdose einführen.
  Anmerkung: Betriebsmittel der Schutzklasse 0I sind in DIN EN 61140 (VDE 0140-1) nicht enthalten. In DIN EN 60335-1 (VDE 0700-7) sind diese Geräte aber aufgenommen und auch beschrieben.

- Betriebsmittel der Schutzklasse I

  Der Schutz gegen elektrischen Schlag beruht nicht nur auf der Basisisolierung, sondern darauf, dass alle leitfähigen Teile (Körper) mit dem Schutzleiter der festen Installation verbunden sind. Im Falle des Versagens der Basisisolierung können berührbare leitfähige Teile keine gefährliche Berührungsspannung annehmen.

- Betriebsmittel der Schutzklasse II

  Der Schutz gegen elektrischen Schlag beruht nicht nur auf der Basisisolierung, sondern darauf, dass eine weitere Schutzebene wie doppelte Isolierung oder verstärkte Isolierung vorhanden ist. Es ist keine Vorrichtung zum Anschluss eines Schutzleiters vorhanden. Es muss nicht auf die Beschaffenheit der Installation vertraut werden.

- Betriebsmittel der Schutzklasse III

  Der Schutz gegen elektrischen Schlag beruht auf der Anwendung der Kleinspannung. Das bedeutet, dass die Nennspannung der eingesetzten Betriebsmittel 50 V AC bzw. 120 V DC nicht überschreiten darf und das Betriebsmittel SELF- oder PELF-Bedingungen entsprechen muss. FELF ist nicht zulässig.

Die Symbole der Betriebsmittel für die Schutzklassen zeigt **Tabelle 3.2**.

Schutzklasse				
0	0I	I	II	III
Kein Symbol		⏚	☐	⟨III⟩

Tabelle 3.2 Symbole für Schutzklassen

3.3 Schutzarten – DIN EN 60529 (VDE 0470-1)

Mit der Norm DIN EN 60529 (VDE 0470-1) „Schutzarten durch Gehäuse (IP-Code)" werden Schutzarten für Gehäuse (Umhüllungen) von elektrischen Betriebsmitteln definiert. Festgelegt werden:

- Schutz von Personen gegen Zugang zu gefährlichen Teilen (Berührungsschutz)

- Schutz des Betriebsmittels gegen Eindringen von festen Fremdkörpern (Fremdkörperschutz)
- Schutz der Betriebsmittel gegen schädliche Einwirkungen durch das Eindringen von Wasser (Wasserschutz)

Den Schutzumfang, den ein Gehäuse bietet, zeigt das IP-Kurzzeichen (IP-Code). Dem stets gleichbleibenden Code-Buchstaben IP (International Protection) werden zwei Kennziffern für den Berührungs- und Fremdkörperschutz (erste Ziffer) sowie den Wasserschutz (zweite Ziffer) angehängt. Bei Bedarf können noch weitere Buchstaben (zusätzlicher Buchstabe) und/oder ergänzende Buchstaben angehängt werden. Die grundsätzliche Darstellung des IP-Codes ist damit

```
                                          IP    2    3    C    S
Code-Buchstaben _____|
erste Kennziffer (von 0 – 6 reichend)         |
Berührungs- und Fremdkörperschutz _____|
zweite Kennziffer (von 0 – 8 reichend)_____|
Wasserschutz
zusätzlicher Buchstabe A, B, C, D _____|
(fakultativ)
ergänzender Buchstabe H, M, S, W _____|
(fakultativ)
```

Zum Aufbau und zur Anwendung des IP-Kurzzeichens sind noch zu bemerken:
- Wenn eine Kennziffer nicht angegeben werden muss, ist sie durch den Buchstaben „X" zu ersetzen. Die Wahl der Schutzart ist freigestellt.
- Zusätzliche und/oder ergänzende Buchstaben dürfen ersatzlos entfallen.
- Wenn mehr als ein ergänzender Buchstabe notwendig ist, ist die alphabetische Reihenfolge einzuhalten.

Der zusätzliche (fakultative) Buchstabe hat eine Bedeutung für den Schutz von Personen und trifft eine Aussage über den Schutz gegen den Zugang zu gefährlichen Teilen mit:

- Handrücken — Buchstabe A
- Finger — Buchstabe B
- Werkzeug (2,5 mm Durchmesser) — Buchstabe C
- Draht (1,0 mm Durchmesser) — Buchstabe D

Der ergänzende (fakultative) Buchstabe hat eine Bedeutung für den Schutz des Betriebsmittels und gibt ergänzende Informationen speziell für:

- Hochspannungsgeräte — Buchstabe H
- Wasserprüfung während des Betriebs — Buchstabe M

- Wasserprüfung bei Stillstand Buchstabe S
- Wetterbedingungen Buchstabe W

Den Schutzumfang der verschiedenen Schutzarten zeigt **Tabelle 3.3** in Kurzform.

Kenn-ziffer	erste Ziffer		zweite Ziffer
	Berührungsschutz	**Fremdkörperschutz**	**Wasserschutz**
0	kein Schutz	kein Schutz	kein Schutz
1	Schutz gegen Berührung mit Handrücken	Schutz gegen feste Fremdkörper 50 mm Durchmesser	Schutz gegen senkrecht tropfendes Wasser
2	Schutz gegen Berührung mit Fingern	Schutz gegen feste Fremdkörper 12,5 mm Durchmesser	Schutz gegen schräg (15°) tropfendes Wasser
3	Schutz gegen Berührung mit Werkzeugen	Schutz gegen feste Fremdkörper 2,5 mm Durchmesser	Schutz gegen Sprühwasser schräg bis 60°
4	Schutz gegen Berührung mit einem Draht	Schutz gegen feste Fremdkörper 1,0 mm Durchmesser	Schutz gegen Spritzwasser aus allen Richtungen
5	Schutz gegen Berührung mit einem Draht	staubgeschützt	Schutz gegen Strahlwasser
6	Schutz gegen Berührung mit einem Draht	staubdicht	Schutz gegen starkes Strahlwasser
7	–	–	Schutz gegen zeitweiliges Untertauchen in Wasser
8	–	–	Schutz gegen dauerndes Untertauchen in Wasser

Tabelle 3.3 Schutzumfang der IP-Schutzarten

Zu den ergänzenden Buchstaben ist noch zu bemerken, dass in Produktnormen noch weitere Buchstaben verwendet werden dürfen.

3.4 Allgemeines für Stromversorgungssysteme – DIN VDE 0100-300

3.4.1 Elektrische Größen

Stromversorgungssysteme können nach der Stromart (Gleichspannung oder Wechselspannung) und der Zahl der aktiven Leiter (2-, 3- oder 4-Leiter-Systeme) unterschieden werden. Zur eindeutigen Beschreibung eines Stromversorgungssystems sind folgende Angaben in der angegebenen Reihenfolge notwendig (siehe hierzu auch DIN EN 61293):

- Anzahl der aktiven Leiter (Außenleiter)
- andere Leiter, z. B. PEN-Leiter, Schutzleiter, Neutralleiter, Mittelleiter
- Stromart
  - Gleichstrom, Kurzzeichen DC, Symbol — oder ⎓
  - Wechselstrom, Kurzzeichen AC, Symbol ∼
  - Gleich- oder Wechselstrom (Allstrom), Kurzzeichen UC, Symbol ≈
- Frequenz (Zahlenwert und Einheit)
- Spannung (Zahlenwert und Einheit)

In **Tabelle 3.4** sind einige Beispiele dargestellt, die aber keinen Anspruch auf Vollständigkeit erheben können.

Stromversorgungssystem	kurze Schreibweise mit	
	Symbol	Kurzzeichen
Gleichstrom-Zweileiter-System 160 V zwei Außenleiter	2 ⎓ 160 V	2 DC 160 V
Gleichstrom-Dreileiter-System 110 V zwei Außenleiter, ein Mittelleiter	2/M ⎓ 110 V	2/M DC 110 V
Einphasen-Zweileiter-System 230 V zwei Außenleiter	2 ∼ 50 Hz 230 V	2 AC 50 Hz 230 V
Einphasen-Dreileiter-System 230 V ein Außenleiter, ein Neutralleiter, ein Schutzleiter	1/N/PE ∼ 50 Hz 230 V	1/N/PE AC 50 Hz 230 V
Drehstrom-Dreileiter-System 500 V drei Außenleiter	3 ∼ 50 Hz 500 V	3 AC 50 Hz 500 V
Drehstrom-Vierleiter-System 400 V drei Außenleiter, ein PEN-Leiter	3/PEN ∼ 50 Hz 400 V	3/PEN AC 50 Hz 400 V
Drehstrom-Fünfleiter-System 400 V drei Außenleiter, ein Neutralleiter, ein Schutzleiter	3/N/PE ∼ 50 Hz 400 V	3/N/PE AC 50 Hz 400 V
Die Schrägstriche zwischen den einzelnen Leiterarten können auch weggelassen werden		

Tabelle 3.4 Bezeichnungen für Stromversorgungssysteme

3.4.2 Stromversorgungssysteme nach der Art der Erdverbindung

Für die verschiedenen in der Praxis vorkommenden Systeme nach der Art der Erdverbindung mit der Erdung der Stromquelle (Betriebserder R_B) und der Erdung der Körper in der Verbraucheranlage (Anlagenerder R_A) wurde auf internationaler Ebene eine einheitliche Kennzeichnung erarbeitet. In dieses System können alle im Niederspannungsbereich vorkommenden Netze, auch Gleichstromsysteme und Ein- bzw. Zweiphasenwechselstromsysteme, eingeordnet werden.

Das Kurzzeichen besteht aus zwei Buchstaben, die die „Erdungsbedingungen der speisenden Stromquelle" und die „Erdungsbedingungen der Körper" beschreiben. Durch Bindestriche werden ein dritter und gegebenenfalls ein vierter Buchstabe angehängt, die Aussagen über die Anordnung des Neutralleiters und des Schutzleiters treffen.

Die angewandten Kurzzeichen haben folgende Bedeutung:

Erster Buchstabe: **Erdungsbedingungen der speisenden Stromquelle**

T   direkte Erdung eines Punkts

I   entweder Isolierung aller aktiven Teile gegen Erde oder Verbindung eines Punkts mit der Erde über eine Impedanz

Zweiter Buchstabe: **Erdungsbedingungen der Körper der elektrischen Anlage**

T   Körper direkt geerdet, unabhängig von der etwa bestehenden Erdung eines Punkts der Stromversorgung

N   Körper direkt mit der Betriebserde verbunden

Weitere Buchstaben: **Anordnung von Neutralleiter und Schutzleiter**

S   Neutralleiter und Schutzleiter sind getrennt

C   Neutralleiter und Schutzleiter sind in einem Leiter, dem PEN-Leiter, kombiniert

3.4.2.1 TN-Systeme

In TN-Systemen ist ein Punkt der Stromquelle direkt geerdet (Betriebserdung R_B). In Wechsel- und Drehstromnetzen ist dies normalerweise der Sternpunkt oder, falls ein Sternpunkt nicht vorhanden ist, ein Außenleiter. Die Körper der elektrischen Anlage sind entweder über Schutzleiter und/oder über PEN-Leiter mit dem geerdeten Punkt verbunden. Je nach Anordnung der Neutralleiter und der Schutzleiter sind drei TN-Systeme zu unterscheiden:

- TN-S-System (**Bild 3.5**)
- TN-C-System (**Bild 3.6**)
- TN-C-S-System (**Bild 3.7**)

Im TN-S-System sind Neutralleiter und Schutzleiter im gesamten System getrennt geführt.

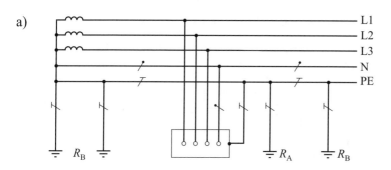

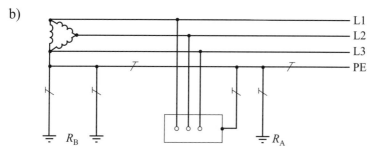

Bild 3.5 TN-S-System
a) Erdung des Sternpunkts
b) Erdung eines Außenleiters
R_B Gesamterdungswiderstand aller Betriebserder
R_A Erdungswiderstand der Anlagenerder

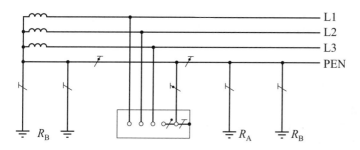

Bild 3.6 TN-C-System
R_B Gesamterdungswiderstand aller Betriebserder
R_A Erdungswiderstand der Anlagenerder

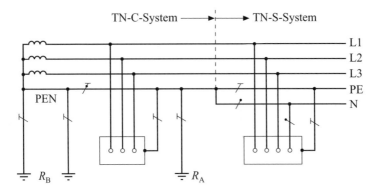

Bild 3.7 TN-C-S-System
R_B Gesamterdungswiderstand aller Betriebserder
R_A Erdungswiderstand der Anlagenerder

Einen Sonderfall stellt das TN-S-System mit einem geerdeten Außenleiter dar (Bild 3.5b). Der geerdete Außenleiter ist im gesamten Netz getrennt vom Schutzleiter zu führen. Einen Neutralleiter gibt es in diesem Fall nicht.

Im TN-C-System sind Neutralleiter und Schutzleiter im gesamten System in einem Leiter, dem PEN-Leiter, zusammengefasst (kombiniert). Einen Außenleiter mit dem Schutzleiter zu kombinieren, ist nicht zulässig.

Im TN-C-S-System sind in einem Teil des Systems die Funktion des Neutralleiters und des Schutzleiters in einem einzigen Leiter, dem PEN-Leiter, zusammengefasst. Neutralleiter und Schutzleiter sind zum Teil kombiniert.

3.4.2.2   TT-System (**Bild 3.8**)

Im TT-System ist ein Punkt der Stromquelle direkt geerdet (Betriebserdung R_B). Die Körper der elektrischen Anlage sind mit einem Erder (Anlagenerdung R_A) verbunden, der von der Betriebserdung ist. Der Anlagenerder muss ein elektrisch unabhängiger Erder sein.

3.4.2.3   IT-System (**Bild 3.9**)

Im IT-System sind alle aktiven Teile von Erde getrennt, oder es ist ein Punkt über eine Impedanz mit Erde verbunden. Im IT-System kann ein Neutralleiter mitgeführt werden. Die Körper der elektrischen Betriebsmittel sind:

- einzeln zu erden
- gemeinsam zu erden oder
- gemeinsam mit der Erdung des Systems zu verbinden

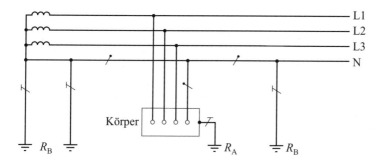

Bild 3.8 TT-System
R_B Gesamterdungswiderstand aller Betriebserder
R_A Erdungswiderstand der Anlagenerder

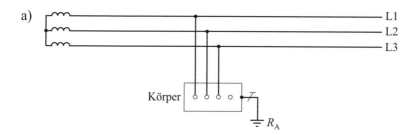

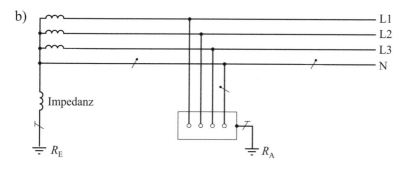

Bild 3.9 IT-System
a) Stromquelle ohne Erdung, Netz ohne Neutralleiter
b) Stromquelle mit Erdung, Netz mit Neutralleiter
R_E Erdungswiderstand der hochohmig geerdeten Stromquelle
R_A Erdungswiderstand der Anlagenerder

3.4.3 Äußere Einflüsse

Elektrische Betriebsmittel sind so auszuwählen, dass sie den äußeren Einflüssen, die am Einsatzort anzutreffen sind, standhalten. Die äußeren Einflüsse sind durch Kurzzeichen gekennzeichnet. Deren Bedeutungen werden ausführlich in den Normen DIN VDE 0100-300:1996-01 in den Anhängen A bis D und Anhang ZB sowie in DIN VDE 0100-510:1997-01 Anhang NB beschrieben. Das Kurzzeichen besteht aus zwei Großbuchstaben und einer Ziffer, mit folgender Aussage:

Erster Buchstabe

A Umgebungsbedingungen
B Benutzung
C Gebäudekonstruktion bzw. Art der Bauwerke und Nutzung

Zweiter Buchstabe

A, B, C usw. Art der Einflussgröße

Ziffer

1, 2, 3 usw. bezieht sich auf die Klasse innerhalb der Einflussgröße

Zum Beispiel bedeutet das Kurzzeichen AR2

A Umgebungsbedingungen
R Luftbewegung
2 Mittlere Beanspruchung mit Windgeschwindigkeiten $v > 1$ m/s ... 5 m/s

Die Kurzzeichen sind nicht für die Bezeichnung von Betriebsmitteln vorgesehen. Die charakteristischen Eigenschaften von Betriebsmitteln müssen durch eine entsprechende Schutzart oder durch eine Konformitätsbescheinigung nachgewiesen werden.

Die Auswahl von elektrischen Betriebsmitteln entsprechend den äußeren Einflüssen ist nicht nur für die richtige Funktion erforderlich, sondern auch um die Zuverlässigkeit der Schutzmaßnahmen zu gewährleisten. Die Schutzmaßnahmen, die durch die Konstruktion bzw. Bauart der Betriebsmittel gegeben sind, gelten nur für die gegebenen Bedingungen der äußeren Einflüsse, wenn die entsprechenden Prüfungen nach den Betriebsmittelnormen unter den genannten Bedingungen der äußeren Einflüsse ausgeführt werden.

3.5 Schutzmaßnahmen

In elektrischen Anlagen, die mit Spannungen über 50 V AC oder 120 V DC betrieben werden und die dem Spannungsbereich II nach Tabelle 2.1 zuzuordnen sind, sind **Schutzmaßnahmen gegen elektrischen Schlag** erforderlich.

Anmerkung: Es gibt Fälle, die auch bei geringeren Spannungen Schutzmaßnahmen gegen elektrischen Schlag erforderlich machen.

Schutzmaßnahmen dienen der Sicherheit von Personen, Nutztieren und Sachwerten hinsichtlich der Gefahren und Schäden, die bei üblichem Gebrauch elektrischer Anlagen entstehen können. Dabei ist bei den Schutzmaßnahmen das Thema „gefährliche Körperströme" von besonderer Bedeutung. Neuerdings werden die Einzelmaßnahmen in die Elemente

- Basisschutz; Schutz gegen elektrischen Schlag unter normalen Bedingungen
- Fehlerschutz; Schutz gegen elektrischen Schlag unter Fehlerbedingungen
- Zusatzschutz; Schutz bei Versagen der Basisisolierung

eingeteilt. **Bild 3.10** zeigt diese Einteilung und die wichtigsten der jeweils zulässigen Folgemaßnahmen.

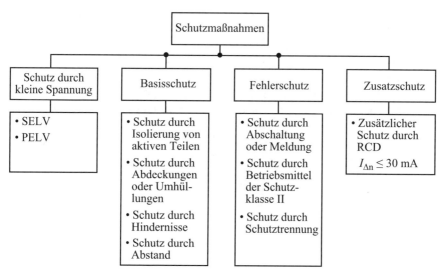

Bild 3.10 Darstellung der Schutzmaßnahmen gegen elektrischen Schlag
(Auf die Darstellung der Maßnahmen: Schutz durch nicht leitende Räume und Schutz durch erdfreien örtlichen Potentialausgleich sowie Schutz durch Begrenzung von Beharrungsberührungsstrom und Ladung wurde verzichtet, da diese nur eine geringe Bedeutung haben)

Die verschiedenen Maßnahmen sind in den Kapiteln **„Schutz durch kleine Spannung"** (Kapitel 4) **„Basisschutz"** (Kapitel 5) **„Fehlerschutz"** (Kapitel 6) und **„Zusatzschutz"** (Kapitel 7) behandelt. Die Reihenfolge der Behandlung der Schutzmaßnahmen stellt keine Wertung der Güte auf. Alle Schutzmaßnahmen stehen gleichwertig nebeneinander. Dies schließt nicht aus, dass bei bestimmten

Anwendungsfällen die Auswahl nicht freigestellt ist, sondern eine bestimmte Maßnahme vorgeschrieben sein kann.

Die verschiedenen Schutzmaßnahmen können für eine gesamte Anlage, einen Teil einer Anlage oder für ein Betriebsmittel jeweils in verschiedener Ausführung gewählt werden. Wichtig dabei ist, dass sich die getroffenen Schutzmaßnahmen nicht gegenseitig negativ beeinflussen.

Die Schutzmaßnahmen sind so konzipiert, dass ein erster Fehler in der elektrischen Anlage noch nicht zu einer Gefährdung führt. Erst beim Auftreten eines zweiten Fehlers, der elektrisch ungünstig zum ersten Fehler auftritt, ist mit einer Gefährdung zu rechnen.

3.6 Literatur zu Kapitel 3

[1] Brinkmann, G.; Schäfer H.: Der Elektrounfall. Berlin/Heidelberg/New York: Springer-Verlag, 1982

[2] Biegelmeier, G.; Kieback, D.; Kiefer, G.; Krefter, K.-H.: Schutz in elektrischen Anlagen. Bd. 1: Gefahren durch den elektrischen Strom. VDE-Schriftenreihe, Bd. 80. 2. Aufl., Berlin und Offenbach: VDE VERLAG, 2003

[3] Nowak, K.: Von DIN 40050 zu EN 60529/DIN VDE 0470 Teil 1: IP-Schutzarten. der elektromeister + deutsches elektrohandwerk de 68 (1993) H. 7, S. 488 bis 494 und H. 8, S. 620 bis 624

[4] Kiefer, G.: Schutzarten durch Gehäuse (IP-Code). EVU-Betriebspraxis 33 (1994) H. 3, S. 52 bis 57

[5] Greiner, H.: IP-Schutzarten nach Europäischer Norm EN 60529. Elektropraktiker 47 (1993) H. 7, S. 598 bis 601

[6] Rudolph, W.; Schröder, B.: Historische Entwicklung der Netzformen TN-, TT- und IT-System. der elektromeister + deutsches elektrohandwerk de 65 (1990) H. 11, S. 818 bis 820

4 Schutz durch Verwendung kleiner Spannungen – DIN VDE 0100-410 und DIN VDE 0100-470

4.1 Kleinspannungen SELV und PELV

Bei Anwendung der Schutzmaßnahmen SELV und PELV zum Schutz gegen elektrischen Schlag wird gleichzeitig der **Schutz gegen direktes Berühren** und der **Schutz bei indirektem Berühren** realisiert. Die Kunstworte SELV und PELV sind abgeleitet aus dem Englischen und bedeuten:

- SELV: Safety Extra Low Voltage (Schutzkleinspannung)
- PELV: Protection Extra Low Voltage (Funktionskleinspannung)

Bei den Schutzmaßnahmen SELV und PELV beruht der Schutz auf den zwei folgenden, grundsätzlich einzuhaltenden Bedingungen:

- Anwendung kleiner Spannungen, in einer Höhe, die für Menschen beim Vorliegen normaler Bedingungen noch keine Gefahr darstellen
- Sichere Trennung von SELV- und PELV-Stromquellen, Stromkreisen und Betriebsmitteln zu Systemen, Stromkreisen und Betriebsmitteln mit höheren Spannungen

Für Spannungen, die normalerweise für Menschen als ungefährlich angesehen werden können, wurden international die Werte

- $U \leq 50$ V AC effektiv bzw.
- $U \leq 120$ V DC oberschwingungsfrei

festgelegt. Dies bedeutet nicht, dass nicht in Sonderfällen, zum Beispiel bei besonderen Umgebungsbedingungen, niedrigere Spannungsgrenzwerte vorgeschrieben werden können.

Anmerkung: Im Folgenden werden die Spannungen ohne den Zusatz „effektiv" bzw. „oberschwingungsfrei" angegeben.

Eine **sichere Trennung** oder auch **elektrisch sichere Trennung** bedeutet, dass ein Übertritt von Spannung eines Stromkreises in einen anderen mit hinreichender Sicherheit verhindert wird.

Die Begriffe „sichere Trennung" bzw. „elektrisch sichere Trennung" und weitere, damit in Zusammenhang stehende Definitionen sind Abschnitt 2.13 zu entnehmen.

Eine sichere Trennung ist herzustellen durch:
- Verwendung alterungsbeständiger Materialien, verbunden mit besonderen konstruktiven Maßnahmen, und
- Anwendung der „doppelten Isolierung" oder „verstärkten Isolierung" zusätzlich zur Basisisolierung, oder es ist ein mit dem Schutzleiter verbundener, leitfähiger Schirm (Schutzschirm) anzuordnen, der von den aktiven Teilen mindestens durch die Basisisolierung getrennt ist.

Für Anlagen, die mit den Kleinspannungen SELV und PELV betrieben werden, sind die Grenzen der Spannung im Beharrungszustand für verschiedene Umgebungsbedingungen und den üblichen Fehlerbedingungen in **Tabelle 4.1**, nach IEC 61201: 1992-08, dargestellt. Die Tabelle gilt für Frequenzen von 15 Hz bis 100 Hz bei AC. Hinsichtlich der Umgebungsbedingungen gilt:
- Umgebungsbedingung 1: Die Widerstände der Haut und zur Erde sind vernachlässigbar klein. Bedingung: im Wasser untergetaucht.
- Umgebungsbedingung 2: Die Widerstände der Haut und zur Erde sind reduziert. Bedingung: Feuchtigkeit ist vorhanden.
- Umgebungsbedingung 3: Die Widerstände der Haut und zur Erde sind normal, also nicht reduziert. Bedingung: trockener Zustand.
- Umgebungsbedingung 4: Besondere Situation, wie z. B. Schweißen oder Galvanisieren. Für die Festlegung der Situation sind die Technischen Komitees verantwortlich.

Umgebungs-bedingungen	Fehlerbedingungen		
	kein Fehler	ein Fehler	zwei Fehler
1	0 V	0 V	16 V AC; 35 V DC
2	16 V AC; 35 V DC	33 V AC; 70 V DC[3]	nicht anwendbar
3	33 V AC[1]; 70 V DC[3]	55 V AC[2]; 140 V DC[4]	nicht anwendbar
4	besondere Anwendungen		

[1] 66 V für ein nicht greifbares Teil mit einem Kontaktbereich kleiner als 1 cm^2
[2] 80 V für ein nicht greifbares Teil mit einem Kontaktbereich kleiner als 1 cm^2
[3] 75 V zum Laden einer Batterie
[4] 150 V zum Laden einer Batterie

Tabelle 4.1 Grenzen der Spannung im Beharrungszustand bei Kleinspannung (Quelle: DIN EN 61140 (VDE 0140-1): 2003-08)

4.2 Schutz durch Kleinspannung SELV

Neben dem Einhalten der Spannungsgrenzen ist die Spannung durch sichere Trennung zu erzeugen. Aktive Teile von Stromkreisen dürfen nicht geerdet sein. Auch eine absichtliche Erdung der Körper der Betriebsmittel ist nicht zulässig. Wenn ein Mensch ein mit einem Isolationsfehler (direkter Körperschluss) behaftetes Betriebsmittel berührt, kann kein merklicher Strom über den menschlichen Körper zum Fließen kommen. Der Berührungsstrom ist nahezu null. **Bild 4.1** zeigt die Situation.

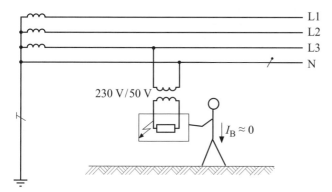

Bild 4.1 SELV; Schaltbild mit Isolationsfehler

Anmerkung: Der über den menschlichen Körper gegen Erde fließende Strom wird durch die Leiterkapazität und die damit verbundenen kapazitiven Ableitströme gegen Erde bestimmt. Da die Spannung relativ gering ist, sind die in der Praxis hierbei auftretenden Ströme sehr klein und liegen normalerweise deutlich unterhalb der Wahrnehmbarkeitsschwelle.

Erst bei einem zweiten Fehler (vollkommener Erdschluss eines anderen Leiters), zusätzlich zum ersten Fehler, ist damit zu rechnen, dass ein Berührungsstrom zum Fließen kommt. Eine Abschätzung der Höhe des Berührungsstroms ist in Abschnitt 4.3 „Schutz durch Kleinspannung PELV" durchgeführt. Der Berührungsstrom dürfte normalerweise 35 mA nicht überschreiten, liegt also noch im ungefährlichen Bereich.

4.3 Schutz durch Kleinspannung PELV

Bei der Schutzmaßnahme „Schutz durch Kleinspannung PELV" darf ein Leiter des Systems direkt geerdet werden. Im Fehlerfall kommt bei einem direkten Körperschluss ein Strom zustande, der eine Höhe von

$$I_B = \frac{U}{Z_T} \qquad (4.1)$$

annehmen kann, wenn die anderen Widerstände im Fehlerstromkreis (Fehlerwiderstand, Standortwiderstand, Leitungswiderstand, Erdungswiderstand) als sehr klein gegenüber der Körperimpedanz angenommen werden. **Bild 4.2** zeigt die Situation.

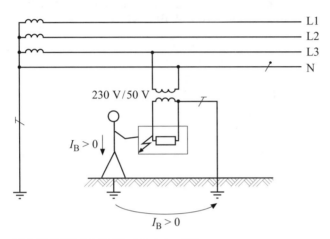

Bild 4.2 PELV; Schaltbild mit Isolationsfehler

Bei einer Spannung von $U = 50$ V und $Z_T = 1450\ \Omega$ (Bild 3.4: 5-%-Kurve bei 50 V) fließt damit ein Berührungsstrom von

$$I_B = \frac{50\,\text{V}}{1450\,\Omega} = 0{,}0345\,\text{A} = 34{,}5\,\text{mA}$$

Dieser Strom ist nach Bild 3.1 ungefährlich. Er liegt bei längerer Einwirkungsdauer im Bereich AC 3, erreicht aber den gefährlichen Bereich AC 4 nicht, sodass auch im Fehlerfall noch keine unmittelbare Gefahr vorliegt, wenn normale Bedingungen zu Grunde gelegt werden.

4.4 Stromquellen für SELV und PELV

Grundsätzlich gilt, dass Stromquellen von Stromkreisen mit höherer Spannung oder von FELV-Stromkreisen entweder
- unabhängig oder
- sicher getrennt

sein müssen. Als Stromquellen zur Erzeugung der Kleinspannung für SELV oder PELV sind zugelassen:

4.4.1 Sicherheitstransformatoren

Zulässig sind Sicherheitstransformatoren (Transformatoren, Netzgeräte und dergleichen) nach der Normenreihe EN 61558 (VDE 0570) „Sicherheit von Transformatoren, Netzgeräten und dergleichen" in den Ausführungsarten:

- Sicherheitstransformator für allgemeine Anwendung nach DIN EN 61558-2-6 (VDE 0570-2-6)
- Transformatoren für Spielzeuge nach DIN EN 61558-2-7 (VDE 0570-2-7)
- Klingel- und Läutewerktransformatoren nach DIN EN 61558-2-8 (VDE 0570-2-8)
- Transformatoren für Handleuchten der Schutzklasse III für Wolframdrahtlampen nach DIN EN 61558-2-9 (VDE 0570-2-9)

Anmerkung: Diese Transformatoren waren früher in DIN EN 60742 (VDE 0551) „Trenntransformatoren und Sicherheitstransformatoren" behandelt. Die Norm wurde zurückgezogen.

In **Tabelle 4.2** sind verschiedene Grenzwerte dieser Transformatoren aufgezeigt.

Transformator Bauart	$U_{Primär}$	$U_{Sekundär}$	$U_{Leerlauf}$	Leistung P	Zeichen	Max. Frequenz
Sicherheits- transformator	1000 V AC	50 V AC 120 V DC	50 V AC 120 V DC	10/16 kVA[1]		500 Hz
Spielzeug- Transformator	250 V AC	24 V AC 33 V DC	33 V AC 46 V DC	200 VA		50/60 Hz
Klingel- und Läutewerk- Transformator	250 V AC	24 V AC 33 V DC	33 V AC 46 V DC	100 VA		500 Hz
Handleuchten- Transformator[2]	1000 V AC	50 V AC 120 V DC	50 V AC 120 V DC	10 kVA		500 Hz

[1] 10 kVA bei Einphasentransformator
  16 kVA bei Mehrphasentransformator
[2] Für Leuchten der Schutzklasse III und Lampen mit Wolframdraht
Die angegebenen Werte bei DC beziehen sich auf geglättete Gleichspannung

Tabelle 4.2 Bauarten von Sicherheitstransformatoren; Technische Angaben

Besonders wichtig ist die sichere Trennung von Primärwicklung zu Sekundärwicklung, die durch besondere konstruktive Maßnahmen zu realisieren ist. Die Primär- und Sekundärwicklung, deren Isolation als doppelte oder verstärkte Isolierung auszuführen ist, sind getrennt voneinander anzuordnen, sodass sie weder direkt noch indirekt über andere Metallteile miteinander in Verbindung kommen können. Zwischen Primärwicklung und Sekundärwicklung ist auch eine besondere Spannungsprüfung erforderlich, wobei die Höhe der Prüfspannung von der Eingangsspannung abhängig ist. Wichtig ist auch das Verhalten der Transformatoren im Überlastfall und im Kurzschlussfall. Zu unterscheiden sind:

- unbedingt kurzschlussfeste Transformatoren
- bedingt kurzschlussfeste Transformatoren
- nicht kurzschlussfeste Transformatoren
- Fail-safe-Transformatoren

Tabelle 4.3 zeigt die entsprechenden Bildzeichen, die für die genannten Transformatoren anzuwenden sind.

Zeichen	Bedeutung
⊗ oder ⊙⊙	bedingt oder unbedingt kurzschlussfester Transformator
⊗ oder ⊙⊙	nicht kurzschlussfester Transformator
⊗_F oder ⊙⊙_F	Fail-safe-Transformator
─▭─ 10AgL	Sicherung mit Angabe der Stromstärke und der Betriebsklasse (Beispiel)

Tabelle 4.3 Zeichen und Bedeutung für Sicherheitstransformatoren

Die Zeichen für Sicherheitstransformatoren und die Zeichen für die Kurzschlussfestigkeit sind auch kombiniert anzuwenden, zum Beispiel das Zeichen

 für einen kurzschlussfesten Sicherheitstransformator.

4.4.2 Motorgeneratoren und Umformer

Motorgeneratoren oder Umformer, z. B. nach DIN EN 60034-1 (VDE 0530-1), mit sicher getrennten Wicklungen, die einen gleichwertigen Schutz wie ein Sicherheitstransformator bieten.

4.4.3 Elektrochemische Stromquellen

Akkumulatoren, galvanische Elemente und andere elektrochemische Stromquellen, zum Beispiel nach DIN VDE 0510, sind entweder als selbstständige Stromquellen anzusehen oder sind als Stromquellen mit sicherer Trennung zu den Primärstromkreisen auszuführen.

4.4.4 Generatoren

Generatoren mit nicht elektrischem Antrieb, zum Beispiel Diesel-Aggregate, Gas-Motoren, Otto-Motoren oder andere Antriebsaggregate, gehören zu den unabhängigen Stromquellen. Sie sind in der Regel nur für die Versorgung von SELV- und PELV-Stromkreisen ausgelegt, wenn nur kleine Spannungen zur Anwendung gelangen. Sie dürfen nicht mit Stromkreisen höherer Spannung verbunden werden. Generatoren sind nach DIN EN 60034-1 (VDE 0530-1) genormt.

4.4.5 Elektronische Stromquellen

Bei elektronischen Stromquellen, die nach den entsprechenden Normen gebaut sind, zum Beispiel nach DIN EN 58178 (VDE 0160), besteht ein Unterschied hinsichtlich der Betriebseigenschaften zwischen der Anwendung von SELV und PELV.

- Bei SELV wird gefordert, dass die Stromquelle sowohl im Leerlauf als auch im Normalbetrieb keine höheren Spannungen erzeugt als die für SELV zugelassenen Werte ($U \leq 50$ V AC; $U \leq 120$ V DC).
- Bei PELV darf die Spannung sowohl im Leerlauf als auch im Normalbetrieb höhere Werte annehmen, wenn dafür gesorgt ist, dass im Fehlerfall die Spannung an den Ausgangsklemmen innerhalb kurzer Zeit auf ungefährliche Werte zurückgeht bzw. zusammenbricht. Als kurze Zeiten sind einzuhalten:

$t = 0{,}1$ s, bei $U_0 > 400$ V

$t = 0{,}2$ s, bei $U_0 \leq 400$ V

$t = 0{,}4$ s, bei $U_0 \leq 230$ V

Ungefährliche Werte sind ($U \leq 50$ V AC; $U \leq 120$ V DC). Dies kann geprüft werden durch Anlegen eines Spannungsmessers mit etwa 3000 Ω Innenwiderstand an den Ausgangsklemmen. Die Spannung an den Ausgangsklemmen muss dabei in festgelegter Zeit auf die ungefährlichen Werte zurückgehen.

4.5 Anforderungen an die Stromkreise

Eine sichere Trennung der aktiven Teile von SELV- und PELV-Stromkreisen untereinander und zu FELV-Stromkreisen sowie anderen Stromkreisen mit höherer Spannung ist gefordert. Diese sichere Trennung ist für SELV-zu-SELV-Stromkreisen und

PELV-zu-PELV-Stromkreisen nicht gefordert. Erreicht wird eine sichere Trennung der Stromkreise durch eine der folgenden Maßnahmen:

- räumlich getrennte Anordnung der Leiter, zum Beispiel durch Führung der Leiter in einem Installationsrohr oder Installationskanal oder Verwendung von einadrigen NYM-Leitungen bzw. Kabeln
- Verwendung von Leitungen, die einen geerdeten Metallschirm oder eine geerdete metallene Umhüllung besitzen und die Leiter von Stromkreisen verschiedener Spannung voneinander trennen

In den genannten Fällen muss die Basisisolierung für jeden Leiter nur für die Spannung des Stromkreises bemessen sein, zu dem der Leiter gehört. Mehradrige Kabel, Leitungen oder Leiterbündel dürfen Stromkreise verschiedener Spannung enthalten, wenn die Leiter von SELV- und PELV-Stromkreisen einzeln oder gemeinsam mit einer Isolierung versehen sind, die für die höchste vorkommende Spannung bemessen ist.

Steckvorrichtungen (Stecker, Steckdosen, Kupplungen und Gerätestecker) für SELV- und PELV-Stromkreise dürfen nicht in Steckvorrichtungen anderer Spannungssysteme eingeführt werden können. Auch dürfen Steckvorrichtungen für SELV-Stromkreise nicht in Steckvorrichtungen von PELV-Stromkreisen passen. Steckvorrichtungen für PELV-Stromkreise dürfen einen Schutzkontakt haben. Die Forderung nach Unverwechselbarkeit der Steckvorrichtungen für SELV- und PELV-Stromkreise gilt nicht nur untereinander, sie gilt auch für FELV-Stromkreise und andere Stromkreise mit höherer Spannung. Zweckmäßig ist der Einsatz von Steckvorrichtungen für Kleinspannung nach DIN EN 60309 (VDE 0623).

4.6 Schutz gegen direktes Berühren

Bei Anwendung der Kleinspannung SELV ist als Schutz gegen direktes Berühren festgelegt:
- $U > 25$ V ... ≤ 50 V AC und $U > 60$ V ... ≤ 120 V DC

  Ein Schutz gegen direktes Berühren ist erforderlich durch Abdeckungen oder Umhüllungen (Gehäuse) der Schutzart IP2X oder IPXXB oder durch eine Isolierung, die einer Prüfspannung von 500 V AC eff. für 1 min standhält.

- $U < 25$ V AC und $U \leq 60$ V DC

  Ein Schutz gegen direktes Berühren kann entfallen (Beispiele: Betriebsmittel von Halogen-Niedervoltlampen, Spielzeugeisenbahnen). In Sonderfällen, wenn bestimmte äußere Voraussetzungen vorliegen, kann ein Schutz gegen direktes Berühren jedoch erforderlich sein.

Bei Anwendung der Kleinspannung PELV ist als Schutz gegen direktes Berühren gefordert:

- Grundsätzlich wird ein Schutz gegen direktes Berühren gefordert, der den Schutzarten IP2X oder IPXXB entspricht, oder durch eine Isolierung, die einer Prüfspannung von 500 V AC für 1 min standhält.

- Dieser Schutz ist nicht erforderlich, wenn sich alle Betriebsmittel in einem Gebäude befinden, in dem alle berührbaren Körper und alle fremde leitfähige Teile an das gleiche Erdungssystem angeschlossen sind und die Spannung folgende Grenzen nicht überschreitet:

    - $U \leq 25$ V AC und $U \leq 60$ V DC, wenn die Betriebsmittel in trockenen Räumen verwendet werden und eine großflächige Berührung von aktiven Teilen nicht zu erwarten ist

    - $U \leq 6$ V AC und $U \leq 15$ V DC in allen anderen Fällen

4.7 Schutz bei indirektem Berühren

Eine Schutzmaßnahme zum Schutz bei indirektem Berühren wird nicht gefordert.

4.8 Kleinspannung FELV – DIN VDE 0100-470

Wenn aus Funktionsgründen eine Kleinspannung mit den Werten $U \leq 50$ V AC oder $U \leq 120$ V DC zur Anwendung gelangt, dabei aber nicht alle Bedingungen, die für die Schutzmaßnahmen SELV oder PELV gefordert sind, erfüllt werden, kann die Schutzmaßnahme FELV (en: Functional Extra Low Voltage) angewandt werden. Dies kommt vor, wenn entweder die Stromquelle und/oder andere Betriebsmittel keine sichere Trennung gewährleisten. Dabei ist zu beachten, dass FELV-Stromquellen und FELV-Betriebsmittel keine direkte Verbindung zum einspeisenden System haben dürfen und mindestens eine Basisisolierung zu Systemen höherer Spannung aufweisen müssen. Dies bedeutet, dass Bauteile, wie Spartransformatoren, Potentiometer und Halbleiterbauelemente, als Stromquelle nicht verwendet werden können. Transformatoren nach DIN VDE 0550-1 und DIN VDE 0550-3 oder andere Stromquellen, die eine gleichwertige Sicherheit bieten, sind zulässig. **Bild 4.3** zeigt den prinzipiellen Aufbau eines FELV-Systems. Beim ersten Isolationsfehler (Fehler ①) tritt noch keine Berührungsspannung auf, und es kommt kein Berührungsstrom zum Fließen. Nachteilig ist, dass dieser erste Fehler unter Umständen, je nach Lage der Fehlerstelle und der Schaltung, nicht bemerkt wird. Erst wenn ein zweiter Isolationsfehler (Fehler ②) oder ein Erdschluss, ungünstig zum ersten Fehler gelegen, hinzukommt, ist mit einem Berührungsstrom zu rechnen. Unter der Annahme, dass die Leiterwiderstände, von Außenleiter und Schutzleiter bzw. PEN-Leiter, von der Stromquelle bis zur zweiten Fehlerstelle annähernd gleich groß sind, wird durch

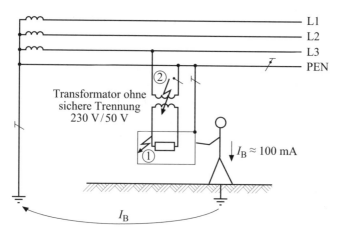

Bild 4.3 FELV; Schaltbild mit Isolationsfehlern

den Menschen eine Berührungsspannung von $U_T = U_0/2$ überbrückt, und es kommt ein Berührungsstrom zum Fließen von

$$I_B = \frac{\frac{U_0}{2}}{Z_T} \qquad (4.2)$$

Bei einem 400/230-V-Primärsystem und einer Körperimpedanz von $Z_T = 1150\ \Omega$ (Bild 3.4: 5-%-Kurve bei $U_T = 115$ V) würde dann ein Berührungsstrom fließen von

$$I_B = \frac{\frac{U_0}{2}}{Z_T} = \frac{\frac{230\,\text{V}}{2}}{1150\,\Omega} = 0{,}1\,\text{A} = 100\,\text{mA}$$

Dieser Strom liegt nach Bild 3.1 in dem Bereich, der bei längerer Durchströmungsdauer Herzkammerflimmern auslösen kann. Spätestens beim zweiten Fehler muss deshalb eine Abschaltung durch ein Schutzorgan in die Wege geleitet werden, was voraussetzt, dass die Körper der Betriebsmittel mit dem Schutzleiter des Primärsystems verbunden sind. Als Schutzmaßnahmen für SELV-Systeme sind notwendig:

Zum Schutz gegen direktes Berühren

- Abdeckungen oder Umhüllungen in der Schutzart IP2X bzw. IPXXB oder
- eine Isolierung aktiver Teile, wobei die Prüfspannung, die für den Primärstromkreis gefordert wird, einzuhalten ist. Gegebenenfalls muss die Isolierung so verstärkt werden, dass sie einer Prüfspannung von 1500 V AC für eine Zeit von mindestens 1 min standhält.

Zum Schutz bei indirektem Berühren

- Einbeziehen der Betriebsmittel in die Schutzmaßnahme des vorgelagerten Netzes. Das heißt, bei den Maßnahmen mit Schutzleiter ist der Anschluss der Betriebsmittel an den Schutzleiter des Primärstromkreises vorzunehmen.
- Bei der Anwendung der Schutzmaßnahme Schutztrennung sind über einen ungeerdeten Potentialausgleichsleiter die Körper der Betriebsmittel der FELV-Stromkreise mit den Körpern, die in die Schutztrennung einbezogen sind, zu verbinden (**Bild 4.4**).

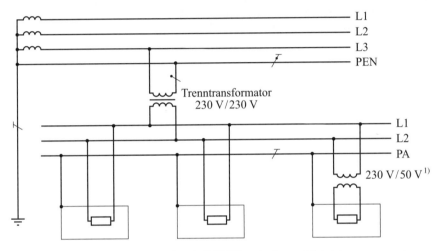

Bild 4.4 Schutz gegen indirektes Berühren bei FELV-Stromkreisen und Schutztrennung
[1] Transformator ohne sichere Trennung

4.9 Literatur zu Kapitel 4

[1] Hörmann, W.; Nienhaus, H.; Schröder, B.: Schutz gegen elektrischen Schlag in Niederspannungsanlagen. VDE-Schriftenreihe, Bd. 140. 2. Aufl., Berlin und Offenbach: VDE VERLAG, 2005

[2] Hotopp, R.; Kammler, M.; Lange-Hüsken, M.: Schutzmaßnahmen gegen elektrischen Schlag. VDE-Schriftenreihe, Bd. 9. 11. Aufl., Berlin und Offenbach: VDE VERLAG, 1998

[3] Biegelmeier, G.; Kiefer, G.; Krefter, K.-H.: Schutz in elektrischen Anlagen. Bd. 3: Schutz gegen gefährliche Körperströme. VDE-Schriftenreihe, Bd. 82. Berlin und Offenbach: VDE VERLAG, 1998

5 Basisschutz – DIN VDE 0100-410

Nach DIN VDE 0100-100 Abschnitt 131.2.1 gilt für den Basisschutz (Schutz gegen direktes Berühren) folgender Grundsatz:

Personen und Nutztiere müssen vor Gefahren geschützt werden, die beim Berühren aktiver Teile der Anlage entstehen können.

Der Schutz kann durch eines der folgenden Verfahren erreicht werden:

- Verhindern, dass ein Strom durch den Körper einer Person oder eines Nutztieres fließt
- Begrenzen des Stroms, der durch einen solchen Körper fließt, auf einen Wert, der niedriger ist als der gefährliche Körperstrom

Der „Basisschutz", auch „Schutz gegen direktes Berühren" oder „Schutz gegen elektrischen Schlag unter normalen Bedingungen" genannt, stellt die erste Schutzbarriere gegen einen elektrischen Schlag dar, die verhindern soll, dass Personen oder Nutztiere aktive Teile einer elektrischen Anlage berühren können. Eine kurzgefasste Darstellung zeigt **Bild 5.1**.

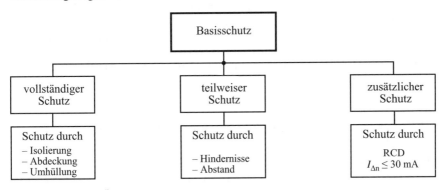

Bild 5.1 Basisschutz, Übersicht

Die Maßnahmen „Schutz durch Isolierung von aktiven Teilen" und „Schutz durch Abdeckungen oder Umhüllungen" dürfen dabei immer und überall angewandt werden, da sie einen vollständigen Schutz bieten, gleichgültig welche Voraussetzungen (z. B. äußere Einflüsse) vorliegen. Die Maßnahmen „Schutz durch Hindernisse" und „Schutz durch Abstand" bieten nur einen teilweisen Schutz und können deshalb auch nur dort zugelassen werden, wo ausschließlich Fachkräfte oder Elektrotechnisch unterwiesene Personen tätig werden, was bedeutet, dass diese beiden Maßnahmen nur in elektrischen Betriebsstätten und abgeschlossenen elektrischen Betriebsstätten zulässig sind. Die Maßnahme „Zusätzlicher Schutz durch RCD" hat mit den grundsätzlichen Gedankengängen zum Basisschutz nichts zu tun, die Maßnahme wird im Abschnitt „Zusatzschutz" behandelt.

5.1 Schutz durch Isolierung von aktiven Teilen

Alle aktiven Teile müssen entweder vom Hersteller der Betriebsmittel oder vom Errichter der Anlage mit einer Isolierung versehen werden, die jedes Berühren aktiver Teile verhindert. Dabei müssen die aktiven Teile vollständig isoliert sein, und die Isolierung muss so angebracht sein, dass sie nur durch Zerstörung entfernt werden kann. Bei fabrikfertigen Betriebsmitteln muss die Isolierung die entsprechenden Normen der Betriebsmittel erfüllen. Die Verantwortung hierfür obliegt dem Hersteller des Betriebsmittels, was in der Regel durch Spannungsprüfungen oder Isolationsmessungen nachgewiesen wird. Durch das VDE-Zeichen am Betriebsmittel wird dieser Tatbestand bestätigt.

Bei anderen Betriebsmitteln, also solchen, die vor Ort errichtet werden, oder solchen, für die es keine Normen gibt, ist die Isolierung so zu wählen und anzubringen, dass sie den elektrischen, mechanischen, chemischen und thermischen Beanspruchungen, die am Einsatzort auftreten, dauerhaft standhält. Farben, Lacke, Anstriche, Emaillierungen und ähnliche Oberflächenbehandlungen entsprechen normalerweise diesen Bedingungen nicht. Die Eignung der Isolierung kann nachgewiesen werden, indem Prüfungen (Spannungsmessungen, Isolationsmessungen) durchgeführt werden, die jenen vergleichbar sind, mit denen ähnliche fabrikneue Betriebsmittel geprüft werden.

5.2 Schutz durch Abdeckungen oder Umhüllungen

Abdeckungen oder Umhüllungen (Gehäuse) dienen dazu und sind so zu konstruieren und anzubringen, dass das Berühren aktiver Teile im normalen Gebrauch mit Sicherheit verhindert wird. Abdeckungen und Umhüllungen müssen gegebenenfalls mit Öffnungen (z. B. zur Belüftung oder zur Bedienung) versehen werden. Diese Öffnungen sind so anzubringen, dass mindestens die Schutzarten IP2X oder IPXXB eingehalten werden. Ausgenommen sind lediglich Fälle, die auftreten, wenn während des Auswechselns von z. B. Schraubsicherungen oder Lampen größere Öffnungen notwendig sind. Dabei sind Personen und Nutztiere durch geeignete Vorkehrungen zu schützen, z. B. durch isolierenden Standort. Weiter muss sichergestellt sein, dass Personen sich der Gefahr bewusst sind, die entsteht, wenn sie aktive Teile berühren.

Für horizontale obere Flächen von Abdeckungen und Umhüllungen, die leicht zugänglich sind, müssen die Öffnungen der Schutzart IP4X oder IPXXD entsprechen. Mit dieser Forderung soll verhindert werden, dass Gegenstände, die auf den horizontalen Flächen abgelegt werden, in das Betriebmittel fallen.

Abdeckungen und Umhüllungen müssen eine ausreichende mechanische Festigkeit und Haltbarkeit aufweisen und sicher befestigt sein. Die Einhaltung der erforderlichen Schutzart, also ein ausreichender Abstand zu aktiven Teilen bei normalen Bedingungen und den zu erwartenden äußeren Einflüssen, ist sicherzustellen.

Wenn Abdeckungen entfernt, Umhüllungen geöffnet oder Umhüllungen teilweise abgenommen werden, ist sicherzustellen, dass dies nur möglich ist, wenn eine der folgenden Vorkehrungen getroffen ist:

- Entfernung nur mittels Verwendung eines Schlüssels oder Werkzeugs
- Abschalten der Stromversorgung der aktiven Teile
- Zwischenabdeckungen in der Schutzart IP2X oder IPXXB verhindern eine Berührung der aktiven Teile, wobei diese Zwischenabdeckungen ebenfalls nur mittels Werkzeug oder Schlüssel entfernt werden können

5.3 Schutz durch Hindernisse

Durch Hindernisse (Schranken, Absperrungen u. dgl.) soll das unbeabsichtigte Berühren aktiver Teile verhindert werden. Das Berühren aktiver Teile durch bewusstes Umgehen oder Entfernen der Hindernisse braucht nicht berücksichtigt zu werden. Die Hindernisse müssen so angeordnet bzw. angebracht werden, dass eine unbeabsichtigte Annäherung an aktive Teile mit Sicherheit verhindert wird und dadurch die Gefahr eines unbeabsichtigten Berührens nicht besteht. Hindernisse sind sicher aufzustellen und zu befestigen, sodass ein unbeabsichtigtes Entfernen ausgeschlossen werden kann. Sie dürfen ohne Hilfe von Werkzeug oder Schlüssel entfernbar sein.

5.4 Schutz durch Abstand

Schutz durch Abstand kann nur das unabsichtliche Berühren aktiver Teile verhindern. Dabei dürfen im Handbereich keine gleichzeitig berührbaren Teile unterschiedlichen Potentials vorhanden sein. Der Handbereich ist in **Bild 5.2** dargestellt. Dort wo üblicherweise sperrige Gegenstände (Leitern, Stangen usw.) befördert werden müssen, sind die Abstände entsprechend zu vergrößern

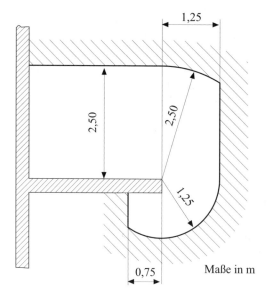

Bild 5.2 Handbereich

5.5 Zusätzlicher Schutz durch RCD

Der Schutz durch RCD stellt nur einen zusätzlichen Schutz zu den Maßnahmen dar, die unter den Abschnitten 5.1 bis 5.4 beschrieben sind. Als alleiniger Schutz gegen direktes Berühren ist die Maßnahme „Zusätzlicher Schutz durch RCD" nicht zulässig. Sie kann nur als Ergänzung dienen, um in besonderen Anwendungsfällen oder bei Sorglosigkeit des Benutzers noch einen zusätzlichen Schutz zu bieten. Der „Zusätzliche Schutz durch RCD" ist in Kapitel 7 „Zusatzschutz" beschrieben.

5.6 Literatur zu Kapitel 5

[1] Hörmann, W.; Nienhaus, H.; Schröder, B.: Schutz gegen elektrischen Schlag in Niederspannungsanlagen. VDE-Schriftenreihe, Bd. 140. 2. Aufl., Berlin und Offenbach: VDE VERLAG, 2005

[2] Hotopp, R.; Kammler, M.; Lange-Hüsken, M.: Schutzmaßnahmen gegen elektrischen Schlag. VDE-Schriftenreihe, Bd. 9. 11. Aufl., Berlin und Offenbach: VDE VERLAG, 1998

[3] Biegelmeier, G.; Kiefer, G.; Krefter, K.-H.: Schutz in elektrischen Anlagen. Bd. 3: Schutz gegen gefährliche Körperströme. VDE-Schriftenreihe, Bd. 82. Berlin und Offenbach: VDE VERLAG, 1998

6 Fehlerschutz – DIN VDE 0100-410

Nach DIN VDE 0100-100 Abschnitt 131.2.2 gilt für den Fehlerschutz (Schutz bei indirektem Berühren) folgender Grundsatz:

Personen oder Nutztiere müssen vor Gefahren geschützt werden, die beim Berühren von Körpern elektrischer Betriebsmittel im Falle eines Fehlers entstehen können.

Der Schutz kann prinzipiell durch eines der folgenden Verfahren erreicht werden:

- Verhindern, dass ein Fehlerstrom durch den Körper einer Person oder eines Nutztieres fließen kann
- Begrenzen des Fehlerstroms, der durch einen solchen Körper fließt, auf einen Wert, der niedriger ist als der gefährliche Körperstrom
- Automatische Abschaltung der Stromversorgung in der festgesetzten Zeit beim Auftreten eines Fehlers, der wahrscheinlich einen Strom verursacht, der durch eine Person oder ein Nutztier bei Berührung mit Körpern elektrischer Betriebsmittel fließt, dessen Wert gleich oder größer als der gefährliche Körperstrom ist

Der „Fehlerschutz", auch „Schutz gegen elektrischen Schlag unter Fehlerbedingungen" oder „Schutz bei indirektem Berühren" genannt, stellt die zweite Schutzbarriere gegen einen elektrischen Schlag dar. Durch diese Maßnahmen soll verhindert werden, dass durch ein fehlerbehaftetes elektrisches Betriebsmittel ein gefährlicher physiologischer Effekt bei einer Person auftritt. Das bedeutet, dass verhindert werden soll, dass eine Person bei der Berührung eines fehlerbehafteten elektrischen Betriebsmittels einen gefährlichen elektrischen Schlag erhält. Wie **Bild 6.1** zeigt, gibt es verschiedene Möglichkeiten, diese Forderung zu erfüllen.

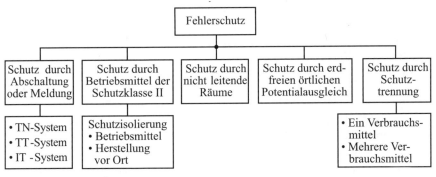

Bild 6.1 Fehlerschutz, Übersicht

Die Schutzmaßnahmen „Schutz durch nicht leitende Räume" und „Schutz durch erdfreien örtlichen Potentialausgleich" finden in Deutschland kaum Anwendung. Auf ihre Behandlung wird im Folgenden verzichtet.

Die Wahl der Schutzmaßnahme für eine elektrische Anlage ist freigestellt. Sie ist so zu wählen, dass der Schutz der elektrischen Anlage sichergestellt ist. Dabei ist eine sinnvolle Kombination der Schutzmaßnahmen zulässig. Es ist zu beachten, dass die Schutzmaßnahmen sich gegenseitig nicht negativ beeinflussen. Die Schutzmaßnahmen sind so konzipiert, dass ein erster Fehler noch keine Gefahr darstellt. Erst beim Auftreten eines zweiten Fehlers, der elektrisch ungünstig zum ersten Fehler auftritt, ist mit einer Gefährdung zu rechnen.

6.1 Schutz durch automatische Abschaltung der Stromversorgung – Teil 410 Abschnitt 413.1

Eine automatische Abschaltung der Stromversorgung gelangt in den TN- und TT-Systemen zur Anwendung. Dabei wird für die Abschaltung der Stromversorgung gefordert, dass beim Auftreten eines Fehlers, der eine zu hohe Berührungsspannung zur Folge haben könnte, die Stromversorgung der elektrischen Anlage automatisch abgeschaltet wird. Als Grenze der konventionellen Berührungsspannung U_L gelten:

AC 50 V effektiv

DC 120 V oberschwingungsfrei

Anmerkung: Oberschwingungsfreie Gleichspannung ist in Abschnitt 3.1.5 beschrieben.

In besonderen Anlagen oder bei besonderer Gefährdung (siehe auch DIN VDE 0100 Gruppe 700 „Betriebsstätten, Räume und Anlagen besonderer Art") können die genannten Werte für die Berührungsspannung auch niedriger festgelegt sein.

Beim IT-System werden die aktiven Teile entweder gegen Erde isoliert betrieben, oder sie sind über eine hochohmige Impedanz geerdet. Der Fehlerstrom beim Auftreten eines Erd- oder Körperschlusses ist sehr klein, sodass eine Abschaltung üblicherweise nicht gefordert werden muss. Es muss allerdings eine Meldung erfolgen, die den Fehlerfall anzeigt. Erst beim Auftreten eines zweiten Fehlers, elektrisch ungünstig gelegen zum ersten Fehler, muss eine Abschaltung in festgelegter Zeit erfolgen.

Der Schutz durch automatische Abschaltung der Stromversorgung erfordert eine Koordinierung der Art der Erdverbindung und der jeweiligen Eigenschaften der Schutzeinrichtung, was vor allem die Auslösezeit im Fehlerfall beeinflusst.

Die Abschaltzeiten, die jeweils gefordert werden, sind bei den einzelnen Systemen verschieden. Sie sind abhängig vom System und der Höhe der Nennspannung und, unter Umständen, bei besonderen Bedingungen, auch von der Höhe der zulässigen Berührungsspannung.

Grundsätzliche Voraussetzung für die Anwendung einer Maßnahme „Schutz durch automatische Abschaltung der Stromversorgung" ist die Herstellung eines Hauptpotentialausgleichs (siehe Abschnitt 6.5), der in jedem Gebäude erforderlich ist.

Bei allen Systemen sind die Körper an einen Schutzleiter anzuschließen und zu erden. Gleichzeitig berührbare Körper müssen an demselben Erdungssystem angeschlossen werden.

6.2 TN-Systeme – Teil 410 Abschnitt 413.1.3

TN-Systeme ist der Oberbegriff für alle TN-C-, TN-S- und TN-C-S-Systeme (siehe Abschnitt 3.4.2.1). Das Schutzziel, die automatische Abschaltung im Fehlerfall, wird erreicht durch das Verbinden aller in einer Anlage vorhandenen Körper mit dem an der Stromquelle geerdeten Punkt des speisenden Netzes über einen Schutzleiter oder PEN-Leiter. Die Anlage muss so ausgelegt sein, dass im Fehlerfall (Außenleiter gegen Schutzleiter, gegen PEN-Leiter oder gegen Körper) ein Fehlerstrom (Kurzschlussstrom) zum Fließen kommt, der so groß ist, dass die vorgeschaltete Schutzeinrichtung in der vorgegebenen Zeit den Fehlerstrom automatisch abschaltet. **Bild 6.2** zeigt ein TN-C-S-System mit Überstrom-Schutzeinrichtungen

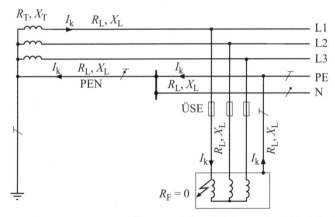

Bild 6.2 TN-C-S-System mit Überstrom-Schutzeinrichtungen im Fehlerfall mit Fehlerstrom (Kurzschlussstrom) und Darstellung der Schleifenimpedanz
ÜSE Überstrom-Schutzeinrichtung
Z_S Schleifenimpedanz in Ω ; $Z_S = \sqrt{\Sigma R^2 + \Sigma X^2}$
I_k Kurzschlussstrom in A ; $I_k = U_0 / Z_S$

bei einem Fehler (Außenleiter gegen Körper) mit eingetragenem Fehlerstrom (Kurzschlussstrom).

Damit diese Forderungen erfüllt werden können, sind eine Reihe von Bedingungen einzuhalten. Sie sind in den nachfolgenden Abschnitten 6.2.1 bis 6.2.5 beschrieben.

Anmerkung: Der Bemessungsfehlerstrom für Fehlerstrom- und Differenzstromschutzschalter wird zurzeit beim Unterkomitee UK 221.3 „Schutzmaßnahmen" mit $I_{\Delta N}$ und beim Unterkomitee UK 541.3 „FI-Schutzeinrichtungen" mit $I_{\Delta n}$ bezeichnet. Künftig soll hier einheitlich für den Bemessungsfehlerstrom die Bezeichnung $I_{\Delta n}$ verwendet werden.

6.2.1 Schutzeinrichtungen in TN-Systemen

Als Schutzeinrichtungen gegen elektrischen Schlag sind für TN-Systeme zulässig:

- Überstrom-Schutzeinrichtungen
- RCD (en: **R**esidual **C**urrent protective **D**evices)

Bei Anwendung von RCD ist noch zu bemerken:

- Definition von RCD siehe Abschnitt 2.2
- im TN-C-System dürfen RCD nicht verwendet werden
- wenn eine RCD im TN-C-S-System verwendet wird, darf auf der Lastseite (Abgang) der RCD kein PEN-Leiter angewandt werden; die Verbindung des Schutzleiters mit dem PEN-Leiter muss auf der Eingangsseite (Zugang) der RCD hergestellt sein
- zeitverzögerte (selektive) RCD der Bauart S (Kennzeichnung $\boxed{\text{S}}$) sind zulässig; sie können, um Selektivität zu erreichen, mit normalen RCD in Reihe geschaltet werden

Schutzeinrichtung und Leiterquerschnitte sind so miteinander zu koordinieren, dass im Fehlerfall mit vernachlässigbarer Impedanz der Fehlerstelle folgende Bedingung erfüllt ist:

$$Z_S \cdot I_a \leq U_0 \qquad (6.1)$$

Es bedeuten:

Z_S Impedanz der Fehlerschleife in Ω; sie kann berechnet, gemessen oder am Netzmodell ermittelt werden

I_a Strom in A, der die automatische Abschaltung bewirkt, wobei die Werte der Tabelle 6.1 und die hierzu angegebenen Sonderfälle zu beachten sind

Bei Überstrom-Schutzeinrichtungen ist der Abschaltstrom gleich dem Kurzschlussstrom $I_a = I_k$.

Bei der Anwendung von RCD ist
- bei einer normalen RCD $I_a = I_{\Delta n}$
- bei einer selektiven (zeitverzögerten) RCD $I_a = 2\, I_{\Delta n}$

U_0 Spannung gegen den geerdeten Leiter in V

Bei der Verwendung von Überstrom-Schutzeinrichtungen ist es wichtig, den Kurzschlussstrom zu kennen. Er kann durch Messung im Netz, zum Beispiel an einer Hauptverteilung, am Netzmodell oder aber, hauptsächlich bei zu planenden Anlagen, durch Berechnung bestimmt werden. Die Messung des Kurzschlussstroms zeigt Abschnitt 10.5. Die Berechnung des Kurzschlussstroms ist in Anhang A (Abschnitt 23.1) dargestellt.

Häufig besteht die Aufgabe auch darin, von einem bestimmten Punkt einer bestehenden Anlage aus, dessen Impedanz bekannt ist, die maximal zulässige Stromkreislänge für einen bestimmten Querschnitt zu ermitteln. Die entsprechende Berechnung ist in Anhang B (Abschnitt 23.2) beschrieben.

6.2.2 Abschaltzeiten in TN-Systemen

Für Endstromkreise, die über Steckdosen oder über einen festen Anschluss Handgeräte der Schutzklasse I oder andere Geräte der Schutzklasse I versorgen, gelten die in **Tabelle 6.1** genannten Abschaltzeiten.

Spannung gegen Erde U_0	Abschaltzeit t_a
50 V < U_0 ≤ 120 V AC[1]	0,8 s
120 V < U_0 ≤ 230 V AC	0,4 s
230 V < U_0 ≤ 120 V AC	0,2 s
U_0 > 400 V AC	0,1 s
[1] Die Abschaltzeit für den Spannungsbereich 50 V < U_0 ≤ 120 V AC ist zurzeit international in Beratung. Zu beachten ist noch, dass die Abschaltzeiten künftig nur für in der Hand gehaltene oder für tragbare Betriebsmittel der Schutzklasse I gelten sollen.	

Tabelle 6.1 Maximal zulässige Abschaltzeiten für TN-Systeme in Abhängigkeit der Spannungen gegen Erde

In Sonderfällen darf die Abschaltzeit auch bis zu 5 s betragen, wenn es sich um Endstromkreise handelt, die nur ortsfeste Betriebsmittel versorgen und die eine der folgenden zusätzlichen Bedingungen erfüllen:

- Die Impedanz Z des Schutzleiters zwischen der Verteilung des abgehenden Endstromkreises und dem Hauptpotentialausgleich entspricht der Beziehung:

$$Z \le \frac{U_L}{U_0} \cdot Z_s \qquad (6.2)$$

wobei Z_s die Impedanz des Leiters ist, der die Verbindung zwischen zu schützenden Betriebsmitteln und dem Anschlusspunkt des Schutzleiters in der Anlage darstellt. U_L ist die konventionelle Berührungsspannung.

- In der Verteilung (Ausgangspunkt dieser Endstromkreise) wird ein örtlicher Potentialausgleich durchgeführt, in den die fremden leitfähigen Teile einbezogen werden.

Die Abschaltzeiten sind bei der Verwendung von Überstrom-Schutzeinrichtungen nach den Zeit-Strom-Kennlinien der Schutzeinrichtungen zu ermitteln. **Bild 6.3** zeigt für Leitungsschutzsicherungen und Leitungsschutzschalter das prinzipielle Vorgehen. In Kapitel 18 sind verschiedene Zeit-Strom-Kennlinien angegeben; weitere Zeit-Strom-Kennlinien sind den einschlägigen DIN-VDE-Bestimmungen zu entnehmen.

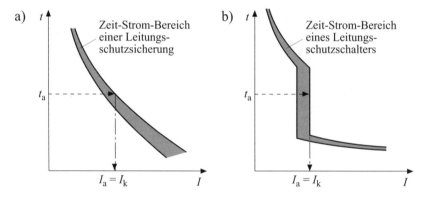

Bild 6.3 Ermittlung der Abschaltzeit von Überstrom-Schutzeinrichtungen nach den Zeit-Strom-Kennlinien
a) Leitungsschutzsicherungen (ÜSE)
b) Leitungsschutzschalter

Für Verteilungsnetze ist keine direkte Abschaltzeit gefordert. Es gilt, dass die Überstrom-Schutzeinrichtung im Fehlerfall ansprechen muss, d. h., es muss der große Prüfstrom zum Fließen kommen. Der große Prüfstrom mit $I_2 = 1{,}6 \cdot I_n$ wird im Extremfall den Fehler erst innerhalb zwei bis vier Stunden abschalten, je nach Nennstrom der vorgeschalteten Leitungsschutzsicherung.

6.2.3 Schutzleiter und PEN-Leiter im TN-System

In der fest angebrachten Installation (Kabel- und Leitungssysteme) darf die Funktion des Schutzleiters und des Neutralleiters durch einen Leiter, den sogenannten PEN-Leitern, übernommen werden, wenn folgende Bedingungen erfüllt sind:

- der Querschnitt des PEN-Leiters muss mindestens 10 mm^2 Kupfer oder 16 mm^2 Aluminium betragen
- der PEN-Leiter ist für die höchste zu erwartende Spannung zu isolieren
- der Schutzleiter und der PEN-Leiter dürfen nach der Auftrennung nicht mehr miteinander verbunden werden und dies weder direkt noch indirekt, z. B. über fremde leitfähige Teile

6.2.4 Erdungen im TN-System

Der Sternpunkt des Transformators oder des Generators des Stromversorgungssystems ist unmittelbar in der Nähe des Stromerzeugers zu erden.

Wenn kein Sternpunkt vorhanden ist, ist ein Außenleiter zu erden. Erdungen an zusätzlichen, möglichst gleichmäßig verteilten Stellen im Netz tragen dazu bei, dass im Fehlerfall das Potential der Schutzleiter möglichst wenig vom Erdpotential abweicht. Ebenso vorteilhaft ist es, den Schutzleiter an der Eintrittsstelle in Gebäude zu erden, was durch den heute üblichen Fundamenterder über den Potentialausgleich erfolgt.

Wenn die Gefahr besteht, dass ein Fehler zwischen Außenleiter und Erde entstehen kann, z. B. bei Freileitungen, muss folgende Bedingung (Spannungswaage) erfüllt sein.

Die Spannungswaage stellt sicher, dass der Schutzleiter und die mit ihm verbundenen Körper einer Anlage keine Spannung gegen Erde annehmen können, die U_L überschreitet.

$$\frac{R_B}{R_E} \leq \frac{U_L}{U_0 - U_L} \tag{6.3}$$

Es bedeuten:

R_B Gesamterdungswiderstand des Netzes in Ω, wobei alle parallel geschalteten Erder im Versorgungsnetz wirksam sind

R_E kleinster Erdübergangswiderstand in Ω der nicht mit einem Schutzleiter verbundenen Erder oder fremden leitfähigen Teile, über die ein Fehler zwischen Außenleiter und Erde entstehen kann

U_L konventionelle Berührungsspannung in V

U_0 Nennspannung gegen Erde in V

Mit den Werten $U_0 = 230$ V, $U_L = 50$ V und $R_B = 2\,\Omega$ ergibt sich für $R_E \leq 7{,}2\,\Omega$.

Die Einhaltung der Bedingung der Spannungswaage bereitet in der Praxis keine Probleme, wenn alle guten Erder ($R_E \leq 7{,}2\ \Omega$) im Versorgungsbereich, die im Fehlerfall Spannung annehmen können, mit dem Schutzleiter oder dem PEN-Leiter verbunden werden.

6.2.5 Schutz im TN-System außerhalb des Einflussbereichs des Hauptpotentialausgleichs

Der Einflussbereich des Hauptpotentialausgleichs ist zurzeit in den Bestimmungen noch nicht festgelegt. Zu verstehen ist aber der Betrieb eines Verbrauchsmittels außerhalb eines Gebäudes in einiger Entfernung, wo davon ausgegangen werden kann, dass der Potentialausgleich nicht mehr wirksam ist und der ggf. vorhandene Fundamenterder oder Erder anderer Art seinen Einfluss verloren hat.

In solchen Versorgungsfällen sind folgende Schutzmaßnahmen zugelassen:

- Verwendung einer RCD für die automatische Abschaltung. Die Körper der Verbrauchsmittel dürfen dabei nicht mit dem Schutzleiter oder PEN-Leiter des TN-Systems verbunden sein; sie müssen an einen getrennten Erder außerhalb des Einflussbereichs des Fundamenterders verbunden sein. Es ist also ein separater Erder herzustellen, dessen Widerstand vom Bemessungs-Differenzstrom der RCD abhängt. Der so geschaffene Stromkreis ist dann als TT-System zu behandeln.

    Anmerkung: Hier ist eine Änderung der Bestimmung zu erwarten. Es ist vorgesehen, eine Verbindung von außerhalb des Potentialausgleichs angeordneten fremden leitfähigen Teilen mit dem Potentialausgleich über einen Potentialausgleichsleiter oder Schutzleiter des entsprechenden Stromkreises zuzulassen und somit die Bedingung $U_L \leq 50$ V sicherzustellen.

- Schutzisolierung nach Teil 410 Abschnitt 413.2 (Abschnitt 6.6).
- Schutztrennung nach Teil 410 Abschnitt 413.5 (Abschnitt 6.7).

6.3 TT-System – Teil 410 Abschnitt 413.1.4

Alle Körper einer Anlage sind mit dem Schutzleiter zu verbinden und an einem Schutzerder (Anlagenerder R_A) zu erden. Dabei sind die Körper, die durch dieselbe Schutzeinrichtung geschützt sind, an einen gemeinsamen Erder anzuschließen. Das Schutzziel im Fehlerfall ist, entweder eine Abschaltung in ausreichend kurzer Zeit zu erreichen oder die an einem Körper auftretende Berührungsspannung muss kleiner sein als die konventionelle Berührungsspannung U_L. **Bild 6.4** zeigt ein TT-System mit RCD und Überstrom-Schutzeinrichtungen bei einem Fehler mit eingetragenem Fehlerstrom.

Wichtigstes technisches Merkmal im TT-System ist, dass im Fehlerfall der Fehlerstrom über das Erdreich, ggf. auch über metallene Konstruktionsteile (metallene Rohre, Bewehrungsstähle u. ä. Bauteile), zur Stromquelle zurückfließt. Dieser über

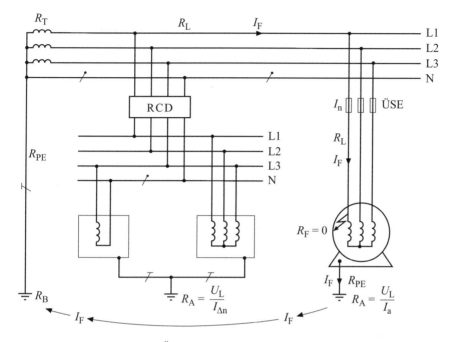

Bild 6.4 TT-System mit RCD und Überstrom-Schutzeinrichtungen im Fehlerfall mit eingetragenem Fehlerstromkreis

das Erdreich fließende Fehlerstrom ist in der Regel erheblich kleiner als ein Kurzschlussstrom im TN-System. Bei Verwendung von Überstrom-Schutzeinrichtungen ist die Abschaltung deshalb immer mit Problemen verbunden.

Damit ein TT-System ausreichenden Schutz bietet, sind einige Bedingungen zu erfüllen. Sie sind in den Abschnitten 6.3.1 bis 6.3.3 beschrieben.

6.3.1 Schutzeinrichtungen im TT-System

Als Schutzeinrichtungen gegen elektrischen Schlag sind für TT-Systeme zulässig:
- Überstrom-Schutzeinrichtungen
- RCD (en: **R**esidual **C**urrent protectiv **D**evices)

Den Zusammenhang zwischen Abschaltstrom, konventioneller Berührungsspannung und Widerstand des Anlagenerders zeigt folgende Beziehung:

$$R_A \cdot I_a \leq U_L \qquad (6.4)$$

Dabei sind:

R_A Summe der Widerstände in Ω von Anlagenerder und Schutzleiter vom Körper zum Erder

I_a Strom in A, der das automatische Abschalten der Schutzeinrichtung bewirkt.
- bei Verwendung einer normalen RCD ist $I_a = I_{\Delta n}$
- bei Verwendung einer selektiven (zeitverzögerten) RCD ist $I_a = 2 \cdot I_{\Delta n}$

U_L konventionelle Berührungsspannung in V

6.3.2 Abschaltzeiten im TT-System

Bei der Anwendung von Überstrom-Schutzeinrichtungen sind folgende Abschaltbedingungen gefordert:

- bei Leitungsschutzsicherungen mit einer Charakteristik, wie in Bild 6.3a gezeigt, muss die automatische Abschaltung innerhalb 5 s erfolgen

- bei Leitungsschutzschaltern und Leistungsschaltern mit Kurzschlussschnellauslösung, mit einer Charakteristik, wie in Bild 6.3b gezeigt, muss eine unverzögerte Abschaltung erfolgen

    Anmerkung: Das bedeutet, der Abschaltstrom muss so groß sein, dass der magnetische Auslöser anspricht.

Bei Anwendung einer normalen RCD erfolgt im Fehlerfall die Abschaltung in spätestens 0,2 s. In Verteilungsstromkreisen darf, wenn selektive (zeitverzögerte) RCD verwendet werden, die Abschaltzeit bis zu 1,0 s betragen. Diese Bedingungen sind in der Praxis immer einzuhalten, da RCD der normalen Bauart in der Regel in einer Zeit unter 0,1 s abschalten. Bei selektiven RCD liegt die Abschaltzeit normalerweise bei < 0,5 s.

6.3.3 Erdungen im TT-System

Der Sternpunkt des Transformators oder des Generators des Stromversorgungssystems ist in unmittelbarer Nähe des Stromerzeugers zu erden. Ist kein Sternpunkt vorhanden, so muss ein Außenleiter geerdet werden. Dabei ist es von Vorteil, wenn der Erdungswiderstand des Erders (Betriebserder) relativ klein ist.

In Verbraucheranlagen ist es zweckmäßig für die gesamte Anlage nur einen Erder (Anlagenerder) zu errichten. Vor allem aber sind Körper, die gleichzeitig berührt werden können, an denselben Erder anzuschließen. Körper, die durch dieselbe Schutzeinrichtung geschützt sind, müssen an denselben Erder angeschlossen werden.

Anlagenerder und Betriebserder sind elektrisch getrennt voneinander zu errichten, d. h., sie dürfen sich gegenseitig nicht beeinflussen. Ein Abstand von mindestens 20 m ist einzuhalten.

Die erforderlichen Widerstände eines Anlagenerders beim Einsatz von RCD sind in **Tabelle 6.2** für die konventionellen Berührungsspannungen U_L = 50 V und U_L = 25 V unter Beachtung der Gl. (6.4) angegeben.

U_L in V	Bemessungsdifferenzstrom $I_{\Delta n}$									
	RCD					selektive RCD				
	$0{,}01^{1)}$	$0{,}03^{1)}$	$0{,}1^{1)}$	$0{,}3^{1)}$	$0{,}5^{1)}$	$0{,}1^{1)}$	$0{,}3^{1)}$	$0{,}5^{1)}$	1,0	A
50	5000	1660	500	166	100	250	83	50	25	Ω
25	2500	830	250	83	50	125	41	25	12	Ω
[1)] Vorzugswerte nach DIN VDE 0664-10										

Tabelle 6.2 Maximal zulässige Erdungswiderstände R_A im TT-System mit RCD

Bei Leitungsschutzsicherungen und Leitungsschutzschaltern muss der Widerstand des Anlagenerders sehr klein sein. Bei z. B. einer 25-A-Leitungsschutzsicherung ergibt sich ein Abschaltstrom von I_a = 125 A. Mit U_L = 50 V ergibt sich damit ein geforderter Widerstand für den Anlagenerder von:

$$R_A = \frac{U_L}{I_a} = \frac{50\text{ V}}{125\text{ V}} = 0{,}4\text{ }\Omega$$

Dieser Widerstand ist für einen Einzelerder wie auch für einen Fundamenterder normaler Größe sehr schwer zu erreichen. Für die Praxis ist deshalb festzustellen, dass Anlagen mit Überstrom-Schutzeinrichtungen im TT-System nicht zu empfehlen sind. Bei Verwendung einer RCD mit $I_{\Delta n}$ = 300 mA errechnet sich ein Widerstand von:

$$R_A = \frac{U_L}{I_{\Delta n}} = \frac{50\text{ V}}{300\text{ mA}} = 167\text{ }\Omega$$

was einen jederzeit zu erreichenden Erdungswiderstand darstellt.

Im TT-System bietet der generelle Einsatz von RCD (auch selektiver Bauart) eine zufrieden stellende und gute Lösung.

6.4 IT-System – Teil 410 Abschnitt 413.1.5

Während im TN- und TT-System eine automatische Abschaltung im Fehlerfall erfolgt, kann das IT-System im Fehlerfall noch einige Zeit weiterbetrieben werden. Das System ist so konzipiert, dass im Fehlerfall (Erdschluss oder Körperschluss) nur ein geringer Fehlerstrom zum Fließen kommt und eine zu hohe Berührungsspannung nicht auftritt. Es erfolgt lediglich eine optische und/oder akustische Meldung, die anzeigt, dass ein Fehlerfall vorliegt, und der begonnene Arbeits- oder Produktionsprozess kann fortgesetzt und fertiggestellt werden. Eine automatische Abschaltung erfolgt erst, wenn während des Betriebs mit dem ersten Fehler ein zweiter Fehler auftritt, der elektrisch ungünstig zum ersten Fehler liegt. Die automatische Abschaltung beim zweiten Fehler muss entweder durch Überstrom-Schutzeinrichtungen oder durch RCD erfolgen. Deshalb sollte auch der erste Fehler baldmöglichst nach Meldung beseitigt werden.

Um die Vorteile eines IT-Systems auch richtig nutzen zu können, ist eine ständige Isolationsüberwachung (Einbau einer Isolationsüberwachungseinrichtung) generell gefordert. IT-Systeme können als geerdete oder ungeerdete Netze betrieben werden. Bei geerdeten Netzen ist aber nur eine hochohmige Erdung zulässig. Es ist auch freigestellt, je nach Versorgungsfall, einen Neutralleiter mitzuführen oder nicht mitzuführen. In **Bild 6.5** ist ein ungeerdetes IT-System ohne Neutralleiter mit einem Körperschluss (erster Fehler) und eingetragenem Fehlerstrom dargestellt.

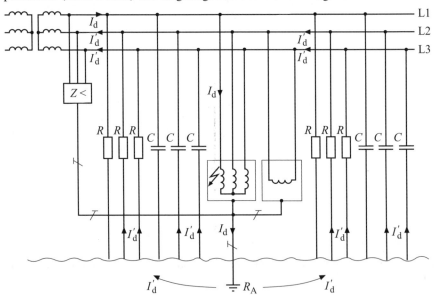

Bild 6.5 Ungeerdetes IT-System mit Körperschluss; Darstellung ohne Schutzeinrichtungen
I_d Fehlerstrom als Summe der Ohm'schen und kapazitiven Ableitströme
I'_d Teilfehlerstrom von I_d
R Ohm'scher Widerstandsbelag (Ohm'scher Ableitwiderstand)
C kapazitiver Widerstandsbelag (kapazitiver Ableitwiderstand)
Z Isolationsüberwachungseinrichtung
R_A Anlagenerder

Beim ersten Fehler nehmen in einem Drehstromsystem alle miteinander verbundenen Körper, Schutzleiter, Potentialausgleichsleiter und Erder das Potential des fehlerbehafteten Außenleiters an, und die beiden nicht fehlerbehafteten Außenleiter nehmen im ungeerdeten Netz gegen Erde die Außenleiterspannung an. Da alle Körper und fremde leitfähige Teile miteinander verbunden sind, entsteht keine zu hohe Berührungsspannung. Als Fehlerstrom fließt die Summe der Ohm'schen und induktiven Ableitströme der nicht fehlerbehafteten Außenleiter. Es ist durch entsprechende Netzgestaltung dafür zu sorgen, dass der Ableitstrom so klein ist, dass keine zu hohe Berührungsspannung entsteht, was durch entsprechende Bemessung des Anlagenerders R_A zu erreichen ist.

Das IT-System muss eine eigene Stromversorgung erhalten. Eine elektrische Verbindung zum vorgelagerten Netz (z. B. über Spartransformatoren) ist nicht zulässig. Mögliche Einspeisequellen sind:

- Transformatoren mit elektrisch getrennten Wicklungen
- Generatoren
- Umformer mit elektrisch getrennten Wicklungen
- Batterien
- Wechselrichter

Prädestinierte Einsatzmöglichkeiten für das IT-System sind Anwendungsfälle, bei denen es auf hohe Betriebs-, Unfall- und Brandsicherheit ankommt, oder besonders dort, wo eine Unterbrechung des Betriebs einen erheblichen wirtschaftlichen Schaden bedeuten würde.

Dies können sein:

- medizinisch genutzte Bereiche (Räume) in Krankenhäusern und größere Arztpraxen für Operationsräume, Anästhesieräume sowie Intensivstationen
- Bergbau unter Tage
- militärische Anlagen
- elektrische Ausrüstung von Schiffen
- Stromversorgung in informationstechnischen Anlagen
- chemische Industrie
- Ersatzstromerzeuger
- Steuer- und Regelstromkreise
- Betriebe mit störungsempfindlichem Produktionsablauf

Die Aufzählung stellt keine Rangordnung dar und erhebt auch keinen Anspruch auf Vollständigkeit.

Das IT-System ist also besonders geeignet für Versorgungsfälle, bei denen ein hoher Standard an die Sicherheit zu stellen ist und wo keine Unterbrechung des Betriebs erfolgen darf oder dort, wo eine Unterbrechung des Betriebs einen erheblichen wirtschaftlichen Schaden bedeuten würde.

Damit alle Betriebsbedingungen im IT-System erfüllt werden können, ist eine Reihe von Forderungen einzuhalten. Diese sind in den Abschnitten 6.4.1 bis 6.4.3 beschrieben.

6.4.1 Schutz- und Überwachungseinrichtungen im IT-System

Im IT-System dürfen als Überwachungs- und Schutzeinrichtungen verwendet werden:

- Isolationsüberwachungseinrichtungen (IMD)
- Einrichtungen zur Isolationsfehlersuche/Isolationsfehlersucheinrichtung
- Überstrom-Schutzeinrichtungen
- Fehlerstrom-Schutzeinrichtungen (RCD)

Als Überwachungs- und Meldeeinrichtungen zur Meldung des ersten Fehlers in der Anlage kommen entweder Isolationsüberwachungseinrichtungen/Isolationsüberwachungsgeräte nach EN 61557-8 (VDE 0413-8) „Isolationsüberwachungsgeräte für IT-Netze" oder Einrichtungen zur Isolationsfehlersuche nach DIN EN 61557-9 (VDE 0413-9) „Einrichtungen zur Isolationsfehlersuche in IT-Systemen" (siehe Abschnitt 20.3) zur Anwendung. Je nach Einstellung der Ansprechwerte erkennen diese Geräte einen Fehler bereits in der Entstehung und signalisiert ihn durch ein akustisches und/oder optisches Signal. Der Fehler ist dann baldmöglichst zu beheben. Überstrom-Schutzeinrichtungen und RCD sprechen beim ersten Fehler nicht an; sie erkennen erst den zweiten Fehler und schalten die Anlage oder den Stromkreis aus, wodurch der Schutz gegen elektrischen Schlag auch beim zweiten Fehler sichergestellt wird.

Nach dem Auftreten des ersten Fehlers geht ein IT-System je nach Anordnung der Erder und Lage der Fehlerstelle entweder in ein TN-System oder in ein TT-System über, und es gelten dann die Bedingungen für diese Systeme. Die Abschaltzeiten sind ausgenommen.

Folgende Bedingungen müssen nach dem Auftreten des ersten Fehlers erfüllt sein, um eine automatische Abschaltung der Stromversorgung beim zweiten Fehler sicherzustellen:

- Wenn die Körper einzeln oder in Gruppen geerdet werden, sind die Bedingungen, die für das TT-System gelten, zu erfüllen.
- Wenn die Körper über einen Schutzleiter gemeinsam an einem Erder angeschlossen werden, sind die Bedingungen, die für das TN-System gelten, zu erfüllen. Dabei gilt, wenn im System der **Neutralleiter nicht mitgeführt** wird,

$$Z_S \leq \frac{U}{2 \cdot I_a} \qquad (6.5)$$

- Wenn im System ein **Neutralleiter mitgeführt** wird, gilt

$$Z'_S \le \frac{U_0}{2 \cdot I_a} \tag{6.6}$$

In den Gln. (6.5) und (6.6) bedeuten:

U_0 Nennspannung zwischen Außenleiter und Neutralleiter in V

U Nennspannung zwischen den Außenleitern in V

Z_S Impedanz der Fehlerschleife, bestehend aus dem Außenleiter und dem Schutzleiter des Stromkreises in Ω

Z'_S Impedanz der Fehlerschleife, bestehend aus dem Neutralleiter und dem Schutzleiter des Stromkreises in Ω

I_a Strom in A, der die automatische Abschaltung des Stromkreises innerhalb der in der Tabelle 6.3 angegebenen Zeit t in s, soweit anwendbar, oder für alle anderen Stromkreise innerhalb von 5 s bewirkt, sofern diese Abschaltzeit zugelassen ist

Kann diese Forderung mit Überstrom-Schutzeinrichtungen nicht erfüllt werden, so können alternativ zur Anwendung gelangen:

– ein zusätzlicher Potentialausgleich nach Teil 410 Abschnitt 413.1.2.2
– Einbau einer RCD für jedes Verbrauchsmittel

6.4.2 Erdungsbedingungen im IT-System

Im IT-System sind alle aktiven Teile von Erde isoliert, oder ein Punkt des Stromkreises ist über eine hochohmige Impedanz mit Erde verbunden. Die Körper der elektrischen Anlage sind entweder

- einzeln geerdet
- gruppenweise geerdet
- gemeinsam geerdet

Die Erdung der verschiedenen Körper darf auch durch Verbindungen mit fremden leitfähigen Teilen zustande kommen. Folgende Bedingung muss im IT-System erfüllt sein:

$$R_A \cdot I_d \le U_L \tag{6.7}$$

Darin bedeuten:

R_A Summe der Widerstände von Erder und Schutzleiter in Ω

I_d Fehlerstrom in A im Falle des ersten Fehlers mit vernachlässigbarer Impedanz zwischen einem Außenleiter und einem Körper; der Wert I_d berücksichtigt die Ableitströme und die Gesamtimpedanz der elektrischen Anlage gegen Erde

U_L konventionelle Berührungsspannung; in der Regel ist U_L = 50 V AC bzw. U_L = 120 V DC

6.4.3 Abschaltzeiten im IT-System

Im Falle des ersten Fehlers (Erdschluss oder Kurzschluss) wird für das IT-System keine Abschaltung gefordert.

Für die Abschaltzeit beim zweiten Fehler ist der Aufbau des Systems maßgebend:

- Sind die Körper einzeln oder in Gruppen geerdet, so sind die im TT-System geforderten Abschaltzeiten einzuhalten. Es gelten also die in Abschnitt 6.3.2 genannten Abschaltzeiten.
- Sind die Körper über Schutzleiter an einen Erder angeschlossen, sind die in **Tabelle 6.3** genannten Abschaltzeiten einzuhalten.

Neutralleiter mitverlegt		Neutralleiter nicht mitverlegt	
Nennspannung[1] U_0/U	Abschaltzeit t_a	Nennspannung[1] U	Abschaltzeit t_a
230 V/400 V	0,8 s	400 V	0,4 s
400 V/690 V	0,4 s	690 V	0,2 s
580 V/1000 V	0,2 s	1000 V	0,1 s

[1] Werte basieren auf IEC 60038:1983 „Normspannungen" (siehe Tabelle 2.2). Für Spannungen, die innerhalb des Toleranzbands nach IEC 60038 liegen, gilt die Abschaltzeit für die zugehörige Nennspannung. Für Zwischenwerte von Spannungen ist der nächsthöhere Spannungswert aus der Tabelle zu verwenden.

Tabelle 6.3 Nennspannungen und maximale Abschaltzeiten bei gemeinsam geerdeten Körpern für IT-Systeme beim Auftreten des zweiten Fehlers

6.5 Potentialausgleich – Teil 410 Abschnitt 413.1.2

6.5.1 Hauptpotentialausgleich – Teil 410 Abschnitt 413.1.2.1

Damit die Schutzmaßnahmen in TN-Systemen, TT-Systemen und IT-Systemen richtig wirksam werden können, ist in jedem Gebäude ein so genannter Hauptpotentialausgleich vorzusehen. Der Hauptpotentialausgleich stellt für sich allein noch keine Schutzmaßnahme dar. Er ist jedoch für die Funktion der Schutzmaßnahme enorm wichtig, da er dafür sorgt, dass in einer elektrischen Anlage auch im Fehlerfall keine zu hohe Berührungsspannung auftreten kann, da alle berührbaren Metallteile auf gleichem Potential liegen.

Der Hauptpotentialausgleich sollte an zentraler Stelle, am besten in unmittelbarer Nähe der Hauseinführungen der verschiedenen Gewerke (elektrische Energie, Telekommunikationstechnik, Gas und Wasser) an einer Hauptpotentialausgleichsschiene erfolgen. In den Hauptpotentialausgleich sind einzubeziehen:

- Hauptschutzleiter oder ggf. Schutzleiter
- PEN-Leiter
- Haupterdungsleiter oder ggf. Erdungsleiter
- metallene Umhüllungen von Kabeln und Leitungen für informationstechnische Anlagen, wobei die Zustimmung des Eigentümers oder Betreibers einzuholen ist
- metallene Rohrleitungen von Versorgungssystemen innerhalb des Gebäudes, z. B. für Gas, Wasser und Abwasser
- Metallteile der Gebäudekonstruktion, Zentralheizungs- und Klimaanlagen
- wesentliche metallene Verstärkungen von Gebäudekonstruktionen aus bewehrtem Beton, soweit dies möglich ist
- Fundamenterder oder sonstige Erder, die unmittelbar der elektrischen Anlage dienen
- Blitzschutzerder
- Erdungsleiter der Antennenanlage

Bei den fremden leitfähigen Teilen handelt es sich um eine beispielhafte Aufzählung, die keinen Anspruch auf Vollständigkeit erhebt. Sofern andere fremde leitfähige Teile vorhanden sind, die ein fremdes Potential in die Anlage bringen könnte, sind auch diese in den Hauptpotentialausgleich einzubeziehen. **Bild 6.6** zeigt ein Beispiel für den Hauptpotentialausgleich einer Anlage.

Anmerkung: Türzargen, Fensterrahmen oder an den Wänden befestigte Metallschienen oder Metallstangen sind nicht als fremde leitfähige Teile zu betrachten.

Als Hauptschutzleiter gilt der von der Stromquelle kommende oder vom Hausanschlusskasten abgehende Schutzleiter. Metallene Gewerke, die in den Hauptpotentialausgleich einzubeziehen sind, sollten möglichst nahe an der Einführungsstelle verbunden werden. Hauptgasrohre und Hauptwasserrohre sind in Fließrichtung hinter der ersten Absperrgarnitur anzuschließen. Der Querschnitt für den Hauptpotentialausgleichsleiter ist in DIN VDE 0100-540 Abschnitt 9.1 (siehe Abschnitt 8.5.1) festgelegt.

6.5.2 Zusätzlicher Potentialausgleich – Teil 410 Abschnitt 413.1.2.2 und 413.1.6

Ein zusätzlicher Potentialausgleich kann bzw. muss als Ersatzlösung oder Ergänzungsmaßnahme zur Anwendung gelangen:

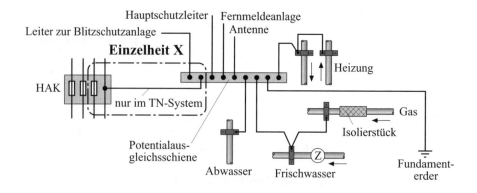

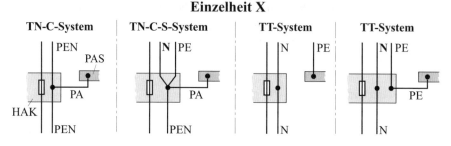

Bild 6.6 Beispiel für den Hauptpotentialausgleich einer Anlage

- Wenn in einer elektrischen Anlage oder in einem Teil der Anlage die Abschaltbedingungen für den Fehlerschutz (Abschaltzeiten) mit Überstrom-Schutzeinrichtungen nicht eingehalten werden können, weil der Schleifenwiderstand zu hoch ist. Hier sollte aber zunächst geprüft werden, ob anstatt Überstrom-Schutzeinrichtungen nicht RCD zu verwenden sind und so die Abschaltzeiten eingehalten werden können.

- In elektrischen Anlagen besonderer Art nach den Normen der DIN VDE 0100 Gruppe 700, wenn eine besondere Gefährdung für Menschen, Tiere oder Sachwerte vorliegt, wie z. B. in den Teilen 701 für Baderäume, 702 für Schwimmbäder, 705 für landwirtschaftliche und gartenbauliche Anwesen usw.

- Aus anderen wichtigen Gründen, z. B. zur Verbesserung der elektromagnetischen Verträglichkeit einer Anlage als Ergänzung zum Hauptpotentialausgleich.

In diesen Fällen ist ein örtlicher (den entsprechenden Bereich treffenden) so genannter **zusätzlicher Potentialausgleich** herzustellen. In diesen zusätzlichen Potentialausgleich sind

- alle gleichzeitig berührbaren Körper fest angebrachter Betriebsmittel
- alle gleichzeitig berührbaren fremden leitfähigen Teile und
- wenn möglich, auch alle wesentlichen metallenen Verstärkungen der Gebäudekonstruktion von bewehrtem Beton

einzubeziehen. Ferner sind die Schutzleiter aller Steckdosen und Schutzleiter aller Betriebsmittel mit dem zusätzlichen Potentialausgleich zu verbinden.

Die Wirksamkeit des zusätzlichen Potentialausgleichs ist nachzuweisen durch die Einhaltung folgender Beziehung:

$$R \le \frac{U_L}{I_a} \qquad 6.8)$$

Dabei ist:

R Widerstand in Ω zwischen gleichzeitig berührbaren Körpern und fremden leitfähigen Teilen

U_L konventionelle Berührungsspannung mit U_L = 50 V AC und U_L = 120 V DC

I_a Strom in A, der das Abschalten der Schutzeinrichtung bewirkt

– für RCD der Bemessungs-Differenzstrom $I_{\Delta n}$

– für Überstrom-Schutzeinrichtungen der Strom, der eine Abschaltung innerhalb 5 s bewirkt

Besonders kritisch zu sehen ist der zusätzliche Potentialausgleich hinsichtlich des Einbeziehens fremder leitfähiger Teile. Hier sind bei der Planung auch rechtzeitig Gebäudekonstruktionsteile mit Anschlussstellen zu versehen. Wenn Fußböden aus nicht isolierendem Material bestehen und nicht in den zusätzlichen Potentialausgleich einbezogen werden können – weil z. B. keine Baustahlmatten eingelegt sind, oder keine Anschlussstellen vorgesehen sind –, ist der zusätzliche Potentialausgleich nicht anwendbar. Als Richtwert kann hier Abschnitt 413.3.4 dienen, wonach der Widerstand des Fußbodens bei U_n < 500 V nicht kleiner sein darf als 50 kΩ. Obwohl in der Norm nicht ausdrücklich erwähnt, gilt dieselbe Forderung für Wände im Handbereich. Der Querschnitt für den Leiter für den zusätzlichen Potentialausgleich ist in DIN VDE 0100-540 Abschnitt 9.1 (siehe Abschnitt 8.5.2) festgelegt.

6.6 Schutz durch Verwendung von Betriebsmitteln der Schutzklasse II oder durch gleichwertige Isolierung; Schutzisolierung – Teil 410 Abschnitt 413.2

Die Schutzmaßnahme **Schutzisolierung** soll das Auftreten gefährlicher Berührungsspannungen an den berührbaren Teilen elektrischer Betriebsmittel infolge eines Fehlers verhindern. Dabei wird die vorhandene Isolierung so verbessert, dass auch im Fehlerfall keine gefährlichen Körperströme zum Fließen kommen können. Das Grundprinzip ist in **Bild 6.7** gezeigt.

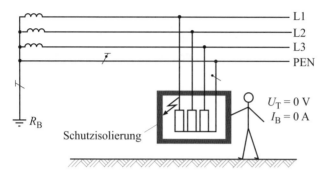

Bild 6.7 Schutzisolierung, Prinzip

Erreicht werden kann der Schutz durch Schutzisolierung durch eine der drei folgenden Maßnahmen:

a) Verwendung elektrischer Betriebsmittel, die typgeprüft sind und nach den einschlägigen Normen gekennzeichnet sind, wie Betriebsmittel der Schutzklasse II (Betriebsmittel mit doppelter oder verstärkter Isolierung) nach **Bild 6.8**, oder durch Verwendung fabrikfertiger Gerätekombinationen mit Totalisolierung nach EN 60439-1 (VDE 0660-500). Diese Betriebsmittel sind mit dem Symbol ⊡ (Doppelquadrat) gekennzeichnet.

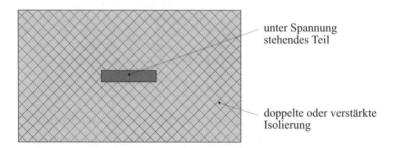

Bild 6.8 Schutzisolierung durch doppelte oder verstärkte Isolierung

b) Anbringen einer zusätzlichen Isolierung an Betriebsmitteln, die nur eine Basisisolierung haben (**Bild 6.9**) beim Errichten der elektrischen Anlage. Dabei muss derselbe Grad an Sicherheit wie bei a) erreicht werden, und es sind noch zusätzliche Anforderungen einzuhalten. Das Symbol ⊠ sollte an sichtbarer Stelle angebracht werden.

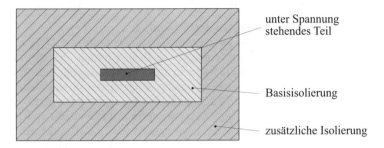

Bild 6.9 Schutzisolierung durch zusätzliche Isolierung

c) Anbringen einer verstärkten Isolierung an nicht isolierten aktiven Teilen beim Errichten einer elektrischen Anlage. Dabei muss derselbe Grad an Sicherheit wie bei a) erreicht werden, und es sind noch zusätzliche Anforderungen einzuhalten. Das Symbol ⊠ sollte an sichtbarer Stelle an der Außen- und Innenseite der Umhüllung angebracht werden.

Die verwendeten Begriffe sind in DIN VDE 0100-200 und nach EN 61140 (VDE 0140-1) wie folgt definiert:

- **Betriebsisolierung** ist die für Reihenspannung der Betriebsmittel bemessene Isolierung aktiver Teile gegeneinander und gegen Körper.

- **Basisisolierung** ist die Isolierung unter Spannung stehender Teile zum grundlegenden Schutz gegen elektrischen Schlag.

  Anmerkung: Die Basisisolierung ist nicht ohne weiteres mit der Betriebsisolierung gleichzusetzen.

- **Zusätzliche Isolierung** ist eine unabhängige Isolierung zusätzlich zur Basisisolierung, die den Schutz gegen elektrischen Schlag im Fall eines Versagens der Basisisolierung sicherstellt.

- **Doppelte Isolierung** ist eine Isolierung, die aus Basisisolierung und zusätzlicher Isolierung besteht.

- **Verstärkte Isolierung** ist eine einzige Isolierung unter Spannung stehender Teile, die unter den in den einschlägigen Normen genannten Bedingungen denselben elektrischen Schutz gegen elektrischen Schlag wie eine doppelte Isolierung bietet.

Anmerkung: Das besagt nicht, dass die Isolierung homogen sein muss. Sie darf auch aus mehreren Lagen bestehen, die nicht einzeln als zusätzliche Isolierung geprüft werden können.

Besonders zu beachten bei den verschiedenen Varianten a) bis c) sind noch:

a) **Schutzisoliertes oder totalisoliertes Betriebsmittel**
Für die Schutzmaßnahmen sowie deren Prüfung ist ausschließlich der Hersteller verantwortlich. Betriebsmittel der Schutzklasse II sind mittels Prüfstift nach DIN IEC 1032 (VDE 0470-2) auf die Nichtzugänglichkeit von gefährlichen aktiven Teilen zu prüfen. In den Gerätebestimmungen für schutzisolierte Betriebsmittel ist in der Regel eine Spannungsprüfung gefordert. Bei einer Nennspannung von 230 V liegt die Prüfspannung je nach Geräteart zwischen 2000 V und 4000 V. Für alle Geräte, die mit dem Symbol ▣ (Doppelquadrat) gekennzeichnet sind (Fabrikfertige Gerätekombinationen, Verteiler und ähnliche Betriebsmittel), bei denen geerdete Leiter (Schutzleiter, PEN-Leiter, Erdungsleiter, Potentialausgleichsleiter usw.) durchgeschleift werden müssen oder wenn metallene Tragschienen bzw. metallene Grundplatten anzuschließen sind, gelten folgende Festlegungen:

- In schutzisolierten Schaltgerätekombinationen dürfen geerdete Leiter, wie Schutzleiter, PEN-Leiter, Potentialausgleichsleiter usw., an berührbare Körper oder andere leitfähige Teile, wie Tragkonstruktionen oder Tragschienen, nicht angeschlossen werden. Wenn in Einzelfällen ein solcher Leiter angeschlossen werden muss, so geht die Eigenschaft der Schutzisolierung für dieses Betriebsmittel verloren, und das Symbol ▣ (Doppelquadrat) muss unkenntlich gemacht werden (**Bild 6.10**).

- Werden die geerdeten Leiter nur durchgeschleift, bleibt die schutzisolierende Eigenschaft der Schaltgerätekombination erhalten, und das Symbol ▣ (Doppelquadrat) braucht nicht entfernt zu werden. Die Schiene oder das Tragorgan sind aber als geerdet zu kennzeichnen, was durch die Anbringung des Erdungszeichens mit dem Symbol ⏚, durch eine deutliche Beschriftung „PE" oder durch ein Klebeband in den Farben „Grün-Gelb" erfolgen kann. Auch das Durchschleifen von Kabeln und Leitungen mit geerdetem Schirm ist zulässig, wenn die Schirme auf isolierten Klemmen geführt werden.

- Bei Kabeln oder Leitungen mit geerdeten Schirmwicklungen braucht das Symbol ▣ (Doppelquadrat) am Betriebmittel nicht entfernt zu werden, es ist jedoch ein Hinweis in der Art „Betriebsmittel ist an Schutzleiter angeschlossen" anzubringen.

b) **Zusätzliche Isolierung an Betriebsmitteln**
Wenn Betriebsmittel, die nur eine Basisisolierung haben, bei der Errichtung einer elektrischen Anlage durch Anbringen einer zusätzlichen Isolierung so ertüchtigt werden sollen, dass sie der Schutzisolierung entsprechen, also eine

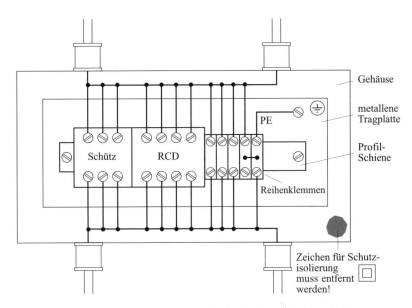

Bild 6.10 Behandlung von geerdeten Leitern in schutzisolierten Betriebsmitteln

„**Herstellung der Schutzisolierung vor Ort**" vorliegt, ist der Errichter der Anlage für die Ausführung der Anlage und deren Prüfung verantwortlich.
Folgende Anforderungen müssen erfüllt werden:

- Alle leitfähigen Teile, die nur basisisoliert sind, müssen von einer isolierten Umhüllung mindestens der Schutzart IP2X oder IPXXB umschlossen sein. Die Prüfung kann mit dem IEC-Prüffinger nach DIN EN 60529 (VDE 0470-1), auch Gelenktastfinger genannt, durchgeführt werden. Der Prüffinger ist mit einer Kraft von 10 N ± 10 % an alle Öffnungen anzulegen, wobei keine spannungsführenden Teile und auch keine Teile, die nur eine Basisisolierung haben, berührt werden dürfen. Die Prüfung ist mit einer Spannung von mindestens 40 V, maximal 50 V, durchzuführen.

- Die Isolierung muss so ausgelegt sein, dass sie den üblicherweise auftretenden mechanischen, elektrischen und chemischen Beanspruchungen standhält. Farben, Lacke und andere Anstriche genügen in der Regel diesen Anforderungen nicht.

- Wenn Zweifel an der Wirksamkeit der zusätzlichen Isolierung auftreten, ist eine geeignete Spannungsprüfung nach Teil 610 erforderlich.

Anmerkung: Da der Teil 610 zu dieser Spannungsprüfung keine Aussage trifft, wird vorgeschlagen, die in VDE 0100-600:1987-11 (Norm ist nicht mehr gültig!) vorgeschlagene Prüfung anzuwenden. Danach wäre bei Nennspannungen bis 500 V eine Prüfspannung von 4000 V anzulegen, wobei während 1 min kein Überschlag und kein Durchschlag auftreten darf. Die Frequenz der Prüfspannung muss der Betriebsfrequenz entsprechen.

- Durch die als Schutzisolierung dienende Umhüllung dürfen keine leitfähigen Teile geführt werden, da nur so die Gefahr von Spannungsverschleppungen auszuschließen ist.
- Hinter Deckeln und Türen, die ohne Werkzeug geöffnet werden können, müssen alle leitfähigen Teile durch eine isolierende Abdeckung der Schutzart IP2X oder IPXXB geschützt sein.

c) **Verstärkte Isolierung an Betriebsmitteln**

Das Anbringen einer verstärkten Isolierung an nicht isolierten aktiven Teilen einer elektrischen Anlage ist nur zulässig, wenn Konstruktionsgründe die Anbringung einer doppelten Isolierung nicht zulassen. Auch hier handelt es sich um eine „Herstellung der Schutzisolierung vor Ort", und der Errichter der Anlage ist für den Aufbau und die Prüfung verantwortlich. Es sind die unter b) genannten Anforderungen zu erfüllen.

Bild 6.11 zeigt die beiden wichtigsten, in Zusammenhang mit der Schutzisolierung zur Anwendung gelangenden Symbole.

a) b)

Bild 6.11 Symbole, die bei der Schutzisolierung zur Anwendung gelangen
a) Symbol für ein schutzisoliertes Betriebsmittel (Doppelquadrat)
b) Symbol für ein Betriebsmittel, das schutzisoliert ist, aber geerdete Bauteile enthält

Ganz allgemein ist bei schutzisolierten Betriebsmitteln noch zu beachten:

Bei der Konstruktion schutzisolierter Betriebsmittel ist besonders darauf zu achten, dass sie weder direkt (Schutzleiterklemme) noch indirekt (Konstruktionsteil) die Möglichkeit bieten, einen Schutzleiter anzuschließen. Die Anschlussklemmen für die aktiven Leiter müssen so gestaltet sein, dass durch zufällig gelöste Leiter keine berührbaren Metallteile unter Spannung gesetzt werden können. Die Geräte (hauptsächlich leichte Handgeräte) werden vom Hersteller mit zweiadrigen (Wechselstrom) oder dreiadrigen (Drehstrom) Anschlussleitungen ohne Schutzleiter ausgerüstet und auch mit Steckern versehen, bei denen der Schutzkontakt fehlt (Konturenstecker) oder, falls doch vorhanden, nicht angeschlossen wird. Bei einer Reparatur ist jedoch nichts einzuwenden, wenn in einer Leitung ein Schutzleiter mitgeführt wird und z. B. ein Wechselstromgerät mit einer dreiadrigen Anschlussleitung und einem Schutzkontaktstecker versehen wird. Der Schutzleiter wird im Stecker am Schutzkontakt angeschlossen (die Leitung wird geschützt), darf aber in keinem Fall auch am Gerät angeschlossen werden. Der Schutzleiter ist im Gerät möglichst kurz abzuschneiden und gegebenenfalls zu isolieren.

Bei Schraubsicherungen und Lampenfassungen in schutzisolierten Betriebsmitteln entstehen während der Zeit der Auswechslung der Sicherungen und Lampen Öffnungen, die den Anforderungen der Schutzart IP2X oder IPXXB nicht mehr gerecht werden. Die Erfahrungen der Praxis haben jedoch gezeigt, dass hierbei keine zusätzliche Gefährdung auftritt, es sind keine besonderen Maßnahmen erforderlich.

Bei Steckdosen ohne eingesteckten Stecker, die in schutzisolierten Betriebsmitteln verwendet werden, ist die geforderte Mindestschutzart IP3XD nach DIN EN 60439-1 (VDE 0660-500) bzw. IP3X nach DIN VDE 0603-1 ebenfalls nicht erfüllt. Hier müssen deshalb Steckdosen mit Klappdeckel eingesetzt werden (Badezimmer-Wandschrank mit Steckdose). Solche Gehäuse sind als schutzisolierte Betriebsmittel anzusehen, das Symbol ▣ braucht nicht entfernt zu werden.

Die Schutzisolierung ist eine ausgezeichnete Schutzmaßnahme, wenn gewährleistet ist, dass die Isolation durch Feuchtigkeit, hohe Temperaturen und rauen Betrieb nicht beeinträchtigt wird. Es ist grundsätzlich zu empfehlen, schutzisolierte Betriebsmittel zu verwenden, obgleich der VDE der Schutzisolierung keine Vorrangstellung einräumt.

6.7 Schutz durch Schutztrennung – Teil 410 Abschnitt 413.5

Die Schutztrennung ist eine Schutzmaßnahme, bei der die Betriebsmittel vom speisenden Netz galvanisch sicher getrennt und aktive Teile nicht geerdet sind. Auch die Körper der Betriebsmittel dürfen nicht absichtlich geerdet werden. Die Spannung eines Stromkreises mit Schutztrennung darf 500 V nicht überschreiten.

Bei der Schutztrennung werden durch eine „getrennte Stromquelle" (Trenntransformator, Motorgenerator) die Betriebsmittel der Sekundärseite elektrisch sicher vom speisenden Netz getrennt. Dabei soll verhindert werden, dass im Sekundärkreis Berührungsspannungen entstehen, die entweder vom Primärnetz übertreten oder im Sekundärnetz erzeugt werden. Beim ersten Fehler ist der Ableitstrom sehr klein, da er lediglich den induktiven und kapazitiven Ableitströmen entspricht.

Die wichtigsten Forderungen sind deshalb:

- im Sekundärnetz darf kein Erdschluss auftreten
- aus dem Primärnetz darf keine Spannung in das Sekundärnetz übertragen werden

Das Prinzip der Schutztrennung mit einem Verbrauchsmittel ist in **Bild 6.12** dargestellt.

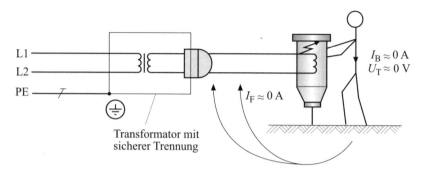

Bild 6.12 Schutztrennung, Prinzip

Unter einer getrennten Stromquelle wird eine Stromquelle mit elektrisch sicherer Trennung verstanden, deren Primär- und Sekundärwicklungen gegeneinander und gegen die Umhüllung so getrennt sind, dass sie dem Isolationsniveau der Schutzklasse II (Schutzisolierung) entsprechen.

Als getrennte Stromquellen können zur Erzeugung der Schutztrennung verwendet werden:
- Trenntransformatoren nach DIN EN 61558-2-4 (VDE 0570-2-4)
- Motorgeneratoren mit entsprechend isolierten Wicklungen nach der Normenreihe DIN VDE 0530
- andere Stromquellen, die eine gleichwertige elektrische Sicherheit bieten

Symbole für derartige Transformatoren (Stromquellen) sind in **Bild 6.13** dargestellt. Ortsveränderliche Stromquellen müssen schutzisoliert sein. Ortsfest angebrachte Stromquellen müssen entweder schutzisoliert sein oder so isoliert werden, dass sie dieselbe Sicherheit bieten wie schutzisolierte Betriebsmittel. Dies schließt den Anschluss eines solchen Transformators an den Schutzleiter des Primärnetzes nicht aus.

Alle Betriebsmittel (Kabel, Leitungen, Geräte usw.) sind so zu wählen, dass ein Erdschluss unbedingt verhindert wird. Um eine überschaubare Anlage zu bekommen, darf die gesamte Leitungslänge 500 m nicht überschreiten. Außerdem ist folgende Beziehung einzuhalten:

$$\text{Leitungslänge in m} \leq \frac{100\,000}{U_n} \qquad (6.9)$$

Damit beträgt die gesamte zulässige Stromkreislänge einer Anlage:
- bei U_n = 230 V nur 435 m
- bei U_n = 400 V nur 250 m
- bei U_n = 500 V nur 200 m

1		Trenntransformator
2	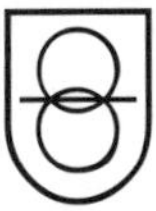	Sicherheitstransformator
3		nicht kurzschlussfester Transformator
4		bedingt oder unbedingt kurzschlussfester Transformator
5	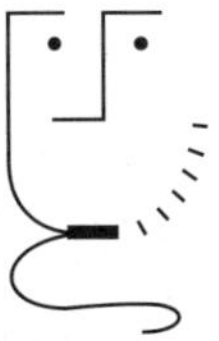	Rasiersteckdosen-Einheit Rasiersteckdosen-Transformator
Die Zeichen 1 und 2 können mit den Zeichen 3 und 4 kombiniert werden		

Bild 6.13 Symbole für Trenntransformatoren

Um die Gefahr von Erdschlüssen herabzusetzen, sind als bewegliche Leitungen nur Gummischlauchleitungen vom Typ H07RN-F bzw. A07RN-F oder gleichwertige bzw. höherwertige Ausführungen zulässig. Fest verlegte Kabel und Leitungen sollten von der normalen Installation getrennt in separaten Kabel- und Leitungssystemen geführt werden.

Zu unterscheiden sind Anlagen, die durch Schutztrennung geschützt sind und betrieben werden mit:
- nur einem Verbrauchsmittel
- mehreren Verbrauchsmitteln

6.7.1 Schutztrennung mit nur einem Verbrauchsmittel

Soll an einer Stromquelle nur ein Verbrauchsmittel betrieben werden, so muss an der Stromquelle eine Steckdose vorhanden sein, die entweder keinen Schutzkontakt besitzt oder deren Schutzkontakt nicht angeschlossen ist (**Bild 6.14**).

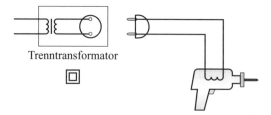

Bild 6.14 Schutztrennung mit nur einem Verbrauchsmittel

Die Schutztrennung mit nur einem Verbrauchsmittel ist eine Schutzmaßnahme, die einen hohen Schutzwert bietet.

Häufig zur Anwendung gelangen Trenntransformatoren als „Rasiersteckdosen-Transformator" oder als „Rasiersteckdosen-Einheit" nach DIN EN 61558-2-5 (VDE 0570-2-5). Die Primär- und Sekundärspannung darf 250 V AC nicht überschreiten. Die Leerlaufspannung darf maximal 275 V AC sein. Die Bemessungsleistung muss zwischen 20 VA und 50 VA liegen. Es sind nur Transformatoren „unbedingt kurzschlussfester" und „bedingt kurzschlussfester" Ausführung zulässig. Das Bildzeichen ist in Tabelle 6.13, Zeile 5 dargestellt.

6.7.2 Schutztrennung mit mehreren Verbrauchsmitteln

Werden hinter einer Stromquelle mehrere Verbrauchsmittel betrieben, so sind die Gehäuse dieser Verbrauchsmittel durch einen erdfreien, örtlichen Potentialausgleich untereinander zu verbinden (**Bild 6.15**). Der Potentialausgleichsleiter darf nicht absichtlich geerdet werden und auch nicht mit dem Schutzleiter oder anderen Teilen des Primärnetzes verbunden werden. Der in den Anschlussleitungen vorhandene Schutzleiter wird hierbei als Potentialausgleichsleiter verwendet. Schutzisolierte Verbrauchsmittel können trotzdem verwendet werden; sie werden in den Potentialausgleich nicht einbezogen.

Bei einem Doppelkörperschluss zweier Außenleiter – oder auch eines Außenleiters und des Neutralleiters – muss die vorgeschaltete Überstrom-Schutzeinrichtung innerhalb 0,4 s auslösen, wenn Verbrauchsmittel, die während des Betriebs in der Hand gehalten und mit $U_n \leq 230$ V betrieben werden, zur Anwendung gelangen.

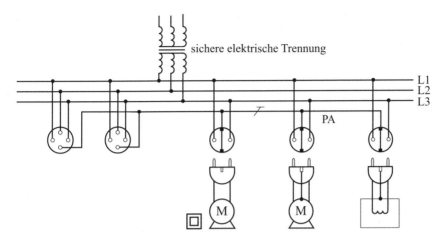

Bild 6.15 Schutztrennung mit mehreren Verbrauchsmitteln

Bei $U_n > 230$ V ... ≤ 400 V sind 0,2 s und bei $U_n > 400$ V sind 0,1 s als Abschaltzeit gefordert.

Die Steckvorrichtungen müssen einen Schutzkontakt haben. Zu verwenden sind Schutzkontaktsteckdosen und Schutzkontaktstecker, Perilexsteckvorrichtungen oder Steckvorrichtungen für industrielle Anwendung nach DIN EN 60309-2 (VDE 0623-20).

Die Schutztrennung mit mehreren Verbrauchsmitteln ist eine Schutzmaßnahme, die einen hohen Schutzwert bietet, vorausgesetzt, der Potentialausgleich wird gewissenhaft und sorgfältig ausgeführt. Vor allem bei der Stromversorgung von Verbrauchsmitteln bei Unfällen, Brand- und Katastrophenfällen ist ein optimaler Schutz zu erreichen.

6.8 Literatur zu Kapitel 6

[1] Hörmann, W.; Nienhaus, H.; Schröder, B.: Schutz gegen elektrischen Schlag in Niederspannungsanlagen. VDE-Schriftenreihe, Bd. 140. 2. Aufl., Berlin und Offenbach: VDE VERLAG, 2005

[2] Hotopp, R.; Kammler, M.; Lange-Hüsken, M.: Schutzmaßnahmen gegen elektrischen Schlag. VDE-Schriftenreihe, Bd. 9. 11. Aufl., Berlin und Offenbach: VDE VERLAG, 1998

[3] Biegelmeier, G.; Kiefer, G.; Krefter, K.-H.: Schutz in elektrischen Anlagen. Bd. 3: Schutz gegen gefährliche Körperströme. VDE-Schriftenreihe, Bd. 82. Berlin und Offenbach: VDE VERLAG, 1998

[4] Kiefer, G.: Schutzmaßnahmen im Wandel der Zeiten. EVU-Betriebspraxis 36 (1997) H. 1–2, S. 24 bis 32

7 Zusatzschutz – DIN VDE 0100-410 und DIN VDE 0100-739

Der „**Zusatzschutz**", in Teil 410 Abschnitt 412.5 als „zusätzlicher Schutz durch RCD" beschrieben und in Teil 739 für die Anwendung im Wohnbereich empfohlen, stellt die **dritte Schutzbarriere** gegen einen elektrischen Schlag dar. Durch die Anwendung von hochempfindlichen RCD mit einem $I_{\Delta n} \leq 30$ mA ist der Zusatzschutz einer Anlage in TN- und TT-Systemen zu realisieren. Falls in besonderen Bestimmungen keine Einschränkungen gemacht sind, dürfen dabei sowohl „Differenzstrom-Schutzeinrichtungen" (RCD mit Hilfsspannungsquelle) als auch „Fehlerstrom-Schutzeinrichtungen" (RCD ohne Hilfsspannungsquelle) verwendet werden.

Anmerkung: Die Anwendung von hochempfindlichen RCD ist nur ein zusätzlicher Schutz; sie rechtfertigt nicht, auf die Schutzmaßnahmen gegen direktes Berühren – wie in den Abschnitten 5.1 bis 5.4 beschrieben – zu verzichten.

Durch den Zusatzschutz soll erreicht werden, dass die Gefährdung von Mensch und Tier auf ein Minimum begrenzt wird, wenn durch sie, aus welchen Gründen auch immer, ein aktives Teil einer Anlage direkt oder indirekt berührt wird (**Bild 7.1**).

Die direkte oder indirekte Berührung eines aktiven Teils einer elektrischen Anlage ist z. B. vorstellbar bei folgenden Ereignissen:

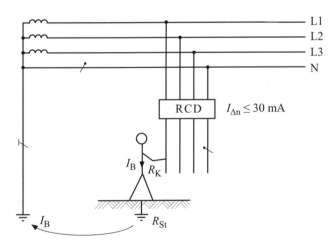

Bild 7.1 Direktes Berühren eines aktiven Teils einer Anlage im TT-System

- Sorglosigkeit des Benutzers im Umgang mit elektrischen Betriebsmitteln wie Reparatur unter Spannung
- fehlerhafte Isolierung oder Umhüllung an einem Betriebsmittel mit frei liegenden aktiven Teilen
- Unterbrechung des Schutzleiters und gleichzeitiger Körperschluss an einem Betriebsmittel (**Bild 7.2 Links**)
- Vertauschen von Außenleiter und Schutzleiter beim Anschluss eines Verbrauchsmittels (**Bild 7.2 Rechts**)

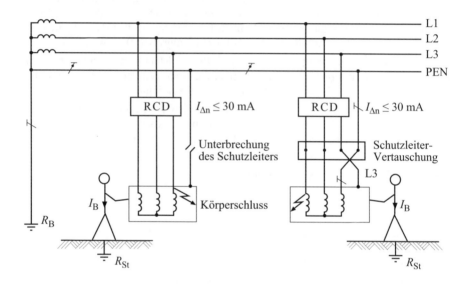

Bild 7.2 Möglichkeiten zum Berühren von aktiven Teilen
Links: durch Schutzleiterunterbrechung und gleichzeitigen Körperschluss
Rechts: durch Vertauschen von Außenleiter und Schutzleiter

Der Schutz wird sichergestellt durch einerseits den geringen Fehlerstrom bzw. Differenzstrom, bei dem eine hochempfindliche RCD anspricht, und andererseits durch die schnelle Abschaltung innerhalb 10 ms bis 40 ms im Bereich der zur Abschaltung in Frage kommenden Ströme. **Bild 7.3** zeigt die Wirkungsbereiche von Wechselströmen auf den menschlichen Körper (vergleiche Bild 3.1) mit eingetragenen maximalen Abschaltzeiten einer RCD mit $I_{\Delta n} = 30$ mA. Das Bild zeigt, dass ein hochwertiger Schutzpegel erreicht wird.

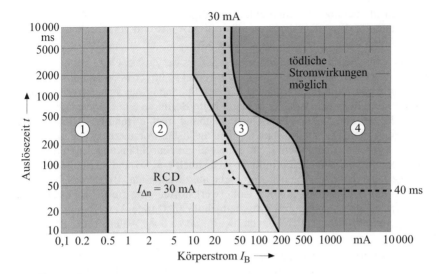

Bild 7.3 Wirkungsbereiche von Wechselströmen auf den menschlichen Körper mit maximalen Abschaltzeiten einer hochempfindlichen RCD. (Bezüglich Herzkammerflimmern gilt das Bild für den Stromweg linke Hand zu beiden Füßen; bei einem anderen Stromweg ist eine Korrektur erforderlich, siehe Kapitel 3.)
Bereich 1: AC 1 Üblicherweise keine Reaktionen
Bereich 2: AC 2 Üblicherweise keine schädlichen Effekte
Bereich 3: AC 3 Üblicherweise kein organischer Schaden zu erwarten
Bereich 4: AC 4 Gefährliche Effekte wie Herzstillstand, Atemstillstand und Herzkammerflimmern zu erwarten

Berührt ein Mensch ein aktives Teil, dann kommt es je nach den Verhältnissen (Standortwiderstand, Körperwiderstand usw.) zu einem Berührungsstrom. Dieser Berührungsstrom kann abgeschätzt werden mittels der Beziehung:

$$I_B = \frac{U_0}{R_{ges}} \qquad (7.1)$$

Darin bedeuten:

I_B Berührungsstrom in A

U_0 Spannung des Systems gegen Erde in V

R_{ges} Gesamtwiderstand der Strombahn in Ω; wobei die Widerstände für Transformator, Leitungsnetz und der Gesamterdungswiderstand vernachlässigt werden können; es genügt im Allgemeinen, den Körperwiderstand und den Standortwiderstand anzusetzen

Liegt der Strom, der über den menschlichen Körper fließt, unter 30 mA, so ist er in der Regel ungefährlich; liegt der Strom über 30 mA, also im gefährlichen Bereich, so schaltet die RCD in einer Zeit unter 40 ms ab.

Es wird aber ausdrücklich darauf hingewiesen, dass der Zusatzschutz mit hochempfindlichen RCD nicht nur Vorteile bringt. Zu berücksichtigen ist, dass beim Einsatz hochempfindlicher RCD nicht gefahrlos unter Spannung gearbeitet werden darf, wie häufig vermutet wird, da ja der Schalter beim Berühren eines aktiven Teils auslösen würde. Bei einer Hand-Hand-Durchströmung (rechte Hand L1 – linke Hand L 2 oder Neutralleiter) kann der Schalter nicht auslösen, woraus zu erkennen ist, wie gefährlich solches Verhalten sein kann. Eine weitere Einschränkung der Betriebssicherheit liegt durch die hochempfindliche RCD noch vor: So sind betriebliche Fehlauslösungen durch hohe Ableitströme nicht auszuschließen. Besonders bei Verbrauchsmitteln mit hygroskopischen Isolierwerkstoffen, wie sie für Elektroherde, Speicherheizgeräte, Durchlauferhitzer und ähnliche Geräte Verwendung finden. Nach längeren Stillstandszeiten können hier durch zu hohe Ableitströme Probleme auftreten.

Der Zusatzschutz durch hochempfindliche RCD kann eine sinnvolle ergänzende Maßnahme zur Erhöhung des Schutzpegels einer Anlage darstellen, da für Mensch und Tier gefährliche Berührungsströme abgeschaltet werden, wenn der Basisschutz und/oder der Fehlerschutz nicht wirksam sind.

In verschiedenen Teilen der Gruppe 700 „Betriebsstätten, Räume und Anlagen besonderer Art" sind für Stromkreise mit Steckdosen und auch für fest angeschlossene Betriebsmittel, die in der Hand gehalten werden, RCD mit $I_{\Delta n} \leq 30$ mA als Zusatzschutz gefordert (zum Beispiel: Teil 704 Baustellen, Abschnitt 471). Einzelfestlegungen hierzu sind den entsprechenden Bestimmungen zu entnehmen.

Für Wohnungen wird die Anwendung von Teil 739 „Zusätzlicher Schutz bei direktem Berühren in Wohnungen durch Schutzeinrichtungen mit $I_{\Delta n} \leq 30$ mA in TN- und TT-Systemen" empfohlen.

Hier wird die Anwendung des Zusatzschutzes in Bereichen mit besonderer Gefährdung empfohlen, für die auf Grund langjähriger Unfallstatistik ein hohes Unfallrisiko besteht:

- Stromkreise mit Steckdosen ($I_n \leq 32$ A), an die handgeführte Betriebsmittel angeschlossen werden
- in bestehenden Anlagen, in denen nach früheren Normen kein Schutz durch Abschaltung bei indirekten Berühren erforderlich war
- in bestehenden Anlagen, bei Stromkreisen mit Steckdosen, für die bei einer Neuinstallation der Zusatzschutz gefordert wird

7.1 Zusatzschutz durch RCD in TN-Systemen

Je nach Aufbau und Größe der Anlage und nach den Anforderungen an den Betrieb sollte der Zusatzschutz zentral für mehrere Stromkreise oder dezentral für einen oder mehrere Stromkreise angeordnet werden. Teil 739 gibt verschiedene Beispiele hierzu. **Bild 7.4** zeigt schematisch, wie das Zusammenwirken der drei Schutzebenen (Basisschutz, Fehlerschutz und Zusatzschutz) aufgebaut werden kann.

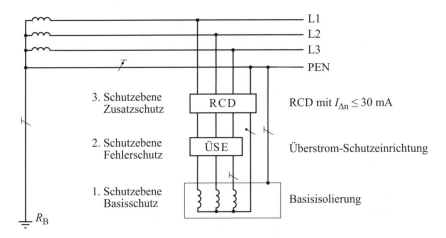

Bild 7.4 Zusatzschutz; Aufbau der Schutzebenen Basisschutz, Fehlerschutz und Zusatzschutz

7.2 Zusatzschutz durch RCD im TT-System

Hier gilt das für das TN-System Gesagte sinngemäß. **Bild 7.5** zeigt den prinzipiellen Aufbau der Schutzebenen.

7.3 Zusatzschutz durch RCD im IT-System

Im IT-System kann der Zusatzschutz mit RCD $I_{\Delta n} \leq 30$ mA nicht ohne weiteres angewandt werden. Je nach Aufbau der Anlage, Einbaustelle der RCD und Berührungsstelle durch den Menschen, können Verhältnisse vorliegen, die dazu führen, dass bei direktem Berühren der RCD nicht auslöst. Wie **Bild 7.6** zeigt, wird von der RCD nur der Teil des Stroms I_{F1} als Fehlerstrom erkannt, der über die Betriebs-

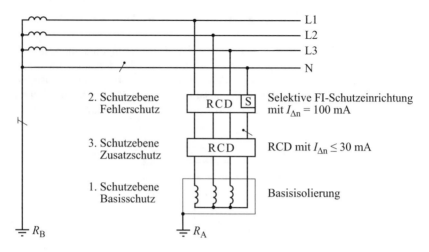

Bild 7.5 Zusatzschutz; Aufbau der Schutzebenen Basisschutz, Fehlerschutz und Zusatzschutz

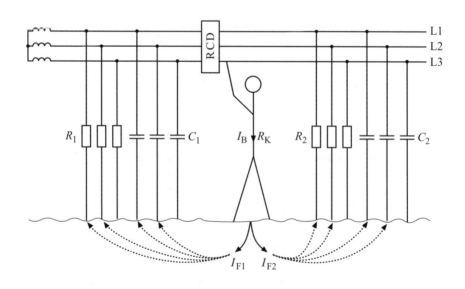

Bild 7.6 Zusatzschutz durch RCD im IT-System; Aufteilung des Fehlerstroms beim direkten Berühren durch den Menschen

kapazitäten C_1 und die Ohm'schen Ableitwiderstände R_1 direkt zur Stromquelle zurückfließt. Der Anteil des Fehlerstroms I_{F2}, der nach der RCD in die Anlage zurückfließt, wird von der RCD nicht als Fehlerstrom erkannt. Verteilt sich z. B. der Berührungsstrom (Fehlerstrom I_F) im Verhältnis 50:50 für I_{F1} und I_{F2}, so wird die RCD erst bei etwa 50 mA bis 60 mA Berührungsstrom auslösen.

Der Zusatzschutz mit RCD im IT-System ist in seiner Anwendung problematisch und erfordert spezielle Kenntnisse und Erfahrungen im Umgang mit IT-Systemen. Erforderlich ist auch, dass genaue Kenntnisse über Art und Umfang der Anlage vorliegen.

7.4 Zusatzschutz durch RCD bei Schutzisolierung

Auch schutzisolierte Betriebsmittel können durch unsachgemäßen Umgang, fehlende Wartung oder ähnliche Umstände solche Beschädigungen aufweisen, dass metallene Umhüllungen (Gehäuse) gefährliche Spannungen annehmen oder aktive Teile frei liegen, sodass ein direktes Berühren nicht ausgeschlossen werden kann. Eine RCD mit $I_{\Delta n} \leq 30$ mA erfüllt dann bei einer Berührung durch einen Menschen voll die Funktion als Zusatzschutz.

7.5 Zusatzschutz durch RCD bei Schutztrennung

Der Zusatzschutz durch RCD mit $I_{\Delta n} \leq 30$ mA ist bei der Schutztrennung wegen der hochohmigen Trennung des geschützten Stromkreises zur Erde nicht möglich. Wird bei der Schutztrennung ein aktives Teil direkt berührt, so kann kein gefährlicher Berührungsstrom zum Fließen kommen. Der hohe Erdungswiderstand eines Stromkreises bei der Schutztrennung macht den Zusatzschutz durch RCD überflüssig.

7.6 Literatur zu Kapitel 7

[1] Hörmann, W.; Nienhaus, H.; Schröder, B.: Schutz gegen elektrischen Schlag in Niederspannungsanlagen. VDE-Schriftenreihe, Bd. 140. 2. Aufl., Berlin und Offenbach: VDE VERLAG, 2005

[2] Hotopp, R.; Kammler, M.; Lange-Hüsken, M.: Schutzmaßnahmen gegen elektrischen Schlag. VDE-Schriftenreihe, Bd. 9. 2. Aufl., Berlin und Offenbach: VDE VERLAG, 1998

[3] Biegelmeier, G.; Kiefer, G.; Krefter, K.-H.: Schutz in elektrischen Anlagen. Bd. 3: Schutz gegen gefährliche Körperströme. VDE-Schriftenreihe, Bd. 82. Berlin und Offenbach: VDE VERLAG, 1998

8 Schutzleiter und Potentialausgleichsleiter – DIN VDE 0100-540

8.1 Allgemeines

Schutzleiter und Potentialausgleichsleiter sind in Teil 540 behandelt. Auch Leiter, die zu einem Erder (Erdungsleiter) geführt werden, sind als Schutzleiter zu betrachten. Der PEN-Leiter hat eine Doppelfunktion, er ist gleichzeitig Schutzleiter und Neutralleiter, wobei die Schutzleiterfunktion Vorrang hat. Die Definitionen für die verschiedenen Leiter:

- Schutzleiter
- PEN-Leiter
- Erdungsleiter
- Potentialausgleichsleiter

sind in Abschnitt 2.8 dargestellt. Kurzzeichen und zeichnerische Darstellung sind in Tabelle 2.3 behandelt. Die farbige Kennzeichnung ist in den Abschnitten 11.5 und 12.10 ausführlich beschrieben.

8.2 Schutzleiter

Der Schutzleiter ist einer der wichtigsten Leiter der elektrischen Anlage. Von seiner Dimensionierung und seiner ordnungsgemäßen Verlegung können Menschenleben abhängen, oder es können Sachwerte in größerem Umfang vernichtet werden. Die Bemessung und Verlegung des Schutzleiters ist deshalb mit besonderer Sorgfalt vorzunehmen.

8.2.1 Bemessung der Schutzleiter

Der Querschnitt der Schutzleiter ist vom zugeordneten Außenleiter abhängig; er kann entweder nach einer Tabelle ausgewählt oder aber berechnet werden. Gemäß den internationalen und regionalen Festlegungen gilt für die Auswahl des Schutzleiters die **Tabelle 8.1**.

Ergibt sich bei der Anwendung der Tabelle 8.1 ein nicht genormter Querschnitt, so muss der nächst benachbarte Normquerschnitt gewählt werden. Die Tabelle gilt weiter nur bei gleichen Leitermaterialien. Bei ungleichen Materialien ist eine entsprechende Umrechnung vorzunehmen. Wenn der Querschnitt der Außenleiter auf

Außenleiter-Querschnitt S mm^2	Schutzleiter-Querschnitt S_p mm^2
$S \leq 16$	S
$16 < S \leq 35$	16
$S > 35$	$S/2$

Tabelle 8.1 Zuordnung des Schutzleiters zum Außenleiter

Außenleiter	Nennquerschnitte				
	Schutzleiter			Schutzleiter getrennt verlegt[1]	
	isolierte Starkstromleitungen	0,6/1-kV-Kabel mit vier Leitern		geschützt	ungeschützt
mm^2	mm^2	mm^2		mm^2	mm^2
bis 0,5	0,5	–		2,5	4
0,75	0,75	–		2,5	4
1	1	–		2,5	4
1,5	1,5	1,5		2,5	4
2,5	2,5	2,5		2,5	4
4	4	4		4	
6	6	6		6	
10	10	10		10	
16	16	16		16	
25	16	16		16	
35	16	16		16	
50	25	25		25	
70	35	35		35	
95	50	50		50	
120	70	70		70	
150	70	70		70	
185	95	95		95	
240	–	120		120	
300	–	150		150	
400	–	185		185	

[1] Ab einem Querschnitt des Außenleiters von > 95 mm^2 sind vorzugsweise blanke Leiter anzuwenden.

Tabelle 8.2 Zuordnung des Schutzleiters zum Außenleiter; Querschnitte für praktische Anwendung

Grund des Kurzschlussstroms bestimmt wird, ist ein Nachrechnen des Querschnitts des Schutzleiters notwendig.

Zur praktischen Anwendung kann für die Auswahl des Schutzleiterquerschnitts bei den verschiedenen Schutzleiter-Verlegemöglichkeiten die **Tabelle 8.2** verwendet werden.

Bei der Berechnung des Schutzleiterquerschnitts wird die Grundbeziehung, die die adiabatische Erwärmung eines Leiters beschreibt, verwendet:

$$I^2 \cdot t = k^2 \cdot S^2 \qquad (8.1)$$

Für eine Abschaltzeit von bis zu 5 s (maximal zulässige Abschaltzeit für Schutzmaßnahmen mit Schutzleiter!) wird die Gleichung nach dem Schutzleiterquerschnitt S umgestellt, und es ergibt sich für die **Berechnung des Schutzleiters** folgende Gleichung:

$$S = \frac{\sqrt{I^2 \cdot t}}{k} \qquad (8.2)$$

In den Gln. (8.1) und (8.2) bedeuten:

S Schutzleiterquerschnitt in mm^2 (Mindestquerschnitt!)

I Fehlerstrom (Kurzschlussstrom) in A, der bei einem vollkommenen Kurzschluss fließt

t Ansprechzeit der verwendeten Schutzeinrichtung in s

k Materialbeiwert in A $\sqrt{s}$/mm^2, der vom Leiterwerkstoff, der Verlegeart, von den zulässigen Anfangs- und Endtemperaturen und vom Isolationsmaterial abhängig ist. Für den häufigsten Anwendungsfall kann **Tabelle 8.3** angewandt werden. Weitere Werte für den Materialbeiwert können Abschnitt 23.3 (Anhang C) entnommen werden

Ergibt sich bei der Berechnung des Schutzleiters ein nicht genormter Querschnitt, so ist stets der nächstgrößere Normquerschnitt zu wählen. Abrundungen sind nicht zulässig.

Anmerkung: Ein Rechenverfahren für Abschaltzeiten über 5 s ist in Vorbereitung.

Beispiel:
Für die Stromversorgung eines Drehstrom-Motors mit NYY 3 × 95/50 mm^2 soll der Schutzleiterquerschnitt durch Rechnung nachgeprüft werden. Als Schutzeinrichtungen stehen Überstrom-Schutzorgane mit I_n = 200 A, Betriebsklasse gL bzw. eine RCD mit I_n = 224 A, $I_{\Delta n}$ = 1,0 A zur Verfügung. Der vollkommene Kurzschlussstrom (kleinster einpoliger Kurzschlussstrom bei Körperschluss) wurde mit I_k = 900 A berechnet.

	Werkstoff der Isolierung			
	G	PVC	VPE, EPR	IIK
ϑ_a in °C	60	70	90	85
ϑ_e in °C	200	160	250	220
k in A$\sqrt{s}$/mm²				
Cu	141	115	143	134
Al	87	76	94	89

ϑ_a Anfangstemperaturen am Leiter in °C bei Kurzschlussbeginn
ϑ_e Endtemperatur am Leiter in °C
G   Isolierung aus Gummi
PVC Isolierung aus Polyvinylchlorid
VPE Isolierung aus vernetztem Polyethylen
EPR Isolierung aus Ethylen-Propylen-Kautschuk
IIK Isolierung aus Butyl-Kautschuk

Tabelle 8.3 Materialbeiwert k in A$\sqrt{s}$/mm² für isolierte Schutzleiter in einem Kabel oder einer Leitung. Weitere Materialbeiwerte für andere Verlegearten und andere Materialien sind in Abschnitt 23.3 (Anhang C) zu finden.

Lösung:
Die Abschaltzeit für ein Überstrom-Schutzorgan mit 200 A Bemessungsstrom und einen Kurzschlussstrom von 900 A, den der Schutzleiter führen muss, wird nach den Zeit-Strom-Kennlinien von VDE 0636 mit $t = 3$ s abgelesen. Der Materialbeiwert für PVC-isolierte Kupferleiter in einem Kabel wird nach Tabelle 8.3 mit $k = 115$ A $\sqrt{s}$/mm² ermittelt.

Bei Verwendung von Überstrom-Schutzeinrichtungen ist der Schutzleiterquerschnitt somit:

$$S = \frac{\sqrt{I^2 \cdot t}}{k} = \frac{\sqrt{900^2 \, A^2 \cdot 3\,s}}{115\,A\sqrt{s}/mm^2} = 13{,}6\,mm^2$$

Würde eine RCD zur Anwendung gelangen, so könnte für $t = 0{,}2$ s eingesetzt werden, und es ergäbe sich ein zulässiger Schutzleiterquerschnitt von:

$$S = \frac{\sqrt{I^2 \cdot t}}{k} = \frac{\sqrt{900^2 \, A^2 \cdot 0{,}2\,s}}{115\,A\sqrt{s}/mm^2} = 3{,}5\,mm^2$$

Der Schutzleiterquerschnitt ist mit 50 mm² ausreichend bemessen.

8.2.2 Mindestquerschnitte für den Schutzleiter

Unabhängig vom Ergebnis der Berechnung des Schutzleiterquerschnitts, das in der Regel einen geringeren Querschnitt als nach Tabelle 8.1 oder Tabelle 8.2 zulässt, sind folgende Mindestquerschnitte immer einzuhalten:

- 2,5 mm^2 Cu oder Al, wenn die Leitung mechanisch geschützt ist
- 4 mm^2 Cu oder Al, wenn die Leitung mechanisch ungeschützt verlegt wird

Die Verwendung von Aluminium bei ungeschützter Verlegung als Schutzleiter war bisher in Deutschland nicht zugelassen. Nach den regionalen und internationalen Vereinbarungen gemäß den Regelungen von CENELEC und IEC ist dies aber künftig möglich. Bei der Verwendung von Aluminium als Schutzleiter bei ungeschützter Verlegung ist es empfehlenswert, die bei Aluminium gegebene Anfälligkeit gegen Korrosion zu berücksichtigen. Auch die geringere mechanische Festigkeit von Aluminium gegenüber Kupfer sollte beachtet werden.

8.2.3 Verlegen des Schutzleiters

Als Schutzleiter können nach Teil 540 Abschnitt 5.2.1 verwendet werden:

- Leiter in mehradrigen Kabeln und Leitungen
- isolierte oder blanke Leiter in gemeinsamer Umhüllung zusammen mit anderen aktiven Leitern, z. B. in Elektroinstallationsrohren oder Elektroinstallationskanälen
- fest verlegte blanke oder isolierte Leiter
- metallene Umhüllungen, wie Mäntel, Schirme und konzentrische Leiter bestimmter Kabel, z. B. NKLEY, NYCY, NYCWY usw.
- Metallrohre und andere Metallumhüllungen für Leiter und Leitungen, z. B. Heizungsrohre, Gehäuse von Stromschienensystemen
- Profilschienen, auch dann, wenn sie Klemmen und/oder Geräte tragen
- fremde leitfähige Teile, die nachfolgend dargestellte Anforderungen erfüllen

Fremde leitfähige Teile dürfen dann als Schutzleiter verwendet werden, wenn folgende Anforderungen erfüllt werden:

- die Leitfähigkeit des fremden leitfähigen Teils muss der des Schutzleiters entsprechen
- die durchgehende elektrische Verbindung ist sichergestellt
- mechanische, chemische oder elektrochemische Einflüsse sind ausgeschlossen
- bei Ausbau von Teilen ist keine Unterbrechung des Schutzleiters zu befürchten; ggf. muss eine Überbrückung erfolgen

Anmerkung: Metallene Rohre für Wasserleitungen erfüllen diese Voraussetzungen im Allgemeinen nicht. Gasrohre dürfen ohnehin nicht als Schutzleiter verwendet werden.

Metallene Umhüllungen von Kabeln und Leitungen, Gehäuse von Schaltgeräte-Kombinationen, metallgekapselte Stromschienensysteme und andere Konstruktionsteile können als Schutzleiter verwendet werden, wenn:

- die Leitfähigkeit der Konstruktionsteile der des Schutzleiters entspricht
- keine mechanischen, chemischen oder elektrochemischen Einflüsse auftreten können, die eine Verschlechterung der Leitfähigkeit oder Kontakte hervorrufen
- der Ausbau von Konstruktionsteilen keine Unterbrechung des Schutzleiters zur Folge hat; ggf. muss eine Überbrückung erfolgen
- die Zugehörigkeit der Schutzleiter zu ihren Anschlussstellen für alle ankommenden und abgehenden Schutzleiter erkennbar ist

Zur Anschluss- und Verbindungstechnik von Schutzleitern untereinander und der Schutzleiter mit anderen Teilen bzw. mit Anschlussstellen ist zu bemerken:

- ein angemessener Schutz gegen chemische, elektrochemische, mechanische und elektromechanische Beanspruchungen muss vorhanden sein
- es muss ein Schutz gegen Selbstlockern der Verbindung vorhanden sein, z. B. durch den Einbau von Zahnscheiben, Fächerscheiben oder Federringen
- die Verbindungsstelle muss zugänglich sein (vergossene Verbindungen sind ausgenommen)
- Befestigungs- und Verbindungsschrauben von Konstruktionsteilen dürfen nur dann als Anschlussstelle für Schutzleiter verwendet werden, wenn sie entsprechend gestaltet sind, z. B. mit Zahnscheiben, Fächerscheiben oder Federringen, versehen sind

Zu beachten ist noch, dass Spannseile, Aufhängeseile, Metallschläuche und dergleichen generell nicht als Schutzleiter verwendet werden dürfen.

8.3 PEN-Leiter

Der PEN-Leiter erfüllt im TN-C-System eine Doppelfunktion. Er ist in erster Linie „Schutzleiter" und erfüllt als zweite Funktion die Aufgabe des „Neutralleiters". Für den PEN-Leiter haben deshalb die Aussagen, die den Schutz betreffen, Vorrang gegenüber den betrieblichen Belangen, die durch den Neutralleiter gegeben sind. Das Kunstwort „PEN" setzt sich zusammen aus den Bezeichnungen „PE" für Schutzleiter und „N" für Neutralleiter.

PEN-Leiter in TN-C-Systemen und im TN-C-Teil von TN-C-S-Systemen dürfen nicht getrennt und nicht geschaltet werden (DIN VDE 0100-460).

Der Querschnitt des PEN-Leiters muss bei fester Verlegung mindestens folgenden Querschnitt haben:

- 10 mm^2 Kupfer

- 16 mm^2 Aluminium

Weitere Festlegungen zum Querschnitt des PEN-Leiters sind in DIN VDE 0100 nicht getroffen. Da ein PEN-Leiter die Anforderungen an den Schutzleiter (Teil 540) und an den Neutralleiter (Teil 430) erfüllen muss, kann der Querschnitt aus diesen Festlegungen abgeleitet werden. In sinngemäßer Auslegung von Teil 430 Abschnitt 9.2 darf damit der Querschnitt des PEN-Leiters geringer sein als der Querschnitt der Außenleiter, wenn sichergestellt ist, dass:

- entweder der größte Strom im PEN-Leiter bei normalem Betrieb die zulässige Strombelastbarkeit dieses Leiters nicht überschreitet und in den Außenleitern Schutzeinrichtungen vorhanden sind, die den Kurzschlussschutz des Systems, auch unter Berücksichtigung des reduzierten Querschnitts des PEN-Leiters, sicherstellen

- oder im PEN-Leiter ist eine Überstromerfassung (Überlast- und Kurzschlussschutz) eingebaut, die auf ein Schaltglied wirkt, das alle Außenleiter gleichzeitig abschaltet; der PEN-Leiter darf dabei nicht mitgeschaltet werden (Teil 460 „Trennen und Schalten" Abschnitt 461.2)

Wenn also eine der genannten Bedingungen nach Teil 430 erfüllt ist, darf der PEN-Leiter-Querschnitt nach Tabelle 8.2, wie für den Schutzleiter vorgesehen, bemessen werden.

Für bewegliche Leitungen sind PEN-Leiter – von Sonderfällen abgesehen – nicht zulässig. Diese Sonderfälle sind innerhalb des EVU-Bereichs der Anschluss von Notstromaggregaten oder die Überbrückung herausgetrennter Leitungsstücke im Netz mit Querschnitten > 16 mm^2 Kupfer. Derartige Leitungen werden während des Betriebs nicht bewegt und können praktisch als fest verlegt betrachtet werden.

Von besonderer Wichtigkeit ist die Stelle, an der der PEN-Leiter in Schutzleiter und Neutralleiter aufgeteilt wird (**Bild 8.1**). Der ankommende PEN-Leiter ist auf die Schutzleiterschiene oder Schutzleiterklemme zu führen und von dort mittels einer Brücke mit der Neutralleiterschiene oder Neutralleiterklemme zu verbinden. Nach der Aufteilung des PEN-Leiters dürfen Schutzleiter und Neutralleiter nicht mehr miteinander verbunden werden; ebenso ist eine direkte oder indirekte Erdung des Neutralleiters nicht mehr zulässig.

Profilschienen dürfen als PEN-Leiter verwendet werden, wenn sie nicht aus Stahl bestehen, die erforderliche Stromtragfähigkeit und Kurzschlussfestigkeit besitzen, dem PEN-Leiter-Querschnitt der Anlage entsprechen und keine Geräte tragen. Ein Einsatz von Geräten, wie z. B. Schütze, LS-Schalter, RCD u. dgl., würde die Wärmeabfuhr behindern, weshalb dies unzulässig ist. Klemmen behindern die Wärmeabfuhr nur geringfügig und werden deshalb zugelassen. Entsprechende Werte für die Strombelastbarkeit und den maximalen Kurzschlussstrom gibt **Tabelle 8.4** an.

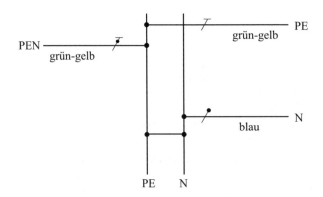

Bild 8.1 Aufteilung des PEN-Leiters in Schutzleiter und Neutralleiter

Schienenprofil Norm Bezeichnung	Werkstoff	Entsprechender Querschnitt eines Kupferleiters mm²	Maximaler Kurzschlussstrom für 1 s kA	Strombelastbarkeit bei Verwendung als PEN-Leiter A
Hutschiene EN 50045 15 mm × 5 mm	Stahl Kupfer Aluminium	10 25 16	1,2 3,0 1,92	1) 108 82
G-Schiene EN 50035 G 32	Stahl Kupfer Aluminium	35 120 70	4,2 14,2 8,4	1) 292 207
Hutschiene EN 50022 35 mm × 7,5 mm	Stahl Kupfer Aluminium	16 50 35	1,92 6,0 4,2	1) 168 135
Hutschiene EN 50022 35 mm × 15 mm	Stahl Kupfer Aluminium	50 150 95	6,0 18,0 11,4	1) 335 250
1) Schienen aus Stahl sind für PEN-Funktion nicht zulässig				

Tabelle 8.4 Verwendung von Profilschienen als Schutzleiter bzw. als PEN-Leiter

Zu erwähnen ist noch:

- fremde leitfähige Teile, Spannseile, Aufhängeseile, Installations-Metallrohre, Metallschläuche u. dgl. dürfen nicht als PEN-Leiter verwendet werden
- PEN-Leiter müssen für die höchste zu erwartende Spannung isoliert sein

- innerhalb von Schaltanlagen braucht der PEN-Leiter nicht isoliert zu werden
- in TN-C-Systemen darf nach Teil 460 „Trennen und Schalten" Abschnitt 461.2 der PEN-Leiter weder getrennt noch geschaltet werden
- in TN-S-Systemen kann die Anwendung einer RCD problematisch werden, wenn Schutzleiter und Neutralleiter, in Energieflussrichtung gesehen, nach dem Einbauort der RCD nochmals miteinander verbunden werden

8.4 Erdungsleiter

Erdungsleiter, die nicht im Erdreich verlegt werden, müssen dem Querschnitt des Schutzleiters entsprechen und sind nach Abschnitt 8.2 zu bemessen. Um den Ausbreitungswiderstand eines Erders leicht messen zu können, ist an geeigneter Stelle eine Trennmöglichkeit zu schaffen, die auch mit der Hauptpotentialausgleichsschiene kombiniert werden kann. Die Trennstelle muss so beschaffen sein, dass eine Öffnung nur mittels Werkzeug möglich ist.

Erdungsleiter, die im Erdreich verlegt werden, müssen folgende Mindestquerschnitte aufweisen:

- bei Verlegung mit mechanischem Schutz und Korrosionsschutz genügen die Schutzleiterquerschnitte nach Tabelle 8.2
- bei mechanisch ungeschützter Verlegung mit Korrosionsschutz sind als Querschnitt mindestens 16 mm^2 Kupfer oder 16 mm^2 Eisen, feuerverzinkt, zu verwenden
- wenn kein Korrosionsschutz vorgesehen ist, werden, gleichgültig ob mit oder ohne mechanischen Schutz, 25 mm^2 Kupfer oder 50 mm^2 Eisen, feuerverzinkt, gefordert

8.5 Potentialausgleichsleiter

8.5.1 Hauptpotentialausgleichsleiter

Die Querschnitte für den Hauptpotentialausgleichsleiter sind in **Tabelle 8.5** dargestellt. Zu beachten ist, dass der Potentialausgleichsleiter auch durch Konstruktionsteile ersetzt werden kann, vorausgesetzt, der Querschnitt wird dadurch nicht zu klein bemessen.

normal	0,5 × Hauptschutzleiterquerschnitt
mindestens	6 mm^2
mögliche Begrenzung	25 mm^2 Cu oder gleicher Leitwert

Tabelle 8.5 Querschnitt des Hauptpotentialausgleichsleiters

Grundlage für die Bemessung des Querschnitts des Hauptpotentialausgleichsleiters ist der Querschnitt des stärksten Schutzleiters (oder PEN-Leiters) der vom Hauptverteiler in die Anlage abgehenden Leitungen.

Wenn metallene Leitungen innerhalb eines Hauses (Wasser, Gas, Abwasser, Lüftungskanäle usw.) isolierende Verbindungsstellen enthalten, ist eine Überbrückung dieser Verbindungsstellen nicht notwendig, da eine derartige Leitung keine gefährlichen Spannungen verschleppen kann. Die Leitung ist innerhalb des Gebäudes mehr oder weniger potentialfrei, je nachdem, welche zufälligen Verbindungen zu anderen Bauteilen bestehen, die in den Potentialausgleich einbezogen sind. Eine Gefährdung kann somit nicht auftreten. An der Stelle (Hausanschlussraum), an der der Potentialausgleich durchgeführt wird, ist die Leitung jedoch in den Potentialausgleich einzubeziehen.

Zu beachten ist noch der erforderliche Querschnitt für die Verbindungsleitung zwischen PEN-Leiter und Potentialausgleichsschiene im TN-System. Dient diese Verbindung nur dem Potentialausgleich, dann genügt ein Querschnitt, der dem des Hauptpotentialausgleichs entspricht (**Bild 8.2**). Ist diese Verbindung aber als Teil des Hauptschutzleiters zu sehen, dann muss sie dem Querschnitt des Hauptschutzleiters entsprechen (**Bild 8.3**). Dabei ist es gleichgültig, ob die Verbindung vom Hausanschlusskasten oder von der Hauptverteilung aus erfolgt.

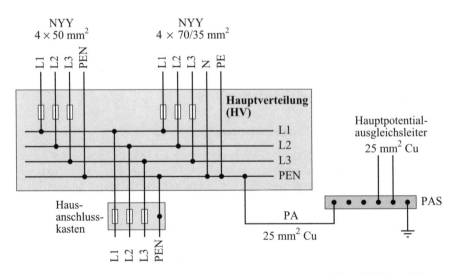

Bild 8.2 Bemessung des Hauptpotentialausgleichsleiters mit querschnittsgleicher Verbindungsleitung von PAS zur HV

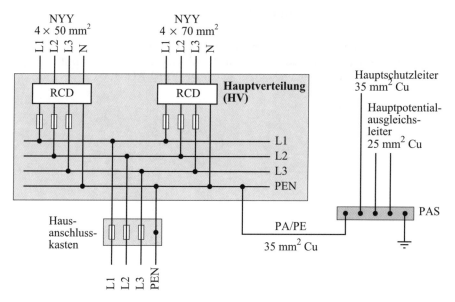

Bild 8.3 Bemessung von Hauptschutzleiter und Hauptpotentialausgleichsleiter sowie Verbindungsleitung von PAS zur HV

8.5.2 Leiter für den zusätzlichen Potentialausgleich

Für den Querschnitt des Leiters für einen zusätzlichen Potentialausgleich, wie er in Anlagen mit besonders erschwerten Bedingungen (Baderäume, Schwimmbäder, Landwirtschaft usw.) oder dort vorkommen kann, wo die Abschaltzeiten bei Schutzmaßnahmen nicht eingehalten werden können, gilt **Tabelle 8.6**.

zwischen zwei Körpern	Querschnitt des kleinsten Schutzleiters
zwischen Körper und fremdem leitfähigem Teil	0,5 × Schutzleiterquerschnitt
Mindestquerschnitte: 2,5 mm² Cu oder Al bei mechanischem Schutz 4 mm² Cu oder Al ohne mechanischen Schutz	

Tabelle 8.6 Querschnitte der Leiter für den zusätzlichen Potentialausgleich

Der zusätzliche Potentialausgleich darf auch mit Hilfe fremder leitfähiger Teile durchgeführt werden. Eine Kombination von Metallkonstruktionen mit Potentialausgleichsleitern ist zulässig.

8.6 Literatur zu Kapitel 8

[1] Schmolke, H.; Vogt, D.: Potentialausgleich, Fundamenterder, Korrosionsgefährdung. DIN VDE 0100, DIN 18014 und viele mehr. VDE-Schriftenreihe, Bd. 35. 6. Aufl., Berlin und Offenbach: VDE VERLAG, 2004

9 Erdungen – DIN VDE 0100-540

Neben DIN VDE 0100-540 ist noch DIN VDE 0101 „Starkstromanlagen mit Nennwechselspannungen über 1 kV" Abschnitt 9 „Erdungsanlagen" zu berücksichtigen. Außerdem sollte DIN VDE 0151 „Werkstoffe und Mindestmaße von Erdern bezüglich der Korrosion" beachtet werden.

9.1 Grundsätzliche Aussagen über Erdungen

Erden ist das Verbinden eines Punkts des Betriebsstromkreises oder eines Körpers über einen Erdungsleiter mit Erdreich. Dabei kann das Erdreich als die Masse der Erde und als großer und bedeutsamer Potentialausgleich betrachtet werden. Erder können, wie **Bild 9.1** zeigt, nach dem Verwendungszweck eingeteilt werden in:

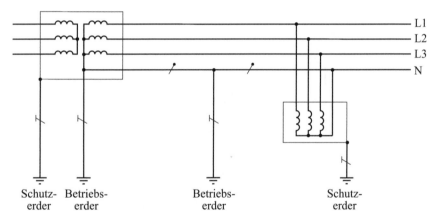

Bild 9.1 Erdungen

- Betriebserder ist ein Erder, der aus betrieblichen Gründen hergestellt wird; dabei wird ein Punkt des Betriebsstromkreises geerdet (z. B. Erdung des Sternpunkts eines Transformators).
- Schutzerder ist ein Erder, der hauptsächlich dem Schutz von Personen gegen zu hohe Berührungsspannung dient und durch die Erdung eines nicht zum

Betriebstromkreis gehörenden leitfähigen Teils erfolgt (z. B. Erdung des Gehäuses eines Transformators).

Es ist dabei zulässig und üblich, dass ein Erder diese beiden Funktionen gleichzeitig übernimmt, wenn er die Bedingungen für beide Erder erfüllt. Es ist dies eine „Kombinierte Erdung für Schutz- und Funktionszwecke".

9.2   Spezifischer Erdwiderstand ρ_E

Der spezifische Erdwiderstand ist der elektrische Widerstand, den ein Erdwürfel mit einer Kantenlänge von einem Meter aufweist, wenn zwei gegenüberliegende Flächen als Elektroden betrachtet werden. Im räumlichen Strömungsfeld ist dieser Erdwürfel in **Bild 9.2** dargestellt. Der spezifische Erdwiderstand wird nicht wie der spezifische Widerstand von Metallen in Ω mm^2/m, sondern in Ω m^2/m, also in Ω m angegeben.

In **Tabelle 9.1** sind spezifische Erdwiderstände für verschiedene Bodenarten angegeben. Zum Vergleich ist der spezifische Widerstand für Beton und für Wasser unterschiedlicher Qualität aufgeführt.

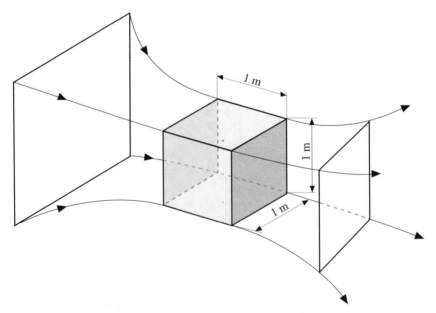

Bild 9.2 Erläuterung zum spezifischen Erdwiderstand im räumlichen Strömungsfeld

Bodenart	Spezifischer Erdwiderstand ρ_E in Ω m		
	Werte aus VDE 0101	Werte aus der Praxis	Durchschnittswerte
Moorboden, Sumpf	5 bis 40	5 bis 60	30
Lehm, Ton, Humus	20 bis 200	20 bis 300	100
Sand	200 bis 2500	20 bis 2000	200
Kies	2000 bis 3000	200 bis 2000	1000
Verwittertes Gestein	< 1000	600 bis 1200	800
Sandstein	2000 bis 3000	2000 bis 3000	2500
Moränenschutt	bis 30000	–	–
Granit	bis 50000	1000 bis 50000	–
Beton und Wasser	**Spezifischer Widerstand ρ in Ω m**		
Zement		50	
Beton 1/3 (Zement/Sand)		150	
Beton 1/5		400	
Beton 1/7		500	
Quellwasser, sehr sauber		≈ 1000	
Regenwasser		≈ 330	
Bachwasser		≈ 100	
Leitungswasser		≈ 30	
Schmutzwasser		≈ 10	
Salzwasser, Meerwasser		$\approx 0,3$	

Tabelle 9.1 Spezifischer Erdwiderstand verschiedener Bodenarten und spezifischer Widerstand für Beton und Wasser

Der spezifische Erdwiderstand kann je nach Bodenart, Temperatur, Körnung, Dichte und Feuchtigkeit beträchtlichen Schwankungen unterliegen. Hinzu kommt noch, dass in der Praxis sehr selten homogenes Erdreich vorhanden ist und mit zunehmender Tiefe besser leitende Erdschichten vorhanden sind. Im Wesentlichen ist der spezifische Erdwiderstand aber von der Feuchtigkeit des Erdbodens (Niederschlagsmenge) und von den jahreszeitlichen Temperaturschwankungen abhängig. Den Zusammenhang der Feuchtigkeit des Erdbodens mit dem spezifischen Erdwiderstand zeigt **Bild 9.3**.

Die Feuchtigkeit normaler Böden liegt zwischen 30 % und 50 % (Moorboden ausgenommen), wobei die oberen Bodenschichten durch die Niederschläge beeinflusst werden. Dabei sind die Wasser-Aufnahmefähigkeit und die Wasser-Durchlässigkeit des Erdbodens von entscheidender Bedeutung. Tiefere Bodenschichten werden durch Niederschläge kaum beeinflusst. Hier macht sich eher der Grundwasserspiegel bemerkbar, der ebenfalls jahreszeitlichen Schwankungen unterworfen ist. Der jahreszeitliche Verlauf des spezifischen Erdwiderstands, ohne Berücksichtigung der Niederschläge, ist im Wesentlichen von der Temperatur des Erdreichs abhängig. **Bild 9.4** zeigt die Zusammenhänge.

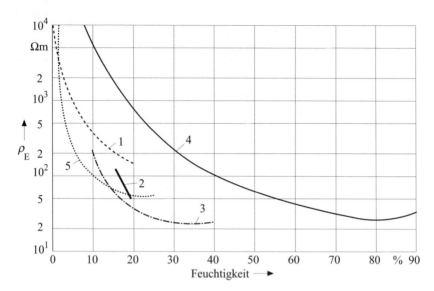

Bild 9.3 Zusammenhang zwischen Feuchtigkeit des Erdreichs und dem spezifischen Erdwiderstand für verschiedene Bodenarten

1 Sand 4 Moor
2 Lehm 5 sandiger Lehm
3 Ton

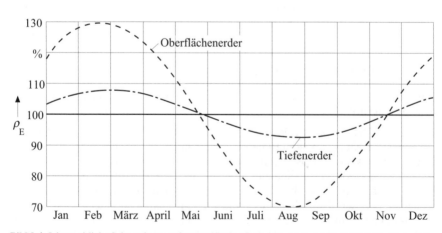

Bild 9.4 Jahreszeitliche Schwankungen des spezifischen Erdwiderstands, bedingt durch die Temperatur des Erdreichs

Wenn für die Bemessung einer Erdungsanlage der gemessene spezifische Erdwiderstand zu Grunde gelegt wird, ist entweder eine Korrektur des gemessenen Werts angebracht oder bei der Planung ist ein entsprechender Sicherheitszuschlag zu berücksichtigen.

9.3 Erderarten

Die wichtigsten Erderarten werden nachfolgend kurz beschrieben, wobei auf Erderarten, die heute kaum noch Verwendung finden, wie Plattenerder, Halbkugelerder und Kugelerder, verzichtet wurde.

9.3.1 Oberflächenerder

Oberflächenerder werden horizontal in einer Tiefe von 0,5 m bis 1,0 m unter der Erdoberfläche eingebracht. Als Materialien werden normalerweise Bandstahl, Rundstahl, Stahlseil oder Kupferseil verwendet. Bandstahl ist hochkant einzubringen, da so der Ausbreitungswiderstand verbessert wird und auch unterhalb des Bandes keine Hohlräume entstehen können. Die Verwendung von entsprechenden Abstandhaltern, wie bei einem Fundamenterder, hat sich hier bewährt. Nach dem Verlegen des Erders sollte das Erdreich gut verdichtet werden. Auch sollte darauf geachtet werden, dass kein steinreiches Erdreich oder Kies zur Verfüllung verwendet wird, da Steine und Kies den Ausbreitungswiderstand des Erders verschlechtern.

9.3.2 Tiefenerder

Tiefenerder (Staberder) werden senkrecht oder schräg auch in größere Tiefen (bis zu 30 m) ins Erdreich maschinell eingetrieben. Es kommen Vollstäbe, Rohre oder Profilstäbe zur Anwendung. Die Tiefe richtet sich nach dem Ausbreitungswiderstand, weshalb zu empfehlen ist, beim Eintreiben der Erdermaterialien von Zeit zu Zeit den Ausbreitungswiderstand zu messen.

Wenn Tiefenerder in unterschiedlich leitende Bodenschichten eingetrieben werden, ist praktisch nur der gut leitende Teil des Erdreichs wirksam. Bei der Berechnung eines Erders ist die Tiefe t durch die wirksame Tiefe zu ersetzen. Parallel eingetriebene Tiefenerder beeinflussen sich gegenseitig in ihrer Wirkung, weshalb der Abstand mindestens der Stablänge (wirksame Tiefe) des Tiefenerders entsprechen sollte; der doppelte Abstand ist anzustreben.

9.3.3 Fundamenterder

Fundamenterder sind nach DIN 18014 „Fundamenterder" herzustellen. Gefordert werden sie für alle Neubauten auf Grund von DIN 18015-1.

Der Fundamenterder ist als geschlossener Ring in den Außenmauern eines Fundaments einzubringen. In den Hausanschlussraum oder in der Nähe der vorgesehenen Potentialausgleichsschiene für den Hauptpotentialausgleich ist eine Anschlussfahne herauszuführen. Die Anschlussfahne soll in etwa 30 cm Höhe herausgeführt werden und eine Länge von 1,5 m haben, damit sie an die Potentialausgleichsschiene angeschlossen werden kann. Die Ausführung des Fundamenterders mit mehreren Anschlussfahnen ist zulässig; sie kann besonders in größeren Anlagen sehr von Nutzen sein.

Für Fundamenterder ist Bandstahl 30 mm × 3,5 mm oder Rundstahl mit 10 mm Durchmesser in der Mitte der Fundamentsohle, die etwa 10 cm stark sein sollte, einzubetten. Bandstahl ist hochkant einzulegen. Es ist zweckmäßig, den Band- oder Rundstahl durch Abstandhalter in seiner Lage zu fixieren. Baustahlmatten und Bewehrungsstähle sind nach Möglichkeit mit dem Fundamenterder zu verbinden.

Ein bestimmter Ausbreitungswiderstand ist für Fundamenterder nicht gefordert. In der Praxis liegt der Ausbreitungswiderstand bei guten Bodenarten zwischen 1 Ω und 10 Ω. Der Ausbreitungswiderstand ist über das Jahr nahezu konstant, also vom Bodenzustand (trocken, feucht) und von der Temperatur nahezu unabhängig. Fundamenterder dürfen auch als Blitzschutzerder verwendet werden, wenn außen am Gebäude an den Stellen, an denen Blitzableitungen vorhanden sind, Anschlussfahnen zur Verfügung stehen.

9.3.4 Natürliche Erder

Ein natürlicher Erder ist ein mit Erde, Wasser oder Beton in Verbindung stehendes Metallteil, dessen eigentlicher Zweck nicht die Erdung ist, das aber als Erder wirkt. Wenn natürliche Erder vorhanden sind, so ist ihre Einbeziehung in andere Erdungsanlagen sinnvoll, da natürliche Erder in der Regel einen geringen Erdungswiderstand haben und so der Gesamterdungswiderstand einer Anlage günstig beeinflusst werden kann.

Für häufig vorkommende „natürliche Erder" ist noch Folgendes festzustellen:

Metallmäntel von Kabeln mit Erderwirkung dürfen als Erder verwendet werden, wenn der Betreiber damit einverstanden ist und keine Korrosion zu befürchten ist. Ein solches Kabel entspricht einem langen Oberflächenerder in gestreckter Verlegung, der einen von der Länge abhängigen, meist geringen Ausbreitungswiderstand aufweist. Der Ausbreitungswiderstand kann nach Bild 9.7 abgeschätzt werden.

Metallene Wasserleitungen dürfen nur in Sonderfällen als Erder verwendet werden. Voraussetzung ist, dass:

- zwischen EVU und WVU eine Vereinbarung getroffen wurde
- die Eignung des Wasserrohrnetzes für die vereinbarte Dauer sichergestellt ist
- die Eignung des Wasserrohrnetzes geprüft wurde

Metallbewehrungen von Beton im Erdreich können als Erder verwendet werden. Dabei sind die bauseits eingebrachten „Rödelverbindungen" der einzelnen Bewehrungsstähle untereinander, bedingt durch ihre Vielzahl, als ausreichend anzusehen. Nur als Erder im Bereich der Nachrichtentechnik und bei Informationsanlagen, mit besonderen Anforderungen an die Erder, können zusätzliche Maßnahmen erforderlich sein. Besondere Sorgfalt ist geboten, wenn Anschlussfahnen für Erdungsleiter in Spannbetonkonstruktionen auszuführen sind. Hier sollten immer Baufachleute hinzugezogen werden.

9.4 Ausbreitungswiderstand von Erdern

Der Ausbreitungswiderstand eines Erders ist der Widerstand der Erde zwischen dem Erder und der Bezugserde, also dem dazwischen liegenden Erdkörper. Der Erdungswiderstand ergibt sich aus dem Ausbreitungswiderstand und dem Widerstand der Leitung zum Erder. Im Niederspannungsbereich kann der Widerstand der Leitung zum Erder in der Regel vernachlässigt werden.

Für die Berechnung des Ausbreitungswiderstands eines Erders gibt es Berechnungsmöglichkeiten, vorausgesetzt, es liegt homogenes Erdreich vor und es handelt sich um einfache Erderanordnungen. Hierfür gibt es genaue – korrekt mathematisch abzuleitende – Gleichungen und Näherungsformeln. In den folgenden Abschnitten werden für die bereits genannten häufigen Erder derartige Gleichungen angegeben. Weitere Gleichungen für andere Erderarten und Erderformen sind der Fachliteratur zu entnehmen.

9.4.1 Oberflächenerder

Für Oberflächenerder (Banderder oder Seilerder) in gestreckter Verlegung gelten folgende Gln.:

Genaue Berechnung

$$R_O = \frac{\rho_E}{\pi L} \ln \frac{2L}{d} \tag{9.1}$$

Näherungsgleichungen

$$R_O = \frac{2\rho_E}{L} \quad \text{für } L \leq 10 \text{ m} \tag{9.2}$$

$$R_O = \frac{3\rho_E}{L} \quad \text{für } L > 10 \text{ m} \tag{9.3}$$

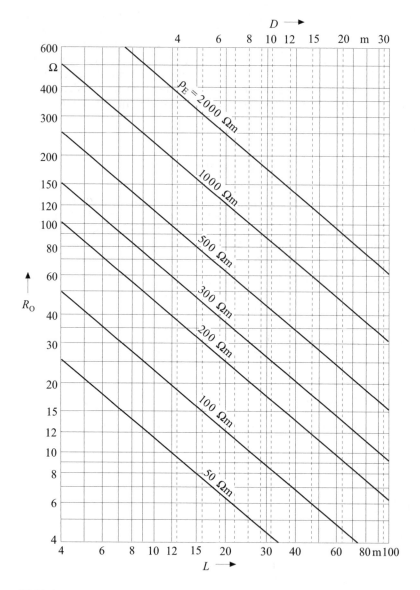

Bild 9.5 Ausbreitungswiderstand von Oberflächenerdern (aus Band, Rundmaterial oder Seil) bei gestreckter Verlegung oder als Ring im homogenen Erdreich
L Länge, D Ringdurchmesser
(Quelle: DIN VDE 0101:2000-01)

In den Gln. (9.1) bis (9.3) bedeuten:

R_O Ausbreitungswiderstand des Oberflächenerders in Ω

ρ_E spezifischer Erdwiderstand Ωm

L Band- oder Seillänge des Erders in m

d Seildurchmesser in m, falls der Erder aus Rundmaterial besteht, oder halbe Bandbreite in m, falls Bandstahl verwendet wird

ln natürlicher Logarithmus (Basis e = 2,7182818)

Als Hilfe zur Ermittlung des Ausbreitungswiderstands von Oberflächenerdern in gestreckter Verlegung und als Ringerder angeordnet, kann **Bild 9.5** dienen.
Bei Bodenarten mit von ρ_E = 50 Ω m/100 Ω m/200 Ω m/300 Ω m/500 Ω m/ 1000 Ω m/2000 Ω m abweichenden spezifischen Erdwiderständen ist das Interpolieren nicht ganz einfach. Der im Bild 9.5 abzulesende Wert des Ausbreitungswiderstands R der nächstliegenden Kurve für den spezifischen Erdwiderstand kann umgerechnet werden mit der Beziehung:

$$R_x = R \frac{\rho_x}{\rho_E}$$

9.4.2 Tiefenerder

Hier ist zu beachten, dass ggf. nur die wirksame Tiefe eines Staberders oder Rohrerders als Tiefe t eingesetzt werden darf, wenn kein homogenes Erdreich vorliegt und unterschiedlich leitende Erdschichten vorhanden sind.

Genaue Berechnung

$$R_T = \frac{\rho_E}{2\pi t} \ln \frac{4t}{d} \qquad (9.4)$$

Näherungsgleichung

$$R_T = \frac{\rho_E}{t} \qquad (9.5)$$

In den Gln. (9.4) und (9.5) bedeuten:

R_T Ausbreitungswiderstand des Tiefenerders in Ω

ρ_E spezifischer Erdwiderstand in Ω m

t Stab- oder Rohrerderlänge in m

d Stab- oder Rohrdurchmesser in m

ln natürlicher Logarithmus (Basis e = 2,7182818)

Als Hilfe zur Ermittlung des Ausbreitungswiderstands von Tiefenerdern kann **Bild 9.6** dienen.

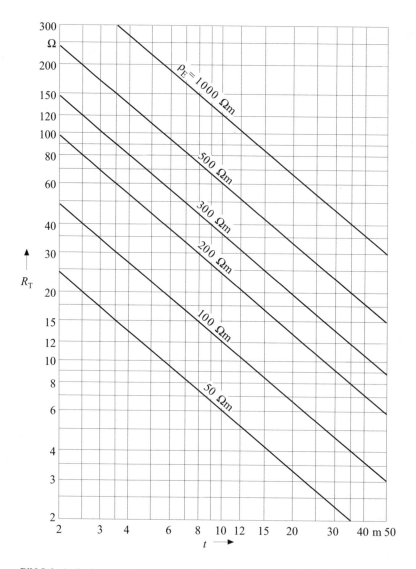

Bild 9.6 Ausbreitungswiderstand von senkrecht im homogenen Erdreich eingebrachten Tiefenerdern (Quelle: DIN VDE 0101:2000-01)

Bei Bodenarten mit von ρ_E = 50 Ωm / 100 Ωm / 200 Ωm / 300 Ωm / 500 Ωm / 1000 Ωm abweichenden spezifischen Erdwiderständen ist das Interpolieren nicht ganz einfach. Der im Bild 9.6 abzulesende Wert des Ausbreitungswiderstands R der nächstliegenden Kurve für den spezifischen Erdwiderstand kann umgerechnet werden mit der Beziehung:

$$R_x = R \frac{\rho_x}{\rho_E}$$

9.4.3 Fundamenterder

Der Ausbreitungswiderstand eines Fundamenterders kann nur mit einer Näherungsformel ermittelt werden. Dabei muss für den rechteckigen Fundamenterder ein Ersatzdurchmesser berechnet werden. Die Betonummantelung des Fundamenterders braucht in der Berechnung nicht berücksichtigt zu werden; es darf gerechnet werden, als läge der Band- oder Rundstahl direkt im Erdreich. Es ist:

$$R_F = \frac{2\rho_E}{\pi D} \tag{9.6}$$

Es bedeuten:

R_F Ausbreitungswiderstand des Fundamenterders in Ω

ρ_E spezifischer Erdwiderstand in Ω m

D Durchmesser des Ersatzerders in m, mit:

$$D = \sqrt{\frac{4LB}{\pi}}$$

wobei:

L Länge des Fundamenterders in m

B Breite des Fundamenterders in m

9.4.4 Natürliche Erder

Eine Berechnung des Ausbreitungswiderstands von natürlichen Erdern wird nahezu immer an der schwierigen geometrischen Form der Erder scheitern. **Bild 9.7** zeigt den Ausbreitungswiderstand eines Kabels mit Erderwirkung bei verschiedenen spezifischen Erdwiderständen in Abhängigkeit von der Kabellänge. Das Bild zeigt deutlich, dass der Ausbreitungswiderstand mit wachsender Kabellänge einem Grenzwert zustrebt. Doppelte Kabellänge bedeutet also nicht halber Ausbreitungswiderstand.

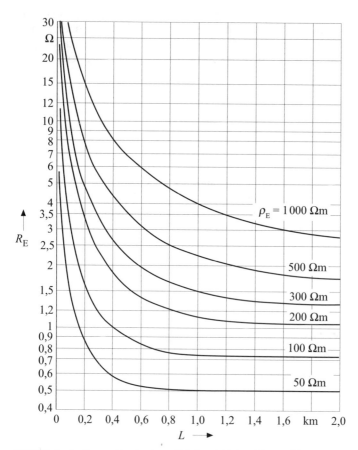

Bild 9.7 Ausbreitungswiderstand von Kabeln mit Erderwirkung, abhängig von der Kabellänge L und dem spezifischen Erdwiderstand; gilt mit hinreichender Genauigkeit auch für Wasserrohre aus Metall (Quelle: DIN VDE 0101:2000-01)

9.5 Materialien und Mindestquerschnitte für Erder

Zum Erzielen einer angemessenen Lebensdauer der Erder sind Werkstoffe zu verwenden, die einen hinreichenden Korrosionsschutz bieten und die erforderliche mechanische Festigkeit aufweisen. Geeignete Werkstoffe und die erforderlichen Mindestquerschnitte sind in **Tabelle 9.2** zusammengestellt.

Werkstoff		Erderart	Mindestmaße				
			Leiter			Beschichtung/Mantel	
			Durch-messer (mm)	Quer-schnitt (mm^2)	Dicke (mm)	Einzel-werte (µm)	Mittel-werte (µm)
Stahl	feuerverzinkt	Band$^{2)}$		90	3	63	70
		Profil (einschl. Platten)		90	3	63	70
		Rohr	25		2	47	55
		Rundstab für Tiefenerder	16			63	70
		Runddraht für Oberflächenerder	10				50
	mit Bleimantel$^{1)}$	Runddraht für Oberflächenerder	8			1000	
	mit extrudier-tem Kupfer-mantel	Rundstab für Tiefenerder	15			2000	
	elektroly-tisch ver-kupfert	Rundstab für Tiefenerder	14,2			90	100
Kupfer	blank	Band		50	2		
		Runddraht für Oberflächenerder		25$^{3)}$			
		Seil	1,8$^{4)}$	25			
		Rohr	20		2		
	verzinnt	Seil	1,8$^{4)}$	25		1	5
	verzinkt	Band		50	2	20	40
	mit Bleimantel$^{1)}$	Seil	1,8$^{4)}$	25		1000	
		Runddraht		25		1000	

$^{1)}$ zum direkten Einbetten in Beton nicht geeignet
$^{2)}$ Band, gewalzt oder geschnitten, mit abgerundeten Kanten
$^{3)}$ Unter außergewöhnlichen Bedingungen darf, wenn die Erfahrung gezeigt hat, dass die Korrosionsgefahr extrem niedrig ist, 16 mm^2 verwendet werden.
$^{4)}$ für den Einzeldraht

Tabelle 9.2 Werkstoffe und Mindestabmessungen für Erder, die die notwendige mechanische Festigkeit und Korrosionsbeständigkeit sicherstellen
(Quelle: DIN VDE 0101:2000-01)

Als Werkstoffe für Erder gelangen in der Praxis hauptsächlich zur Anwendung:
- feuerverzinkter Stahl
- Stahl mit Kupferauflage
- Kupfer

Besonders in Bodenarten mit hohem Korrosionsrisiko gelangen auch nicht rostende Stähle zum Einsatz. Bei der Querschnittsbemessung ist dabei die relativ niedrige elektrische Leitfähigkeit mit $\rho = 0{,}74 \ \Omega \ \text{mm}^2/\text{m}$, $\hat{u} = 1{,}35 \ \text{m}/(\Omega \ \text{mm}^2)$ zu berücksichtigen. Leichtmetalle als Werkstoff für Erder werden kaum verwendet, da die Korrosionsgefahr zu groß ist.

9.6   Literatur zu Kapitel 9

[1] Schmolke, H.; Vogt, D.: Potentialausgleich, Fundamenterder, Korrosionsgefährdung. DIN VDE 0100, DIN 18014 und viele mehr. VDE-Schriftenreihe Bd. 35. 6. Aufl., Berlin und Offenbach: VDE VERLAG, 2004

[2] Koch, W.: Erdungen in Wechselstromanlagen über 1 kV. Berlin/Göttingen/Heidelberg: Springer-Verlag, 1961

[3] VDEW (Hrsg.): Erdungen in Starkstromnetzen. 3. Aufl., Frankfurt a. M.: VWEW-Verlag, 1992

[4] Hering, E.: Fundamenterder, Gestaltung, Korrosionsschutz, praktische Ausführung. Berlin: Verlag Technik, 1996

[5] Niemand, T.; Kunz, H.: Anlagetechnik für elektrische Verteilungsnetze, Bd. 6. Erdungsanlagen. Frankfurt a. M.: VWEW-Verlag und VDE VERLAG, 1996

[6] Biegelmeier, G.; Kiefer, G.; Krefter, K.-H.: Schutz in elektrischen Anlagen. Bd. 2: Erdungen. Berechnung, Ausführung und Messung. VDE-Schriftenreihe, Bd. 81. Berlin und Offenbach: VDE VERLAG, 1996

[7] Vogt, D.: Ausführung des Fundamenterders bei Perimeterdämmung. EVU-Betriebspraxis 36 (1997) H. 1–2, S. 14 bis 22

[8] Hasse, P.; Wiesinger, J.: Handbuch für Blitzschutz und Erdung. 4. Aufl., Pflaum Verlag und VDE VERLAG, 1993

10 Schutz bei Überspannungen

Nach DIN VDE 0100-100 Abschnitt 131.6 gelten für den Schutz bei Überspannungen folgende Grundsätze:

- **Personen und Nutztiere müssen gegen Verletzungen geschützt sein; Sachwerte sind gegen alle schädigenden Einflüsse zu schützen, welche die Folge eines Fehlers zwischen aktiven Teilen von Stromkreisen unterschiedlicher Spannungen sind.**
- **Personen, Nutztiere und Sachen müssen gegen die Auswirkungen von Überspannungen (z. B. atmosphärische Einwirkungen oder Schaltüberspannungen), die erwartungsgemäß auftreten können, geschützt werden, wenn ein nicht akzeptables Risiko besteht.**

10.1 Schutz von Niederspannungsanlagen bei Erdschlüssen in Netzen mit höherer Spannung – DIN VDE 0100-442

Die Anforderungen an den Schutz von Personen und Einrichtungen von Transformatorenstationen (Umspannstationen) durch die Art der Erdung im Hochspannungsbereich und im Niederspannungsbereich wird nachfolgend dargestellt.

Anmerkung 1: In diesem Abschnitt werden Spannungen über 1000 V AC und 1500 V DC als Hochspannung bezeichnet. Mit Niederspannung bezeichnet werden Anlagen, die mit Spannungen bis einschließlich 1000 V AC und 1500 V DC betrieben werden.

Anmerkung 2: Die Festlegungen gelten nicht für Niederspannungsnetze der öffentlichen Elektrizitätsverteilungsnetze. Die Anwendung dieser Norm für öffentliche Netze wird jedoch dringend empfohlen.

Im Hochspannungsbereich müssen alle zugehörigen Körper (z. B. Transformatorgehäuse) und fremde leitfähige Teile (z. B. Konsolen, Kabelmäntel, Traggerüste für Schaltgeräte usw.) an einen Hochspannungsschutzerder angeschlossen sein. Für den Sternpunkt des Transformators wird in TN- und TT-Systemen und evtl. auch im IT-System ein Niederspannungsbetriebserder benötigt. Diese beiden Erder sind entweder elektrisch getrennt voneinander zu errichten (getrennte Erdungsanlagen) oder sie werden als eine gemeinsame Erdungsanlage errichtet. Die Bedingungen hierfür werden nachfolgend dargestellt.

Bei einem Erdschluss in der Hochspannungsanlage fließt ein Erdschlussstrom, der eine Anhebung des Potentials gegen Erde hervorruft. Die Größe der Potentialanhebung wird bestimmt durch den Erdschlussstrom und den Erdungswiderstand des Hochspannungsschutzerders. Es gilt folgende Beziehung:

$$U_f = I_E \cdot R_E \tag{10.1}$$

Darin bedeuten:

U_f Fehlerspannung in der Niederspannungsanlage zwischen Körpern und der Bezugserde in V

I_E Teil des Erdschlussstroms in der Hochspannungsanlage in A, der über die Erdungsanlage der Transformatorenstation fließt

R_E Widerstand der Erde in Ω zwischen dem Erder der Transformatorenstation und der Bezugserde

Der Erdschlussstrom ist in seiner Größe abhängig von der Sternpunktbehandlung im Hochspannungsnetz. In Netzen mit Erdschlusskompensation liegt der Erdschlussreststrom bei maximal 60 A. In Netzen ohne Erdschlusskompensation liegt der Erdschlussstrom in 20-kV-Netzen bei etwa 4 A bis 6 A pro 100 km Netzlänge bei Freileitung und etwa 200 A bis 350 A pro 100 km Netzlänge bei Kabel.

Die Situation mit einem Erdschluss im Hochspannungsbereich mit den eingetragenen betriebsfrequenten Beanspruchungsspannungen U_1 und U_2 ist dargestellt in:

- **Bild 10.1** für eine Transformatorenstation mit einer gemeinsamen Erdungsanlage für die Hochspannungsschutzerde und die Niederspannungsbetriebserde

- **Bild 10.2** für eine Transformatorenstation mit getrennten Erdungsanlagen für die Hochspannungsschutzerde und die Niederspannungsbetriebserde

Die betriebsfrequente Beanspruchungsspannung ist die Spannung, die an der Isolierung der Niederspannungsbetriebsmittel in der Transformatorenstation (z. B. Transformatoren, Überspannungsschutzeinrichtungen, Schalter usw.) anliegt. Die Größe und die Dauer der betriebsfrequenten Beanspruchungsspannung von Niederspannungsbetriebsmitteln in der Verbraucheranlage auf Grund eines Erdschlusses in der Hochspannungsanlage darf die in **Tabelle 10.1** angegebenen Werte nicht überschreiten.

Abschaltzeit	Zulässige betriebsfrequente Beanspruchungsspannung an Betriebsmitteln in Niederspannungsanlagen; Effektivwerte			
	Forderung	Nennspannung der Anlage		
		230/400 V	277/480 V	400/690 V
> 5 s	U_0 + 250 V	480 V	527 V	650 V
≤ 5 s	U_0 + 1200 V	1430 V	1477 V	1600 V

Tabelle 10.1 Größe und Dauer der betriebsfrequenten Beanspruchungsspannung

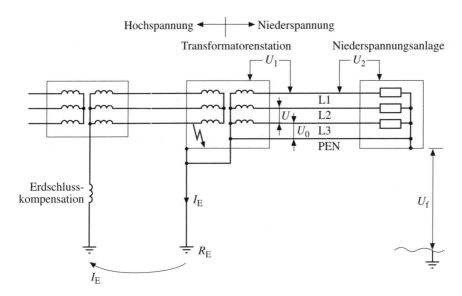

Bild 10.1 Beanspruchungsspannungen bei einer gemeinsamen Erdungsanlage für Hochspannungserder und Niederspannungsbetriebserder mit Erdschlusskompensation für das Hochspannungsnetz. Es sind:

U_f Fehlerspannung in der Niederspannungsanlage zwischen Körpern und der Bezugserde

U_1 Betriebsfrequente Beanspruchungsspannung der Niederspannungsbetriebsmittel in der Transformatorenstation

U_2 Betriebsfrequente Beanspruchungsspannung der Niederspannungsbetriebsmittel in der Verbraucheranlage

Die erste Zeile der Tabelle 10.1 gilt für Hochspannungsnetze mit langer Abschaltzeit, z. B. für Netze mit isoliertem Sternpunkt und Netze mit Erdschlusskompensation. Die zweite Zeile gilt für Hochspannungsnetze mit kurzer Abschaltzeit, z. B. für Netze mit niederohmiger Sternpunkterdung.

Wird das Niederspannungsnetz als TN-System betrieben, darf eine gemeinsame Erdungsanlage errichtet werden, wenn die im Erdschlussfall auftretende Fehlerspannung $U_f = I_E \cdot R_E$ (Gl. (10.1)) innerhalb der in **Bild 10.3** vorgegebenen Zeit abgeschaltet wird.

Kann diese Bedingung nicht eingehalten werden, sind getrennte Erdungsanlagen zu errichten. Der Sternpunkt des Niederspannungsnetzes muss an einer elektrisch unabhängigen Erdungsanlage angeschlossen werden. Der Isolationspegel der Niederspannungsbetriebsmittel in der Station muss der Beanspruchungsspannung U_1 entsprechen. Er muss folgender Bedingung genügen:

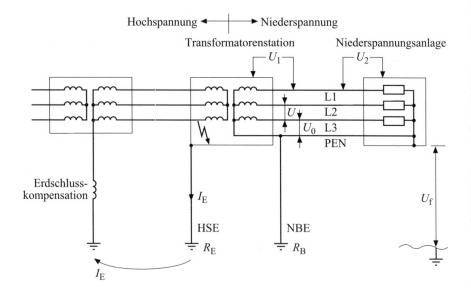

Bild 10.2 Beanspruchungsspannungen bei getrennten Erdungsanlagen für Hochspannungsschutzerder und Niederspannungsbetriebserder mit Erdschlusskompensation für das Hochspannungsnetz. Es sind:

U_f Fehlerspannung in der Niederspannungsanlage zwischen Körpern und der Bezugserde

U_1 Betriebsfrequente Beanspruchungsspannung der Niederspannungsbetriebsmittel in der Transformatorenstation

U_2 Betriebsfrequente Beanspruchungsspannung der Niederspannungsbetriebsmittel in der Verbraucheranlage

HSE   Hochspannungsschutzerde

NBE   Niederspannungsbetriebserde

$$U_1 = I_E \cdot R_E + U_0 \tag{10.2}$$

Die verschiedenen Beanspruchungsspannungen U_1 und U_2 und die Fehlerspannung U_f sind für TN-Systeme und TT-Systeme in **Tabelle 10.2** zusammengestellt. Für IT-Systeme sind die entsprechenden Schaltbilder und Spannungen DIN VDE 0100-442, Bilder 44 D, E, F, G und H, zu entnehmen.

Beachtet sollte noch werden, dass in einem Dreiphasen-TN-System, wenn der PEN-Leiter oder der Neutralleiter unterbrochen wird, oder wenn in einem Dreileiter-TT-System der Neutralleiter unterbrochen wird, die Basisisolierung, doppelte Isolierung oder verstärkte Isolierung, die für die Spannung U_0 (Spannung Außenleiter gegen Neutralleiter) bemessen sind, vorübergehend die Spannung U (Spannung zwischen den Außenleitern) annehmen kann.

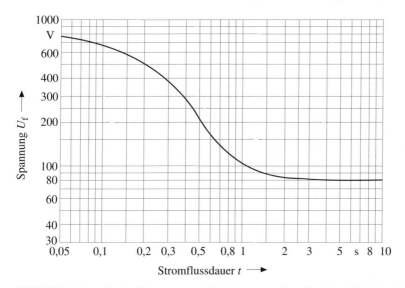

Bild 10.3 Höchste zulässige Fehlerspannung U_f mit begrenzter Stromflussdauer t bei einem Erdschluss im Hochspannungsnetz. Falls der Stromfluss wesentlich länger andauert als im Diagramm angegeben, kann für $U_f = 75$ V eingesetzt werden. (Quelle: DIN VDE 0101:2000-01)

Hochspannungs-schutzerder und Nieder-spannungsbetriebserder	Stromversorgung	Beanspruchungs-spannung		Fehlerspannung
		U_1	U_2	U_f
gemeinsam	TN-System	U_0	U_0	$I_E \cdot R_E$
	TT-System	U_0	$I_E \cdot R_E + U_0$	0
	IT-System	Siehe DIN VDE 0100-442		
getrennt	TN-System	$I_E \cdot R_E + U_0$	U_0	0
	TT-System	$I_E \cdot R_E + U_0$	U_0	0
	IT-System	Siehe DIN VDE 0100-442		

Tabelle 10.2 Beanspruchungsspannungen und Fehlerspannung in TN- und TT-Systemen bei gemeinsamen und getrennten Erdungsanlagen

10.2 Schutz gegen transiente Überspannungen – DIN VDE 0100-443 und DIN V VDE V 0100-534

10.2.1 Allgemeines

Transiente Überspannungen, das sind vorübergehende, kurzzeitig auftretende Überspannungen, die sich in elektrischen Netzen als Wanderwellen ausbreiten, können grundsätzlich entstehen durch:

- atmosphärische Entladungen (LEMP)
- Schaltvorgänge in elektrischen Netzen (SEMP)
- elektrostatische Entladungen (ESD)
- Nuklearexplosionen (NEMP)

Kennzeichnend für diese kurzzeitigen Überspannungen ist ein kurzer Impuls, verbunden mit einem sehr steilen Stromanstieg (wenige µs), der dann in einer Zeit von etwa 10 µs bis mehrere 100 µs wieder abfällt. Diese Spannungsimpulse, die galvanisch, induktiv oder kapazitiv in eine elektrische Anlage eingekoppelt werden können, werden transiente Überspannungen genannt. Die hierbei auf die elektrischen Bauteile zukommenden Beanspruchungen können sehr vielfältiger Natur sein. So können in der elektrischen Anlage z. B. Spannungen von einigen 100 Volt, aber auch Spannungen bis zu mehreren 100 kV auftreten.

Diese transienten Überspannungen können zur Gefährdung von Menschen und Nutztieren führen. Sie bewirken schwere Schäden in der Isolation von Betriebsmitteln und verursachen die Zerstörung von Bauteilen durch die dynamischen Kräfte. Hierzu gehören auch unerkannte Isolationsschäden, die erst später zu einem Fehler (Erdschlussstrom, Kurzschlussstrom und/oder Brand) führen. Besonders elektronische Bauteile sind sehr anfällig gegen transiente Überspannungen und können schon bei geringen Spannungserhöhungen zerstört werden.

Die Auswirkungen der transienten Überspannungen können durch den Einsatz von Überspannungsschutzeinrichtungen herabgesetzt werden. Das bedeutet, dass in Anlagen mit richtig ausgewählten und eingebauten Überspannungsschutzeinrichtungen nur geringe oder auch gar keine Schäden durch transiente Überspannungen zu erwarten sind.

Durch den Einbau von Überspannungsschutzeinrichtungen in elektrischen Anlagen von Gebäuden soll eine Begrenzung der transienten Überspannungen sowohl infolge indirekter atmosphärischer Entladungen sowie von Schaltvorgängen aus dem Versorgungsnetz als auch direkter atmosphärischer Entladungen sichergestellt werden.

Die Anforderungen für die Errichtung von Überspannungsschutzeinrichtungen gegen indirekte atmosphärische Entladungen sowie von Schaltvorgängen im Versorgungsnetz sind in DIN VDE 0100-443 beschrieben. Für den Schutz bei Überspannungen infolge direkter oder naher Blitzeinschläge sind die Anforderungen in DIN V VDE V 0185-3 „Blitzschutz; Schutz von baulichen Anlagen und Personen" und in DIN V VDE V 0185-4 „Blitzschutz; Elektrische und elektronische Systeme in baulichen Anlagen" festgelegt.

Die Anwendung von Überspannungsschutzeinrichtungen sollte auf Grund der vorliegenden Netzverhältnisse und den Anforderungen an den Blitzschutz entschieden werden. Dabei sollte auch der Wert der zu schützenden Betriebsmittel beachtet werden. Überspannungsschutzeinrichtungen sind nicht in allen elektrischen Anlagen eine Pflicht (siehe hierzu auch Abschnitt 10.2.3).

Die Auswahl der Überspannungsschutzeinrichtungen erfolgt nach den Überspannungskategorien, die für elektrische Anlagen festgelegt sind.

Anmerkung: Die Überspannungskategorien sind in Abschnitt 11.8.1 beschrieben und in Bild 11.5 für eine elektrische Anlage dargestellt. Die erforderliche Bemessungs-Stoßspannung ist in Abhängigkeit der Nennspannung der Anlage in Tabelle 11.1 angegeben. Die internationale Beratung der Spannungswerte für diese Tabelle ist noch nicht abgeschlossen; die Festlegungen können sich noch geringfügig ändern.

Überspannungsschutzeinrichtungen (SPD) sind für die verschiedenen Aufgaben und Einsatzorte in Prüfklassen bzw. Typ-Klassen eingeteilt (siehe auch Abschnitt 21.2). Sie können wie folgt beschrieben werden:

- SPD-Typ 1, Prüfklasse I, (Anforderungsklasse B)

  Die SPD dienen zum Blitzschutzpotentialausgleich nach der Normenreihe DIN V VDE V 0185 bei direkten oder nahen Blitzeinschlägen (Grobschutz). Sie werden auch Blitzstromableiter genannt. Der maximale Schutzpegel entspricht der Überspannungskategorie IV nach DIN VDE 0110-1 (siehe hierzu auch Abschnitt 11.8.1).

- SPD-Typ 2, Prüfklasse II, (Anforderungsklasse C)

  Die SPD dienen zum Überspannungsschutz nach DIN VDE 0100-443, bei denen über das Versorgungsnetz einlaufende Überspannungen auf Grund ferner Blitzeinschläge oder Schalthandlungen im Netz zu beherrschen sind (Mittelschutz). Der maximale Schutzpegel entspricht der Überspannungskategorie III nach DIN VDE 0110-1 (siehe hierzu auch Abschnitt 11.8.1).

- SPD-Typ 3, Prüfklasse III, (Anforderungsklasse D)

  Diese SPD sind bestimmt zum Überspannungsschutz ortsveränderlicher Verbrauchsgeräte an Steckdosen (Feinschutz). Der maximale Schutzpegel entspricht der Überspannungskategorie II nach DIN VDE 0110-1 (siehe hierzu auch Abschnitt 11.8.1).

Anmerkung: Der hier verwendete Begriff „Überspannungsschutzeinrichtung" nach der Vornorm DIN V VDE V 0100-534 schließt den in DIN VDE 0675-6-11 (siehe

Kapitel 21) verwendeten Begriff „Überspannungsschutzgerät" mit der Kurzbezeichnung SPD (en: Surge Protective Device) ein.

10.2.2 Überspannungsschutzeinrichtungen in Gebäuden (Verbraucheranlagen)

10.2.2.1 Überspannungsschutzeinrichtungen in TN-Systemen

Überspannungsschutzeinrichtungen der Prüfklassen I und II bzw. SPD-Typ 1 und SPD-Typ 2 werden im TN-C-System in alle Außenleiter gegen den PEN-Leiter eingebaut. Im TN-S-System sind Überspannungsschutzeinrichtungen in alle Außenleiter einschließlich Neutralleiter gegen den Schutzleiter vorzusehen.

Überspannungsschutzeinrichtungen der Prüfklasse III bzw. SPD-Typ 3 werden in alle Außenleiter gegen den Neutralleiter geschaltet. Zusätzlich wird zwischen Neutralleiter und Schutzleiter noch eine Funkenstrecke verwendet.

Anmerkung: Überspannungsschutzeinrichtungen dürfen auch zwischen den Außenleitern eingebaut werden, was in der Praxis allerdings selten vorkommt.

Die Ableiterbemessungsspannung liegt bei $U_c \geq 1{,}1 \cdot U_0$

Bild 10.4 zeigt die beschriebenen Anwendungsfälle.

10.2.2.2 Überspannungsschutzeinrichtungen im TT-System

Überspannungsschutzeinrichtungen der Prüfklassen I, II und III bzw. SPD-Typ 1, Typ 2 und Typ 3 werden eingebaut in alle Außenleiter gegen den Neutralleiter. Vom Neutralleiter gegen den Schutzleiter ist eine Funkenstrecke vorzusehen, wie **Bild 10.5** zeigt.

Die Ableiterbemessungsspannung liegt bei $U_c \geq 1{,}1 \cdot U_0$

Anmerkung: Überspannungsschutzeinrichtungen dürfen auch zwischen den Außenleitern eingebaut werden, was in der Praxis allerdings selten vorkommt.

10.2.2.3 Überspannungsschutzeinrichtungen im IT-System

Überspannungsschutzeinrichtungen der Prüfklassen I, II und III bzw. SPD-Typ 1, Typ 2 und Typ 3 werden zwischen den aktiven Leitern (Außenleiter und ggf. auch Neutralleiter, falls mitgeführt) und dem Schutzleiter eingebaut. **Bild 10.6** zeigt ein Beispiel für ein IT-System ohne mitgeführten Neutralleiter

Anmerkung: Überspannungsschutzeinrichtungen dürfen auch zwischen den Außenleitern eingebaut werden, was in der Praxis allerdings selten vorkommt..

Die Ableiterbemessungsspannung liegt bei $U_c \geq 1{,}1 \cdot U_0$

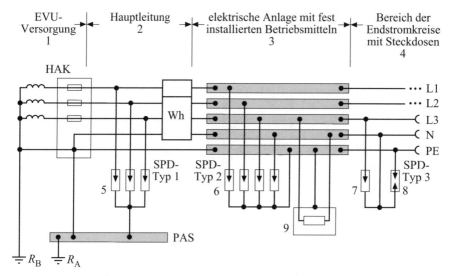

Bild 10.4 Einbau von Überspannungsschutzeinrichtungen der Prüfklassen I, II und III im TN-S-System; Darstellung ohne Überstrom-Schutzeinrichtungen
(Quelle DIN V VDE V 0100-534:1999-04)
1 Überspannungsschutzeinrichtungen; zuständig ist das EVU
2 Hauptstromversorgungssystem
3 Stromkreisverteiler und fest installierte Betriebsmittel
4 Bereich der Endstromkreise mit Steckdosen
5 Überspannungsschutzeinrichtungen der Prüfklasse I, SPD-Typ 1 (Blitzstromableiter)
6 Überspannungsschutzeinrichtungen der Prüfklasse II, SPD-Typ 2
7 Überspannungsschutzeinrichtung der Prüfklasse III, SPD-Typ 3
8 Funkenstrecke der Prüfklasse III, SPD-Typ 3
9 Verbrauchsmittel der ortsfesten Anlage

10.2.3 Überspannungsschutzeinrichtungen im Niederspannungsnetz

Die Anwendung von Überspannungsschutzeinrichtungen ist eine Angelegenheit der Risikoabschätzung; durch transiente Überspannungen müssen ggf. Schäden in Kauf genommen werden. Dabei sind für die Beurteilung folgende Faktoren wichtig:

- Gewitterhäufigkeit
- Art des Stromversorgungsnetzes
  - Freileitung
  - Kabel
  - Freileitung und Kabel gemischt
- Höhe der zu erwartenden Überspannung

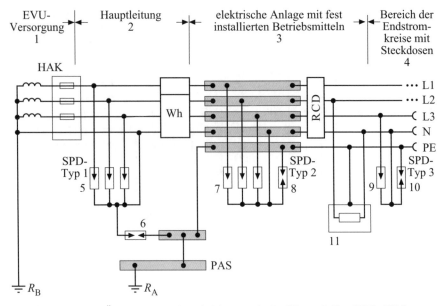

Bild 10.5 Einbau von Überspannungsschutzeinrichtungen der Prüfklassen I, II und III im TT-System; Darstellung ohne Überstrom-Schutzeinrichtungen
(Quelle: DIN V VDE V 0100-534:1999-04)

1 Überspannungsschutzeinrichtungen; hierfür zuständig ist das EVU
2 Hauptstromversorgungssystem
3 Stromkreisverteiler und fest installierte Betriebsmittel
4 Bereich der Endstromkreise mit Steckdosen
5 Überspannungsschutzeinrichtung der Prüfklasse I, SPD-Typ 1 (Blitzstromableiter)
6 Funkenstrecke der Prüfklasse I, SPD-Typ 1
7 Überspannungsschutzeinrichtung der Prüfklasse II, SPD-Typ 2
8 Funkenstrecke der Prüfklasse II, SPD-Typ 2
9 Überspannungsschutzeinrichtung der Prüfklasse III, SPD-Typ 3
10 Funkenstrecke der Prüfklasse III, SPD-Typ 3
11 Verbrauchsmittel der ortsfesten Anlage

- gewünschte Zuverlässigkeit der Versorgung
- Sicherheit von Personen

Grundsätzlich kann für Niederspannungsnetze festgestellt werden:

- Bei Kabelnetzen sind Überspannungsschutzeinrichtungen normalerweise nicht erforderlich.

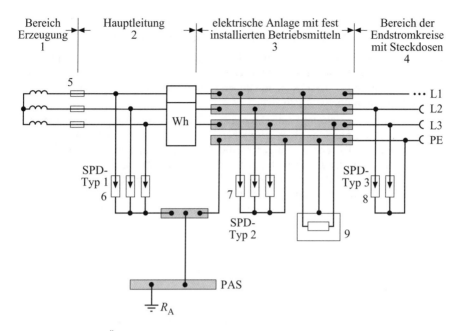

Bild 10.6 Einbau von Überspannungsschutzeinrichtungen der Prüfklassen I, II und III im IT-System; Darstellung ohne Überstrom-Schutzeinrichtungen
(Quelle: DIN V VDE V 0100-534:1999-04)
1 Stromerzeugung
2 Hauptstromversorgungssystem
3 Stromkreisverteiler und fest installierte Betriebsmittel
4 Bereich der Endstromkreise mit Steckdosen
5 Hauptsicherungen der Anlage, vergleichbar mit den Hausanschlusssicherungen
6 Überspannungsschutzeinrichtungen der Prüfklasse I, SPD-Typ 1 (Blitzstromableiter)
7 Überspannungsschutzeinrichtungen der Prüfklasse II, SPD-Typ 2
8 Überspannungsschutzeinrichtungen der Prüfklasse III, SPD-Typ 3
9 Verbrauchsmittel der ortsfesten Anlage

- Bei Freileitungsnetzen in Gebieten mit vernachlässigbarer Gewitterhäufigkeit (weniger als 25 Gewittertage/Jahr) sind Überspannungsschutzeinrichtungen normalerweise nicht notwendig.
- Bei Freileitungsnetzen in einem Gebiet mit mehr als 25 Gewittertagen/Jahr gilt als Anhaltswert die transiente Überspannung U am Eingang (Hausanschlusskasten) einer elektrischen Anlage,
  - $U \leq 4\,\text{kV}$ Überspannungsschutzeinrichtungen nicht erforderlich

- $4\,\text{kV} < U \leq 6\,\text{kV}$ Überspannungsschutzeinrichtungen empfehlenswert
- $U > 6\,\text{kV}$ Überspannungsschutzeinrichtungen erforderlich
- Wenn ein Kabelabzweig von einem Freileitungsnetz ausgehend länger als 150 m ist, sind Überspannungsschutzeinrichtungen zwar am Kabelabgang zu empfehlen, am Hausanschlusskasten und in der Verbraucheranlage sind Überspannungsschutzeinrichtungen entbehrlich.

Wenn Überspannungsschutzeinrichtungen in einem Freileitungsnetz vorgesehen sind, so ist zu empfehlen, diese vorwiegend in Netzverzweigungspunkten und am Ende von Netzausläufern, die länger als 500 m sind, einzubauen. Der Einbauabstand der Überspannungsschutzeinrichtungen im Netz sollte 500 m nicht überschreiten. In keinem Fall aber darf der Einbauabstand mehr als 1000 m betragen. Bei Niederspannungsnetzen die teilweise aus Freileitung und teilweise aus Kabel bestehen, sollten Überspannungsschutzeinrichtungen an jedem Übergabepunkt vom Freileitungsnetz in das Kabelnetz vorgesehen werden.

10.3 Schutz gegen elektromagnetische Störungen (EMI) – DIN VDE 0100-444

Die Ursache von elektromagnetischen Störungen (en: electromagnetic inferences; EMI) und Überspannungen, die negative Beeinflussungen oder Beschädigungen an Betriebsmitteln der Informationstechnik oder elektrischen Betriebsmitteln mit elektronischen Bauteilen hervorrufen können, sind in erster Linie:

- Blitzströme
- Schalthandlungen im Nieder- oder Hochspannungsbereich
- Kurzschlussströme
- andere elektromagnetische Störungen

Zu diesen Störungen kann es kommen, wenn große metallene Schleifen (sogenannte Kopplungsschleifen) über Potentialausgleichsleitungen, Metallkonstruktionen des Gebäudes und Rohrleitungen für Wasser, Gas, Heizung oder Klimatisierung im Gebäude vorhanden sind. Auch unterschiedliche elektrische Kabel- und Leitungsanlagen, die auf verschiedenen (unterschiedlichen) Trassen geführt sind und sowohl der Energieversorgung als auch der Informationstechnik dienen, können derartige Störungen verursachen.

Die Höhe der induzierten Spannung hängt von der Stromänderungsgeschwindigkeit ab, d. h. von der Steilheit des Stromanstiegs (di/dt) des durch die Überspannung verursachten Ableitstroms und der Größe der Kopplungsschleife.

Auch Kabel und Leitungen der Stromversorgung, die Ströme mit hohen Stromänderungsgeschwindigkeiten (di/dt) führen, können in Kabeln und Leitungen der Informationstechnik Überspannungen induzieren, die informationstechnische oder ähnliche elektrische Betriebsmittel (störanfällige Betriebsmittel) beeinflussen oder schädigen können. Dies ist möglich beim Starten von Aufzugsmotoren oder bei Strömen, die von Thyristoren gesteuert werden.

In medizinisch genutzten Räumen oder in der Nähe von derartigen Anlagen können elektrische oder magnetische Felder, hervorgerufen durch die elektrische Anlage, elektrisch-medizinische Einrichtungen stören. So kann es zum Beispiel unmöglich werden, ein ordnungsgemäßes EKG zu schreiben.

Der Planer einer umfangreichen elektrischen Anlage sollte möglichst frühzeitig in die Projektierung eines Objekts eingeschaltet werden, um eine Koordination zwischen allen in Frage kommenden Gewerken und einem optimalen Aufbau der Anlagen sicherstellen zu können. Um die Auswirkungen induzierter Überspannungen und elektromagnetischer Störungen zu verringern, sind einige wichtige Kriterien zu beachten:

- Anordnung möglicher Störquellen außerhalb des Empfindlichkeitsbereichs von störanfälligen Betriebsmitteln.
- Anordnung störanfälliger Betriebsmittel außerhalb der Einflussbereiche von Hochleistungszentralen (Laststationen, Transformatorenstationen), Hochstromschienen oder Betriebsmitteln großer Leistung, z. B. Aufzugsantrieben.
- Einbau von Entstörfiltern und/oder Überspannungsschutzeinrichtungen in den Stromkreisen für störanfällige Betriebsmittel.
- Herstellen eines Potentialausgleichs für metallene Umhüllungen oder Schirmungen und Verbindung mit dem Hauptpotentialausgleich.
- Ausreichende räumliche Trennung zwischen Kabeln und Leitungen für Energieanlagen und Informationsanlagen durch Abstand oder Schirmung und rechtwinklige Kreuzung untereinander.
- Ausreichende räumliche Trennung durch Abstand oder Schirmung von Kabeln und Leitungen der Energietechnik und Informationstechnik zu Leitungen von Blitzschutzsystemen.
- Vermeiden von Induktionsschleifen durch die Wahl gemeinsamer Kabel- und Leitungstrassen verschiedener Systeme.
- Verwenden von Kabeln und Leitungen für Informationszwecke, die geschirmt und/oder verdrillt ausgeführt sind.
- Potentialausgleichsleiter oder -verbindungen sind so kurz wie möglich auszuführen.
- Einadrige Kabel und Leitungen sind in metallenen Umhüllungen oder in gleichwertigen Vorrichtungen zu führen.
- Vermeiden von TN-C-Systemen in Anlagen mit störanfälligen Betriebsmitteln.
- Rohrleitungen aus Metall (z. B. für Wasser, Gas oder Heizung) und Kabel zur Versorgung des Gebäudes sollten an derselben Stelle in das Gebäude eingeführt werden (z. B. Mehrspartenhausanschluss). Für Kabelmäntel, Leitungsschirme,

Rohrleitungen aus Metall muss untereinander ein Potentialausgleich, der mit dem Hauptpotentialausgleich des Gebäudes zu verbinden ist, hergestellt werden. Die Leitungen hierfür sind möglichst kurz zu halten.

In Fällen unterschiedlicher Bereiche (eines Gebäudes), in denen getrennte Potentialausgleichsanlagen bestehen, sollten die Verbindungen für die Informationstechnik zwischen den unterschiedlichen Bereichen aus metallfreien Lichtwellenleitern bestehen. Auch andere elektrisch nicht leitende Systeme, wie galvanische Trennung (Trenntransformatoren), Geräte der Schutzklasse II und SELV- oder PELV-Stromkreise, dürfen verwendet werden.

10.4 Literatur zu Kapitel 10

[1] Pfeiffer, W.; Scheurer, F.: Überspannungen in Niederspannungsinstallationen. In: Jahrbuch Elektrotechnik, Bd. 13, S. 249 bis 262. Hrsg.: Grütz, A.: Berlin und Offenbach: VDE VERLAG 1993

[2] Ackermann, G.; Hudasch, M; Schwetz, S.; Stimper, K.: Überspannungen in Niederspannnungsanlagen. In: Jahrbuch Elektrotechnik, Bd. 14, S. 231 bis 243. Hrsg.: Grütz, A.: Berlin und Offenbach: VDE VERLAG, 1994

[3] Raab, V.: Überspannungsschutz in Verbraucheranlagen. Berlin: Verlag Technik, 1998

[4] Müller, K.-P.: Einsatz von Blitzstromableitern im Hauptstrom-Versorgungssystem. EVU-Betriebspraxis 37 (1998) H. 5, S. 21 bis 26

[5] Altmaier, H.; Scheibe, K.: Netzfolgestromunterbrechung von Funkenstrecken. In: Jahrbuch Elektrotechnik, Bd. 17, S. 267 bis 275. Hrsg.: Grütz, A.: Berlin und Offenbach: VDE VERLAG, 1997

[6] Hasse, P.; Zahlmann, P.: Gekapselte Blitzstrom-Ableiter – Sicherheit auf kleinstem Raum. In: Jahrbuch Elektrotechnik, Bd. 17, S. 279 bis 289. Hrsg.: Grütz, A.: Berlin und Offenbach: VDE VERLAG, 1997

[7] Ackermann, G.; Scheibe, K.; Stimper, K.: Isolationsgefährdende Überspannungen im Niederspannungsbereich. In: Jahrbuch Elektrotechnik, Bd. 17, S. 291 bis 304. Hrsg.: Grütz, A.: Berlin und Offenbach: VDE VERLAG, 1997

[8] VDN (Hrsg.): Richtlinie für den Einsatz von Überspannungs-Schutzeinrichtungen Typ 1 in Hauptstromversorgungssystemen. 2. Aufl., VDN e.V. beim VDEW, 2004

[9] Roth, H.; Zander, H.: Bedingungen für den Einsatz von Überspannungsschutzeinrichtungen in Hauptstromversorgungssystemen. EVU-Betriebspraxis 38 (1999) H. 7–8, S. 24 bis 31

[10] Freiershausen, J.: Überspannungsschutzeinrichtungen in Hauptstromversorgungssystemen. EVU-Betriebspraxis 38 (1999) H. 7–8, S. 32 bis 35

[11] Schröder, B.: Grundinformationen zu Überspannungen und Schutz bei Überspannungen in Niederspannungs-Starkstromanlagen. EVU-Betriebspraxis 38 (1999) H. 11, S. 20 bis 32

[12] Hering, E.: Überspannungs-Grobschutz im Einfamilienhaus. Elektropraktiker 54 (2000) H. 8, S. 668 bis 674

[13] Biegelmeier, G.; Kiefer, G.; Krefter, K.-H.: Schutz in elektrischen Anlagen. Bd. 4: Schutz gegen Überströme und Überspannungen. VDE-Schriftenreihe. Bd. 83. Berlin und Offenbach: VDE VERLAG, 2001

11 Auswahl und Errichtung elektrischer Betriebsmittel – DIN VDE 0100-510

11.1 Allgemeine Bestimmungen

Als Grundsatz zur Auswahl und Errichtung elektrischer Betriebsmittel gilt folgende Aussage:

Elektrische Betriebsmittel müssen so ausgewählt und errichtet werden, dass von den elektrischen Anlagen ausgehende Gefahren weitgehend vermieden werden. Bei der Auswahl und Errichtung elektrischer Betriebsmittel sind die einschlägigen Normen zu berücksichtigen.

Anmerkung: In Teil 510 wird nur von der Anwendung von IEC-Normen und ISO-Normen gesprochen. In der Praxis sollte diese Aussage so interpretiert werden, dass zunächst die nationalen harmonisierten Normen anzuwenden sind. Liegen solche nationalen Normen nicht vor, so sollten die regional geltenden CENELEC-Normen (Europäische Normen bzw. Harmonisierungsdokumente) oder CEN-Normen beachtet werden. Wenn auch hier keine gültigen Normen vorhanden sind, können die entsprechenden IEC-Publikationen oder ISO-Normen zu Rate gezogen werden. Wenn keine der genannten Normen vorhanden ist, kann auch auf bestehende Normen eines anderen Landes verwiesen werden. Liegen überhaupt keine gültigen Normen vor, so sind die Spezifikationen und Anforderungen an die elektrischen Betriebsmittel zwischen Auftraggeber und Auftragnehmer (Errichter der Anlage) zu vereinbaren. Siehe hierzu auch die Festlegungen in DIN VDE 0100-100 Abschnitt 133.1.

Bei der **Auswahl elektrischer Betriebsmittel** ist zu beachten, dass sie den für sie geltenden DIN-VDE-Bestimmungen oder den Regeln des in der EG gegebenen Stands der Sicherheitstechnik entsprechen und für den vorhergesehenen Zweck geeignet sind.

Die Kenngrößen der Betriebsmittel sind so zu wählen, dass sie für die elektrische Anlage geeignet sind und den Umgebungsbedingungen am Aufstellungsort oder Anwendungsort sicher standhalten.

Anmerkung: Wenn Betriebsmittel den entsprechenden Anforderungen nicht gerecht werden, können sie dennoch unter der Bedingung verwendet werden, dass ein geeigneter zusätzlicher Schutz als Teil der fertiggestellten Anlage vorgesehen wird.

Elektrische Betriebsmittel dürfen keine schädlichen Einflüsse auf andere Betriebsmittel verursachen oder die Stromversorgung im normalen Betrieb, einschließlich Schaltvorgänge, beeinträchtigen.

Beispiele hierfür sind:
- Einschaltströme von Motoren, Transformatoren usw.
- Ein- und Ausschaltströme bei Schalthandlungen
- unsymmetrische Belastungen
- Oberschwingungen

Bei der **Errichtung elektrischer Anlagen** ist besonders zu achten auf:
- Für das Errichten sind Facharbeit, ausgeführt von geeignetem, qualifiziertem Personal, und die Verwendung geeigneter Materialien erforderlich.
- Die Kenngrößen der elektrischen Betriebmittel dürfen durch die Errichtung nicht beeinträchtigt werden.
- Die Wirksamkeit der Schutzarten gegen Fremdkörper-, Berührungs- und Wasserschutz (Anwendung der IP-Schutzarten) muss gegeben sein, wobei auch die äußeren Einflüsse zu berücksichtigen sind.
- Die Wirksamkeit der Schutzmaßnahmen (Schutz gegen elektrischen Schlag und Schutz gegen zu hohe Temperaturen) muss gegeben sein.
- Die Anforderungen an einen zufriedenstellenden Betrieb der Anlage müssen vorliegen, und die vorgesehene Wärmeabfuhr (Kühlung) der Betriebsmittel muss gewährleistet sein.
- Leiter müssen nach DIN EN 60446 (VDE 0198) gekennzeichnet sein, und die Leiterverbindungen sind so herzustellen, dass ein sicherer und zuverlässiger Kontakt sichergestellt ist.
- Elektrische Betriebsmittel, die hohe Temperaturen oder Lichtbögen verursachen können, müssen so geschützt werden, dass keine Entzündungsgefahr brennbarer Materialien besteht.
- Berührbare Teile, die hohe Temperaturen annehmen können, müssen so geschützt werden, dass keine Verletzungen (Verbrennungen) von Personen verursacht werden.

Elektrische Anlagen sind vor der ersten Inbetriebnahme zu besichtigen und zu prüfen, um die ordnungsgemäße Errichtung nachzuweisen.

11.2 Betriebsbedingungen

Damit elektrische Betriebsmittel ordnungsgemäß betrieben werden können, sind verschiedene Voraussetzungen zu erfüllen. Zu den betrieblichen Anforderungen gehört es auch, dass sie den einschlägigen Normen entsprechen. Zusätzlich kann es noch notwendig sein, die Angaben der Hersteller zu beachten.

Die wichtigsten elektrischen Größen, die beachtet werden müssen, sind:

- Spannung

  Die Betriebsmittel müssen für die Nennspannung der Anlage ausgelegt sein, wobei es erforderlich sein kann, die höchste und/oder niedrigste bei normalem Betrieb auftretende Spannung zu berücksichtigen. Ist in einem IT-System der Neutralleiter mitgeführt, so müssen die zwischen einem Außenleiter und dem Neutralleiter angeschlossenen Betriebsmittel für die verkettete Spannung isoliert sein.

- Strom

  Der im Normalbetrieb vom Betriebsmittel aufgenommene Strom ist zu berücksichtigen. Die Betriebsmittel müssen auch den Strom führen können, der unter anomalen Betriebsbedingungen während der durch die Ansprechkennlinien der Schutzorgane bestimmten Dauer fließen kann.

- Frequenz

  Die Bemessungsfrequenz der Betriebsmittel muss mit der Frequenz des Stromkreises übereinstimmen, wenn die Betriebsmittel durch abweichende Frequenzen beeinträchtigt werden.

- Leistung

  Betriebsmittel, die auf Grund ihrer Leistungscharakteristik ausgewählt werden, müssen für die im Anwendungsfall üblichen Betriebsbedingungen unter Berücksichtigung des Nutzungsfaktors geeignet sein.

- Verträglichkeit

  Betriebsmittel sind so auszuwählen, dass die von ihnen ausgehenden störenden Einflüsse, z. B. Anlaufströme und Schaltvorgänge bei normalem Betrieb, andere Betriebsmittel oder das Versorgungsnetz nicht unzulässig beeinflussen.

Neben den genannten elektrischen Bemessungsgrößen und der Verträglichkeit sind noch Kurzschlussströme, Kriech- und Luftstrecken, äußere Einflüsse, Wartbarkeit und andere Bedingungen für elektrische Anlagen wichtig.

11.3 Äußere Einflüsse

Bei der Planung und Errichtung elektrischer Anlagen sind die äußeren Einflüsse, denen die Betriebsmittel während des Betriebs ausgesetzt werden können, zu berücksichtigen. Die verschiedenen Arten der Beeinflussung werden eingeteilt in:

- Einflüsse durch die Umgebung
- Einflüsse aus der Benutzung
- Einflüsse durch die Gebäudekonstruktion

Die verschiedenen Einflussarten sind durch ein Kurzzeichen gekennzeichnet, das aus zwei Buchstaben und einer Ziffer besteht.

Zum Beispiel bedeutet das Kurzzeichen AH2:

A Umgebungsbedingung

  H Schwingungen

    2 Mittlere Beanspruchung

Der erste Buchstabe des Kurzzeichens kennzeichnet die Obergruppe der äußeren Einflüsse, es gilt:

A Umgebungsbedingungen
B Benutzung
C Gebäudekonstruktion und Nutzung

Der zweite Buchstabe kennzeichnet die Art der Einflussgröße A, B, C usw.
Die Ziffer kennzeichnet die Klasse innerhalb der Einflussgröße 1, 2, 3 usw.

Die vollständige Auflistung zur Klassifikation der äußeren Einflüsse ist in DIN VDE 0100-510 Tabelle 51 A enthalten. Die in der Tabelle aufgeführten Kurzzeichen sind nicht für Kennzeichnung von elektrischen Betriebsmitteln vorgesehen. Die charakteristischen Eigenschaften von Betriebsmitteln müssen durch eine entsprechende Schutzart oder durch eine Konformitätsbescheinigung nachgewiesen werden.

11.4 Zugänglichkeit

Als Grundsatz gilt, dass genügend Platz für die Errichtung und das spätere Auswechseln der elektrischen Betriebsmittel vorhanden sein muss. Außerdem muss es möglich sein, folgende Tätigkeiten in der elektrischen Anlage vorzunehmen:

- die betriebsmäßige Bedienung
- die Wartung, Prüfung, Besichtigung, Instandhaltung und Reparatur der elektrischen Betriebsmittel

Auch durch den Einbau von elektrischen Betriebsmitteln in Gehäuse, Schränke oder andere Einbauräume darf die Zugänglichkeit nicht eingeschränkt werden. Der Zugang zu lösbaren Verbindungen muss möglich sein.

11.5 Kennzeichnung

Schilder, **Beschriftungen** oder andere **Kennzeichen**, die in elektrischen Anlagen zum Einsatz gelangen, müssen dauerhaft angebracht sein. Sie sind so anzubringen, dass Zweck und Verwendung des gekennzeichneten Betriebsmittels jederzeit erkennbar und nachvollziehbar sind.

Bei **Schalt- und Steuergeräten** muss der Betriebzustand der Anlage sicher erkennbar sein. Ist der Schaltzustand vom Bedienenden nicht erkennbar, muss eine entsprechende Anzeige für den Bedienenden vorhanden sein, falls sich durch das Nichterkennen des Schaltzustands eine Gefahr ergeben könnte.

Die Kennzeichnungen von **Kabel- und Leitungssystemen bzw. -anlagen** müssen so angeordnet sein, dass sie jederzeit bei Reparaturen, Prüfungen und Änderungen der Anlage richtig zugeordnet werden können.

Die **Kennzeichnungen von Neutralleiter, Schutzleiter und PEN-Leiter** durch die Farbe „blau" und die Farbkombination „grün-gelb" sind in Abschnitt 12.10 ausführlich behandelt. Grundsätzlich gilt für die Kennzeichnung oben genannter Leiter Folgendes:

- Die Farbe „Blau" ist für die Kennzeichnung der Neutralleiter bei Wechselspannung und der Kennzeichnung der Mittelleiter bei Gleichspannung zu verwenden.

Anmerkung: Beim Fehlen eines Neutralleiters/Mittelleiters darf der blaue Leiter in einem Kabel/Leitung auch für andere Zwecke verwendet werden. Allerdings nicht als Schutzleiter!

- Die Farbkombination „grün-gelb" ist ausschließlich für die Kennzeichnung des Schutzleiters und PEN-Leiters vorgesehen. Der PEN-Leiter ist ab dem 01.01.1997 an den Anschlussstellen zusätzlich durch eine Markierung in „blau" an den Leiterenden zu kennzeichnen. Somit kann künftig ein Schutzleiter von einem PEN-Leiter eindeutig unterschieden werden (siehe **Bild 11.1**).

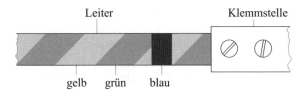

Bild 11.1 Blaue Markierung des PEN-Leiters am Leiterende

Anmerkung 1: Die zusätzliche Markierung an den Leiterenden darf in öffentlichen Verteilungsnetzen und vergleichbaren Verteilungsnetzen in der Industrie entfallen.

Anmerkung 2: Es muss darauf hingewiesen werden, dass in einigen CENELEC-Ländern der PEN-Leiter „blau" gekennzeichnet wird und mit einer zusätzlichen Markierung in „grün-gelb" an den Anschlussenden versehen ist. (Diese Variante ist in Deutschland nicht zulässig!)

Wenn **blanke Leiter** oder **Sammelschienen** „blau" oder „grün-gelb" zu kennzeichnen sind, so ist die Kennzeichnung in einer Breite zwischen 15 mm und 100 mm anzubringen. Bei der Kennzeichnung „grün-gelb" müssen gleich breite Streifen, die nebeneinander anzuordnen sind, gewählt werden.

Schutzeinrichtungen müssen so gekennzeichnet werden, dass die Stromkreise eindeutig identifiziert und zugeordnet werden können. Dabei kann eine gruppenweise Anordnung in Verteilerkästen sehr zweckmäßig sein.

Schaltpläne einer Anlage können zweckmäßig sein und sind zu fertigen und mitzuliefern, wenn es sich um eine umfangreiche Anlage handelt. Dabei müssen die Art der Anlage, der Aufbau der Stromkreise sowie die Anzahl der Leiter ersichtlich sein. Auch Schalt-, Schutz- und Trenneinrichtungen müssen eindeutig ihrem Verwendungszweck zugeordnet werden können. Bei kleinen Anlagen können diese Angaben auch in Form einer Liste oder Tabelle erfolgen.

11.6 Vermeidung gegenseitiger nachteiliger Beeinflussung

Grundsätzlich gilt, dass schädigende Beeinflussungen zwischen der elektrischen Anlage und den nicht elektrischen Einrichtungen auszuschließen sind.

Betriebsmittel ohne Rückplatte dürfen nicht auf der Gebäudeoberfläche angebracht sein, es sei denn eine Spannungsverschleppung über Gebäudeoberflächen wird verhindert, und es besteht eine feuersichere Trennung zwischen Betriebsmittel und einer brennbaren Gebäudeoberfläche.

Wenn die Gebäudeoberfläche nicht metallen und nicht brennbar ist, werden keine zusätzlichen Maßnahmen gefordert. Ist die Gebäudeoberfläche metallen, muss sie mit dem Schutzleiter oder einem Potentialausgleichsleiter der Anlage verbunden werden. Wenn die Gebäudeoberfläche brennbar ist, muss das Betriebsmittel von ihr durch eine geeignete Zwischenlage aus Isolierstoff mit einem Bemessungswert der Entflammbarkeit FH 1 nach DIN VDE 0304-3 getrennt werden.

Werden Betriebsmittel, die mit unterschiedlichen Stromarten oder Spannungen betrieben werden, zusammen angeordnet (z. B. in Schalttafeln, Schaltschränken, Steuerpulten, Bedienungskästen), so müssen die jeweils einer Stromart oder einer Spannung zugeordneten Betriebsmittel in dem Maße von den übrigen Betriebsmitteln sicher getrennt werden, als dies zur Vermeidung nachteiliger gegenseitiger Beeinflussung erforderlich ist.

11.7 Kurzschlussströme

Eine elektrische Anlage muss in der Lage sein, die im Fehlerfall auftretenden Kurzschlussströme, ohne Schaden zu nehmen, solange zu führen, bis eine Schutzeinrichtung den Strom unterbricht. Es ist deshalb wichtig, die Höhe der Kurzschlussströme und die Zeit bis zur Abschaltung zu kennen. Je nach Stromversorgungssystem, Einspeisestandorte und Lage des Kurzschlusses kann dabei der einpolige, zweipolige oder dreipolige Kurzschlussstrom die größte Beanspruchung darstellen. Es ist auch wichtig, für die Auslegung der Anlagen den kleinsten und größten Dauerkurzschlussstrom und den Stoßkurzschlussstrom zu kennen. Die verschiedenen Kurzschlussarten sind in **Bild 11.2** dargestellt.

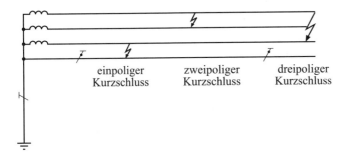

Bild 11.2 Kurzschlussarten

Von besonderer Wichtigkeit sind:
- der kleinste einpolige Kurzschlussstrom, der für die ordnungsgemäße Funktion der Abschaltbedingungen bei Schutzmaßnahmen mit Schutzleiter wichtig ist
- der größte Dauerkurzschlussstrom, da nach diesem Wert die thermische Belastbarkeit der Anlage zu bemessen ist
- der größte Stoßkurzschlussstrom, da nach diesem Wert die dynamische Beanspruchung der Anlage zu bestimmen ist; Sammelschienen, Stützer, Tragorgane usw.

Grundlagen zur Berechnung der Kurzschlussströme sind in der Normenreihe DIN VDE 0102 festgelegt. In den Abschnitten 23.1 (Anhang A) und 23.4 (Anhang D) ist die Berechnung der verschiedenen Kurzschlussströme beschrieben.

11.8 Luftstrecken und Kriechstrecken – VDE 0110-1

In DIN EN 60664-1 (VDE 0110-1) „Isolationskoordination für elektrische Betriebsmittel in Niederspannungsanlagen – Teil 1: Grundsätze, Anforderungen und Prüfungen" sind die Bedingungen für Luftstrecken und Kriechstrecken für den Niederspannungsbereich festgelegt. Die Isolationskoordination umfasst die Bemessung der Isolationseigenschaften eines Betriebsmittels hinsichtlich dessen Anwendung und in Bezug auf seine Umgebung. Vorausgesetzt wird, dass die Bemessung auf den Beanspruchungen beruht, denen das Betriebsmittel im Verlauf der zu erwartenden Lebensdauer ausgesetzt ist.

Bei der Festlegung von Kriechstrecken und Luftstrecken werden besonders berücksichtigt:

- Dauerwechsel- oder Dauergleichspannung des Betriebsmittels
- transiente Überspannungen
- periodische Spitzenspannungen
- zeitweilige Überspannungen
- Umgebungsbedingungen, hauptsächlich Mikro-Umgebung und Makro-Umgebung

Folgende Begriffe aus VDE 0110-1 sind wichtig:

- **Isolationskoordination**: Wechselseitige Zuordnung der Kenngrößen der Isolation von elektrischen Betriebsmitteln unter Berücksichtigung der zu erwartenden Mikro-Umgebung und anderer maßgebender Beanspruchungen.
- **Luftstrecke**: Kürzeste Entfernung in Luft zwischen leitenden Teilen (**Bild 11.3**).
- **Kriechstrecke**: Kürzeste Entfernung entlang der Oberfläche eines Isolierstoffs zwischen zwei leitenden Teilen (Bild 11.3).

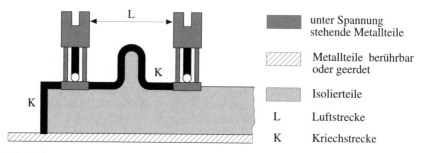

Bild 11.3 Luftstrecken und Kriechstrecken

- **Steh-Stoßspannung**: Höchster Wert der Stoßspannung von festgelegter Form und Polarität, welche unter festgelegten Bedingungen zu keinem Durchschlag oder Überschlag der Isolierung führt.
- **Bemessungs-Stoßspannung**: Wert einer Steh-Stoßspannung, der vom Hersteller für ein Betriebsmittel oder für einen Teil davon angegeben wird und der das festgelegte Stehvermögen seiner zugehörigen Isolierung gegenüber transienten Überspannungen angibt.
- **Mikro-Umgebung**: Unmittelbare Umgebung der Isolierung, die im Besonderen die Bemessung der Kriechstrecken beeinflusst.

- **Makro-Umgebung**: Umgebung des Raums oder eines anderen Orts, in dem das Betriebsmittel aufgestellt oder benutzt wird.
- **Verschmutzungsgrad**: Zahlenwert, der die zu erwartende Verschmutzung der Mikro-Umgebung angibt.
- **Überspannungskategorie**: Ein Zahlenwert, der eine Steh-Stoßspannung festlegt.
- **Homogenes Feld**: Elektrisches Feld mit im Wesentlichen konstanten Spannungsgradienten zwischen den Elektroden (gleichförmiges Feld), z. B. eines zwischen zwei Kugeln, deren Radien größer sind als der Abstand zwischen ihnen.
- **Inhomogenes Feld**: Elektrisches Feld mit im Wesentlichen nicht konstanten Spannungsgradienten zwischen den Elektroden (nicht gleichförmiges Feld).

Luft- und Kriechstrecken können auftreten zwischen:

- aktiven Teilen untereinander
- aktiven und geerdeten Teilen
- aktiven Teilen und der Befestigungsfläche

Die Betriebsmittel sind je nach Beanspruchung und Verwendungszweck gewissen Umwelteinflüssen wie Staub, Feuchtigkeit, Alterung und aggressiver Atmosphäre ausgesetzt. Dies wird berücksichtigt durch eine Einteilung in den entsprechenden Verschmutzungsgrad der Mikro-Umgebung:

- Verschmutzungsgrad 1

    Es tritt keine oder nur trockene, nicht leitfähige Verschmutzung auf. Die Verschmutzung hat keinen Einfluss.

- Verschmutzungsgrad 2

    Es tritt nur nicht leitfähige Verschmutzung auf. Gelegentlich muss jedoch mit vorübergehender Leitfähigkeit durch Betauung gerechnet werden.

- Verschmutzungsgrad 3

    Es tritt leitfähige Verschmutzung auf oder trockene, nicht leitfähige Verschmutzung, die leitfähig wird, da Betauung zu erwarten ist.

- Verschmutzungsgrad 4

    Es tritt eine dauerhafte Leitfähigkeit auf, hervorgerufen durch leitfähigen Staub, Regen oder Nässe.

11.8.1 Luftstrecken

Zur Bemessung von Luftstrecken werden Betriebsmittel, die direkt aus dem Niederspannungsnetz gespeist werden, je nach zu erwartender Beanspruchung in Überspannungskategorien eingeteilt. Dabei gilt:

- Überspannungskategorie I; Geräte sind mit Überspannungschutzeinrichtungen ausgestattet. Die Geräte, sind zum Anschluss an die feste elektrische Installation eines Gebäudes bestimmt. Außerhalb des Geräts, sind, entweder in der festen Installation oder zwischen der festen Installation und dem Gerät, Maßnahmen zur Begrenzung der transienten Überspannungen auf den betreffenden Wert getroffen worden.

- Überspannungskategorie II; Geräte für kurzzeitige Spannungen bis 2,5 kV

  Die Geräte sind zum Anschluss an die feste Installation eines Gebäudes bestimmt.

  Beispiele: Haushaltsgeräte, tragbare Werkzeuge usw.

Nennspannung des Stromversorgungssystems[1) in V		Bemessungs-Stoßspannung in kV für			
dreiphasige Systeme	einphasige Systeme mit Mittelpunkt	Betriebsmittel an der Einspeisung der Installation (Überspannungskategorie IV)	Betriebsmittel als Teil der festen Installation (Überspannungskategorie III)	Betriebsmittel zum Anschluss an die feste Installation (Überspannungskategorie II)	besonders geschützte Betriebsmittel (Überspannungskategorie I)
	120 bis 240	4	2,5	1,5	0,8
230/400 277/480		6	4	2,5	1,5
400/690		8	6	4	2,5
1000		12	8	6	4

[1)] Nach IEC 60038

Kategorie I ist für besonders bemessene Geräte bestimmt
Kategorie II gilt für Technische Komitees, die für Betriebsmittel zuständig sind, die zum Anschluss an das Stromversorgungsnetz vorgegeben sind
Kategorie III gilt für Technische Komitees, die für Installationsmaterial zuständig sind, und für einige besondere Technische Komitees
Kategorie IV gilt für die Stromversorgungsunternehmen und für die Projektierung im Einzelfall

Tabelle 11.1 Bemessungs-Stoßspannung für Betriebsmittel
(Quelle: DIN EN 60664-1 (VDE 0110-1):2003-11)

- Überspannungskategorie III; Geräte für kurzzeitige Spannungen bis 4 kV
  Die Geräte sind Bestandteil der festen Installation oder anderer Geräte, bei denen ein höherer Grad an Verfügbarkeit erwartet wird.
  Beispiele: Verteilertafeln, Leistungsschalter, Verteilungen, Kabel, Sammelschienen, Schalter, Steckdosen, Schütze, stationäre Motoren usw.

- Überspannungskategorie IV; Geräte für kurzzeitige Spannungen bis 6 kV
  Die Geräte sind bestimmt für den Einsatz an oder in der Nähe der Einspeisung in die elektrische Installation von Gebäuden, und zwar von der Hauptverteilung aus in Richtung zum Netz hin gesehen.
  Beispiele: Hausanschlusskästen, Elektrizitätszähler, Überstromschutz-Einrichtungen, Rundsteuergeräte usw.

Den Zusammenhang zwischen Bemessungs-Stoßspannung, Überspannungskategorie und Nennspannung des Stromversorgungssystems zeigt **Tabelle 11.1**. Als Spannungsform für die Bemessungs-Stoßspannung wird die genormte Stoßspannung von 1,2/50 µs nach DIN VDE 0432-1 festgelegt (**Bild 11.4**).

In **Bild 11.5** sind die Überspannungskategorien für ein Gebäude dargestellt. Das Bild entspricht der Darstellung in IEC-Report 664; es wurde nicht in das Deutsche Normenwerk übernommen.

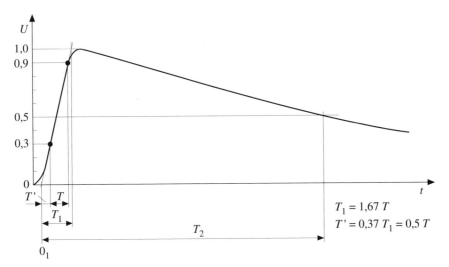

Bild 11.4 Stoßspannung 1,2/50 µs (Quelle: DIN VDE 0432-1:1994-06)

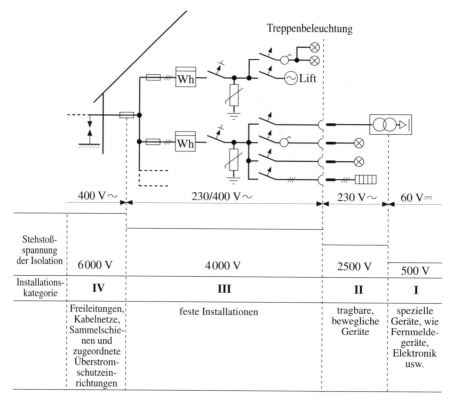

Bild 11.5 Überspannungskategorien

Unter Berücksichtigung von Überspannungskategorie und Verschmutzungsgrad kann die Mindestluftstrecke der **Tabelle 11.2** für verschiedene Steh-Stoßspannungen entnommen werden. Dabei ist noch zu unterscheiden zwischen inhomogenem (ungleichförmigem) Feld und homogenem (gleichförmigem) Feld.

erforderliche Steh-Stoß-spannung[1]	Mindestluftstrecken bei Aufstellungshöhen bis 2000 m über Meereshöhe (NN)					
	inhomogenes Feld			homogenes Feld		
	Verschmutzungsgrad			Verschmutzungsgrad		
	1	2	3	1	2	3
kV	mm	mm	mm	mm	mm	mm
0,33[2]	0,01			0,01		
0,40	0,02			0,02		
0,50[2]	0,04	[3]		0,04	[3]	
0,60	0,06	0,2[4]		0,06	0,2[4]	
0,80[2]	0,10		0,8[4]	0,10		
1,0	0,15			0,15		0,8[4]
1,2	0,25	0,25		0,20		
1,5[2]	0,5	0,5		0,30	0,30	
2,0	1,0	1,0	1,0	0,45	0,45	
2,5[2]	1,5	1,5	1,5	0,60	0,60	
3,0	2,0	2,0	2,0	0,80	0,80	
4,0[2]	3,0	3,0	3,0	1,2	1,2	1,2
5,0	4,0	4,0	4,0	1,5	1,5	1,5
6,0[2]	5,5	5,5	5,5	2,0	2,0	2,0
8,0[2]	8,0	8,0	8,0	3,0	3,0	3,0
10,0	11,0	11,0	11,0	3,5	3,5	3,5
12,0[2]	14,0	14,0	14,0	4,5	4,5	4,5

[1] Diese Spannung ist
- für Funktionsisolierung: die höchste an der Luftstrecke zu erwartende Stoßspannung
- für Basisisolierung, falls direkt oder wesentlich beeinflusst durch transiente Überspannungen aus dem Niederspannungsnetz: die Bemessungs-Stoßspannung des Betriebsmittels
- für andere Basisisolierung: die höchste Stoßspannung, die im Stromkreis auftreten kann
- für verstärkte Isolierung, siehe DIN EN 60664-1 (VDE 0110-1):2003-11

[2] Vorzugswerte, wie in DIN EN 60664-1 (VDE 0110-1):2003-11 festgelegt

[3] Bei Leiterplatten gelten die Werte des Verschmutzungsgrads 1 mit der Ausnahme, dass, wie in Tabelle 11.3 festgelegt, der Wert von 0,04 mm nicht unterschritten werden darf

[4] Die Mindestluftstrecken für die Verschmutzungsgrade 2 und 3 beruhen eher auf Erfahrung als auf Grundlagenwissen

Tabelle 11.2 Mindestluftstrecken für die Isolationskoordination
(Quelle: DIN EN 60664-1 (VDE 0110-1):2003-11)

Spannung[1] Effektivwert	Mindestkriechstrecken								
	Gedruckte Schaltungen Verschmutzungsgrad		Verschmutzungsgrad 1	Verschmutzungsgrad 2			Verschmutzungsgrad 3		
	1	2							
V	Alle Isolierstoffgruppen	Alle Isolierstoffgruppen außer IIIb	Alle Isolierstoffgruppen	Isolierstoffgruppe I	Isolierstoffgruppe II	Isolierstoffgruppe III	Isolierstoffgruppe I	Isolierstoffgruppe II	Isolierstoffgruppe III[2]
	mm	mm	mm	mm	mm	mm	mm	mm	mm
10	0,025	0,04	0,08	0,4	0,4	0,4	1	1	1
12,5	0,025	0,04	0,09	0,42	0,42	0,42	1,05	1,05	1,05
16	0,025	0,04	0,1	0,45	0,45	0,45	1,1	1,1	1,1
20	0,025	0,04	0,11	0,48	0,48	0,48	1,2	1,2	1,2
25	0,025	0,04	0,125	0,5	0,5	0,5	1,25	1,25	1,25
32	0,025	0,04	0,14	0,53	0,53	0,53	1,3	1,3	1,3
40	0,025	0,04	0,16	0,56	0,8	1,1	1,4	1,6	1,8
50	0,025	0,04	0,18	0,6	0,85	1,2	1,5	1,7	1,9
63	0,04	0,063	0,2	0,63	0,9	1,25	1,6	1,8	2
80	0,063	0,1	0,22	0,67	0,95	1,3	1,7	1,9	2,1
100	0,1	0,16	0,25	0,71	1	1,4	1,8	2	2,2
125	0,16	0,25	0,28	0,75	1,05	1,5	1,9	2,1	2,4
160	0,25	0,4	0,32	0,8	1,1	1,6	2	2,2	2,5
200	0,4	0,63	0,42	1	1,4	2	2,5	2,8	3,2
250	0,56	1	0,56	1,25	1,8	2,5	3,2	3,6	4
320	0,75	1,6	0,75	1,6	2,2	3,2	4	4,5	5
400	1	2	1	2	2,8	4	5	5,6	6,3
500	1,3	2,5	1,3	2,5	3,6	5	6,3	7,1	8
630	1,8	3,2	1,8	3,2	4,5	6,3	8	9	10
800	2,4	4	2,4	4	5,6	8	10	11	12,5
1000	3,2	5	3,2	5	7,1	10	12,5	14	16

[1] Diese Spannung ist
- für Funktionsspannung: die Arbeitsspannung
- für Basis- und zusätzliche Isolierung eines direkt vom Niederspannungsnetz gespeisten Stromkreises: die auf der Grundlage der Bemessungsspannung des Betriebsmittels ausgewählte Spannung oder die Bemessungs-Isolationsspannung (siehe VDE 0110-1 Tabellen 3a und 3b)
- für Basis- und zusätzliche Isolierung von Betriebsmitteln und internen Stromkreisen, die nicht direkt vom Niederspannungsnetz gespeist werden: der höchste Effektivwert der Spannung, die im System, Betriebsmittel oder internen Stromkreis bei Versorgung mit Bemessungsspannung und bei der ungünstigen Kombination der Betriebsbedingungen im Rahmen der Bemessungsdaten auftreten kann (siehe VDE 0110-1 Abschnitt 2.2.1.1.2)

[2] Bei Verschmutzungsgrad 3 wird die Isolationsgruppe IIIb nicht für den Einsatz bei mehr als 630 V empfohlen

Tabelle 11.3 Mindestkriechstrecken für Betriebsmittel mit langzeitiger Spannungsbeanspruchung (Quelle: DIN EN 60664-1 (VDE 0110-1):2003-11)

11.8.2 Kriechstrecken

Grundlage zur Bemessung einer Kriechstrecke ist die Arbeitsspannung, die normalerweise der Bemessungsspannung des Netzes entspricht. Neben der Verschmutzung ist die Art und Formgebung der Isolierstoffe wichtig. Die Isolierstoffe werden entsprechend ihren Vergleichszahlen der Kriechwegbildung (Comparative Tracking Index = CTI) in vier Gruppen eingeteilt:

Isolierstoffgruppe I: $600 \leq CTI$

Isolierstoffgruppe II: $400 \leq CTI < 600$

Isolierstoffgruppe IIIa: $175 \leq CTI < 400$

Isolierstoffgruppe IIIb: $100 \leq CTI < 175$

Die Vergleichszahlen der Kriechwegbildung sind nach der Normenreihe VDE 0303 „Verfahren zur Bestimmung der Vergleichszahl und Prüfzahl der Kriechwegbildung auf festen isolierenden Werkstoffen" zu bestimmen. Isolierstoffoberflächen können mit Rippen und Nuten ausgestattet sein, um leitende Schichten zu unterbrechen oder Wassertropfen auf nicht leitende Flächen abzuleiten. Mindestkriechstrecken sind in **Tabelle 11.3** angegeben.

11.9 Literatur zu Kapitel 11

[1] Pfeiffer, W.; (Hrsg.): Isolationskoordination in Niederspannungsbetriebsmitteln. VDE-Schriftenreihe, Bd. 73. Berlin und Offenbach: VDE VERLAG, 1998

12 Kabel und Leitungen

12.1 Mindestquerschnitte – Teil 520 Abschnitt 524

Je nach Leitungstyp und Verlegeart sind aus Gründen der mechanischen Festigkeit bestimmte Mindestquerschnitte vorgeschrieben. Sie sind für Außenleiter in **Tabelle 12.1** (Teil 520 Tabelle 52 J) wiedergegeben.

Arten von Kabel- und Leitungssystemen (-anlagen)		Anwendung des Stromkreises	Leiter	
			Werkstoff	Mindestquerschnitt in mm^2
feste Verlegung	Kabel, Mantelleitungen und Aderleitungen	Leistungs- und Lichtstromkreise	Cu Al$^{1)}$	1,5 16$^{1)}$ (siehe Anmerkung 1)
		Melde- und Steuerstromkreise	Cu	0,5 (siehe Anmerkung 2)
	blanke Leiter	Leistungsstromkreise	Cu Al	10 16 (siehe Anmerkung 4)
		Melde- und Steuerstromkreise	Cu	4 (siehe Anmerkung 4)
bewegliche Verbindungen mit isolierten Leitern und Kabeln		für ein besonderes Betriebsmittel	Cu	wie in der entsprechenden IEC-Publikation angegeben
		für andere Anwendungen		0,75 (siehe Anmerkung 3)
		Kleinspannung für besondere Anwendung		0,75
Anmerkung 1: Verbinder zum Anschluss von Aluminiumleitern sollten für diesen Werkstoff geprüft und zugelassen werden				
Anmerkung 2: In Melde- und Steuerstromkreisen für elektronische Betriebsmittel ist ein Mindestquerschnitt von 0,1 mm^2 zulässig				
Anmerkung 3: Für vieladrige flexible Leitungen mit sieben oder mehr Adern gilt Anmerkung 2				
Anmerkung 4: Besondere Anforderungen an Lichtstromkreise mit Kleinspannung (ELV) sind in Beratung				
$^{1)}$ 16 mm^2 ist der kleinste bei Aluminium genormte Querschnitt				

Tabelle 12.1 Mindestquerschnitte für Leitungen
(Quelle: DIN VDE 0100-520:2003-06)

Der Mindestquerschnitt von Neutralleitern darf in mehrphasigen Wechselstromkreisen bei Querschnitten von > 16 mm^2 für Kupfer und > 25 mm^2 für Aluminium verringert werden, wenn der zu erwartende maximale Strom bei symmetrischer Belastung nicht größer ist als die Strombelastbarkeit des verringerten Neutralleiterquerschnitts oder wenn der Neutralleiter gegen Überlast geschützt ist.

12.2 Spannungsfall in Verbraucheranlagen – Teil 520 Abschnitt 525

Bestimmungen für den Spannungsfall in Verbraucheranlagen sind in Vorbereitung. Bis zum Vorliegen gültiger Feststellungen wird empfohlen, die Anlage so auszulegen, dass der Spannungsfall zwischen Hausanschlusskasten und Verbrauchsmittel nicht größer als 4 % der Nennspannung des Netzes wird. Höhere Werte sind zulässig für Motoren mit hohen Anlaufströmen und für Verbrauchsmittel mit hohen Einschaltströmen.

Für Anlagen im Wohnungsbereich sind in den TAB Abschnitt 6.2.4, worauf auch in DIN 18015-1 verwiesen wird, für Hauptstromversorgungssysteme, d. h. für die Leitung zwischen der Übergabestelle des EVU (Hausanschlusskasten oder Umspannstation im Gebäude) und den Messeinrichtungen (Zähler), die in **Tabelle 12.2** genannten Werte einzuhalten.

Leistungsbedarf	zulässiger maximaler Spannungsfall
bis 100 kVA	0,5 %
über 100 kVA bis 250 kVA	1,0 %
über 250 kVA bis 400 kVA	1,25 %
über 400 kVA	1,5 %

Tabelle 12.2 Zulässiger Spannungsfall für Hauptstromversorgungssysteme (Hauptleitungen) nach TAB Abschnitt 6.2.4

In Verbraucheranlagen ist nach DIN 18015-1 Abschnitt 4.3.1 (6) ein Spannungsfall von 3 % zulässig. Dabei ist bei der Berechnung des Spannungsfalls der Nennstrom der vorgeschalteten Überstrom-Schutzeinrichtung zu Grunde zu legen.

Die Berechnung des absoluten Spannungsfalls kann nach folgenden grundsätzlichen Beziehungen erfolgen.

Gleichstrom

$$\Delta U = \frac{2 \cdot I \cdot L}{\varkappa \cdot S} = \frac{2 \cdot L \cdot P}{\varkappa \cdot S \cdot U} \tag{12.1}$$

Einphasen-Wechselstrom

$$\Delta U = \frac{2 \cdot I \cdot L}{\varkappa \cdot S} \cdot \cos\varphi \tag{12.2}$$

Drehstrom

$$\Delta U = \frac{\sqrt{3} \cdot I \cdot L}{\varkappa \cdot S} \cdot \cos\varphi \qquad (12.3)$$

Der absolute Spannungsfall ΔU in Volt wird durch folgende Beziehung in den prozentualen Spannungsfall ε umgerechnet:

$$\varepsilon = \frac{\Delta U}{U} \cdot 100\% \qquad (12.4)$$

In den Gln. (12.1) bis (12.4) bedeuten:

ΔU Spannungsfall absolut in V
ε prozentualer Spannungsfall in %
L Leitungslänge in m
I Strom in A
P Wirkleistung in W
S Querschnitt in mm^2
$\varkappa$ spezifische Leitfähigkeit in m/(Ω mm^2)
U Nennspannung in V
φ Phasenverschiebung (Winkel zwischen Strom und Spannung)

Beispiel:
Von der Hauptverteilung einer Anlage soll ein Drehstrommotor mit einer Leistungsaufnahme von 9,2 kW bei einem cos φ = 0,7 angeschlossen werden, die Leitungslänge beträgt 50 m, und es gelangt NYM 4 × 2,5 mm^2 zur Anwendung. Nennspannung ist 400 V. Gesucht sind der absolute und der prozentuale Spannungsfall!

Lösung:

$$I = \frac{P}{\sqrt{3} \cdot U \cdot \cos\varphi} = \frac{9200\ \text{W}}{\sqrt{3} \cdot 400\ \text{V} \cdot 0,7} = 19,0\ \text{A}$$

$$\Delta U = \frac{\sqrt{3} \cdot I \cdot L}{\varkappa \cdot S} \cdot \cos\varphi$$

$$\Delta U = \frac{\sqrt{3} \cdot 19,0\ \text{A} \cdot 50\ \text{m}}{56\ \text{m}/\left(\Omega\ \text{mm}^2\right) \cdot 2,5\ \text{mm}^2} \cdot 0,7 = 11,75\ \text{V}$$

$$\varepsilon = \frac{\Delta U}{U} \cdot 100\% = \frac{11,75\ \text{V}}{400\ \text{V}} \cdot 100\% = 2,94\%$$

Der Spannungsfall kann auch nach VDE 0100 Beiblatt 5 ermittelt werden. In den Tabellen 23 bis 26 kann die maximal zulässige Länge eines Stromkreises in Abhängigkeit des Querschnitts und des Nennstroms der Überstromschutzeinrichtung ermittelt werden. Die Tabelle 23 des Beiblatts 5 ist als **Tabelle 12.3** dargestellt. Die Tabellen gelten streng genommen nur für NYY-Kabel und NYM-Leitungen; sie können aber mit hinreichender Genauigkeit auch für andere ähnlich aufgebaute Kabel und Leitungen verwendet werden. Den Werten der Tabellen liegt eine Leitertemperatur von 20 °C zu Grunde. Unter Berücksichtigung der für PVC-Isolierungen zulässigen Leitertemperatur von 70 °C würde dies zu einer Leitungslängenreduzierung von 20 % führen.

Eine Möglichkeit, die maximal zulässige Stromkreislänge für beliebige Spannungen (bis 1000 V) und beliebige Bemessungsströme zu ermitteln, zeigt Abschnitt 23.5 (Anhang E).

12.3 Kurzzeichen für Kabel – DIN VDE 0298

Kabel werden bezeichnet durch folgende Angaben:
- Bauartkurzzeichen, z. B. NYY
- Aderzahl × Nennquerschnitt in mm^2, z. B. 4 × 95
- Kurzzeichen für Leiterform und Leiterart, z. B. SM
- ggf. Nennquerschnitt des Schirms oder konzentrischen Leiters
- Nennspannungen U_0/U in kV, z. B. 0,6/1 kV

  wobei folgende Spannungsangaben gelten:

  U_0 Effektivwert der Spannung zwischen Außenleiter und Erde

  U Effektivwert der Spannung zwischen zwei Außenleitern

Das Bauartkurzzeichen ergibt sich durch Anfügen weiterer Buchstaben an den Anfangsbuchstaben „N", und zwar in der Reihenfolge des Kabelaufbaus von innen, also ausgehend vom Leiter. Der Anfangsbuchstabe „N" in der Bezeichnung bedeutet, dass das Kabel „genormt = Norm" und nach den entsprechenden VDE-Bestimmungen gebaut ist. Die wichtigsten Bezeichnungen werden nachfolgend dargestellt:

A	Leiter aus Aluminium
H	Schirm bei Höchstädter-Kabel
K	Bleimantel
KL	glatter Aluminiummantel
G	Isolierung bzw. Mantel aus Gummi
Y	Isolierung bzw. Mantel aus Kunststoff PVC
2Y	Isolierung bzw. Mantel aus Kunststoff PE
2X	Isolierung bzw. Mantel aus Kunststoff VPE

Leiter-nennquerschnitt	Bemessungsstrom	Spannungsfall ε in %				
		3	4	5	8	10
		maximal zulässige Länge				
mm²	A	m	m	m	m	m
1,5	6	95	127	159	254	318
1,5	10	57	76	95	152	190
1,5	16	35	47	59	95	119
1,5	20	28	38	47	76	95
1,5	25	22	30	38	61	76
2,5	10	93	124	155	249	311
2,5	16	58	77	97	155	194
2,5	20	46	62	77	124	155
2,5	25	37	49	62	99	124
2,5	32	29	38	48	77	97
4	16	94	126	158	253	316
4	20	75	101	126	202	253
4	25	60	81	101	162	202
4	32	47	63	79	126	158
4	40	37	50	63	101	126
4	50	30	40	50	81	101
6	20	114	152	190	304	381
6	25	91	121	152	243	304
6	32	71	95	119	190	238
6	40	57	76	95	152	190
6	50	45	60	76	121	152
6	63	36	48	60	96	120
10	25	153	204	255	408	510
10	32	119	159	199	318	398
10	40	95	127	159	255	318
10	50	76	102	127	204	255
10	63	60	81	101	162	202
10	80	47	63	79	127	159
16	32	189	252	315	504	630
16	40	151	201	252	403	504
16	50	121	161	201	322	403
16	63	96	128	160	256	320
16	80	75	100	126	201	252
16	100	60	80	100	161	201

Tabelle 12.3 Maximale Kabel- und Leitungslängen bei vorgegebenem Spannungsfall ε für U_n = 400 V Drehstrom. NYY-Kabel und NYM-Leitung von 1,5 mm² bis 16 mm². (Quelle: Beiblatt 5 zu DIN VDE 0100:1995-11)

Leiter-nenn-querschnitt	Bemessungs-strom	Spannungsfall ε in %				
		3	4	5	8	10
		maximal zulässige Länge				
mm²	A	m	m	m	m	m
25	50	190	253	317	507	634
25	63	150	201	251	402	503
25	80	118	158	198	317	396
25	100	95	126	158	253	317
25	125	76	101	126	202	253
35	80	163	217	271	435	543
35	100	130	174	217	348	435
35	125	104	139	174	278	348
35	160	81	108	135	217	271
35	200	65	87	108	174	217
50	100	175	234	292	468	585
50	125	140	187	234	374	468
50	160	109	146	183	292	366
50	200	87	117	146	234	292
50	250	70	93	117	187	234
70	125	195	261	326	522	652
70	160	152	203	254	407	509
70	200	122	163	203	326	407
70	250	97	130	163	261	326
70	315	77	103	129	207	258
95	160	203	271	339	543	679
95	200	163	217	271	435	543
95	250	130	174	217	348	435
95	315	103	138	172	276	345
95	400	81	108	135	217	271
120	200	199	266	332	532	665
120	250	159	213	266	426	532
120	315	126	169	211	338	422
120	400	99	133	166	266	332
150	200	228	304	380	608	760
150	250	182	243	304	486	608
150	315	144	193	241	386	482
150	400	114	152	190	304	380
150	500	91	121	152	243	304

Tabelle 12.3 (Fortsetzung) Maximale Kabel- und Leitungslängen bei vorgegebenem Spannungsfall ε für U_n = 400 V Drehstrom. NYY-Kabel von 25 mm² bis 150 mm².
(Quelle: Beiblatt 5 zu DIN VDE 0100:1995-11)

Leiter-nenn-querschnitt mm²	Bemessungs-strom A	Spannungsfall ε in %				
		3	4	5	8	10
		maximal zulässige Länge				
		m	m	m	m	m
16	40	91	122	152	244	305
16	50	73	97	122	195	244
16	63	58	77	96	154	193
16	80	45	61	76	122	152
16	100	36	48	61	97	122
25	50	115	153	191	306	383
25	63	91	121	152	243	304
25	80	71	95	119	191	239
25	100	57	76	95	153	191
25	125	46	61	76	122	153
35	80	98	131	164	262	328
35	100	78	104	131	209	262
35	125	62	83	104	167	209
35	160	49	65	82	131	164
35	200	39	52	65	104	131
50	80	133	178	223	357	446
50	100	107	142	178	285	357
50	125	85	114	142	228	285
50	160	66	89	111	178	223
50	200	53	71	89	142	178
50	250	42	57	71	114	142
70	100	154	205	257	411	514
70	125	123	164	205	329	411
70	160	96	128	160	257	321
70	200	77	102	128	205	257
70	250	61	82	102	164	205
95	125	167	223	279	446	558
95	160	130	174	218	348	436
95	200	104	139	174	279	348
95	250	83	111	139	223	279
95	315	66	88	110	177	221
120	160	162	216	270	432	540
120	200	129	172	216	345	432
120	250	103	138	172	276	345
120	315	82	109	137	219	274
120	400	64	86	108	172	216
150	160	197	263	329	527	659
150	200	158	210	263	421	527
150	250	126	168	210	337	421
150	315	100	133	167	267	334
150	400	79	105	131	210	263
150	500	63	84	105	168	210

Tabelle 12.3 (Fortsetzung)   Maximale Kabel- und Leitungslängen bei vorgegebenem Spannungsfall ε für U_n = 400 V Drehstrom. NAYY-Kabel von 16 mm² bis 150 mm².
(Quelle: Beiblatt 5 zu DIN VDE 0100:1995-11)

C   konzentrischer Leiter aus Kupfer
CW   konzentrischer Leiter aus Kupfer, wellenförmig aufgebracht
B   Stahldrahtbewehrung
F   Stahlflachdrahtbewehrung
R   Stahlrunddrahtbewehrung
A   Schutzhülle aus Faserstoffen

Nach der Querschnittsangabe folgen die Kurzzeichen für den Leiteraufbau:

RE   eindrähtiger Rundleiter
RM   mehrdrähtiger Rundleiter
SE   eindrähtiger Sektorleiter
SM   mehrdrähtiger Sektorleiter
RF   feindrähtiger Rundleiter

Kabel für Niederspannung $U_0/U = 0{,}6/1$ kV werden zusätzlich gekennzeichnet mit:

-J   Kabel mit grün-gelb gekennzeichneter Ader
-O   Kabel ohne grün-gelb gekennzeichnete Ader

was nicht für Kabel mit konzentrischem Leiter gilt.

12.4 Häufig verwendete Kabel

Bis etwa Mitte der fünfziger Jahre wurden fast ausschließlich massegetränkte, papierisolierte Kabel mit verschiedenen Aufbauformen verwendet (**Bild 12.1**).

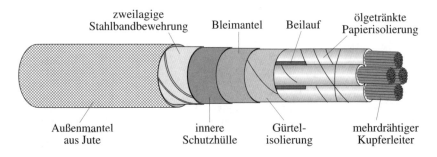

Bild 12.1 Gürtelkabel, Typ NKBA

Heute werden fast ausschließlich Kabel mit einer Aderisolation und einer Mantelisolation aus thermoplastischem Kunststoff auf PVC-Basis verwendet. Kabel mit

VPE-Aderisolierung und mit PVC-Mantel sind ebenfalls im Einsatz, haben sich aber noch nicht richtig durchsetzen können. Als Leiterwerkstoff hat Aluminium in vielen Anwendungsgebieten Kupfer abgelöst. Aluminiumkabel werden hauptsächlich als eindrähtige Sektorleiter eingesetzt. Beispiele häufig verwendeter Kabel zeigen **Bild 12.2**, **Bild 12.3** und **Bild 12.4**.

Beispiele für Kabelbezeichnungen mit Querschnittsangabe:

NKBA-J 3 × 95 SM/50 SM 0,6/1 kV
NAYY-J 4 × 120 SE 0,6/1 kV
NYY-O 4 × 35 SM 0,6/1 kV
NAYCWY 3 × 150 SE/150 0,6/1 kV

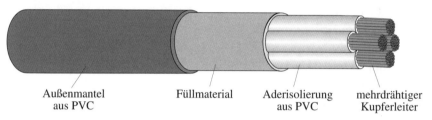

Bild 12.2 Kunststoffkabel, Typ NYY-J

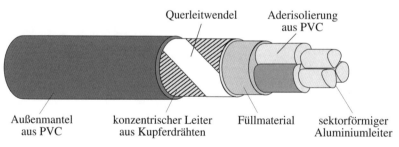

Bild 12.3 Kunststoff-Ceanderkabel, Typ NAYCWY

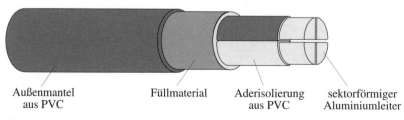

Bild 12.4 Kunststoffkabel, Typ NAYY-J

195

12.5 Kurzzeichen für Leitungen nach nationalen Normen – DIN VDE 0250

Die Kenn- und Kurzzeichen für Leitungen sind im Umbruch, bedingt durch die Harmonisierung verschiedener Leitungstypen. Wichtige Kenn- und Kurzzeichen für Leitungen nach nationalen Normen sind nachfolgend dargestellt:

A	Aderleitung
M	Mantelleitung
Al	Leiter aus Aluminium
B	Bleimantel
C	Abschirmung
F	Flachleitung
G	Gummiisolierung
2G	Silikon-Kautschuk
3G	Butyl-Kautschuk
4G	Ethylen-Vinylacetat-Kautschuk
I	Imputz-Leitung
H	Handgeräteleitung
L	leichte Leitung
M	mittlere Leitung
P	Pendelschnüre
R	Rohrdraht
S	schwere Leitung
T	Leitungstrosse
W	wetterfest
Y	Kunststoff PVC
2X	Kunststoff VPE
7Y	Kunststoff Ethylen-Tetrafluorethylen
Z	Ziffernaufdruck
e	eindrähtige Leiter
fl (FL)	flache Leitung
k	kältebeständig
m	mehrdrähtige Leiter
ö (Ö)	ölbeständig
rd	runder Leiter

u (U)   unbrennbar
vers   verseilte Leitung
w (W)   wärmebeständig

Auch für Leitungen wird dem Kurzzeichen noch angefügt:
-J   Leitung mit grün-gelb gekennzeichneter Ader
-O   Leitung ohne grün-gelb gekennzeichnete Ader

12.6 Kurzzeichen für harmonisierte Leitungen – DIN VDE 0281 und DIN VDE 0282

Nachdem mit Wirkung vom 01.04.1976 die von CENELEC erarbeiteten Harmonisierungsdokumente 21 und 22 in Kraft getreten sind, gelten für die gebräuchlichsten Leitungen mit Kunststoff- bzw. Gummiisolierung seit diesem Zeitpunkt neue Bauart-Kurzbezeichnungen.

Die harmonisierten Leitungstypen sind in folgenden Normenreihen behandelt:

- DIN VDE 0281 (VDE 0281) „Starkstromleitungen mit thermoplastischer Isolierhülle für Nennspannungen bis 450/750 V"
- DIN VDE 0282 (VDE 0282) „Starkstromleitungen mit vernetzter Isolierhülle für Nennspannungen bis 450/750 V"

Beide Normen bestehen aus einem Grundteil mit allgemeinen Festlegungen und mehreren Teilen mit den Bestimmungen für spezielle Leitungstypen.

Das Bezeichnungssystem für harmonisierte Leitungen ist dargestellt in der Norm:

- DIN VDE 0292 (VDE 0292) „System für Typkurzzeichen von isolierten Leitungen"

Das neue Typkurzzeichen, das aus drei Abschnitten zusammengesetzt ist, wird nachfolgend gezeigt:

Teil 1   Teil 2   Teil 3

Im ersten Teil wird die Harmonisierungsart (Bezug zu Normen) und die Spannung, für die die Leitung gebaut ist, in Form eines Kürzels gezeigt. Im zweiten Teil folgen Angaben über den Aufbau der Leitung in radialer Form, ausgehend von der Leiterisolierung zur Mantelisolierung sowie Angaben über die Leiterart und Besonderheiten im Aufbau. Im dritten Teil werden Angaben über Leiteranzahl, die Querschnittsangabe und Angaben über den Schutzleiter (mit oder ohne grün-gelb gekennzeichnete Ader) hinzugefügt. Die Zusammensetzung des gesamten Kennzeichens und die erforderlichen Erklärungen zeigt nachfolgende Zusammenstellung.

Teil 1	Kennzeichen	H A N	harmonisierter Leitungstyp anerkannter Leitungstyp nationaler Leitungstyp
	Nennspannung	01 03 04 07	100/100 V (< 300/300 V) 300/300 V 300/500 V 450/750 V
Teil 2	Leiterisolierung	V V2 V3 V4 R S G B Z	PVC PVC, weich, erhöht temperaturbeständig (90 °C) PVC, weich, für niedrige Temperatur (−25 °C) PVC, weich, vernetzt Natur- u./o. Styrol-Butadien-Kautschuk Silikonkautschuk Kautschuk, temperaturbeständig (110 °C) EPR (90 °C) Polyolefin-Mischung, vernetzt
	Metallene Umhüllung	C C4	konzentrischer Kupferleiter Kupferschirm als Geflecht
	Mantelisolierung	V V2 V3 V4 V5 R N N2 J T T2 T6 Q4	PVC weich PVC, weich, erhöht temperaturbeständig (90 °C) PVC, weich, für niedrige Temperatur (−25 °C) PVC, weich, vernetzt PVC, weich, ölbeständig Natur- u./o. Styrol-Butadien-Kautschuk Polychloroprenkautschuk Chloroprenkautschuk, Spezialmischung Glasfasergeflecht Textilgeflecht Textilgeflecht mit flammwidriger Masse Textilgeflecht auf jeder Ader Polyamidumhüllung auf jeder Ader
	Besonderheiten	H H2 H7 D3 D5	flache aufteilbare Leitung flache nicht aufteilbare Leitung Isolierhülle zweischichtig mit Zugentlastungselement/Tragorgan Kerneinlauf (kein Tragelement)
Teil 3	Leiterwerkstoff	 A	Kupfer (ohne Kennzeichen) Aluminium
	Leiterart	U R K F H D E Y	runder eindrähtiger Leiter runder mehrdrähtiger Leiter feindrähtiger Leiter für feste Verlegung feindrähtiger Leiter für bewegliche Leitungen feinstdrähtiger Leiter für bewegliche Leitungen feindrähtiger Leiter für Schweißleitungen feinstdrähtiger Leiter für Schweißleitungen Lahnlitzenleiter
	Anzahl der Leiter	···	Ziffer/Ziffern
	Farbkennzeichnung	G X	mit grün-gelb gekennzeichneter Ader ohne grün-gelb gekennzeichneter Ader
	Leiterquerschnitt	···	in mm^2

Anmerkung: Die anerkannten nationalen Leitungsbauarten wurden zurückgezogen; über die weitere Verwendung des Kurzzeichens wird derzeit beraten.

Beispiele:

H07RN-F 3G2,5 Harmonisierte Leitung (H) mit Nennspannung U_0/U = 450/750 V (07), Aderisolierung aus Natur-Kautschuk (R), Mantelisolierung aus Chloroprenkautschuk (N), mit feindrähtigen Leitern (F), dreiadrig (3), mit grün-gelb gekennzeichneter Ader (G) und 2,5 mm² Querschnitt (2,5)

H03VVH2-F 2X1 Harmonisierte Leitung (H) mit Nennspannung U_0/U = 300/300 V (03), Aderisolierung aus PVC (V), Mantelisolierung aus temperaturbeständigem PVC (V2), flache, nicht aufteilbare Leitung (H2), zweiadrig (2), ohne grün-gelb gekennzeichnete Ader (X) und 1 mm² Querschnitt (1)

H05SJ-K 1X6 Harmonisierte Leitung (H) mit Nennspannung U_0/U = 300/500 V (05), Aderisolierung aus Silikon-Gummi (S), mit Glasfaserbeflechtung (J), feindrähtiger Leiter für feste Verlegung (K), einadrig (1), nicht grün-gelb gekennzeichnet (X) und 6 mm² Querschnitt (6)

12.7 Häufig verwendete Leitungen

Die wichtigsten Ader- und Verdrahtungsleitungen sowie die wichtigsten Leitungen zum Anschluss beweglicher Verbrauchsmittel sind harmonisiert. Eine Auswahl dieser Leitungen aus Kunststoff – DIN VDE 0281 – ist in **Tabelle 12.4** dargestellt. Die wichtigsten gummi-isolierten Leitungen (Gummiaderschnüre und Gummischlauchleitungen) sowie wärmebeständige Silikonaderleitungen sind harmonisiert. Eine Auswahl dieser Leitungen – DIN VDE 0282 – zeigt **Tabelle 12.5**.

Nicht harmonisierte Leitungen sind in DIN VDE 0250 behandelt. Eine Auswahl häufig gebrauchter Leitungen zeigt **Tabelle 12.6**.

12.8 Anwendungsbereiche von Leitungen

Während für Niederspannungskabel immer eine Spannung von U_0/U = 0,6/1 kV gilt und sie überall verlegt werden dürfen, sind für Leitungen die Spannungen U_0/U (siehe Tabelle 12.4 bis Tabelle 12.6) zu beachten. Außerdem sind bei Leitungen die besonderen Verlegebedingungen von Wichtigkeit (siehe DIN VDE 0298-3). Für die in Tabelle 12.4 bis Tabelle 12.6 aufgenommenen Leitungen gelten folgende Bedingungen:

Bezeichnung der Leitung	Bauart	Nennspannung U_0/U in V	Anzahl der Adern	Querschnitt in mm²	zulässige Betriebstemperatur in °C
PVC-Verdrahtungsleitungen mit eindrähtigem Leiter mit feindrähtigem Leiter	H05V-U H05V-K	300/500	1	0,5 bis 1	70
Wärmebeständige PVC-Verdrahtungsleitung mit eindrähtigem Leiter mit mehrdrähtigem Leiter mit feindrähtigem Leiter	H05V2-U H05V2-R H05V2-K	300/500	1	0,5 bis 2,5	90
PVC-Lichterkettenleitung	H03VH7-H	300/300	1	0,5	70
PVC-Aderleitungen mit eindrähtigem Leiter mit mehrdrähtigem Leiter mit feindrähtigem Leiter	H07V-U H07V-R H07V-K	450/750	1	1,5 bis 10 6 bis 400 1,5 bis 240	70
Wärmebeständige PVC-Aderleitung mit eindrähtigem Leiter mit mehrdrähtigem Leiter mit feindrähtigem Leiter	H05V2-U H05V2-R H05V2-K	450/750	1	1,5 und 2,5 0,5 bis 2,5	90
Kältebeständige PVC-Aderleitung mit eindrähtigem Leiter mit mehrdrähtigem Leiter mit feindrähtigem Leiter	H07V3-U H07V3-R H07V3-K	450/750	1	1,5 bis 10 1,5 bis 400 1,5 bis 240	70

Tabelle 12.4 Harmonisierte PVC-isolierte Leitungen

Bezeichnung der Leitung	Bauart	Nennspannung U_0/U in V	Anzahl der Adern	Querschnitt in mm²	zulässige Betriebstemperatur in °C
leichte Zwillingsleitungen	H03VH-Y	300/300	2	0,1	40
Zwillingsleitungen	H03VH-H	300/300	2	0,5 und 0,75	70
PVC-Schlauchleitungen runde Ausführung flache Ausführung	H03VV-F/A03VV-F H03VVH2-F	300/300	2 bis 4 2	0,5 und 0,75	
PVC-Schlauchleitungen runde Ausführung	H05VV-F/A05VV-F	300/500	2 bis 5 7	0,75 bis 4 1 bis 2,5	70
flache Ausführung	H05VVH2-F		2	0,75	

Tabelle 12.4 (Fortsetzung) Harmonisierte PVC-isolierte Leitungen

Bezeichnung der Leitung	Bauart	Nennspannung U_0/U in V	Anzahl der Adern	Querschnitt in mm²	zulässige Betriebstemperatur in °C
Illuminationsleitung	H05RN-F H05RNH2-F	300/500	1 2	0,75 bis 1,5 1,5	60
Wärmebeständige Silikon-Aderleitung mit feindrähtigem Leiter mit feindrähtigem Leiter mit eindrähtigem Leiter	H05SJ-K A05SJ-K A05SJ-U	300/500	1	0,5 bis 16 25 bis 95 1 bis 10	180

Tabelle 12.5 Harmonisierte Gummi-isolierte Leitungen

Bezeichnung der Leitung	Bauart	Nennspannung U_0/U in V	Anzahl der Adern	Querschnitt in mm²	zulässige Betriebstemperatur in °C
Gummi-isolierte Schweißleitungen mit normaler Flexibilität mit besonders hoher Flexibilität	H01N2-D H01N2-E	100/100	1	10 bis 185	90
Gummi-Aderschnüre	H03RT-F/A03RT-F	300/300	2 und 3	0,75 bis 1,5	60
Wärmebeständige Gummiaderleitung mit eindrähtigem Leiter mit mehrdrähtigem Leiter mit feindrähtigem Leiter	H07G-U H07G-R H07G-F	450/750	1	0,5 bis 10 16 bis 95 0,5 bis 95	110
	H05RR-F/A05RR-F	300/500	2 bis 5 3 und 4	0,75 bis 2,5 4 und 6	
	H05RN-F/A05RN-F	300/500	2 und 3	0,75 und 1	60
Gummi-Schlauchleitungen	H07RN-F/A07RN-F	450/750	1 2 und 5 3 und 4 6, 12, 18, 24, 36 6, 12, 18	1,5 bis 500 1 bis 25 1 bis 300 1,5 und 2,5 4	

Tabelle 12.5 (Fortsetzung) Harmonisierte Gummi-isolierte Leitungen

Bezeichnung der Leitung	Bauart	Nennspannung U_0/U	Anzahl der Adern	Querschnitt in mm²	zulässige Betriebstemperatur in °C
PVC-Mantelleitungen	NYM	300/500 V	1 2 bis 5 7	1 bis 16 1,5 bis 35 1,5 und 2,5	70
Stegleitungen	NYIF/NYIFY	230/400 V	2 und 3 4 und 5	1,5 bis 4 1,5 und 2,5	70
Bleimantelleitungen	NYBUY	300/500 V	2 bis 4 5	1,5 bis 35 1,5 bis 6	70
Gummi-Schlauchleitungen	NSSHÖU	0,6/1 kV	1 2 bis 4 3 + PE [1]) 5 bis 7 5 + PE [2]) 12 und 18 [3])	2,5 bis 400 1,5 bis 185 2,5 bis 150 1,5 bis 95 2,5 bis 6 1,5 bis 4	90
Gummi-Flachleitungen	NGFLGÖU	300/500 V	3 bis 24 3 bis 8 3 bis 7 3 und 4	1 bis 2,5 1 bis 4 1 bis 35 1 bis 95	60
Leitungstrossen	NTMWÖU/ NTSWÖU	0,6/1 kV	1 bis 4 3 + PE [1]) 5 bis 7 12 und 18 [3])	2,5 bis 185 2,5 bis 150 2,5 bis 95 2,5 und 4	90
Schlauchleitungen mit Polyurethanmantel	NGMH11YÖ	300/500 V	2 bis 5 3 und 4	0,75 bis 2,5 4 und 6	80

Tabelle 12.6 Leitungen, die nicht harmonisiert sind

Bezeichnung der Leitung	Bauart	Nennspannung U_0/U	Anzahl der Adern	Querschnitt in mm²	zulässige Betriebstemperatur in °C
Gummi-Aderleitungen	N4GA/N4GAF	450/750 V	1	0,5 bis 95	120
ETFE[4]-Aderleitungen	N7YA/N7YAF	450/750 V	1	0,25 bis 6	135
Silikon-Aderschnüre	N2GSA rd N2GSA fl	300/300 V	2 und 3 2	0,75 bis 1,5 0,75 bis 1,5	180
Silikon-Fassungsader	N2GFA/N2GFAF	300/300 V	1	0,75	180
Silikon-Schlauchleitungen	N2GMH2G	300/500 V	2 bis 5	0,75 bis 2,5	180
Gummi-Pendelschnüre	NPL	230/400 V	2 und 3	0,75	60
Sonder-Gummiaderleitung	NSGAÖU/NSGAFÖU	0,6/1 kV 1,8/3 kV	1	1,5 bis 300	90
	NUM 500 NUMK 500	300/500 V	1 bis 4 und 7 1 und 2 1	1 bis 2,5 1 bis 4 1 bis 150	105 [5]
Eindrähtige mineralisolierte Leitungen	NUM 750 NUMK 750	450/750 V	1 bis 4 und 7 1 bis 4 1	1 bis 4 1 bis 25 1 bis 150	70 [6]

[1] dreiadrige Leitung mit gleichmäßig aufgeteiltem oder konzentrischem Schutzleiter
[2] fünfadrige Leitung mit konzentrischem Schutzleiter
[3] Vorzugswerte für vieladrige Leitungen
[4] ETFE-Ethylen-Tetrafluorethylen
[5] Temperatur im Mantel
[6] Temperatur an der Schutzhülle

Tabelle 12.6 (Fortsetzung) Leitungen, die nicht harmonisiert sind

12.8.1 PVC-Verdrahtungsleitungen H05V

Zulässig für die innere Verdrahtung von Geräten sowie für geschützte Verlegung in und an Leuchten. Für Signalanlagen in Rohren auf und unter Putz zugelassen.

12.8.2 Wärmebeständige PVC-Verdrahtungsleitungen H05V2

Zulässig für innere Verdrahtung von Betriebsmitteln (Wärmegeräte, Leuchten). Die Leitungen dürfen nicht mit heißen Teilen in Berührung kommen, deren Temperatur mehr als 85 °C beträgt.

12.8.3 PVC-Lichterkettenleitung H03VH7-H

Zulässig zur Herstellung von Lichterketten für Innenräume, mit in Reihe geschalteten Lampenfassungen und einer maximalen Leistung von 100 W.

Nicht zulässig im Freien, in feuchten Räumen, für industrielle Anwendung, für handgeführte Elektrowerkzeuge und für Koch- und Heizgeräte.

Die Farbe der Leitung ist „Grün".

12.8.4 PVC-Aderleitungen H07V

Zulässig in Rohren auf und unter Putz, in Installationskanälen und für die innere Verdrahtung von Geräten, Schaltanlagen und Verteilern. Nicht zulässig für direkte Verlegung auf Pritschen, Rinnen oder Wannen.

12.8.5 Wärmebeständige PVC-Aderleitungen H07V2

Zulässig in Rohren auf, im und unter Putz, in Installationskanälen und für die innere Verdrahtung von Geräten, Schaltanlagen und Verteilern. Nicht zulässig für direkte Verlegung auf Pritschen, Rinnen oder Wannen.

12.8.6 Kältebeständige PVC-Aderleitungen H07V3

Zulässig wie PVC-Aderleitungen H07V in Rohren auf und unter Putz, Installationskanälen und für die innere Verdrahtung von Geräten, Schaltanlagen und Verteilern bei Verlegetemperaturen bis −25 °C. Nicht zulässig für direkte Verlegung auf Pritschen, Rinnen oder Wannen.

12.8.7 Leichte Zwillingsleitungen H03VH-Y

Zulässig für leichte Handgeräte (Rasierapparat) bei sehr geringen mechanischen Beanspruchungen bis höchstens 2 m Länge.

12.8.8 Zwillingsleitungen H03VH-H

Zulässig für leichte Elektrogeräte (Radio- und Fernsehgeräte, Tischleuchten usw.) bei sehr geringen mechanischen Beanspruchungen. Nicht zulässig für Koch- und Wärmegeräte.

12.8.9 PVC-Schlauchleitungen H03VV und A03VV

Zulässig für leichte Elektrogeräte (Küchengeräte, Haushaltstaubsauger, Büromaschinen usw.), bei geringen mechanischen Beanspruchungen. Nicht zulässig für Koch- und Wärmegeräte, im Freien, in gewerblichen und landwirtschaftlichen Betrieben.

12.8.10 PVC-Schlauchleitungen H05VV und A05VV

Zulässig für Elektrogeräte (Küchengeräte, Büromaschinen, Koch- und Wärmegeräte usw.), bei mittleren mechanischen Beanspruchungen. Für feste Verlegung in Möbeln, Stellwänden und Dekorationsverkleidungen geeignet. Nicht zulässig im Freien, in gewerblichen und landwirtschaftlichen Betrieben.

12.8.11 Illuminationsleitungen H05RN-F und H05RNH2-F

Zulässig für die Verwendung in Innenräumen und im Freien. Einadrige Leitungen sind geeignet für Lichterketten o. ä. dekorative Einrichtungen. Zweiadrige Leitungen sind ausschließlich für vorübergehende dekorative Einrichtungen zu verwenden.

12.8.12 Wärmebeständige Silikon-Aderleitungen H05SJ und A05SJ

Zulässig für den Einsatz bei Umgebungstemperaturen über 55 °C zur inneren Verdrahtung von Leuchten (Durchgangsverdrahtung), Wärmegeräten, elektrischen Maschinen und dgl. sowie zur Verdrahtung von Schaltanlagen und Verteilern.

12.8.13 Gummi-Aderschnüre H03RT und A03RT

Zulässig für Elektrogeräte (Haushaltsgeräte, Bügeleisen, Elektrowärmegeräte usw.) bei geringen mechanischen Beanspruchungen. Nicht zulässig im Freien, in gewerblichen und landwirtschaftlichen Betrieben.

12.8.14 Wärmebeständige Gummiaderleitungen H07G

Zulässig für die innere Verdrahtung von Betriebsmitteln wie Leuchten, insbesondere für Durchgangsverdrahtungen und für Wärmegeräte sowie für die innere Verdrahtung von Schaltanlagen und Verteilern in trockenen Räumen.

12.8.15 Gummi-isolierte Schweißleitungen H01N2

Zulässig für Schweißleitungen zur Verbindung zwischen Schweißgenerator, Handelektrode und Werkstück.

12.8.16 Gummi-Schlauchleitungen H05RR und A05RR

Zulässig für Elektrogeräte (Staubsauger, Bügeleisen, Küchengeräte, Herde, Toaster, Lötkolben usw.), bei geringen mechanischen Beanspruchungen. Für feste Verlegung in Möbeln, Stellwänden und Dekorationsverkleidungen geeignet. Nicht zulässig für ständige Verwendung im Freien, in gewerblichen und landwirtschaftlichen Betrieben.

12.8.17 Gummi-Schlauchleitungen H05RN und A05RN

Zulässig für Elektrogeräte bei geringen mechanischen Beanspruchungen in trockenen und feuchten Räumen, auch wenn sie mit Fetten und Ölen in Berührung kommen. Für feste Verlegung in Möbeln, Stellwänden und Dekorationsverkleidungen geeignet.

12.8.18 Gummi-Schlauchleitungen H07RN und A07RN

Zulässig für Elektrogeräte bei mittleren mechanischen Beanspruchungen in trockenen und feuchten Räumen, auch auf Baustellen und in landwirtschaftlichen Betrieben. Für feste Verlegung auf Putz, in provisorischen Bauten, Wohnbaracken und dgl. geeignet.

12.8.19 PVC-Mantelleitungen NYM

Zulässig für Verlegung auf, im und unter Putz, in Beton und im Mauerwerk, in trockenen und feuchten Räumen. Im Freien zulässig, wenn direkte Sonneneinstrahlung verhindert ist. Nicht zulässig für direkte Verlegung in Schütt-, Rüttel- oder Stampfbeton (Verlegung in Rohr ist zulässig).

12.8.20 Stegleitungen NYIF und NYIFY

Zulässig für Verlegung in oder unter Putz in trockenen Räumen. Nicht zulässig in Holzhäusern.

12.8.21 Bleimantelleitungen NYBUY

Zulässig für Verlegung, wenn Einwirkungen durch Lösungsmittel oder Chemikalien (Benzin) zu erwarten sind.

12.8.22 Gummi-Schlauchleitungen NSSHÖU

Zulässig für Elektrogeräte bei sehr hohen mechanischen Beanspruchungen in trockenen und feuchten Räumen sowie im Freien (Bergbau, Baustellen, Industriebetriebe, Landwirtschaft usw.).

12.8.23 Gummi-Flachleitungen NGFLGÖU

Für den Anschluss beweglicher Teile von Werkzeugmaschinen, Förderanlagen (z. B. Krane) und Großgeräten, wenn die Leitungen Biegungen in nur einer Ebene ausgesetzt sind. Zulässig in trockenen, feuchten und nassen Räumen sowie im Freien.

12.8.24 Leitungstrossen NMTWÖU und NMSWÖU

Leitungen für sehr hohe mechanische Beanspruchungen, z. B. Bergbau unter Tage, Tagebau, auf Baustellen und in der Industrie. Die Leitungstrosse NMTWÖU besitzt einen Gummimantel, die Leitungstrosse NMSWÖU besitzt zwei Gummimäntel. Zulässig in trockenen, feuchten und nassen Räumen sowie im Freien.

12.8.25 Schlauchleitungen mit Polyurethanmantel NGMH11YÖ

Geräteanschlussleitung für hohe mechanische Anforderungen, insbesondere bei Scheuer- und Schleifbeanspruchung. Zulässig in trockenen, feuchten und nassen Räumen sowie im Freien. Zum Anschluss von Elektrowerkzeugen und Leuchten auch auf Baustellen zulässig.

12.8.26 Gummi-Aderleitungen N4GA und N4GAF

Geeignet für den Einsatz bei Umgebungstemperaturen über 55 °C, zur inneren Verdrahtung von Leuchten, Wärmegeräten, Maschinen, Schalt- und Verteilungsanlagen.

12.8.27 ETFE-Aderleitungen N7YA und N7YAF

Geeignet für den Einsatz bei Umgebungstemperaturen über 55 °C, zur inneren Verdrahtung von Leuchten, Wärmegeräten und Geräten der Leistungselektronik.

12.8.28 Silikon-Aderschnüre N2GSA rd (rund) und N2GSA fl (flach)

Für den Anschluss von Heizgeräten und Leuchten. Die Leitungen besitzen eine hohe Temperaturfestigkeit (180 °C), da die Isolierung aus Silikongummi besteht.

12.8.29 Silikon-Fassungsadern N2GFA und N2GFAF

Geeignet für den Einsatz bei Umgebungstemperaturen über 55 °C, zur inneren Verdrahtung, insbesondere für Leuchten.

12.8.30 Silikon-Schlauchleitungen N2GMH2G

Zugelassen als bewegliche Anschlussleitung bei geringer mechanischer Beanspruchung für Hausgeräte, Maschinen und Großgeräte in trockenen, feuchten und nassen Räumen sowie im Freien.

Die Leitungen bestehen aus einer Isolierung und einem Mantel aus Silikongummi und besitzen eine erhöhte Wärmebeständigkeit.

12.8.31 Gummi-Pendelschnüre NPL

Zulässig für den Anschluss von Zugpendel- oder Schnurpendelleuchten. Die Zugbelastung der Leitung darf 15 N/mm^2 Leiterquerschnitt nicht überschreiten. Nicht zulässig für ortsveränderliche Stromverbraucher.

12.8.32 Sonder-Gummi-Aderleitungen NSGAFÖU

Zulässig in trockenen Räumen sowie in Schienenfahrzeugen und Omnibussen. Bei $U_0/U = 1,8/3$ kV gilt die Leitung für den Niederspannungsbereich, z. B. in Schalt- und Verteilungsanlagen, als kurzschluss- und erdschlusssicher.

12.8.33 Einadrige mineralisolierte Leitungen NUM und NUMK

Die mineralisolierten Leitungen haben eine Isolierung aus verdichtetem pulverisierten Mineral oder eine Mineralumhüllung und darüber einen nahtlosen Kupfermantel.

Bei NUM-Leitungen (ohne Schutzhülle), also mit blankem Kupfer-Außenmantel, darf der Kupfermantel nicht durch Korrosion gefährdet werden. Bei NUMK-Leitungen mit Schutzhülle aus PVC oder Polyamid ist der Korrosionsschutz durch die Schutzhülle sichergestellt.

Die Leitungen sind für feste Verlegung in trockenen, feuchten und nassen Räumen über, auf und unter Putz sowie für die Verlegung im Freien zugelassen. Verlegung im Erdreich ist nicht zulässig.

12.9 Kennzeichnung von Kabeln und Leitungen

Kabel und Leitungen können als „genormt" gekennzeichnet werden, wenn sie den für sie gültigen Normen entsprechen. Die Kennzeichnung kann durch Kennfäden, farbige Aufdrucke oder Prägungen erfolgen. Dabei kann jeweils auch die Firmenangabe gemacht werden.

Harmonisierte Leitungstypen sind, nachdem die Approbationsstelle (für die Bundesrepublik Deutschland das VDE Prüf- und Zertifizierungsinstitut in Offenbach) die Genehmigung erteilt hat, vom Hersteller als solche zu kennzeichnen. Die Kennzeichnung kann entweder durch fortlaufenden Aufdruck, der zwischen den Firmenangaben als Druck oder Prägung auf der Leitung anzubringen ist, oder durch Einlegen eines einfädig bedruckten Kennfadens (VDE-Harmonisierungs-Kennfaden) zusammen mit dem geschützten Firmenkennfaden erfolgen.

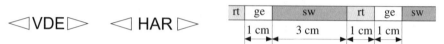

In den anderen europäischen Ländern, für die das Harmonisierungsdokument gilt, wird der Aufdruck VDE durch das Kurzzeichen der dortigen Approbationsstelle ersetzt. Der Kennfaden ist ebenfalls schwarz-rot-gelb; es sind jedoch andere Farblängen üblich.

Wenn Kabel oder Leitungen bedruckt werden, gilt eine Kennzeichnung als fortlaufend, wenn ein Zwischenraum zwischen Anfang und Ende (Firmenkennzeichen und Verbandskennzeichen) nicht mehr beträgt als

- 550 mm bei Aufschrift, als Aufdruck in Farbe oder Prägung, wie im Beispiel gezeigt
- 275 mm bei Aufschrift (Aufdruck oder Prägung) auf einer Isolierhülle oder einem Band

Beispiel:

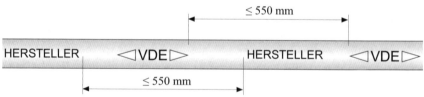

Kabel und nicht harmonisierte Leitungen werden durch den Aufdruck oder die Prägung

gekennzeichnet. Der VDE-Kennfaden hat die Farben schwarz-rot in einfädig bedruckter Ausführung.

Firmenkennfäden gibt es in verschiedenen Ausführungen. Dabei ist zu beachten:

- Bei einem Einzelfaden, der in Längsrichtung unterschiedlich gefärbt (bedruckt) ist, werden die Farben durch einen Bindestrich getrennt. Beispiel rot-blau.
- Bei einem verdrillten Kennfaden, der aus zwei oder mehreren Einzelfäden besteht, werden die Farben durch einen Schrägstrich getrennt. Beispiel rot/blau. Bei einem Kennfaden, der aus zwei oder mehreren parallel verlaufenden Einzelfäden besteht, werden die Farben durch ein Pluszeichen getrennt. Beispiel rot + blau.
- Bei einem kombinierten Kennfaden, der aus Einzelfäden und aus verdrillten oder parallelen Fäden besteht, werden die Farben durch Klammern gekennzeichnet. Beispiel schwarz/(gelb-grün): Ein schwarzer Einzelfaden, der mit einem gelb-grün (bedruckten) Einzelfaden verdrillt ist.

Beispiele für Firmenkennfäden:

resedagrün	Bergmann Kabelwerke
rot-grün	Wiener Kabel- und Metallwerke
rot/grün	Kabelmetal
rot/(rot-blau-weiß)	Norsk Kabelfabrik
rot-weiß-grün-weiß	Siemens

Eine vollständige Aufstellung gibt Band 33 der VDE-Schriftenreihe.

12.10 Farbige Kennzeichnung von Kabeln und Leitungen

Für Leitungen und Kabel bestanden vor 1966 allein in Deutschland drei verschiedene Farbsysteme. Hinzu kam ein Farbsystem für blanke und isolierte Stromschienen in Schaltanlagen und Verteilungen.

Da in anderen Ländern ähnliche Situationen bestanden, wurde von IEC unter Mitarbeit von CENELEC eine neue Farbkennzeichnung erarbeitet. Die neue Farbkennzeichnung galt zunächst nur für Leitungen, später auch für Kabel.

Danach gelten heute die in **Tabelle 12.7** und **Tabelle 12.8** genannten Farben für die Aderkennzeichnung von Leitungen und Kabeln (siehe auch DIN VDE 0293). Zu beachten ist bei der Farbkennzeichnung noch, dass die bisher übliche Kennzeichnung **hellblau** durch **blau** ersetzt wurde

Für die in den Tabellen genannten Farben sind folgende Abkürzungen festgelegt:

- grün-gelb   gn-ge
- blau   bl
- braun   br
- schwarz   sw
- grau   gr

Anzahl der Adern	Farben der Adern				
	Schutzleiter	Aktive Leiter			
3	grün-gelb	blau	braun		
4	grün-gelb	–	braun	schwarz	grau
5	grün-gelb	blau	braun	schwarz	grau

Blanke konzentrische Leiter, wie metallene Mäntel, Armierungen oder Schirme, werden in dieser Tabelle nicht berücksichtigt. Ein konzentrischer Leiter ist durch seine Anordnung gekennzeichnet und braucht daher nicht durch Farben gekennzeichnet zu werden.

Tabelle 12.7 Farbkennzeichnung für Kabel und Leitungen mit grün-gelber Ader
(Quelle: DIN VDE 0293-308:2003-01)

Anzahl der Adern	Farben der Adern				
2	blau	braun			
3	–	braun	schwarz	grau	
4	blau	braun	schwarz	grau	
5	blau	braun	schwarz	grau	schwarz

Blanke konzentrische Leiter, wie metallene Mäntel, Armierungen oder Schirme, werden in dieser Tabelle nicht berücksichtigt. Ein konzentrischer Leiter ist durch seine Anordnung gekennzeichnet und braucht daher nicht durch Farben gekennzeichnet zu werden.

Tabelle 12.8 Farbkennzeichnung von Kabeln und Leitungen ohne grün-gelbe Ader
(Quelle: DIN VDE 0293-308:2003-01)

Leitungen und Kabel mit sechs und mehr Adern sind, wenn eine grün-gelb gekennzeichnete Ader vorhanden ist, mit einer Ader gn-ge und den restlichen Adern sw mit Zahlenaufdruck versehen. Leitungen und Kabel ohne grün-gelb gekennzeichnete Ader besitzen nur schwarze Adern mit Zahlenaufdruck.

Leitungen mit grün-gelb gekennzeichneter Ader erhalten nach dem Buchstabenkennzeichen den Zusatz „-J" (z. B. NYM-J), Leitungen ohne grün-gelb gekennzeichnete Ader den Zusatz „-O" (z. B. NYM-O).

Die Kennzeichnung grün-gelb einer Ader muss so ausgeführt sein, dass aus jeder Sicht zu erkennen ist, dass der Leiter zweifarbig ist. Die Kennzeichnung muss so angebracht werden, dass auf jedem beliebigen, 15 mm langem Leitungsstück das Verhältnis der Farben so ist, dass nicht weniger als 30 % und nicht mehr als 70 % einer Farbe vorhanden ist.

Hinsichtlich der Verwendung der verschieden gekennzeichneten Adern gilt für Kabel und Leitungen:

gn-ge	ist der Schutzleiter und/bzw. der PEN-Leiter zu kennzeichnen. Kein anderer Leiter darf diese Kennzeichnung erhalten.
bl	ist der Neutralleiter zu kennzeichnen. Wenn kein Neutralleiter vorhanden ist, darf die bl gekennzeichnete Ader auch anderweitig verwendet werden (nicht als Schutzleiter!).
sw, br, gr	sind alle anderen Leiter – Außenleiter, Korrespondierender, Schalterdraht usw. – zu kennzeichnen. Für den Schutzleiter und PEN-Leiter dürfen sw, br, gr und bl keinesfalls verwendet werden.

Anmerkung: Der PEN-Leiter ist an den Leiterenden (Anschlussstellen) zusätzlich „blau" zu markieren (siehe Abschnitt 11.5).

Für in Rohr verlegte einadrige Leitungen (z. B. H07V) ist folgende Regelung festgelegt. Der Schutzleiter bzw. PEN-Leiter ist auf alle Fälle gn-ge zu kennzeichnen. Der Neutralleiter und die Außenleiter dürfen beliebig gekennzeichnet werden. Die Einzelfarben grün und gelb und alle anderen mehrfarbigen Kennzeichnungen sind nicht zulässig.

Für blanke und isolierte Schienen sowie ähnliche Leiter gilt DIN 40705. In der Ausgabe Mai 1957 waren folgende Farben festgelegt:

gelb	Außenleiter R
grün	Außenleiter S
violett	Außenleiter T
schwarz oder grau	Schutzerde
schwarz oder grau mit weißen Querstreifen	vereinigte Schutz- und Betriebserde
weiß mit schwarzen oder grauen Querstreifen	Betriebserde

Die genannte Norm wurde überarbeitet. Danach sind seit Januar 1975 die Außenleiter nicht mehr farbig zu kennzeichnen, sondern mit alphanumerischen Zeichen zu versehen **(Tabelle 12.9)**. Die Isolation der Schienen oder Leiter soll vorzugsweise in schwarz oder braun ausgeführt werden. Es ist zulässig, den Neutralleiter blau zu kennzeichnen. Schutzleiter und PEN-Leiter müssen grün-gelb gekennzeichnet werden. Die Einzelfarben grün und gelb dürfen nicht verwendet werden. Ebenso sind alle zweifarbigen Kennzeichnungen (außer grün-gelb) nicht zulässig. Die Farbkennzeichnung muss durch geschlossene Streifen von 15 mm bis 100 mm Breite erfolgen.

Leiterbezeichnung	Kennzeichnung		
	alphanumerisch	Symbol	Farbe
Drehstrom-Außenleiter 1 Drehstrom-Außenleiter 2 Drehstrom-Außenleiter 3 Neutralleiter	L1 L2 L3 N		 bl
Gleichstrom Positiv Gleichstrom Negativ Mittelpunktsleiter	L+ L− M		 bl
Schutzleiter PEN-Leiter	PE PEN	⏚	gn-ge gn-ge

Tabelle 12.9 Alphanumerische und farbliche Kennzeichnung von Schienen

Für „Fabrikfertige Schaltgeräte-Kombinationen" gilt nach DIN EN 60439-1 (VDE 0660-500) bezüglich der Farbkennzeichnung:

Außenleiter und Neutralleiter sind vorzugsweise gleichfarbig in beliebiger Farbe auszuführen. Schutzleiter und PEN-Leiter sind in einer anderen Farbe zu halten als die Außenleiter und der Neutralleiter; eine Kennzeichnung grün-gelb ist zulässig. Die Anschlussstelle für den Schutzleiter bzw. PEN-Leiter ist gn-ge oder mit dem Schutzleiter-Kennzeichen ⏚ zu versehen.

Für Kleinverteilungen – hierzu gehören Zählertafeln – gilt nach DIN VDE 0606 bezüglich der Farbkennzeichnung das für „Fabrikfertige Schaltgeräte-Kombinationen" Gesagte sinngemäß.

Für Bearbeitungs- und Verarbeitungsmaschinen gilt nach DIN EN 60204-1 (VDE 0113-1) bezüglich der Farbkennzeichnung:

- bei mehradrigen Leitungen und Kabeln ist die Kennzeichnung nach DIN VDE 0293 vorzunehmen
- bei einadrigen Leitungen und Kabeln sind folgende Farben zu wählen:
  - Schutzleiter   grün-gelb
  - PEN-Leiter   grün-gelb
  - Neutralleiter   blau
  - Hauptstromkreise   schwarz (Wechsel- und Gleichspannung)
  - Steuerstromkreise   rot bei Wechselspannung
                          blau bei Gleichspannung
  - Verriegelungsstromkreise   orange (Wechsel- und Gleichspannung)

In **Bild 12.5** sind für verschiedene Anlageteile und Verlegearten die jeweils nach DIN VDE 0293 in Verbindung mit DIN IEC 757 sowie DIN 40705 geforderten Farbkennzeichnungen dargestellt.

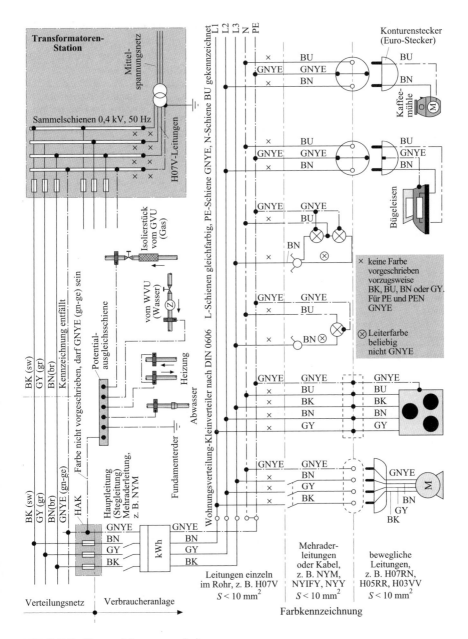

Bild 12.5 Farbkennzeichnung von Leitern

Bei Texten und Beschreibungen, in Zeichnungen und Schaltplänen werden häufig Kurzzeichen verwendet. Im Zuge der internationalen Normung sollen die Kurzbezeichnungen für die verschiedenen Farben festgelegt werden. Nach DIN IEC 757 gelten seit 01. 07. 1986 die in **Tabelle 12.10** dargestellten Kurzzeichen..

Farbe	Kurzzeichen		Englischer Ausdruck, von dem das Kurzzeichen abgeleitet ist
	DIN 47002	DIN IEC 757	
schwarz	sw	BK	Black
braun	br	BN	Brown
rot	rt	RD	Red
orange	or	OG	Orange
gelb	ge	YE	Yellow
grün	gn	GN	Green
blau	bl	BU	Blue
violett	vi	VT	Violet
grau	gr	GY	Grey
weiß	ws	WH	White
rosa	rs	PK	Pink
gold	–	GD	Gold
türkis	tk	TQ	Turquoise
silber	–	SR	Silver
grün-gelb	gn-ge	GNYE	Green-and-Yellow

Tabelle 12.10 Code zur Farbkennzeichnung

12.11 Allgemeines zum Verlegen von Kabeln und Leitungen – Teil 520

Grundsätzlich gilt für das Verlegen von Kabeln und Leitungen als Schutzziel:
Kabel und Leitungen sind so auszuwählen und anzuordnen, dass eine Gefährdung von Personen und der Umgebung ausgeschlossen ist.
Hierzu gehören in erster Linie:
- die Auswahl von Kabeln und Leitungen nach den einschlägigen DIN-VDE-Normen der Gruppe 2 „Energieleiter"
- die Verwendung von Zubehör, wie es die Beanspruchung erfordert

Für Kabel kommen als Leitermaterial Kupfer und Aluminium zur Anwendung. Für Leitungen gelangt in der Regel nur Kupfer, in Ausnahmefällen auch Aluminium, zur Verwendung. Für Kabel kommt häufig auch Aluminium als Leitermaterial als massiver Einzelleiter von 25 mm^2 bis 185 mm^2 zur Anwendung. Bei Kabeln und Leitungen aus

Kupfer werden die Leiter je nach Querschnitt und Verwendungszweck eingesetzt als:
- eindrähtiger Leiter
- mehrdrähtiger Leiter
- feindrähtiger Leiter ⎱ für flexible Leitungen!
- feinstdrähtiger Leiter ⎰

Bei dem Leitermaterial Aluminium sind fein- und feinstdrähtige Leiter nicht möglich. Die von den Herstellern angebotenen Leiter-Typen aus Kupfer sind in **Tabelle 12.11** dargestellt. Bei der Auswahl sind die Listen der Hersteller zu beachten; sie können von Tabelle 12.11 abweichen.

Querschnitt in mm^2	eindrähtiger Leiter $\varnothing$ in mm	mehrdrähtiger Leiter Anzahl $\times \varnothing$ in mm	feindrähtiger Leiter Anzahl $\times \varnothing$ in mm	feinstdrähtiger Leiter Anzahl $\times \varnothing$ in mm
0,5	0,80		16 × 0,20/28 × 0,15	256 × 0,05
0,75	0,98		24 × 0,20/42 × 0,15	384 × 0,05
1,0	1,13		32 × 0,20	512 × 0,05
1,5	1,38	7 × 0,52	30 × 0,25	392 × 0,07
2,5	1,78	7 × 0,67	50 × 0,25	651 × 0,07
4	2,26	7 × 0,85	56 × 0,30/82 × 0,25	510 × 0,10
6	2,76	7 × 1,05	84 × 0,30	764 × 0,10
10	3,57	7 × 1,35	80 × 0,40	320 × 0,20
16	4,51	7 × 1,70	128 × 0,40	512 × 0,20
25	–	7 × 2,13	200 × 0,40	796 × 0,20
35	–	7 × 2,52/19 × 1,53	280 × 0,40	1115 × 0,20
50	–	7 × 3,02/19 × 1,83	400 × 0,40	1592 × 0,20
70	–	19 × 2,17	560 × 0,40	1427 × 0,25
95	–	19 × 2,52	485 × 0,50	1936 × 0,25
120	–	19 × 2,84/37 × 2,03	614 × 0,50	2445 × 0,25
150	–	37 × 2,27	765 × 0,50	2123 × 0,30
185	–	37 × 2,52	944 × 0,50	2618 × 0,30
240	–	37 × 2,87/61 × 2,24	1225 × 0,50	3396 × 0,30

Tabelle 12.11 Leiterarten (Anzahl × Durchmesser); Angaben aus Normen bzw. Hersteller-Listen

Mehr-, fein- und feinstdrähtige Leiter müssen gegen Abspleißen oder Abquetschen einzelner Drähte an den Anschlussstellen geschützt werden. Verlöten und Verzinnen der Leiterenden sind bei Schraubklemmen und bei betriebsbedingten Erschütterungen (Vibrationen) unzulässig. Die Verwendung von Press- oder Quetschhülsen hat sich bisher ausgezeichnet bewährt.

Für Kabel und Leitungen sind bei der Verlegung „Biegeradien" vorgeschrieben, die nicht unterschritten werden sollten, da bei einer Verringerung der zulässigen Biegeradien mit der Verkürzung der Lebensdauer zu rechnen ist. Die für Kabel zugelassenen Biegeradien sind in **Tabelle 12.12** aufgezeigt. Dabei kann beim einmaligem Biegen über eine Schablone, Erwärmung des Kabels auf 30 °C und fachgerechter Verlegung der in Tabelle 12.12 genannte Biegeradius auf die Hälfte verringert werden. Für nicht harmonisierte Leitungen sind die kleinsten Biegeradien in **Tabelle 12.13** angegeben.

Kabel	papierisolierte Kabel		Kunststoffkabel $U_0 = 0{,}6$ kV
	mit Bleimantel oder gewelltem Al-Mantel	mit glattem Al-Mantel	
einadrig	$25 \times D$	$30 \times D$	$15 \times D$
mehradrig vieladrig	$15 \times D$	$25 \times D$	$12 \times D$
D ist der Außendurchmesser			

Tabelle 12.12 Zulässige Biegeradien für Kabel (Quelle: DIN VDE 0298-1:1982-11; Norm ist zurückgezogen)

Leitungsart	Leitungsdurchmesser in mm			
	$D \leq 8$	$8 < D \leq 12$	$12 < D \leq 20$	$D > 20$
Leitungen für feste Verlegung	$4 \times D$			
flexible Leitungen • bei fester Verlegung • bei freier Bewegung • bei Einführungen	$3 \times D$ $3 \times D$ $3 \times D$	$3 \times D$ $4 \times D$ $4 \times D$	$4 \times D$ $5 \times D$ $5 \times D$	$4 \times D$ $5 \times D$ $5 \times D$
bei zwangsweiser Führung wie • Trommelbetrieb • Leitungswagen • Schleppketten • Rollenumlenkung	$5 \times D$ $3 \times D$ $4 \times D$ $7{,}5 \times D$	$5 \times D$ $4 \times D$ $4 \times D$ $7{,}5 \times D$	$5 \times D$ $5 \times D$ $5 \times D$ $7{,}5 \times D$	$6 \times D$ $5 \times D$ $5 \times D$ $7{,}5 \times D$
D ist der Außendurchmesser der Leitung oder die Dicke der Flachleitung				

Tabelle 12.13 Zulässige Biegeradien für nicht harmonisierte Leitungen (Quelle: DIN VDE 0298-3:1983-08)

Für harmonisierte Leitungen sind die zulässigen Biegeradien in DIN VDE 0298-300 „Leitlinien für harmonisierte Leitungen" der Deutschen Fassung des HD 516 S1:1990 festgelegt. Dabei sind die kleinsten zulässigen Biegeradien bei einer Leitertemperatur von 20 °C ± 10 K angegeben. **Tabelle 12.14** zeigt die Biegeradien für kunststoff-isolierte und gummi-isolierte Leitungen für feste Verlegung, **Tabelle 12.15** die Biegeradien von flexiblen Leitungen.

Verwendung	Leitungsdurchmesser in mm			
	$D \leq 8$	$8 < D \leq 12$	$12 < D \leq 20$	$D > 20$
übliche Verwendung	$4 \times D$	$5 \times D$	$6 \times D$	$6 \times D$
vorsichtige Biegung	$2 \times D$	$3 \times D$	$4 \times D$	$4 \times D$

D ist der Außendurchmesser bei runden Leitungen oder die kleinere Abmessung bei flachen Leitungen

Tabelle 12.14 Zulässige Biegeradien für harmonisierte Leitungen bei fester Verlegung (Quelle: DIN VDE 0298-300:2004-02)

Verwendung	Leitungsdurchmesser in mm			
	$D \leq 8$	$8 < D \leq 12$	$12 < D \leq 20$	$D > 20$
PVC-isolierte Leitungen nach DIN VDE 0281				
fest verlegt	$3 \times D$	$3 \times D$	$4 \times D$	$4 \times D$
frei beweglich	$5 \times D$	$5 \times D$	$6 \times D$	$6 \times D$
an der Einführung ortsveränderlicher Betriebsmittel				
• ohne mechanische Beanspruchung	$5 \times D$	$5 \times D$	$6 \times D$	$6 \times D$
• mit mechanischer Beanspruchung	$9 \times D$	$9 \times D$	$9 \times D$	$10 \times D$
girlandenförmig wie bei Portalkränen	$10 \times D$	$10 \times D$	$11 \times D$	$12 \times D$
bei wiederholten Wickelvorgängen	$7 \times D$	$7 \times D$	$8 \times D$	$8 \times D$
umgelenkt über Umlenkrollen	$10 \times D$	$10 \times D$	$10 \times D$	$10 \times D$
Gummi-isolierte Leitungen nach DIN VDE 0282				
fest verlegt	$3 \times D$	$3 \times D$	$4 \times D$	$4 \times D$
frei beweglich	$4 \times D$	$4 \times D$	$5 \times D$	$6 \times D$
an der Einführung ortsveränderlicher Betriebsmittel				
• ohne mechanische Beanspruchung	$4 \times D$	$4 \times D$	$5 \times D$	$6 \times D$
• mit mechanischer Beanspruchung	$6 \times D$	$6 \times D$	$6 \times D$	$8 \times D$
girlandenförmig wie bei Portalkränen	$6 \times D$	$6 \times D$	$6 \times D$	$8 \times D$
bei wiederholten Wickelvorgängen	$6 \times D$	$6 \times D$	$6 \times D$	$8 \times D$
umgelenkt über Umlenkrollen	$6 \times D$	$8 \times D$	$8 \times D$	$8 \times D$

D ist der Außendurchmesser bei runden Leitungen oder die kleinere Abmessung bei flachen Leitungen

Tabelle 12.15 Zulässige Biegeradien für flexible harmonisierte Leitungen (Quelle: DIN VDE 0298-300:2004-02)

12.12 Anforderungen an die Verlegung von Kabeln und Leitungen

12.12.1 Installationszonen

Die Verlegung von Kabeln und Leitungen innerhalb von Bauwerken ist in DIN 18015 festgelegt. Unter Putz ist nur senkrechte und waagrechte Verlegung, parallel zu den Raumkanten, zulässig. Die Steckdosen sind im Wohnbereich in 30 cm, in der Küche in 105 cm Höhe vorgesehen. Schalter sind in Türklinkenhöhe, etwa in 105 cm, anzubringen (**Bild 12.6**). Einbaugeräte (Schalter, Steckdosen usw.) sind so anzuordnen, dass sie innerhalb der Installationszonen liegen.

Die Installationszonen (Z) bedeuten:

Waagrechte Installationszonen (ZW), 30 cm breit

- ZW-o, obere waagrechte Installationszone von 15 cm bis 45 cm unter der fertigen Deckenfläche
- ZW-u, untere waagrechte Installationszone von 15 cm bis 45 cm über der fertigen Fußbodenfläche
- ZW-m, mittlere waagrechte Installationszone von 90 cm bis 120 cm über der fertigen Fußbodenfläche

Senkrechte Installationszonen (ZS), 20 cm breit

- ZS-t, senkrechte Installationszonen an Türen von 10 cm bis 30 cm neben den Rohbaukanten
- ZS-f, senkrechte Installationszonen an Fenstern von 10 cm bis 30 cm neben den Rohbaukanten
- ZS-e, senkrechte Installationszonen an Wandecken von 10 cm bis 30 cm neben den Rohbaukanten

Oberhalb von Fenstern entfällt die obere Installationszone (ZW-o), wenn das Fenster zu hoch angeordnet ist, wie in Bild 12.6 b) gezeigt.

Von den festgelegten Installationszonen darf abgewichen werden, wenn die elektrischen Leitungen

- in den Wänden in Schutzrohren verlegt werden und eine Überdeckung der Schutzrohre von mindestens 6 cm sichergestellt ist
- in Wandbau-Fertigteilen untergebracht sind, bei denen eine nachträgliche Beschädigung der Leitungen weitgehend ausgeschlossen ist

Installationszonen für Fußböden und Deckenflächen sind nicht festgelegt, d. h., Leitungen können in diesen Flächen auf kürzestem Weg – auch schräg – geführt werden.

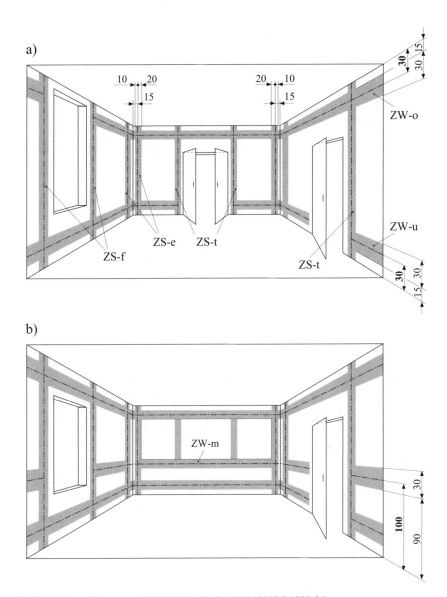

Bild 12.6 Leitungsführung nach DIN 18015 (Quelle: DIN 18015-3:1990-04)
a) Installationszonen und Vorzugsmaße (**halbfett gesetzt**) für Räume ohne Arbeitsflächen an den Wänden
b) Installationszonen und Vorzugsmaße (**halbfett gesetzt**) für Räume mit Arbeitsflächen an den Wänden, z. B. Küchen; nicht angegebene Maße wie Bild 12.6 a)

221

12.12.2 Verdrahtungsleitungen

Verdrahtungsleitungen dienen zur internen Verdrahtung von Geräten, z. B. Leuchten, Verteilertafeln, Schaltschränken usw. Bei ihrer Auswahl müssen hauptsächlich die thermischen Anforderungen berücksichtigt werden.

12.12.3 Aderleitungen

Aderleitungen werden in erster Linie in Elektro-Installationsrohren und Elektro-Installationskanälen angewendet. Sie sind auch für die interne Verdrahtung von Geräten geeignet.

12.12.4 Stegleitungen

Stegleitungen dürfen nur in trockenen Räumen in und unter Putz verlegt werden, wobei im gesamten Verlauf eine Putzabdeckung von 4 mm bestehen muss. In Hohlräumen von Decken und Wänden aus unbrennbaren Baustoffen (z. B. Beton, Stein) ist eine Putzabdeckung nicht erforderlich.

Die Verlegung von Stegleitungen ist nicht zulässig:

- auf brennbaren Baustoffen, wie z. B. Holz, auch wenn eine Putzabdeckung vorhanden ist
- in Elektro-Installationskanälen

Die Befestigung darf nur so erfolgen, dass eine Formänderung oder Beschädigung der Isolierung ausgeschlossen ist. Zur Befestigung sind Gipspflaster, Klebeschellen oder Nägel mit Isolierstoffunterlage zu verwenden. Hakennägel bzw. normale Nägel (krumm geschlagen) sind als Befestigungsmaterial ungeeignet. Eine Bündelung von Stegleitungen ist nicht zulässig; ausgenommen sind die Einführungsstellen in Verteilungen. Abzweig- und Verteilungsdosen dürfen nur aus Isolierstoff sein.

12.12.5 Mantelleitungen

Mantelleitungen dürfen in trockenen und feuchten Räumen auf Putz, in Putz und unter Putz verlegt werden. Die Befestigung mit krumm geschlagenen Nägeln, Hakennägeln oder ähnlichen Befestigungsmitteln ist nicht zulässig.

12.12.6 Flexible Leitungen

Flexible Leitungen dienen zum Anschluss von ortsveränderlichen, also beweglichen und begrenzt beweglichen Betriebsmitteln. Verwendet werden Kunststoff- oder Gummi-Schlauchleitungen, aber auch Pendel- und Aderschnüre aus Gummi oder Kunststoff.

12.12.7 Kabel

Kabel für Niederspannung sind immer für eine Spannung von $U_0/U = 0{,}6/1$ kV gebaut. Die papierisolierten, massegetränkten Kabel wurden durch kunststoffisolierte Kabel mit Kunststoffmantel weitgehend ersetzt.

12.13 Verlegung von Kabeln und Leitungen

12.13.1 Elektroinstallationsrohrsysteme für elektrische Installationen

Elektroinstallationsrohrsysteme inklusive Rohre und Zubehör sind nach der Reihe DIN EN 50086 (VDE 0605) genormt. In Teil 1 sind die Allgemeinen Festlegungen getroffen, die weiteren Teile der Norm gelten für:
- starre Rohrsysteme – DIN EN 50086-2-1 (VDE 0605-2-1)
- biegsame Rohrsysteme – DIN EN 50086-2-2 (VDE 0605-2-2)
- flexible Rohrsysteme – DIN EN 50086-2-3 (VDE 0605-2-3)
- erdverlegte Rohrsysteme – DIN EN 50086-2-4 (VDE 0605-2-4) nehmen eine Sonderstellung ein und sind in Abschnitt 12.13.6 behandelt

Die Rohrsysteme dienen zum Schutz und zur Führung von isolierten Leitungen sowie Kabeln und Leitungen in elektrischen Installationen oder Kommunikationssystemen bis AC 1000 V und DC 1500 V. Die Normen sind anwendbar für metallene, nichtmetallene und Rohrsysteme in gemischter Bauweise und beinhalten auch die Anschlüsse und Verbindungen mit und ohne Gewinde.

Die Rohrsysteme müssen verschiedene Eigenschaften aufweisen und dabei bestimmte Forderungen und Prüfungen erfüllen. Eingeteilt werden die Eigenschaften in:
- mechanische Eigenschaften, wie Widerstand gegenüber Druckbelastung, Schlagbeanspruchung und Biegung sowie die Zugfestigkeit und Hängelast-Aufnahmefähigkeit
- zulässige Temperaturen, mit Angaben über Mindest- und Höchsttemperaturbereich
- elektrische Eigenschaften, wie leitende Eigenschaften und Isolationseigenschaften
- Widerstand gegen äußere Einflüsse, wie Schutz gegen Wasser und Fremdkörper
- Widerstand gegen Flammenausbreitung, wie nicht flammenausbreitend und flammenausbreitend

Zur Kennzeichnung der Eigenschaften wurde ein zwölfstelliger „Klassifizierungscode für Elektroinstallationsrohrsysteme" eingeführt. Er kann DIN EN 50086-1 (VDE 0605-1) Anhang A entnommen werden. Die Kennzeichnung muss dauerhaft lesbar sein. Sie kann durch Einpressen, Prägen, Gravieren, Bedrucken, Aufklebeetiketten oder Abziehbilder aufgebracht werden.

Auf dem Produkt (Elektroinstallationsrohr) muss der Name oder das Warenzeichen des Herstellers oder verantwortlichen Vertreibers und auch ein Produkterkennungszeichen angegeben sein. Hinzu kommt ein mindestens vierstelliger Code, d. h. vier Ziffern, die die wichtigsten Eigenschaften des Rohrsystems beschreiben. Die Ziffern an den verschiedenen Stellen bedeuten:

- Erste Stelle: Druckfestigkeit

  1 sehr leichte Druckfestigkeit (Druckkraft   125 N)
  2 leichte Druckfestigkeit (Druckkraft   320 N)
  3 mittlere Druckfestigkeit (Druckkraft   750 N)
  4 schwere Druckfestigkeit (Druckkraft   1250 N)
  5 sehr schwere Druckfestigkeit (Druckkraft   4000 N)

  Bei der Prüfung wird ein 200 mm langes Rohr auf einer Länge von 50 mm der angegebenen Prüfkraft für eine Zeit von 60 s ausgesetzt, wobei es sich um nicht mehr als 25 % verformen darf. Nach Entfernen der Kraft darf die Verformung nicht mehr als 10 % betragen.

- Zweite Stelle: Schlagfestigkeit

  1 sehr leichte Schlagfestigkeit (Fallgewicht 0,5 kg, Fallhöhe 100 mm)
  2 leichte Schlagfestigkeit (Fallgewicht 1,0 kg, Fallhöhe 100 mm)
  3 mittlere Schlagfestigkeit (Fallgewicht 2,0 kg, Fallhöhe 100 mm)
  4 schwere Schlagfestigkeit (Fallgewicht 2,0 kg, Fallhöhe 300 mm)
  5 sehr schwere Schlagfestigkeit (Fallgewicht 6,8 kg, Fallhöhe 300 mm)

  Nach Abkühlung auf die minimale Dauergebrauchstemperatur wird das Rohr oder Zubehörteil durch das Fallgewicht bei der angegebenen Fallhöhe beansprucht. Dabei dürfen keine Bruchstellen, Deformationen oder Risse entstehen.

- Dritte Stelle: Minimale Transport-, Dauergebrauchs- und Installationstemperatur siehe **Tabelle 12.16**

Dritte Ziffer	Dauer- und Gebrauchstemperatur		
	minimal	Vierte Ziffer	maximal
1	+ 5 °C	1	+ 60 °C
2	− 5 °C	2	+ 90 °C
3	− 15 °C	3	+105 °C
4	− 25 °C	4	+120 °C
5	− 45 °C	5	+150 °C
		6	+250 °C
		7	+400 °C

Tabelle 12.16   Temperaturbereiche für Elektroinstallationsrohrsysteme

- Vierte Stelle: Maximale Dauergebrauchs- und Installationstemperatur siehe Tabelle 12.16

Beispiel:

Ein Elektroinstallationsrohr trägt folgende Angaben (Hersteller, Produktinformationen und Zifferncode):

FPKu-EM-F 25 3322

Hersteller

F   Fränkische

Produktinformationen

P   Panzerrohr
Ku   Kunststoff
E   Europäische Norm
M   Mittlere Druckfestigkeit
F   Flammwidrig
25   Nenngröße bzw. Außendurchmesser

Zifferncode

3   Mittlere Druckfestigkeit
3   Mittlere Schlagfestigkeit
2   Für −5 °C Dauer- und Gebrauchstemperatur (minimal)
2   Für +90 °C Dauer- und Gebrauchstemperatur (maximal)

Die technischen Angaben für die restlichen Ziffern des Codes, also die Ziffern fünf bis zwölf, müssen, soweit sie zutreffen, in den Herstellerkatalogen angegeben sein.

Flammenausbreitende Elektroinstallationsrohre und deren Zubehör müssen orange eingefärbt sein. Nicht flammenausbreitende Materialien dürfen jede Farbe, außer Gelb, Orange oder Rot haben.

Die Nennweiten der Rohre (Außendurchmesser) sind nach DIN EN 60423 „Elektroinstallationsrohre" festgelegt. Die gängigsten Außendurchmesser sind: 16, 20, 25, 32 40, 50 und 63 mm. Als Gewinde kommen die entsprechenden metrischen Gewinde M 16, M 20 usw. zur Anwendung. Der Mindestinnendurchmesser eines Elektroinstallationsrohrsystems muss vom Hersteller angegeben werden.

Elektroinstallationsrohre aus nicht flammwidrigen Kunststoffen müssen in ihren gesamten Verlauf mit Putz, Beton oder ähnlichen nicht brennbaren Baustoffen bedeckt sein. Bei Verlegung im Freien müssen Elektroinstallationsrohre aus Kunststoff UV-stabilisiert sein. Elektroinstallationsrohre aus flammwidrigen Kunststoffen dürfen auf Putz verlegt werden und müssen entsprechend gekennzeichnet sein.

Die Rohrsysteme sollten so angeordnet werden, dass möglichst wenig Richtungsänderungen auftreten. Bei nicht zugänglichen Elektroinstallationsrohren mit Längen

> 15 m und mit mehr als zwei Richtungsänderungen sollten Durchzugskästen/Durchzugsdosen vorgesehen werden.

Die Nennweite der Rohre ist so zu wählen, dass beim Einziehen der Leitungen keine Beschädigungen zu erwarten sind. Die maximale Belegung mit Kabeln und Leitungen der verschiedenen Rohrtypen wie z. B.

- dickwandige Rohre
- dünnwandige Rohre

sind Herstellerunterlagen zu entnehmen, oder der Hersteller ist zu befragen. Als Richtwerte können die Angaben eines Herstellers dienen, die in **Tabelle 12.17** wiedergegeben sind. Die Auswahl von Elektroinstallationsrohren, hinsichtlich der Mindestdruckfestigkeit, unter Berücksichtigung des Verlegeorts nach DIN VDE 0100-520 (VDE 0100-520), hat nach **Tabelle 12.18** zu erfolgen.

Für weitere, andere Verlegeorte/Verlegearten ist die Tabelle 12.18 sinngemäß anzuwenden.

Zum Schutz flexibler Anschlussleitungen für Geräte, Maschinen und dergleichen sind zulässig:

- Kunststoffschutzschläuche
- Metallschutzschläuche ohne Kunststoffauskleidung
- Metallschutzschläuche mit Kunststoffauskleidung

Metallschutzschläuche dürfen nicht als Schutzleiter verwendet werden, sind aber in die Schutzmaßnahme – zum Schutz bei indirektem Berühren – einzubeziehen. Sie müssen fabrikationsmäßig so ausgeführt sein, dass ein Schutzleiteranschluss möglich ist.

12.13.2 Verlegung in Elektro-Installationskanälen

Im Handel wird eine Vielzahl von Kanälen angeboten, z. B.:

- Brüstungskanäle
- Fensterbankkanäle
- Sockelleistenkanäle
- Installationskanäle
- Verdrahtungskanäle
- Unterflurkanäle

vor allem aus Kunststoff, aber auch aus Aluminium oder Stahl. Neben den Zubehörteilen, wie End-Stücken, T-Stücken, Kreuz-Stücken, Kupplungen und dgl., gibt es auch Kanäle, die Einbaugeräte aufnehmen können, wie:

Anzahl der Leiter	dünnwandige Rohre, maximale Belegung mit NYM Querschnitt in mm^2					
	1,5	2,5	4	6	10	16
1	16	16	16	16	20	20
2	20	25	25	32	32	32
3	20	25	25	32	32	40
4	25	25	32	32	40	50
5	25	25	32	32	40	50
Anzahl der Leiter	dickwandige Rohre, maximale Belegung mit H07V-U Querschnitt in mm^2					
	1,5	2,5	4	6	10	16
1	16	16	16	16	16	20
2	16	16	16	20	25	25
3	16	20	20	20	25	32
4	20	20	20	25	32	40
5	20	20	25	25	32	40

Tabelle 12.17 Zuordnung von Kabeln und Leitungen zu Installationsrohrsystemen (Angaben eines Herstellers)

Verlegeart	Klassifizierungscode nach DIN EN 50086 (Mindestanforderung der Druckfestigkeit)
in Beton	3
auf Putz	2
in Hohlwand/auf Holz	2
in und auf brennbaren Materialien	2
im Putz und unter Putz	2
unter Estrich	2
in Heißasphalt	3
in baulichen Hohlräumen	2
in abgehängten Decken	2
in Erde	3
im Außenbereich/im Freien	2

Tabelle 12.18 Auswahl von Elektroinstallationssystemen hinsichtlich der Druckbeanspruchung (Quelle: DIN VDE 0100-520:2003-06)

- Schalter
- Steckdosen (Schutzkontakt-, Perilex- und Steckdosen für den industriellen Bereich)
- Telefonsteckdosen
- Antennendosen
- Lautsprecherdosen usw.

In allen Anwendungsfällen sind die jeweiligen Vorschriften der Hersteller zu beachten. Ansonsten gelten dieselben Verlegebedingungen wie für Elektro-Installationsrohre, wobei zusätzlich besonders geachtet werden sollte auf:

- Reduzierung der Belastung (Herstellerangaben beachten)
- Schutz gegen direktes Berühren muss auch bei geöffnetem Kanal gewährleistet sein
- Einbaugeräte dürfen den Platz für Leitungen nicht so verringern, dass eine Gefährdung entsteht
- Starkstromleitungen müssen von Fernmeldeleitungen entweder durch Stege getrennt sein oder es ist ein Abstand von mindestens 10 mm einzuhalten (gilt nicht für Mantelleitungen und Kabel)

12.13.3 Verlegung in unterirdischen Kanälen und Schutzrohren

In unterirdischen Kanälen dürfen nur:

- Kabel
- schwere Gummischlauchleitungen
- Leitungstrossen

und Leitungen ähnlicher Bauart verlegt werden. In unterirdischen Schutzrohren dürfen Mantelleitungen, z. B. NYM und NYBUY, nur dann verlegt werden, wenn die Leitung zugänglich und auswechselbar bleibt, das Rohr mechanisch fest ist und das Eindringen von Flüssigkeiten (Wasser) nicht möglich ist.

12.13.4 Verlegung in Beton

Aderleitungen müssen nach Klassifizierungscode 3 ausgewählt werden. Es sind nur Dosen und Kästen aus Kunststoff zugelassen, wobei Rohre, Dosen und Kästen ein lückenloses System bilden müssen.

Mantelleitungen dürfen nicht direkt im Beton verlegt werden, wenn es sich um mechanisch verdichteten Beton (Rüttel-, Stampfbeton) handelt. Sie müssen dem Klassifizierungscode 3 entsprechen.

Die Verlegung in vorgesehenen Aussparungen und das Bedecken mit Beton in einer unterputzverlegungsähnlichen Art ist zulässig.

Kabel dürfen ohne zusätzlichen Schutz verlegt werden.

12.13.5 Verlegung von Kabeln in Erde

Kabel dürfen – im Gegensatz zu Leitungen – im Erdreich verlegt werden. Sie sind mindestens 0,6 m unter der Erdoberfläche (0,8 m unter Straßen) auf glatter, steinfreier Grabensohle zu verlegen. Ein zusätzlicher Schutz durch Abdeckung (Backsteine, Holzbretter, Kabelhauben, Betonplatten usw.), wie früher üblich, wird nicht gefordert und wird nur noch selten durchgeführt. Bewährt hat sich stattdessen der Einsatz von Trassenwarnbändern aus Kunststoff.

12.13.6 Verlegung von Kabeln an Decken, auf Wänden und auf Pritschen

Kabel und Kabelbündel sind so zu befestigen, dass sie die mechanischen Beanspruchungen aufnehmen können und dass Beschädigungen durch Druckstellen infolge der Wärmedehnung vermieden werden. Einadrige Kabel müssen außerdem so befestigt werden, dass durch die Auswirkungen von Kurzschlussströmen (Stoßkurzschlussstrom) keine Beschädigungen auftreten.

Als Richtwerte für die Befestigung von Kabeln sind zu nennen:

- Kabel an Decken und bei waagrechtem Verlauf an Wänden sind ordnungsgemäß und mit geeigneten Schellen zu befestigen. Die Schellenabstände dürfen maximal betragen (mit D = Kabeldurchmesser):
  - $20 \times D$ für unbewehrte Kabel
  - $(30 \ldots 35) \times D$ für bewehrte Kabel

  wobei ein Abstand von maximal 80 cm nicht überschritten werden darf.

- Kabel auf Pritschen erfordern Auflagestellen, die oben genannte Abstände nicht überschreiten dürfen.

- Kabel können bei senkrechtem Verlauf an Wänden mit größeren Schellenabständen befestigt werden. Ein maximaler Schellenabstand von 1,5 m darf nicht überschritten werden.

- Einadrige Kabel können:
  - einzeln verlegt und befestigt werden
  - systemweise gebündelt und befestigt werden

  Bei der Auswahl von Schellen für die Einzelbefestigung von einadrigen Kabeln bei Wechsel- und Drehstromsystemen ist darauf zu achten, dass kein magnetisch geschlossener Eisenkreis entsteht (Wirbelstromverluste). Es sind deshalb vorzugsweise Schellen aus Kunststoff oder nicht magnetischen Werkstoffen zu verwenden. Schellen aus Stahl sind nur zulässig, wenn kein magnetisch geschlossener Kreis entsteht.

Richtwerte für die Abstände von Befestigungsmitteln bei leicht zugänglichen Leitungen sind in DIN VDE 0298-300 „Leitfaden für die Verwendung harmonisierter Niederspannungsstarkstromleitungen" festgelegt (**Tabelle 12.19**).

Außendurchmesser der Leitungen	maximale Abstände der Befestigungsmittel	
D mm	waagrecht mm	senkrecht mm
≤ 9	250	400
> 9 ≤ 15	300	400
> 15 ≤ 20	350	450
> 20 ≤ 40	400	550

Tabelle 12.19 Abstand der Befestigungsmittel bei leicht zugänglichen Leitungen
(Quelle: DIN VDE 0298-300:2004-02)

12.13.7 Zugbeanspruchungen für Kabel und Leitungen

Bei Kabeln und Leitungen ist darauf zu achten, dass bei der Verlegung, z. B. beim Einziehen in Rohre, die maximal zulässige Zugbeanspruchung nicht überschritten wird. Wenn die Beanspruchung überschritten wird, ist damit zu rechnen, dass Kabel oder Leitungen so beschädigt werden, dass mit einer wesentlichen Verkürzung der Lebensdauer zu rechnen ist.

Beim Einziehen von Kabeln mittels Ziehkopf an den Leitern wird als maximale Zugspannungen zugelassen für:

- Kabel mit Kupferleitern $\quad \sigma = 50$ N/mm^2
- Kabel mit Aluminiumleitern $\quad \sigma = 30$ N/mm^2

Die Zugkraft für ein Kabel wird aus der Summe der Leiterquerschnitte ohne Ansatz des Querschnitts von Schirmen oder konzentrischen Leitern ermittelt.

$$P = \sigma \cdot S \qquad (12.5)$$

Es bedeuten:

P maximal zulässige Zugkraft eines Kabels in N

σ zulässige Zugspannung in N/mm^2

S Summe der Leiterquerschnitte in mm^2 (ohne Schirme bzw. konzentrische Leiter)

Beispiel:

Ein Kunststoff-Ceanderkabel der Bauart NYCWY $3 \times 70/70$ mm^2 darf mit maximal:

$$P = \sigma \cdot S = 50 \text{ N/mm}^2 \cdot (3 \times 70 \text{ mm}^2) = 10500 \text{ N} = 10{,}5 \text{ kN}$$

belastet werden.

Dies gilt auch für:

- Kunststoffkabel ohne Metallmantel und ohne Bewehrung, die mittels Ziehstrumpf verlegt werden
- drei Einleiterkabel, die mittels gemeinsamen Ziehstrumpfs eingezogen werden, wobei bei drei verseilten einadrigen Kabeln drei Kabel und bei drei nicht verseilten einadrigen Kabeln nur zwei Kabel angesetzt werden dürfen.

Bei Kabeln mit Metallmantel oder Bewehrung wird beim Einziehen mittels Ziehstrumpfs keine kraftschlüssige Verbindung erreicht, sodass die Zugkräfte reduziert werden müssen.

Für Leitungen gelten folgende Zugspannungen:

- $\sigma = 50$ N/mm^2 bei der Montage von Leitungen für fest Verlegung
- $\sigma = 15$ N/mm^2 bei der Montage von flexiblen Leitungen bei fester Verlegung und beim Betrieb von Leitungen für ortsveränderliche Betriebsmittel

Auch hier werden Schirme, konzentrische Leiter, aufgeteilte Schutzleiter, Steueradern und Überwachungsleiter nicht berücksichtigt.

Diese Werte gelten bis zu einem Höchstwert von 1000 N für die Zugbeanspruchung aller Leiter, sofern der Leitungshersteller keine abweichenden Werte angibt.

12.13.8 Kabelverlegung bei tiefen Temperaturen

Für die Kabelverlegung und die Garniturenmontage gelten als tiefste zulässige Temperaturen:

- + 5 °C   Massekabel
- – 5 °C   Kunststoffkabel mit PVC-Mantel
- – 20 °C   Kunststoffkabel mit PE-Mantel

Dies gilt für die Verlegung (Neuverlegung und Umlegung) sowie das Biegen der Kabel für die Endverschlussmontage und für Anschlussarbeiten aller Art.

Maßgebend ist dabei die Kabeltemperatur und nicht die Umgebungstemperatur an der Baustelle. Es ist zu empfehlen, bei tiefen Temperaturen die Kabel durch Lagerung in einem beheizten Raum aufzuwärmen. Bei einer Raumtemperatur von ungefähr +20 °C sind zum Aufwärmen für voll bewickelte Kabeltrommeln mindestens folgende Zeiten einzuhalten:

- 1-kV-Kabel auf Metalltrommel ≈ 24 Std.
- 1-kV-Kabel auf Holztrommel ≈ 48 Std.

Für den Transport muss die Trommel wärmedämmend verpackt werden, damit der Fahrtwind sie nicht wieder abkühlt. Während der gesamten Verlege- und Montagearbeiten ist darauf zu achten, dass die Kabeltemperatur nicht unter die oben genannten, für die Verlegung zulässigen Temperaturen absinkt.

12.14 Zusammenfassen der Leiter verschiedener Stromkreise

12.14.1 Aderleitungen in Elektro-Installationsrohren und Elektro-Installationskanälen

Hauptstromkreise und Hilfsstromkreise dürfen zusammen verlegt werden, wenn sie zusammengehören. Querschnitt und Spannung spielen dabei keine Rolle (**Bild 12.7**).

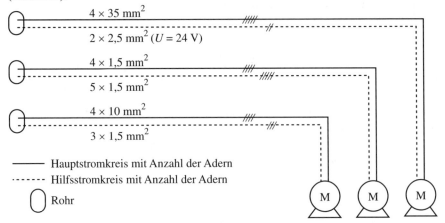

Bild 12.7 Zusammenfassen von Stromkreisen in Rohren und Kanälen

12.14.2 Mehraderleitungen und Kabel

Haupt- und Hilfsstromkreise dürfen auch bei mehreren Stromkreisen zusammen verlegt werden. Die Spannung spielt keine Rolle; bei unterschiedlicher Spannung der verschiedenen Stromkreise ist die höchste Spannung für die Bemessung maßgebend. Hinsichtlich des Querschnitts ist man vom Markt (Angebot) abhängig (**Bild 12.8**).

12.14.3 Haupt- und Hilfsstromkreise getrennt verlegt

Die Hauptstromkreise können in einer Mehraderleitung oder in einem Kabel verlegt werden, die Hilfsstromkreise dagegen in einem Rohr, in einer Mehraderleitung oder in einem Kabel (**Bild 12.9**).

Bild 12.8 Zusammenfassen von Haupt- und Hilfsstromkreisen

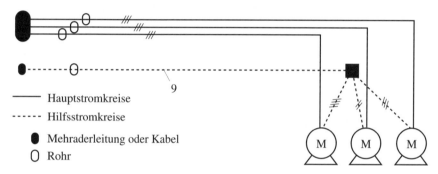

Bild 12.9 Getrennt verlegte Haupt- und Hilfsstromkreise

12.14.4 Stromkreise, die mit Kleinspannung SELV und PELV betrieben werden

SELV- und PELV-Stromkreise sollen nicht zusammengefasst werden. Dies gilt für Haupt- und Hilfsstromkreise.

12.14.5 Stromkreise mit unterschiedlicher Spannung

Bei unterschiedlichen Spannungen ist beim Zusammenfassen von Stromkreisen die höchste Spannung maßgebend. Die Isolation aller Leiter muss für diese Spannung bemessen sein.

12.14.6 Neutralleiter bzw. PEN-Leiter

Jeder Stromkreis muss seinen eigenen Neutral- bzw. PEN-Leiter erhalten. Eine Zusammenfassung der Leiter ist nicht zulässig.

12.14.7 Schutzleiter

Gegen einen gemeinsamen Schutzleiter ist nichts einzuwenden, vorausgesetzt, er entspricht bei unterschiedlichen Leiterquerschnitten dem größten erforderlichen Schutzleiter-Querschnitt.

12.15 Erdschluss- und kurzschlusssichere Verlegung

Kurzschlusssicher und erdschlusssicher sind Kabel und Leitungen dann, wenn bei bestimmungsgemäßen Betriebsbedingungen weder mit einem Kurzschluss noch mit einem Erdschluss zu rechnen ist. Als erd- und kurzschlusssichere Verlegung gelten:

a) Starre Leiter, die gegenseitiges Berühren und eine Berührung mit Erde ausschließen (**Bild 12.10**). Zum Beispiel Sammelschienen, Schienenverteiler

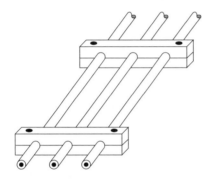

Bild 12.10 H07V-Leitung mit Abstandshalter

b) Einaderleitungen, die so verlegt sind, dass eine gegenseitige Berührung und eine Berührung mit Erde ausgeschlossen werden kann durch:
- Abstandshalter (**Bild 12.11**)
- Verlegung jedes einzelnen Leiters in jeweils einem Elektro-Installationsrohr (**Bild 12.12**)

c) Verlegung jedes einzelnen Leiters in jeweils einem Elektro-Installationskanal Einadrige Kabel und Mantelleitungen, z. B. NYY oder NYM, oder einadrige flexible Gummischlauchleitungen, z. B. H07RN-F (**Bild 12.13**).

d) Einaderleitungen für eine Nennspannung von mindestens 3 kV oder gleichwertige Ausführungen. NSGAFÖU (Sonder-Gummiaderleitung) nach DIN VDE 0250-602 mit einer Nennspannung von U_0/U = 1,8/3 kV gibt es von

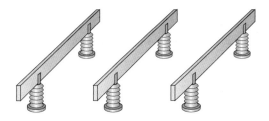

Bild 12.11 Sammelschienen

Bild 12.12 H07V-Leitung in Elektro-Installationsrohren

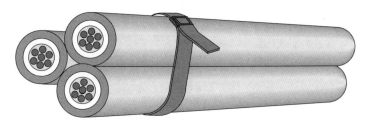

Bild 12.13 Einadrige Kabel bzw. Leitungen als:
- Kabel, z. B. NYY
- Mantelleitungen NYM
- Gummischlauchleitungen, z. B. H07RN-F
- Sonder-Gummiaderleitungen NSGAFÖU

1,5 mm² bis 10 mm² als eindrähtige Aderleitung und als mehrdrähtige Aderleitung von 16 mm² bis 300 mm². Die Betriebstemperatur beträgt 90 °C.

e) Kabel und Mantelleitungen, die nicht in der Nähe brennbarer Stoffe verlegt sind und bei denen die Gefahr einer mechanischen Beschädigung nicht gegeben ist, z. B. in abgeschlossenen elektrischen Betriebsstätten.

f) Kabel und Leitungen, die so verlegt sind, dass sie gefahrlos ausbrennen können.

12.16 Anschlussstellen und Verbindungen

Anschlüsse und Verbindungen von Anschluss- und Verbindungsklemmen mit Leitern und von Leitern untereinander müssen mit geeigneten Mitteln in dafür geeigneten Anschlussräumen ausgeführt werden.

Zur Verwendung gelangen:
- Schraubklemmen
- schraubenlose Klemmen
- Pressverbinder
- Steckverbinder

wobei auch Löten und Schweißen möglich sind.

Die Anschlussräume müssen, ebenso wie Verbindungsdosen oder -kästen, ausreichend groß dimensioniert werden. Hierzu sind die Festlegungen von DIN VDE 0606 zu beachten. Die Zuordnung der Klemmraumeinheit in cm^3 ist in Abhängigkeit von der maximalen Anzahl der Klemmen und der maximalen Anzahl der Leiter in **Tabelle 12.20** dargestellt.

Leiternenn-querschnitt mm^2	Zuordnung der Klemmraumeinheit in cm^3, in Abhängigkeit von der maximalen Anzahl der Klemmen und der maximalen Anzahl der Leiter						
	Leiternennquerschnitt mm^2	1,5	2,5	4	6	10	16
1,5	Anzahl der Klemmen Klemmraumeinheit Anzahl der Leiter	6 19 18					
2,5	Anzahl der Klemmen Klemmraumeinheit Anzahl der Leiter	6 19 18	5 23 15				
4	Anzahl der Klemmen Klemmraumeinheit Anzahl der Leiter	8 25 24	6 33 18	5 40 15			
6	Anzahl der Klemmen Klemmraumeinheit Anzahl der Leiter	10 30 30	8 38 24	6 50 18	5 60 15		
10	Anzahl der Klemmen Klemmraumeinheit Anzahl der Leiter	12 41 36	10 50 30	8 62 24	6 83 18	5 100 15	
16	Anzahl der Klemmen Klemmraumeinheit Anzahl der Leiter	18 46 54	15 55 45	12 68 36	8 103 24	6 137 18	5 165 15

Tabelle 12.20 Klemmraumeinheiten

Falls Zugentlastungen erforderlich sind, müssen sie vorhanden sein. Verknoten oder Festbinden der Leitungen, als Ersatz für eine Zugentlastung, ist nicht zulässig. An den Einführungsstellen der Kabel und Leitungen sind Maßnahmen zum Knickschutz durch trichterförmige Einführungen oder Einführungstüllen vorzusehen.

Bei mehr-, fein- oder feinstdrähtigen Leitungen müssen die Leiterenden besonders hergerichtet werden. Das Verlöten (Verzinnen) der Leiterenden ist nicht zulässig, wenn für fein- oder feinstdrähtige Leiter:

- Schraubklemmen verwendet werden, da durch Fließen des Zinns der Kontaktdruck nicht auf Dauer gewährleistet ist
- die Anschluss- oder Verbindungsstelle betrieblichen Erschütterungen ausgesetzt wird, da hier Schwingungsbrüche zu befürchten sind

12.17 Kreuzungen und Näherungen

Im Installationsbereich muss bei Näherungen (Parallelführung) und Kreuzungen Folgendes beachtet werden:

- Mantelleitungen und Kabel dürfen ohne Abstand verlegt werden
- andere Leitungen sind so anzuordnen, dass ein Abstand von 10 mm gewährleistet ist, oder es sind Trennstege vorzusehen

Die Klemmen sind voneinander getrennt anzuordnen.

Bei Kabeln im Erdreich ist bei Kreuzungen und Näherungen von Starkstrom- und Fernmeldekabeln ein Abstand von 10 cm einzuhalten.

12.18 Maßnahmen gegen Brände und Brandfolgen

Die Gefahr von Bränden und deren Ausdehnung muss verhindert werden. Bestimmungen sind in Vorbereitung (siehe Kapitel 22).

12.19 Literatur zu Kapitel 12

[1] Heinhold, L.: Kabel und Leitungen für Starkstrom. 4. Aufl., Berlin und München: Siemens Aktiengesllschaft, 1987
[2] Brüggemann, H.: Starkstrom-Kabelanlagen. Fachbuchreihe: Anlagetechnik für elektrische Verteilungsnetze. Bd. 1. VWEW-Verlag, Frankfurt a. M., und VDE VERLAG, Berlin, 1992
[3] Rittinghaus, D.; Retzlaff, E.: Lexikon der Kurzzeichen für Kabel und isolierte Leitungen nach VDE, CENELEC und IEC. VDE-Schriftenreihe, Bd. 29. 6. Aufl., Berlin und Offenbach: VDE VERLAG, 2003

[4] Hochbaum, A.; Hof, B.: Kabel- und Leitungsanlagen. Auswahl und Errichtung nach DIN VDE 0100-520. VDE-Schriftenreihe, Bd. 68. 2. Aufl., Berlin und Offenbach, VDE VERLAG, 2003

[5] Biegelmeier, G.; Kiefer, G.; Krefter, K.-H.: Schutz in elektrischen Anlagen. Bd. 4: Schutz gegen Überströme und Überspannungen. VDE-Schriftenreihe, Bd. 83. Berlin und Offenbach: VDE VERLAG, 2001

13 Bemessung von Kabeln und Leitungen – DIN VDE 0100-430

13.1 Allgemeine Anforderungen

Seit der praktischen Anwendung der Elektrizität gilt der Grundsatz, dass Kabel und Leitungen vor zu hoher Erwärmung zu schützen sind. Schon in den „Sicherheitsvorschriften für elektrische Starkstromanlagen" aus dem Jahre 1896 steht in § 12 a): „Sämmtliche Leitungen von der Schalttafel ab sind durch Abschmelzsicherungen zu schützen."

Nach DIN VDE 0100-100 Abschnitt 131.4 gilt für den Schutz bei Überstrom folgender Merksatz:

Personen und Nutztiere müssen gegen Verletzungen und Sachwerte müssen gegen Schäden geschützt sein, die infolge zu hoher Temperaturen oder elektromechanischer Beanspruchungen entstehen können, verursacht durch jeden Überstrom, der erwartungsgemäß in den aktiven Leitern auftreten kann.

Dieser Schutz kann durch eine der folgenden Maßnahmen erreicht werden:

- automatische Abschaltung beim Auftreten eines Überstroms, bevor dieser Überstrom unter Berücksichtigung seiner Dauer einen gefährlichen Zustand bewirkt
- Begrenzen des maximalen Überstroms auf einen sicheren Wert entsprechend seiner Dauer

Nach DIN VDE 0100-430 (VDE 0100-430) Abschnitt 3 gilt: „Kabel und Leitungen müssen mit Überstrom-Schutzeinrichtungen gegen zu hohe Erwärmung geschützt werden, die sowohl durch betriebsmäßige Überlast als auch bei vollkommenem Kurzschluss auftreten kann." Beim Schutz gegen Ströme (Überstromschutz) wird also ein Unterschied gemacht zwischen

- Schutz bei Überlast (Überlastschutz)
- Schutz bei Kurzschluss (Kurzschlussschutz)

Anmerkung: Im Folgenden wird immer nur von Kabeln und Leitungen gesprochen; sinngemäß gleiche Aussagen gelten natürlich auch für Sammelschienen, Stromschienensysteme und ähnliche Anlagen.

Definition:
Ein **Überstrom** ist jeder Strom, der die zulässige Strombelastbarkeit eines Kabels bzw. einer Leitung überschreitet. Zu unterscheiden sind dabei:

- Überlaststrom; ein Überstrom, der in einem fehlerfreien Stromkreis auftritt
- Kurzschlussstrom; ein Überstrom, der infolge eines Kurzschlusses zum Fließen kommt

Es ist also möglich, den Überlastschutz und den Kurzschlussschutz voneinander zu trennen, also durch getrennte Schutzeinrichtungen sicherzustellen. Die Regel ist aber, dass am Anfang eines Stromkreises eine Überstrom-Schutzeinrichtung vorgesehen wird, die gleichzeitig den Überlastschutz und den Kurzschlussschutz übernimmt. Dies wird erreicht, wenn normale Verlegebedingungen (Referenzbedingungen) vorliegen und die zulässige Belastbarkeiten von Kabeln und Leitungen nicht überschritten werden. Dabei müssen die Überstrom-Schutzeinrichtungen in der Lage sein, den zum Fließen kommenden Kurzschlussstrom in ausreichend kurzer Zeit abzuschalten.

13.2 Belastbarkeit von Kabeln und Leitungen

Bei der Bemessung der Kabel und Leitungen ist der Querschnitt so zu wählen, dass die Belastung I_b selbst unter ungünstigsten Bedingungen an keiner Stelle und zu keinem Zeitpunkt die zulässige Belastbarkeit überschreitet; $I_b \leq I_z$. Dadurch wird sichergestellt, dass die zulässige Betriebstemperatur, d. h. die höchste zulässige Temperatur am Leiter, zu keinem Zeitpunkt überschritten wird. Werden Leiterquerschnitt und Strombelastbarkeit aus den Tabellen der DIN VDE 0276-603 oder DIN VDE 0298-4 ermittelt, so gilt diese Forderung als erfüllt. Die Erwärmung, und damit die Strombelastbarkeit eines Kabels oder einer Leitung, sind abhängig von:

- Nennquerschnitt und Leitermaterial
- Kabel- oder Leitungsbauart
- Verlegungsbedingungen
- Umgebungsbedingungen
- Betriebsart

Die entsprechenden Belastbarkeitstabellen sind nachfolgend dargestellt; sie sind folgenden Normen entnommen:

- **Tabelle 13.1**: PVC- und VPE-Kabel, Belastbarkeit, Kabel in Erde (DIN VDE 0276-603)
- **Tabelle 13.2**: PVC- und VPE-Kabel, Belastbarkeit, Kabel in Luft (DIN VDE 0276-603)
- **Tabelle 13.3**: Belastbarkeit, Leitungen für feste Verlegung (DIN VDE 0298-4)
- **Tabelle 13.4**: Belastbarkeit, Flexible Leitungen (DIN VDE 0298-4)

Weitere Tabellen für die Belastbarkeit sind in DIN VDE 0276-603 für Kabel und DIN VDE 0298-4 für Leitungen enthalten.

Zu den Belastbarkeitstabellen (Tabellen 13.1 bis 13.4) und den wichtigsten Referenzbedingungen ist noch zu bemerken:

- Die Tabelle 13.1 gilt für Kabel im Erdreich verlegt, bei 70 cm Verlegetiefe und für einen Belastungsgrad von 0,7 (siehe **Bild 13.1**). Der Erdbodenwärmewiderstand (siehe Tabelle 13.8) wird mit 1,0 K m/W angenommen. Die Temperatur des Erdreichs wird mit 20 °C angenommen. **Bild 13.2** zeigt die Temperaturverteilung eines voll ausgelasteten Kabels.
- Die Tabelle 13.2 gilt für Kabel in Luft. Die Belastungswerte gelten für Dauerlast bei einer Umgebungstemperatur von 30 °C.
- Fest verlegte Leitungen (Tabelle 13.3) werden nach ihrer Verlegungsart eingeteilt. **Bild 13.3** zeigt die wichtigsten in der Praxis vorkommenden Verlegearten. Die Tabelle gilt für eine Umgebungstemperatur von 30 °C und für Dauerlast.

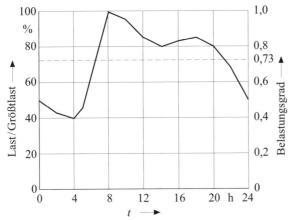

Bild 13.1 Tageslastspiel und Bestimmung des Belastungsgrades (Beispiel)
——— Verhältnis der Last zur Größtlast in %
- - - - - Verhältnis der Durchschnittslast zur Größtlast
(Quelle: DIN VDE 0276-603:2005-01)

Den Bemessungsströmen I_r liegt eine in EVU-Netzen übliche Betriebsart zu Grunde (EVU-Last). Diese wird durch ein Tageslastspiel mit ausgeprägter Größtlast und Belastungsgrad gekennzeichnet (24-h-Zyklus, siehe Bild 13.1). Größtlast und Belastungsgrad der Belastung sind aus dem Tageslastspiel oder Referenzlastspiel zu bestimmen. Das Tageslastspiel (24-h-Last) ist der Verlauf der Last während 24 Stunden bei ungestörtem Betrieb. Die Durchschnittslast ist der Mittelwert der Last des Tagesspiels; der Belastungsgrad ist der Quotient aus Durchschnittslast durch Größtlast.

1	2	3	4	5	6	7	8	9	10	11
Isolierwerkstoff	PVC									
Zulässige Betriebstemperatur	70 °C									
Bauartkurzzeichen	NYY			NYCWY		NAYY			NAYCWY	
Anordnung	⊙ [1]	⊙⊙	⊙⊙⊙	⊙⊙	⊙⊙⊙	⊙ [1]	⊙⊙	⊙⊙⊙	⊙⊙	⊙⊙⊙
Anzahl der belasteten Adern	1	3	3	3	3	1	3	3	3	3
Querschnitt in mm²	Kupferleiter Bemessungsstrom in A					Aluminiumleiter Bemessungsstrom in A				
1,5	41	27	30	27	31	–	–	–	–	–
2,5	55	36	39	36	40	–	–	–	–	–
4	71	47	50	47	51	–	–	–	–	–
6	90	59	62	59	63	–	–	–	–	–
10	124	79	83	79	84	–	–	–	–	–
16	160	102	107	102	108	–	–	–	–	–
25	208	133	138	133	139	160	102	106	103	108
35	250	159	164	160	166	193	123	127	123	129
50	296	188	195	190	196	230	144	151	145	153
70	365	232	238	234	238	283	179	185	180	187
95	438	280	286	280	281	340	215	222	216	223
120	501	318	325	319	315	389	245	253	246	252
150	563	359	365	357	347	436	275	284	276	280
185	639	406	413	402	385	496	313	322	313	314
240	746	473	479	463	432	578	364	375	362	358
300	848	535	541	518	473	656	419	425	415	397
400	975	613	614	579	521	756	484	487	474	441
500	1125	687	693	624	574	873	553	558	528	489
630	1304	–	777	–	636	1011	–	635	–	539
800	1507	–	859	–	–	1166	–	716	–	–
1000	1715	–	936	–	–	1332	–	796	–	–
[1] Bemessungsstrom in Gleichstromanlagen mit weit entferntem Rückleiter										

Tabelle 13.1 Belastbarkeit, Kabel in Erde
(Quelle: DIN VDE 0276-603:2005-01)

12	13	14	15	16	17	18	19	20	21
				VPE					
				90 °C					
	N2XY N2X2Y		N2CWY N2XCW2Y			NA2XY NA2X2Y		NA2XCWY NA2XCW2Y	
⊙ 1)	⊙⊙	⊙⊙⊙	⊙⊙	⊙⊙⊙	⊙ 1)	⊙⊙	⊙⊙⊙	⊙⊙	⊙⊙⊙
1	3	3	3	3	1	3	3	3	3
	Kupferleiter Bemessungsstrom in A					Aluminiumleiter Bemessungsstrom in A			
48	31	33	31	33	–	–	–	–	–
63	40	42	40	43	–	–	–	–	–
82	52	54	52	55	–	–	–	–	–
102	64	67	65	68	–	–	–	–	–
136	86	89	87	91	–	–	–	–	–
176	112	115	113	117	–	–	–	–	–
229	145	148	146	150	177	112	114	113	116
275	174	177	176	179	212	135	136	136	138
326	206	209	208	211	252	158	162	159	164
400	254	256	256	257	310	196	199	197	201
480	305	307	307	304	372	234	238	236	240
548	348	349	349	341	425	268	272	269	272
616	392	393	391	377	476	300	305	302	303
698	444	445	442	418	541	342	347	342	340
815	517	517	509	469	631	398	404	397	387
927	585	583	569	514	716	457	457	454	430
1064	671	663	637	565	825	529	525	520	479
1227	758	749	691	623	952	609	601	584	531
1421	–	843	–	690	1102	–	687	–	587
1638	–	935	–	–	1267	–	776	–	–
1869	–	1023	–	–	1448	–	865	–	–

Tabelle 13.1 (Fortsetzung) Belastbarkeit, Kabel in Erde
(Quelle: DIN VDE 0276-603:2005-01)

1	2	3	4	5	6	7	8	9	10	11
Isolierwerkstoff	PVC										
Zulässige Betriebstemperatur	70 °C										
Bauartkurzzeichen	NYY		NYCWY		NAYY			NAYCWY		
Anordnung	⊙ 1)	⊛ ⊛	⊛⊛	⊛ ⊛	⊛⊛	⊙ 1)	⊛ ⊛	⊛⊛	⊛ ⊛	⊛⊛
Anzahl der belasteten Adern	1	3	3	3	3	1	3	3	3	3
Querschnitt in mm²	Kupferleiter Bemessungsstrom in A					Aluminiumleiter Bemessungsstrom in A				
1,5	27	19,5	21	19,5	22	–	–	–	–	–
2,5	35	25	28	26	29	–	–	–	–	–
4	47	34	37	34	39	–	–	–	–	–
6	59	43	47	44	49	–	–	–	–	–
10	81	59	64	60	67	–	–	–	–	–
16	107	79	84	80	89	–	–	–	–	–
25	144	106	114	108	119	110	82	87	83	91
35	176	129	139	132	146	135	100	107	101	112
50	214	157	169	160	177	166	119	131	121	137
70	270	199	213	202	221	210	152	166	155	173
95	334	246	264	249	270	259	186	205	189	212
120	389	285	307	289	310	302	216	239	220	247
150	446	326	352	329	350	345	246	273	249	280
185	516	374	406	377	399	401	285	317	287	321
240	618	445	483	443	462	479	338	378	339	374
300	717	511	557	504	519	555	400	437	401	426
400	843	597	646	577	583	653	472	513	468	488
500	994	669	747	626	657	772	539	600	524	556
630	1180	–	858	–	744	915	–	701	–	628
800	1396	–	971	–	–	1080	–	809	–	–
1000	1620	–	1078	–	–	1258	–	916	–	–

1) Bemessungsstrom in Gleichstromanlagen mit weit entferntem Rückleiter

Tabelle 13.2 Belastbarkeit, Kabel in Luft
(Quelle: DIN VDE 0276-603:2005-01)

12	13	14	15	16	17	18	19	20	21
VPE									
90 °C									
N2XY N2X2Y			N2CWY N2XCW2Y			NA2XY NA2X2Y		NA2XCWY NA2XCW2Y	
⊙ [1]	⚬⚬⚬	⚬⚬⚬	⚬⚬⚬	⚬⚬⚬	⊙ [1]	⚬⚬⚬	⚬⚬⚬	⚬⚬⚬	⚬⚬⚬
1	3	3	3	3	1	3	3	3	3
Kupferleiter Bemessungsstrom in A					Aluminiumleiter Bemessungsstrom in A				
33	24	26	25	27	–	–	–	–	–
43	32	34	33	36	–	–	–	–	–
57	42	44	43	47	–	–	–	–	–
72	53	56	54	59	–	–	–	–	–
99	74	77	75	81	–	–	–	–	–
131	98	102	100	109	–	–	–	–	–
177	133	138	136	146	136	102	106	104	112
217	162	170	165	179	166	126	130	128	137
265	197	207	201	218	205	149	161	152	169
336	250	236	255	275	260	191	204	194	214
415	308	325	314	336	321	234	252	239	263
485	359	380	364	388	376	273	295	278	308
557	412	437	416	438	431	311	339	316	349
646	475	507	480	501	501	360	395	365	401
774	564	604	565	580	600	427	472	430	469
901	649	697	643	654	696	507	547	506	535
1060	761	811	737	733	821	600	643	575	615
1252	866	940	807	825	971	695	754	682	700
1486	–	1083	–	934	1151	–	882	–	790
1751	–	1228	–	–	1355	–	1019	–	–
2039	–	1368	–	–	1580	–	1157	–	–

Tabelle 13.2 (Fortsetzung) Belastbarkeit, Kabel in Luft
(Quelle: DIN VDE 0276-603:2005-01)

zulässige Betriebstemperatur am Leiter	70 °C															
Umgebungstemperatur	30 °C															
Referenzverlegeart[1]	A1		A2		B1		B2		C		E		F		G	
Anzahl der belasteten Adern	2	3	2	3	2	3	2	3	2	3	2	3	2	3	2	3
Nennquerschnitt, Kupferleiter in mm²	Strombelastbarkeit I_z in A															
1,5	15,5[2]	13,5	15,5[2]	13,0	17,5	15,5	16,5	15,0	19,5	17,5	22	18,5	—	—	—	—
2,5	19,5	18,0	18,5	17,5	24	21	23	20	27	24	30	25	—	—	—	—
4	26	24	25	23	32	28	30	27	36	32	40	34	—	—	—	—
6	34	31	32	29	41	36	38	34	46	41	51	43	—	—	—	—
10	46	42	43	39	57	50	52	46	63	57	70	60	—	—	—	—
10	—	—	—	—	—	—	—	47,17[3]	—	59,43[3]	—	—	—	—	—	—
16	61	56	57	52	76	68	69	62	85	76	94	80	—	—	—	—
25	80	73	75	68	101	89	90	80	112	96	119	101	131	114	146	130
35	99	89	92	83	125	110	111	99	138	119	148	126	162	143	181	162
50	119	108	110	99	151	134	133	118	168	144	180	153	196	174	219	197
70	151	136	139	125	192	171	168	149	213	184	232	196	251	225	281	254
95	182	164	167	150	232	207	201	179	258	223	282	238	304	275	341	311
120	210	188	192	172	269	239	232	206	299	259	328	276	352	321	396	362
150	240	216	219	196	—	—	—	—	344	299	379	319	406	372	456	419
185	273	245	248	223	—	—	—	—	392	341	434	364	463	427	521	480
240	320	286	291	261	—	—	—	—	461	403	514	430	546	507	615	569
300	367	328	334	298	—	—	—	—	530	464	493	497	629	587	709	659

[1] Bei Kabeln mit konzentrischem Leiter gilt die Belastbarkeit nur für mehradrige Ausführungen. Weitere Belastbarkeiten für Kabel siehe auch DIN VDE 0276-603, Hauptabschnitt 3G, Tabelle 15.

[2] Weitere Verlegearten siehe DIN VDE 0298-4, Tabelle 7.

[3] Gilt nicht für Verlegungen auf einer Holzwand und nicht für die Anwendung von Umrechnungsfaktoren.

Tabelle 13.3 Strombelastbarkeit I_z von Leitungen und Kabeln für feste Verlegung in Gebäuden; Betriebstemperatur 70 °C; Umgebungstemperatur 30 °C (Quelle: DIN VDE 0298-4:2003-08)

1	2	3	4	5
Verlegeart	frei in Luft	auf oder an Flächen		
	einadrige Leitungen • gummi-isoliert • PVC-isoliert • wärmebeständig $\geq D$, $\geq D$	mehradrige Leitungen für Haus- oder Handgeräte • gummi-isoliert • PVC-isoliert		mehradrige Leitungen (außer für Haus- oder Handgeräte) • gummi-isoliert • PVC-isoliert • wärmebeständig
Beispiele für die Leitungsart[1])	Gummi-Lichterkettenleitungen PVC-Verdrahtungsleitungen PVC-Aderleitungen kältebeständige PVC-Aderleitungen wärmebeständige PVC-Verdrahtungsleitungen wärmebeständige Gummi-Verdrahtungsleitungen wärmebeständige Gummi-Verdrahtungsleitungen PVC-Flachleitungen ETFE-Aderleitungen	Gummi-Lichterkettenleitungen Gummi-Pendelschnur-Leitungen PVC-Schlauchleitungen Gummi-Schlauchleitung Gummi-Flachleitungen Zwillingsleitungen		
Anzahl der belasteten Adern	1	2	3	2 oder 3

Tabelle 13.4 Strombelastbarkeit für Leitungen bis 1000 V und von wärmebeständigen Leitungen
(Quelle: DIN VDE 0298-4:2003-08)

Nennquerschnitt, Kupferleiter in mm	Strombelastbarkeit I_z in A		
		3	3
0,5	–		
0,75	15	6	6
1	19	10	10
1,5	24	16	16
2,5	32	25	20
4	42	32	25
6	54	40	–
10	73	63	–
16	98	–	–
25	129	–	–
35	158	–	–
50	198	–	–
70	245	–	–
95	292	–	–
120	344	–	–
150	391	–	–
185	448	–	–
240	528	–	–
300	608	–	–
400	726	–	–
500	830	–	–

[1] Die Beispiele für die Leitungsart sind nicht vollständig; siehe auch DIN VDE 0298-4:2003-08, Tabelle 1

Tabelle 13.4 (Fortsetzung) Strombelastbarkeit für Leitungen bis 1000 V und von wärmebeständigen Leitungen (Quelle: DIN VDE 0298-4:2003-08)

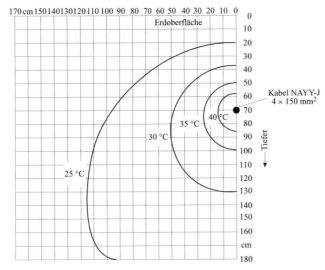

Bild 13.1 Temperaturverlauf um ein Kabel NAYX 4×150 mm², $I_r = 275$ A, Erdbodenwärmewiderstand $1{,}0$ K · m /W

Für eine Umgebungstemperatur von 25 °C kann die zulässige Belastbarkeit um 6 % erhöht werden, $f = 1{,}06$.

Die Belastbarkeitswerte für flexible Leitungen sind für Dauerlast und eine Umgebungstemperatur von 30 °C angegeben.

Liegen abweichende Referenzbedingungen vor oder sind andere Betriebsbedingungen, Umgebungsbedingungen oder Verlegungsbedingungen vorhanden, dann ist die zulässige Belastbarkeit zu korrigieren. Umrechnungsfaktoren für die zulässige Belastbarkeit können DIN VDE 0298-4 für Leitungen und DIN VDE 0276-1000 für Kabel entnommen werden (siehe auch Abschnitt 13.3).

Die nachfolgenden Bilder a bis h (DIN VDE 0298-4) zeigen die Referenzverlegearten A1 bis G.

Raum

Verlegung in wärmegedämmten
Wänden – Referenzverlegeart A1

 Raum

Verlegung in wärmegedämmten
Wänden – Referenzverlegeart A2

Verlegung in Elektro-Installationsrohren – Referenzverlegeart B1

Verlegung in Elektro-Installationsrohren – Referenzverlegeart B2

Direkte Verlegung –
Referenzverlegeart C

$\geq 0{,}3\ D$
Abstand zur Wand nicht weniger
als $0{,}3 \times$ Durchmesser D
Verlegung frei in der Luft –
Referenzverlegeart E

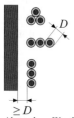

$\geq D$
Abstand zur Wand nicht weniger
als $1 \times$ Durchmesser D
Verlegung frei in der Luft –
Referenzverlegeart F

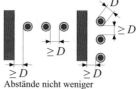

Abstände nicht weniger
als $1 \times$ Durchmesser D
Verlegung frei in der Luft –
Referenzverlegeart G

Bild 13.3 Referenzverlegearten (Quelle: DIN VDE 0298-4:2003-08)

13.3 Umrechnungsfaktoren für die Belastbarkeit von Kabeln und Leitungen

Die zulässige Belastbarkeiten für Kabel und Leitungen gelten nur, wenn die Referenzbedingungen eingehalten sind. Liegen andere Bedingungen vor, so ist die Belastung zu korrigieren. Wichtige Umrechnungsfaktoren für häufig vorkommende Anwendungsfälle sind in den **Tabellen 13.5 bis 13.8** genannt. Weitere Umrechnungsfaktoren können DIN VDE 0276-1000 und DIN VDE 0298-4 entnommen werden.

Werden die Umrechnungsfaktoren nicht berücksichtigt, ist mit einer höheren Temperatur als zulässig am Leiter zu rechnen. Dies hat zur Folge, dass der Weichmacher austritt und die Isolierung hart und rissig wird und versprödet. Isolationsfehler und Kurzschlüsse sind vorprogrammiert. Wie bei verschiedenen Temperaturen sich die Lebensdauer von PVC- und VPE-Kabeln und Leitungen verändert, zeigt **Bild 13.4**. Es ist zu erkennen, dass eine PVC-Leitung, die ständig voll belas-

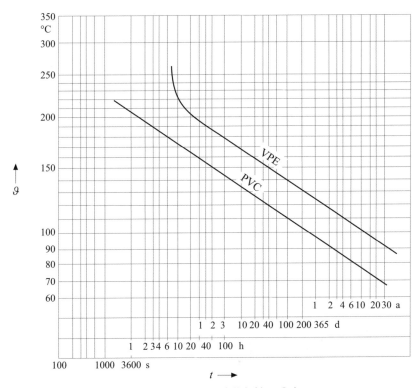

Bild 13.4 Lebensdauerkennlinien für VPE- und PVC-Kabel bzw. Leitungen

1	2	3	4	5	6	7	8	9	10	11	12	13	14	15	16
Anordnung	Anzahl der Gruppen (Stromkreise) aus einadrigen Leitungen oder Anzahl der mehradrigen Leitungen														
	1	2	3	4	5	6	7	8	9	10	12	14	16	18	20
gebündelt direkt auf der Wand, dem Fußboden, im Elektroinstallationsrohr oder -kanal, auf oder in der Wand	1,00	0,80	0,70	0,65	0,60	0,57	0,54	0,52	0,50	0,48	0,45	0,43	0,41	0,39	0,38
einlagig auf der Wand oder dem Fußboden mit Berührung	1,00	0,85	0,79	0,75	0,73	0,72	0,72	0,71	0,70						
einlagig auf der Wand oder dem Fußboden, mit Zwischenraum gleich Leitungsdurchmesser	1,00	0,94	0,90	0,90	0,90	0,90	0,90	0,90	0,90	0,90	0,90	0,90	0,90	0,90	0,90
einlagig unter der Decke, mit Berührung	0,95	0,81	0,72	0,68	0,66	0,64	0,63	0,62	0,61						
einlagig unter der Decke, mit Zwischenraum gleich Leitungsdurchmesser	0,95	0,85	0,85	0,85	0,85	0,85	0,85	0,85	0,85	0,85	0,85	0,85	0,85	0,85	0,85

Tabelle 13.5 Umrechnungsfaktoren für Leitungen bei Häufung (Quelle: DIN VDE 0298-4:2003-08)

Verlegungsart	Anzahl der belasteten Adern							
	4	5	7	10	14	19	24	40	61
Leitungs- und Kabelverlegung in Luft	0,80	0,75	0,65	0,55	0,50	0,45	0,40	0,35	0,30
Kabelverlegung in Erde	0,75	0,70	0,60	0,50	0,45	0,40	0,35	0,30	0,25

Tabelle 13.6 Umrechnungsfaktoren für vieladrige Kabel und Leitungen mit Nennquerschnitten bis 10 mm²

	Leitungen und Kabel in Luft					Kabel in Erde
Isolierwerkstoff	**Papier/ Masse**	**NR/SR**	**PVC**	**ERP**	**VPE**	
Umgebungstemperatur °C	Umrechnungsfaktoren					
10	1,05	1,29	1,22	1,18	1,15	1,05
15	1,05	1,22	1,17	1,14	1,12	1,02
20	1,05	1,15	1,12	1,10	1,08	1,00
25	1,05	1.08	1.06	1,05	1,04	0,97
30	1,00	1,00	1,00	1,00	1,00	
35	0,95	0,91	0,94	0,95	0,96	
40	0,89	0,82	0,87	0,89	0,91	
45	0,84	0,71	0,79	0,84	0,87	
50	0,77	0,58	0,71	0,77	0,82	
55		0,41	0,61	0,71		
60			0,50	0,63		

Tabelle 13.7 Umrechnungsfaktoren für abweichende Umgebungstemperaturen

tet wird, also eine Dauertemperatur von 70 °C erreicht, eine Lebenserwartung von etwa 25 Jahren hat.

Wird durch Überlastung die Dauertemperatur um 10 K, also auf 80 °C gesteigert, geht die Lebenserwartung auf etwa sieben Jahre zurück.

Aus den Tabellen mit den zulässigen Belastungen I_r mit den vorgegebenen Referenzbedingungen und den Umrechnungsfaktoren kann jetzt die zulässige Belastung (Dauerlast) I_z eines Stromkreises ermittelt werden.

Stimmen die Referenzbedingungen mit den Bedingungen in der Praxis überein, so ist $I_z \leq I_r$. Bei abweichenden Bedingungen ist die zulässige Belastung zu berechnen.

Isolierwerkstoff	Papier-Masse				PVC				VPE			
spezifische Erdbodenwärmewiderstände in K · m/W	0,7	1,0[1]	1,5	2,5	0,7	1,0[1]	1,5	2,5	0,7	1,0[1]	1,5	2,5
Belastungsgrad	Umrechnungsfaktoren											
0,5	1,13	1,05	0,96	0,88	1,22	1,03	0,94	0,86	1,21	1,11	1,00	0,90
0,6	1,11	1,03	0,94	083	1,09	1,01	0,91	0,81	1,18	1,07	0,96	0,87
0,7[2]	1,10	1,00	0,90	0,80	1,07	1,00	0,88	0,78	1,11	1,00	0,91	0,83
0,85	1,01	0,90	0,82	0,74	1,02	0,90	0,80	0,72	1.00	0,90	0,83	0,77
1,0[3]	0,90	0,82	0,76	0,69	0,90	0,81	0,74	0,68	0,89	0,83	0,77	0,72

[1] Normalwert
[2] Belastungsgrad 0,7 EVU-Last (übliche Belastung von Kabeln in Erde)
[3] Belastungsgrad 1,0 (Dauerlast)

Erläuterungen zum Erdbodenwärmewiderstand:
Als Erdbodenwärmewiderstand wird der Wärmewiderstand zwischen Erd- und Kabeloberfläche definiert. Er wird im Wesentlichen bestimmt durch die Dichte und den Wassergehalt der jeweiligen Bodenart. Der Normalwert des spezifschen Erdbodenwiderstands 1 K · m/W, mit dem fast alle natürlich gewachsenen Böden erfasst werden.

Erläuterungen zum Belastungsgrad:
Der Belastungsgrad ist der Quotient aus Durchschnittslast durch Größtlast (Bild 13.1). Als Größtlast gilt die höchste Last des Tageslastspiels. Die Durchschnittslast ist der Mittelwert der Last des Tageslastspiels. Zur Ermittlung des Belastungsgrads wird die Fläche unter dem Tageslastspiel (Bild 13.1) durch die Gesamtfläche des Rechtecks geteilt.

Tabelle 13.8 Umrechnungsfaktoren für abweichende spezifische Erdbodenwärmewiderstände und Belastungsgrade bei Verlegung in Erde und bei 20 °C Umgebungstemperatur

Es gilt:

$$I_z = I_r \cdot f_1 \cdot f_2 \cdot f_3 \ldots \ldots \qquad (13.1)$$

mit

I_z zulässige Belastung unter Berücksichtigung aller Umrechnungsfaktoren

I_r Belastbarkeit bei Vorliegen der Referenzbedingungen, z. B. nach den Tabellen 13.1 bis 13.4 oder DIN VDE 0276-603 bzw. DIN VDE 0298-4

f_1 Umrechnungsfaktor, z. B. für Häufung

f_2 Umrechnungsfaktor, z. B. für vieladrige Kabel

f_3 Umrechnungsfaktor, z. B. für abweichende Umgebungstemperatur

13.4 Schutz bei Überlast

13.4.1 Allgemeines

Der Schutz bei Überlast besteht darin, Schutzeinrichtungen vorzusehen, die Überlastströme in den Leitern unterbrechen, ehe sie eine für die Leiterisolierung, die Anschluss- und Verbindungsstellen sowie die Umgebung der Kabel, Leitungen und Stromschienen schädliche Erwärmung hervorrufen können.

Wird ein Kabel oder eine Leitung mit dem zulässigen Belastungsstrom (Dauerlast) betrieben, dann ergibt sich eine Erwärmung des Leiters, die nach **Bild 13.5** verläuft.

Wenn Strom durch einen Leiter fließt, erwärmt sich dieser durch den Ohm'schen Widerstand, was eine Temperaturerhöhung des Leiters zur Folge hat. Wie aus Bild 13.5 zu erkennen ist, setzt allmählich eine Wärmeabgabe an die Umgebung ein, die umso größer ist, je höher der Temperaturunterschied des Leiters gegenüber der Umgebung wird. Dadurch bleibt immer weniger Wärme für eine weitere Temperaturerhöhung verfügbar. Der Temperaturanstieg verlangsamt sich immer mehr, bis schließlich das thermische Gleichgewicht erreicht ist, bei dem dann ebenso viel Wärme an die Umgebung abgegeben wird, wie im Leiter erzeugt wird.

Die Endtemperatur (Beharrungstemperatur) an der Leiteroberfläche ist erreicht.

Die in Bild 13.5 dargestellte Kurve hat die mathematische Funktion

$$\vartheta = (\vartheta_E - \vartheta_R)\left(1 - e^{-t/\tau}\right) \qquad (13.2)$$

mit

e natürlicher Logarithmus; Euler'sche Zahl für natürliche Wachstumsvorgänge; e = 2,7182

t Zeit in s

τ Zeitkonstante in s; die Zeit, die benötigt werden würde, um die Beharrungstemperatur zu erreichen, wenn keine Wärmeabgabe an die Umgebung erfolgen würde

ϑ_R Umgebungstemperatur zu Beginn der Belastung in °C

ϑ_E Endtemperatur am Leiter in °C

Die Auswertung der Gl. (13.2) für die Zeit $t = \tau$ ergibt

$$\vartheta = (\vartheta_E - \vartheta_R)(1 - e^{-1})$$

$$\vartheta = (\vartheta_E - \vartheta_R)(1 - 0{,}368)$$

$$\vartheta = (\vartheta_E - \vartheta_R) \cdot 0{,}632$$

Das heißt, nach der Zeit $t = \tau$ hat die Temperatur 63,2 % der Leiterendtemperatur erreicht. Nach der Zeit $t = 5\tau$ ergibt sich eine Leitertemperatur, die mit 99,3 % nahezu die Leiterendtemperatur erreicht. Die zulässige Leiterendtemperatur ist von der Isolierung der Leiter abhängig. In **Tabelle 13.9** sind neben den zulässigen Leiterendtemperaturen auch die zulässigen Temperaturen im Kurzschlussfall angegeben. Die Leitertemperatur an der Leiteroberfläche ist als Kriterium festgelegt, weil die Temperatur der Isolierung unmittelbar am Leiter den höchsten Wert annimmt.

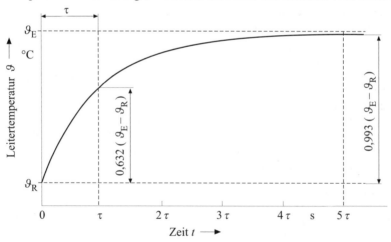

Bild 13.5 Erwärmung der Leiteroberfläche eines Leiters vom Einschalten bis zur Leiterendtemperatur bei maximal zulässiger Belastung (Dauerlast)
ϑ_R Umgebungstemperatur zu Beginn der Belastung in °C
ϑ_E Endtemperatur an der Leiteroberfläche in °C
τ Zeitkonstante in s

Isolationsmaterial	Kurzzeichen	Leitertemperatur in °C	
		Dauerbetrieb	Kurzschlussfall
Gummi	NR/SR	60	200
Polyvinylchlorid	PVC	70	160
Butyl-Kautschuk	IIK	85	220
Vernetztes Polyethylen	VPE	90	250
Ethylen-Propylen-Kautschuk	EPR	90	250

Tabelle 13.9 Zulässige Endtemperaturen für Aluminium- und Kupfer-Leiter bei Dauerbetrieb und im Kurzschlussfall

13.4.2 Zuordnung der Überstrom-Schutzeinrichtungen

Wird ein Kabel oder eine Leitung überlastet, so ist nach Bild 13.4 eine erhebliche Verkürzung der Lebensdauer zu erwarten. Zum Schutz gegen Überlastung sind deshalb Überstrom-Schutzeinrichtungen vorzusehen, die so bemessen sind, dass ein Überstrom so rechtzeitig abgeschaltet wird, dass die Lebensdauer der Leitung bzw. eines Kabels nicht in nennenswertem Maß beeinträchtigt wird. Dabei ist auch auf die Streuwerte der Überstrom-Schutzeinrichtungen Rücksicht zu nehmen. Eine Sicherheit von 45 % muss nach internationalen Vereinbarungen berücksichtigt werden. Damit gelten für die Zuordnung von Überstrom-Schutzeinrichtungen zwei wichtige Regeln:

$I_b \leq I_n \leq I_z$ \qquad (Nennstromregel) \qquad (13.3)

$I_2 \leq 1{,}45\, I_z$ \qquad (Auslöseregel) \qquad (13.4)

Wenn Überstrom-Schutzeinrichtungen verwendet werden, für die nach den Gerätebestimmungen $I_2 \leq 1{,}45\, I_n$ gilt, so geht die Auslöseregel, Gl. (13.4), in folgende Gleichung über:

$I_n \leq I_z$ \qquad (13.5)

In den Gln. (13.3) bis (13.5) bedeuten:

I_b Betriebsstrom des Stromkreises

I_n Nennstrom oder Einstellstrom der Überstrom-Schutzeinrichtung

I_z Zulässige Strombelastbarkeit des Kabels oder der Leitung

I_2 Strom, der eine Auslösung der Überstrom-Schutzeinrichtung unter den in den Gerätebestimmungen festgelegten Bedingungen bewirkt (Auslösestrom)

Bild 13.6 zeigt die Zusammenhänge der verschiedenen Kenngrößen.

Überstromschutzeinrichtungen, die die Bedingung $I_2 \leq 1,45\, I_n$ erfüllen, sind zum Beispiel:

- NH-Sicherungen der Betriebsklasse gG mit Nennströmen über 16 A
- NH-Sicherungen der Betriebsklasse gTr
- D- und D0-Sicherungen mit Nennströmen über 10 A
- Leitungsschutzschalter
- Leistungsschalter

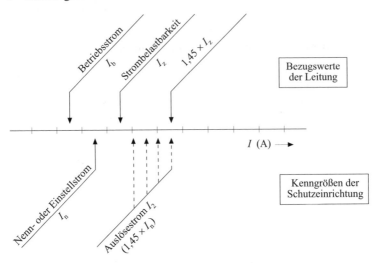

Bild 13.6 Koordinierung der Kenngrößen für den Überlastschutz

13.4.3 Anordnung der Überstrom-Schutzeinrichtungen bei Überlast

Schutzeinrichtungen zum Schutz bei Überlast müssen an allen Stellen eingebaut werden, an denen die Strombelastbarkeit gemindert wird, sofern eine vorgeschaltete Schutzeinrichtung den Schutz nicht sicherstellen kann.

Die Minderung der Strombelastbarkeit eines Stromkreises kann entstehen durch:

- Änderung des Querschnitts
- Art der Verlegung (Umgebungsbedingungen)
- Aufbau des Kabels bzw. der Leitung (Leitermaterial, Isolationsmaterial)

Dies bedeutet, dass Schutzeinrichtungen zum Schutz bei Überlast zweckmäßigerweise am Anfang des Stromkreises anzuordnen sind. Weitere Schutzeinrichtungen im Zuge des Stromkreises sind dann an den Stellen erforderlich, an denen sich die Strombelastbarkeit des Stromkreises reduziert. **Bild 13.7** zeigt einige Beispiele.

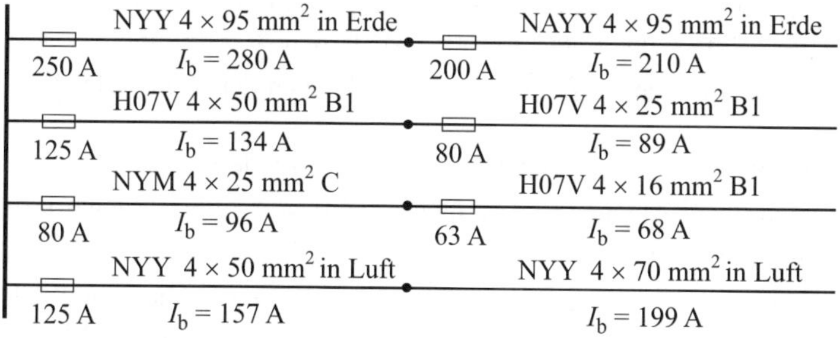

250 A	NYY 4 × 95 mm² in Erde $I_b = 280$ A	200 A	NAYY 4 × 95 mm² in Erde $I_b = 210$ A
	H07V 4 × 50 mm² B1		H07V 4 × 25 mm² B1
125 A	$I_b = 134$ A	80 A	$I_b = 89$ A
	NYM 4 × 25 mm² C		H07V 4 × 16 mm² B1
80 A	$I_b = 96$ A	63 A	$I_b = 68$ A
	NYY 4 × 50 mm² in Luft		NYY 4 × 70 mm² in Luft
125 A	$I_b = 157$ A		$I_b = 199$ A

Bild 13.7 Minderung der Strombelastbarkeit in verschiedenen Stromkreisen bei $I_b \leq I_z$

Ausnahmen von der Regel, die Überstrom-Schutzeinrichtungen am Anfang der Stromkreise einzubauen, gibt es für folgende Fälle, wobei
- die Schutzeinrichtung im Zuge der Leitung beliebig versetzt werden darf (Teil 430, Abschnitt 5.4.2)
- auf die Schutzeinrichtung verzichtet werden darf (Teil 430, Abschnitt 5.5)
- auf die Schutzeinrichtung verzichtet werden sollte (Teil 430, Abschnitt 5.7)

Diese Fälle können aber nur in Zusammenhang mit dem Schutz bei Kurzschluss gesehen werden, sodass ihre Behandlung in Abschnitt 13.6 „Koordinierung des Schutzes bei Überlast und Kurzschluss" erfolgt.

Anmerkung: Für Fälle, bei denen auf die Schutzorgane verzichtet werden darf, gilt diese Ausnahme nicht, wenn in besonderen Normen abweichende Bedingungen vorliegen, wie dies z. B. in feuergefährdeten und explosionsgefährdeten Betriebsstätten der Fall ist.

13.5 Schutz bei Kurzschluss

13.5.1 Allgemeines

Der Schutz bei Kurzschluss besteht darin, Schutzeinrichtungen vorzusehen, die Kurzschlussströme in den Leitern eines Stromkreises unterbrechen, ehe sie eine für die Leiterisolierung, die Anschluss- und Verbindungsstellen sowie die Umgebung der Kabel und Leitungen schädliche Erwärmung hervorrufen können.

Dabei werden nur vollkommene Kurzschlüsse in Betracht gezogen, was bedeutet, dass die Fehlerstelle als ideale Verbindung mit vernachlässigbarer Impedanz angesehen wird.

Das Bemessungsausschaltvermögen einer für den Kurzschlussschutz eingesetzten Überstrom-Schutzeinrichtung muss mindestens dem größten auftretenden Strom bei vollkommenem Kurzschluss entsprechen. Dabei ist der dreipolige Kurzschluss-

strom zu berücksichtigen. Der Strom, der bei einem vollkommenem Kurzschluss zum Fließen kommt, ist nach einer der folgenden Methoden zu bestimmen:
- durch ein geeignetes Rechenverfahren z. B. den Normen der Reihe DIN VDE 0102
- durch Untersuchungen an einer Netznachbildung (Netzmodell)
- durch Messungen in der Anlage (Schleifenwiderstand oder Kurzschlussstrom)
- anhand von Angaben des EVU

Die Ausschaltzeit bei einem vollkommenen Kurzschluss an einer beliebigen Stelle des Stromkreises darf nicht länger sein als die Zeit, in der dieser Strom die Leiter auf die zulässige Kurzschlusstemperatur erwärmt (zulässige Kurzschlusstemperaturen für die wichtigsten Leitermaterialien siehe Tabelle 13.9). Für die normalerweise zulässige Ausschaltzeit t für Kurzschlüsse von bis zu 5 s Dauer kann folgende Gleichung verwendet werden:

$$t = \left(k \frac{S}{I} \right)^2 \qquad (13.6)$$

Es bedeuten:

t zulässige Ausschaltzeit in s

S Leiterquerschnitt in mm^2

I Effektivwert des Stroms bei vollkommenem Kurzschluss in A

k Materialbeiwert in A·$\sqrt{s}$/mm^2 nach **Tabelle 13.10**

Leiter-material	Werkstoff der Isolierung			
	NR SR	PVC	VPE EPR	IIK
Cu	141	115	143	134
Al	87	76	94	89
Für Weichlotverbindungen in Kupferleitungen gilt $k = 115$ A·$\sqrt{s}$/mm^2				

Tabelle 13.10 Materialbeiwert k in A·$\sqrt{s}$/mm^2 für Aluminium- und Kupferleiter bei verschiedenen Isoliermaterialien

Eine Auswertung von Gl. (13.6) zeigt **Bild 13.8**. Das Diagramm stellt die Zusammenhänge von Leiterquerschnitt, Kurzschlussstrom und Kurzschlussdauer für PVC-isolierte Kupferleitungen dar.

Bei sehr kurzen zulässigen Ausschaltzeiten ($t < 0{,}1$ s) und bei Anwendung strombegrenzender Schutzeinrichtungen muss in Dreh- und Wechselstromkreisen wegen der Gleichstromkomponente des Kurzschlussstroms der vom Hersteller angegebene $I^2 \cdot t$-Wert kleiner sein als $k^2 \cdot S^2$. Es gilt also die Beziehung:

$$I^2 \cdot t < k^2 \cdot S^2 \qquad (13.7)$$

Werden LS-Schalter der Strombegrenzungsklasse 3 eingesetzt, wird diese Bedingung erfüllt. Bei nicht strombegrenzenden LS-Schaltern und Stromkreisen mit min-

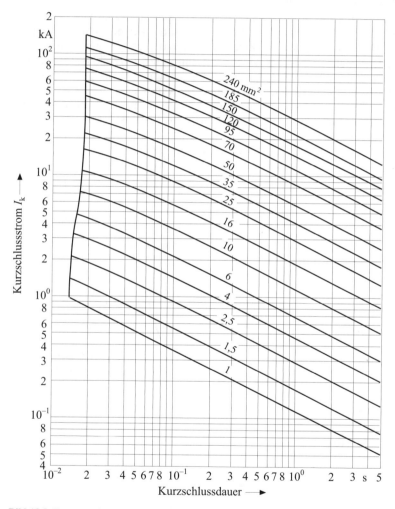

Bild 13.8 Zusammenhang zwischen Kurzschlussstrom, Kurzschlussdauer und Leiterquerschnitt für PVC-isolierte Kupferleitungen

destens 1,5 mm² Cu ist die Bedingung erfüllt, wenn eine Leitungsschutzsicherung von höchstens 63 A vorgeschaltet ist.

Wichtig bei der Bemessung von Kabeln und Leitungen im Kurzschlussfall ist die Leitertemperatur bei Kurzschlussbeginn und die höchste zulässige Leitertemperatur, bei der eine Überstrom-Schutzeinrichtung abschalten muss. Die Zusammenhänge zeigt **Bild 13.9**, das für die im Bild genannten Temperaturen nur für PVC-isolierte Kabel oder PVC-isolierte Leitungen gilt.

Das Bild zeigt zunächst zum Zeitpunkt t_0 den Beginn der Belastung bei Umgebungstemperatur. Die Erwärmung verläuft zunächst nach einer e-Funktion, wie in Bild 13.5 auch beschrieben. Bei der Betrachtung und Berechnung wird von der Vereinfachung ausgegangen, dass der Leiter beim Eintritt des Kurzschlusses zum Zeitpunkt t_1 bereits die höchstzulässige Betriebstemperatur erreicht hat, wie dies in Bild 13.9 auch dargestellt ist. Die Abschaltung des Kurzschlussstroms muss spätestens nach $t_k = 5$ s zum Zeitpunkt t_2 erfolgen, da nur so die maximal zulässige Kurzschlusstemperatur nicht überschritten wird. Die während der Kurzschlussdauer dem Leiter zugeführte Wärmeenergie wird in dieser kurzen Zeit vom Leiter aufgenommen und nicht an die Umgebung abgegeben (adiabatische Erwärmung).

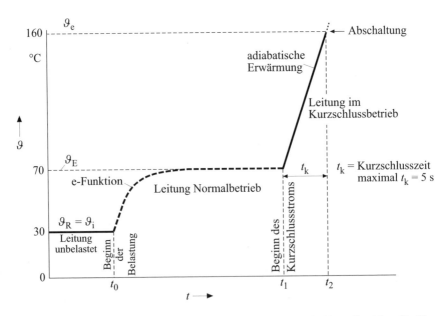

Bild 13.9 Temperaturverlauf am Leiter eines Kabels bzw. einer Leitung im Normalbetrieb und im Kurzschlussfall; Temperaturangaben gelten für PVC

Die physikalischen Gesetzmäßigkeiten lassen eine Berechnung der Leiterendtemperatur im Kurzschlussfall zu. Da keine Wärmeabgabe an die Umgebung erfolgt, ist die Verlegeart des Kabels bzw. der Leitung für die Temperaturerhöhung ohne Einfluss und es gilt, wenn der Einfachheit halber der Ohm'sche Widerstand der Leitung als konstant angenommen wird, für die durch den Kurzschlussstrom in der Leitung erzeugte Wärmeenergie:

$$W_k = I_k^2 \cdot R_L \cdot t_k \tag{13.8}$$

Die gesamte Kurzschlussenergie W_k wird als Wärme der Leitung zugeführt und gespeichert. Sie führt zu einer Temperaturerhöhung $\Delta\vartheta$ am Leiter. Mit der spezifischen Wärme c des Leitermaterials, dem Volumen V_L des Leiters und dem spezifischen Gewicht γ ergibt sich dann:

$$I_k^2 \cdot R_L \cdot t_k = c \cdot V_L \cdot \gamma \cdot \Delta\vartheta \tag{13.9}$$

Mit $V_L = L \cdot S$ (Länge · Querschnitt) und $R_L = \dfrac{\rho \cdot L}{S}$ wird:

$$I_k^2 \cdot t_k \cdot \frac{\rho \cdot L}{S} = c \cdot L \cdot S \cdot \gamma \cdot \Delta\vartheta \tag{13.10}$$

Mit $K = \dfrac{\rho}{\gamma \cdot c}$ als Konstante ergibt sich:

$$I_k^2 \cdot t_k \cdot K = S^2 \cdot \Delta\vartheta \tag{13.11}$$

Damit wird der Temperaturanstieg in der Leitung während des Kurzschlusses:

$$\Delta\vartheta = \left(\frac{I_k}{S}\right)^2 \cdot t_k \cdot K \tag{13.12}$$

mit Werten für $K = 11{,}57 \cdot 10^{-3}$ mm^4 K/ (s · A^2) für Aluminium und $K = 5{,}0 \cdot 10^{-3}$ mm^4 K/(s · A^2) für Kupfer.

Diese Werte gelten für 20 °C, also bei normalen Belastungsfällen. Für den Kurzschlussfall werden die Werte auf 115 °C (Mittelwert von 70 °C als Anfangstemperatur beim Kurzschluss und 160 °C als Kurzschlussendtemperatur) umgerechnet.

Es ergeben sich für die Konstante K folgende Werte:

- $K = 15{,}89 \cdot 10^{-3}$ mm^4 K/ (s · A^2) für Aluminium
- $K = 6{,}87 \cdot 10^{-3}$ mm^4 K/ (s · A^2) für Kupfer

Die Leiterendtemperatur eines Kabels bzw. einer Leitung ist dann:

$$\vartheta_k = \vartheta_E + \Delta\vartheta \tag{13.13}$$

Die in den Gln. (13.8) bis (13.13) verwendeten Formelzeichen bedeuten:

W	Wärmemenge in Ws
I_k	Kurzschlussstrom in A
R_L	Leitungswiderstand in Ω
t_k	Kurzschlusszeit in s
ρ	spezifischer Widerstand in Ω mm²/m
L	Leiterlänge in m
S	Querschnitt in mm²
c	spezifische Wärme eines Stoffes in kJ/(kg · K)
γ	Dichte in kg/dm³
$\Delta\vartheta$	Temperaturerhöhung in K
ϑ_k	Leiterendtemperatur in °C
ϑ'_E	Ausgangstemperatur (Raumtemperatur) in °C
K	Materialkonstante, gebildet aus Materialkennwerten in mm⁴ K/(s · A²)

$$K = \frac{\rho}{\gamma \cdot c}$$

Die zur Berechnung der Materialkonstante erforderlichen Materialkennwerte sind in **Tabelle 13.11** angegeben.

	Al	Cu	Fe	Pb	Dimension
ρ	0,028	0,0172	0,138[1]	0,21	Ω mm²/m
γ	2,70	8,92	7,85	11,34	kg/dm³
c	0,896	0,386	0,4523	0,1298	kJ/(kg · K)
K	11,57 · 10⁻³	5,00 · 10⁻³	38,87 · 10⁻³	142,7 · 10⁻³	mm⁴ · K/(s · A²)
[1] Wert liegt zwischen 0,10 Ω mm²/m und 0,15 Ω mm²/m; bei Stahl für elektrotechnische Zwecke ist ρ = 0,138 Ω mm²/m					

Tabelle 13.11 Materialkennwerte und Materialkonstante K

Beispiel:
Ein PVC-isolierter Kupferleiter, Querschnitt 25 mm², wird mit einem Kurzschlussstrom von 2 kA belastet. Wie groß sind die maximal zulässige Kurzschlussdauer und

die Temperaturerhöhung am Leiter, wenn Leitungsschutzsicherungen Betriebsklasse gL mit 250 A Nennstrom für den Kurzschlussschutz eingebaut sind?

Lösung:
Aus Bild 13.8 kann für einen Kurzschlussstrom von 2 kA bei einem Querschnitt von 25 mm² Cu eine zulässige Kurzschlussdauer von 2,0 s abgelesen werden.
Nach Gl. (13.6) wird eine zulässige Abschaltzeit errechnet von:

$$t_k = \left(K \cdot \frac{S}{I_k}\right)^2$$

$$t_k = \left(115 \frac{A \cdot \sqrt{s}}{mm^2} \cdot \frac{25 \text{ mm}^2}{2000 \text{ A}}\right)^2 = 2,066 \text{ s}$$

Eine Leitungsschutzsicherung 250 A der Betriebsklasse gL schaltet nach den Sicherungskennlinien einen Kurzschlussstrom von 2 kA innerhalb von 2,0 s ab, womit die Abschaltbedingung für den Kurzschlussfall erfüllt ist. Damit errechnet sich eine Temperaturerhöhung am Leiter von:

$$\Delta\vartheta = \left(\frac{I_k}{S}\right)^2 \cdot t_K \cdot K$$

$$\Delta\vartheta = \left(\frac{2000 \text{ A}}{25 \text{ mm}^2}\right)^2 \cdot 2,0 \text{ s} \cdot 6,87 \cdot 10^{-3} \frac{\text{mm}^4}{\text{s} \cdot \text{A}^2}$$

$$\Delta\vartheta = 87,9 \text{ K}$$

Wenn das Kabel bzw. die Leitung zu Beginn des Kurzschlusses die Endtemperatur bei Dauerlast von 70 °C erreicht hatte, ergibt sich eine Kurzschlussendtemperatur von:

$$\vartheta_k = \vartheta_E + \Delta\vartheta$$

$$\vartheta_k = 70 \text{ °C} + 87,9 \text{ K} = 157,9 \text{ °C}$$

was in Ordnung ist, da $\vartheta_k < 160$ °C ist. War das Kabel bzw. die Leitung zu Beginn des Kurzschlusses unbelastet, errechnet sich eine Temperatur von:

$$\vartheta_k = \vartheta_R + \Delta\vartheta$$

$$\vartheta_k = 30 \text{ °C} + 87,9 \text{ K} = 117,9 \text{ °C}$$

13.5.2 Anordnung der Kurzschluss-Schutzeinrichtungen

Schutzeinrichtungen für den Schutz bei Kurzschluss müssen am Anfang jedes Stromkreises sowie an allen Stellen eingebaut werden, an denen die Kurzschlussstrom-Belastbarkeit gemindert wird, sofern eine vorgeschaltete Schutzeinrichtung den geforderten Schutz bei Kurzschluss nicht sicherstellen kann.

Ursachen für die Minderung der Kurzschlussstom-Belastbarkeit eines Stromkreises können sein:

- Verringerung des Leitungsquerschnitts
- andere Leiterisolierung
- anderes Leitermaterial

Bild 13.10 zeigt Beispiele.

Anmerkung: Die Absicherung in Bild 13.10 wurde den Belastbarkeitstabellen angepasst; natürlich kann die Absicherung für den Kurzschlussschutz auch höher gewählt werden, wenn die Voraussetzungen dafür gegeben sind.

Ausnahmen von der Regel, Kurzschluss-Schutzeinrichtungen am Anfang des Stromkreises einzubauen, gibt es für folgende Fälle:

- Schutzeinrichtungen dürfen im Zuge der Leitung versetzt werden (Teil 430, Abschnitt 6.4.2)
- auf Schutzeinrichtungen darf verzichtet werden (Teil 430, Abschnitt 6.4.3)

Diese Fälle können aber nur in Zusammenhang mit dem Schutz bei Überlast gesehen werden, sodass ihre Behandlung in Abschnitt 13.6 „Koordinierung des Schutzes bei Überlast und Kurzschluss" erfolgt.

Anmerkung: Für Fälle, bei denen Schutzeinrichtungen im Zuge der Leitung versetzt werden dürfen, gilt diese Ausnahme nicht, wenn in besonderen Normen abweichende Bedingungen vorliegen, wie dies z. B. in feuergefährdeten und explosionsgefährdeten Betriebsstätten der Fall ist.

	NYY 4 × 25 mm²		NYM 4 × 10 mm²
80 A	Verlegeart C	63 A	Verlegeart C
	N2XY 4 × 50 mm²		NYY 4 × 50 mm²
160 A	Kabel in Luft	125 A	Kabel in Luft
	NYY 4 × 70 mm²		NAYY 4 × 70 mm²
200 A	Kabel in Luft	125 A	Kabel in Luft

Bild 13.10 Beispiele für die Verringerung der Kurzschlussstrom-Belastbarkeit verschiedener Stromkreise

13.6 Koordinieren des Schutzes bei Überlast und Kurzschluss – Teil 430 Abschnitt 7

13.6.1 Schutz durch eine gemeinsame Schutzeinrichtung

Der einfachste Anwendungsfall liegt dann vor, wenn am Anfang eines Stromkreises eine Überstrom-Schutzeinrichtung eingebaut wird, die sowohl den Schutz bei Überlast als auch den Schutz bei Kurzschluss übernimmt. Dieser Fall liegt dann vor, wenn:

- Leitungsschutzsicherungen nach DIN VDE 0636 oder Leitungsschutzschalter nach DIN VDE 0641 entsprechend dem zu schützenden Leitungsquerschnitt nach Gl. (13.5) zugeordnet werden oder
- Überlast-Schutzeinrichtungen nach der zulässigen Strombelastbarkeit I_z unter Anwendung der Gln. (13.3) „Nennstromregel" und (13.4) „Auslöseregel" berechnet werden und die jeweils ausgewählte Schutzeinrichtung auch das erforderliche Ausschaltvermögen besitzt

Dabei ist selbstverständlich, dass bei jeder Änderung des Querschnitts (kleinerer Querschnitt) oder bei Änderung der zulässigen Belastbarkeit (andere Verlegungsbedingungen) weitere Überstrom-Schutzeinrichtungen vorzusehen sind (**Bild 13.11**)

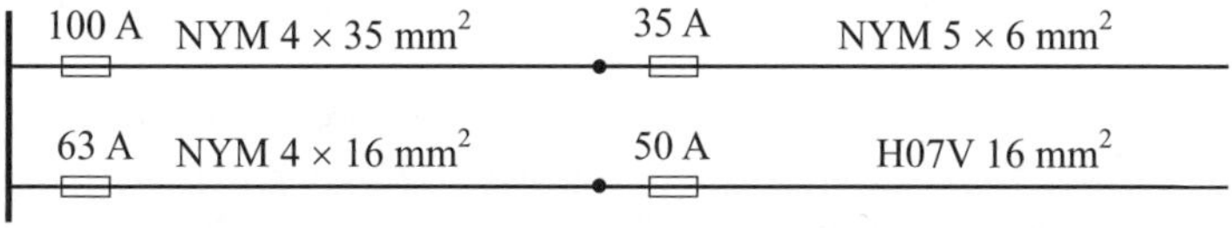

```
100 A   NYM 4 × 35 mm²        35 A      NYM 5 × 6 mm²
 63 A   NYM 4 × 16 mm²        50 A      H07V 16 mm²
```

Bild 13.11 Auswahl von Überstrom-Schutzeinrichtungen bei gleichzeitigem Schutz bei Überlast und Kurzschluss für Dauerlast und $\vartheta = 30$ °C

Der Überlast- und Kurzschlussschutz, also der Schutz gegen zu hohe Erwärmung, kann durch die richtige Auswahl der Überstrom-Schutzeinrichtungen sichergestellt werden.

Das Zusammenspiel von Überstrom-Schutzeinrichtung mit der thermischen Belastbarkeit eines Kabels bzw. einer Leitung zeigt **Bild 13.12** für Leitungs-Schutzsicherungen und für Leitungsschutzschalter.

Das Bild 13.12 zeigt, dass die Leitungs-Schutzsicherung im gesamten Strombereich unterhalb der zulässigen Belastbarkeit des Kabels bzw. der Leitung liegt und diese somit im gesamten Bereich auch schützt. Der Leitungsschutzschalter schützt nur im

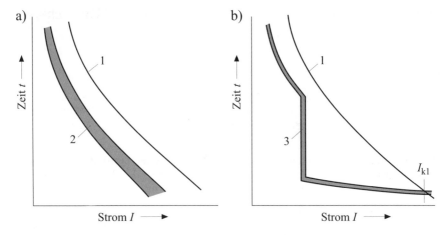

Bild 13.12 Schutz gegen Überlast und Kurzschluss durch eine gemeinsame Überstrom-Schutzeinrichtung
a) Leitungs-Schutzsicherung
b) Leitungsschutzschalter
1 Zulässige Belastbarkeit eines Kabels bzw. einer Leitung
2 Zeit-Strom-Bereich einer Leitungs-Schutzsicherung
3 Ausschaltbereich eines Leitungsschutzschalters

Strombereich bis I_{k1}, was in der Praxis, hauptsächlich im Bereich kleiner Querschnitte, von Bedeutung ist.

Wenn beim Vorliegen normaler Umgebungs- und Verlegebedingungen eine Überstrom-Schutzeinrichtung am Anfang eines Stromkreises eingebaut und nach Gl. (13.5) bemessen wird, brauchen normalerweise keine weiteren Überlegungen hinsichtlich des Schutzes bei Überlast und Kurzschluss angestellt zu werden.

Eine Hilfe, bei der Planung oder Erweiterung einer Anlage die maximal zulässige Stromkreislänge zu ermitteln, gibt DIN VDE 0100 Beiblatt 5. In den Tabellen 2 bis 22 sind die maximal zulässigen Kabel- und Leitungslängen für verschiedene Leitermaterialien, Querschnitte, Abschaltzeiten und Überstrom-Schutzeinrichtungen bei einer bekannten Schleifenimpedanz am Anschlusspunkt (Hauptverteilung, Unterverteilung) angegeben. Siehe hierzu Abschnitt 23.2 (Anhang B).

13.6.2 Schutz durch getrennte Schutzeinrichtungen

Schutzeinrichtungen für Überlast dürfen im Zuge der Leitung beliebig versetzt werden, wenn die Leitung keine Abzweige und keine Steckdosen enthält. Der Überlastschutz der Leitung wird in diesem Fall dann von der Schutzeinrichtung für Überlast

„rückwärts" übernommen. Durch eine Schutzeinrichtung für den Schutz bei Kurzschluss am Anfang der Leitung ist diese dann sowohl gegen Kurzschluss als auch gegen Überlast geschützt (**Bild 13.13**).

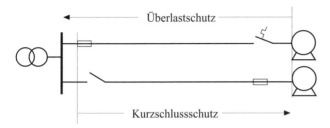

Bild 13.13 Getrennte Anordnung der Schutzeinrichtungen für Überlast- und Kurzschlussschutz

Hinsichtlich der Auswahl der Schutzeinrichtungen ist zu beachten:
- Schutzeinrichtungen für Überlast sind nach den in Abschnitt 13.4 (DIN VDE 0100-430 Abschnitt 5) beschriebenen Gesichtspunkten auszuwählen. Ausgehend von dem vorliegenden Belastungsfall und der zulässigen Strombelastbarkeit I_z ist unter Anwendung der Nennstromregel (Gl. (13.3)) und der Auslöseregel (Gl. (13.4)) die Schutzeinrichtung für Überlast zu bestimmen.
- Schutzeinrichtungen für Kurzschluss sind nach den in Abschnitt 13.5 (DIN VDE 0100-430 Abschnitt 6) beschriebenen Gesichtspunkten auszuwählen. Zu beachten ist, dass die Schutzeinrichtung die zu schützende Leitung/Kabel im Kurzschlussfall in spätestens 5 s abschaltet, d. h., die Leitung/Kabel darf nur so lang sein, dass ein ausreichend hoher Kurzschlussstrom zum Fließen kommt. Außerdem ist Gl. (13.6) zu beachten. Die zulässige Leitungs-/Kabellänge muss in der Regel berechnet werden.

Wenn eine Leitung/Kabel mit getrennt angeordneten Schutzeinrichtungen Abzweige enthält, so gelten die Forderungen an die Schutzeinrichtungen für jeden Abzweig sinngemäß. Die zulässigen Längen der Leitungen/Kabel, die abzweigen, können unter Anwendung des Strahlensatzes nach **Bild 13.14** ermittelt werden.

Es sind:

$\overline{AB}$ zulässige Länge des Stromkreises mit dem Querschnitt S_1, beim Anschluss in Punkt A

$\overline{AC}$ zulässige Länge des Stromkreises mit dem Querschnitt S_2, beim Anschluss in Punkt A

$\overline{DE}$ zulässige Länge des Stromkreises mit dem Querschnitt S_2, beim Anschluss in Punkt D

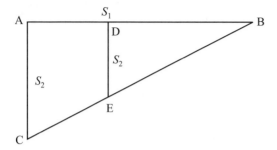

Bild 13.14 Diagramm zur Ermittlung der Stromkreislänge bei Abzweigen

Die zulässige Länge des Stromkreises mit dem Querschnitt S_2 beim Anschluss in Punkt D kann entweder durch eine maßstabsgerechte Skizze oder durch Anwendung des Strahlensatzes ermittelt werden. Es ist

$$\frac{\overline{AB}}{\overline{AC}} = \frac{\overline{BD}}{\overline{DE}}; \quad \text{und mit } \overline{BD} = \overline{AB} - \overline{AD} \text{ ergibt sich}$$

$$\overline{DE} = (\overline{AB} - \overline{AD})\frac{\overline{AC}}{\overline{AD}} \qquad (13.14)$$

Beispiel:
Es sind die jeweils zulässigen Längen für die Stromkreisabschnitte L_2 und L_3 für die in **Bild 13.15** dargestellte Anlage zu bestimmen!

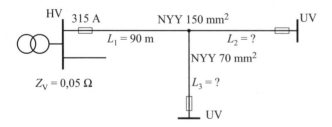

Bild 13.15 Beispiel; Stromkreisdaten

Lösung:
Der Strom, der eine Leitungsschutzsicherung $I_n = 315$ A, Betriebsklasse gL in 5 s zum Ansprechen bringt, beträgt 2100 A (siehe Abschnitt 18.1). Die zulässige Länge für $L_1 + L_2$ des Kabels mit 150 mm² ist damit:

$$L_1 + L_2 = \frac{\frac{c \cdot U}{\sqrt{3} \cdot I_k} - Z_v}{2 \cdot z_{150}} = \frac{\frac{0{,}95 \cdot 400 \text{ V}}{\sqrt{3} \cdot 2100 \text{ A}} - 0{,}05 \text{ }\Omega}{2 \cdot 0{,}174 \text{ }\Omega / \text{km}}$$

$$= 0{,}1565 \text{ km} = 156{,}5 \text{ m} \stackrel{\wedge}{=} \overline{AB}$$

Die zulässige Länge für den Abschnitt $\overline{DB}$ ist damit:

$L_2 = 156{,}5$ m $- 90$ m $= 66{,}5$ m $\stackrel{\wedge}{=} \overline{DB}$

Wäre das Kabel mit 70 mm² an der Hauptverteilung (HV) angeschlossen, so ergäbe sich die zulässige Länge mit:

$$L = \frac{\frac{c \cdot U}{\sqrt{3} \cdot I_k} - Z_v}{2 \cdot z_{70}} = \frac{\frac{0{,}95 \cdot 400 \text{ V}}{\sqrt{3} \cdot 2100 \text{ A}} - 0{,}05 \text{ }\Omega}{2 \cdot 0{,}346 \text{ }\Omega / \text{km}}$$

$$= 0{,}0787 \text{ km} = 78{,}7 \text{ m} \stackrel{\wedge}{=} \overline{AC}$$

Damit kann das Diagramm (**Bild 13.16**) gezeichnet werden.

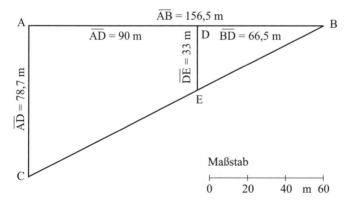

Bild 13.16 Strahlensatz; Anwendung für Beispiel

Aus dem Diagramm kann für die Strecke $\overline{DE}$ eine Länge von $L_3 = 33$ m abgelesen werden.

Bei Anwendung des Strahlensatzes ergibt sich nach Gl. (13.14) für:

$$L_3 = \overline{DE} = \left(\overline{AB} - \overline{AD}\right) \cdot \frac{\overline{AC}}{\overline{AB}}$$

$$L_3 = (156,5 \text{ m} - 90 \text{ m}) \cdot \frac{78,7 \text{ m}}{156,5 \text{ m}} \approx 33,4 \text{ m}$$

Eine Nachprüfung des Ergebnisses durch Berechnung der Kurzschlussströme für die Punkte B und E zeigt:

Punkt B:

$Z_v = 0,05 \, \Omega$

$Z_L = 2 \cdot L_{\overline{AB}} \cdot Z_{150} = 2 \cdot 0,1565 \text{ km} \cdot 0,174 \, \Omega / \text{km} = 0,0545 \, \Omega$

$Z = Z_V + Z_L = 0,0545 \, \Omega + 0,05 \, \Omega = 0,1045 \, \Omega$

$$I_k = \frac{c \cdot U}{\sqrt{3} \cdot Z} = \frac{0,95 \cdot 400 \text{ V}}{\sqrt{3} \cdot 0,1045 \, \Omega} = 2099,5 \text{ A}$$

Punkt E:

$Z_v = 0,05 \, \Omega$

$Z_L = 2 \cdot \left(L_{AD} \cdot Z_{150} + L_{DE} \cdot Z_{70}\right)$

$ = 2 \cdot (0,090 \text{ km} \cdot 0,174 \, \Omega / \text{km} + 0,0334 \text{ km} \cdot 0,346 \, \Omega / \text{km}) = 0,0544 \, \Omega$

$Z = Z_V + Z_L = 0,05 \, \Omega + 0,0544 \, \Omega = 0,1044 \, \Omega$

$$I_k = \frac{c \cdot U}{\sqrt{3} \cdot Z} = \frac{0,95 \cdot 400 \text{ V}}{\sqrt{3} \cdot 0,1044 \, \Omega} = 2101,5 \text{ A}$$

13.6.3 Gemeinsame Versetzung der Schutzeinrichtungen für Überlast- und Kurzschlussschutz

Sowohl Überlastschutzeinrichtungen als auch Kurzschlussschutzeinrichtungen dürfen im Zuge der Leitung um 3 m versetzt werden, wenn die Leitungen/Kabel erd- und kurzschlusssicher verlegt sind (**Bild 13.17**). Dabei sind für die Leitungsquerschnitte keine Einschränkungen festgelegt. Diese Erleichterung ist notwendig für

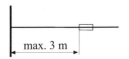

Bild 13.17 Versetzen von Schutzorganen

interne Verdrahtungen von Schaltanlagen und Verteilern, zum Beispiel auch Zählertafelverdrahtungen in Hausinstallationen. Die erd- und kurzschlusssichere Verlegung ist in Abschnitt 12.15 beschrieben.

13.6.4 Verzicht auf Schutzeinrichtungen für Überlast- und Kurzschlussschutz

Auf Schutzeinrichtungen sowohl für Überlast als auch für Kurzschluss darf verzichtet werden:

- in Verteilungsnetzen, die als Freileitung oder als im Erdreich verlegte Kabel ausgeführt sind
- bei Messstromkreisen und bei Verbindungsleitungen zwischen elektrischen Maschinen, Anlassern, Transformatoren, Gleichrichtern, Akkumulatoren, Schaltanlagen und dergleichen, wenn die Leitungen/Kabel kurz- und erdschlusssicher verlegt sind und nicht in der Nähe brennbarer Stoffe zu liegen kommen, also gefahrlos ausbrennen können

Auf Schutzeinrichtungen muss verzichtet werden, wenn die Unterbrechung des Stromkreises eine Gefahr darstellt; dies gilt für:

- Erregerstromkreise von umlaufenden Maschinen
- Speisestromkreise von Hubmagneten
- Sekundärstromkreise von Stromwandlern
- Stromkreise, die der Sicherheit dienen

13.7 Literatur zu Kapitel 13

[1] Hochbaum, A.; Hof, B.: Kabel- und Leitungsanlagen. Auswahl und Errichtung nach DIN VDE 0100-520. VDE-Schriftenreihe, Bd. 68. 2. Aufl., Berlin und Offenbach, VDE VERLAG, 2003

[2] Nienhaus, H.; Vogt, D.: Schutz bei Überlast und Kurzschluss in elektrischen Anlagen. VDE-Schriftenreihe, Bd. 143. Berlin und Offenbach: VDE VERLAG, 1999

[3] Heinhold, L.: Kabel und Leitungen für Starkstrom. 4. Aufl., Berlin und München: Siemens Aktiengesellschaft, 1987

[4] Brüggemann, H.: Starkstrom-Kabelanlagen. Fachbuchreihe: Anlagetechnik für elektrische Verteilungsnetze. Bd. 1. VWEW-Verlag, Frankfurt a. M., und VDE VERLAG, Berlin, 1992

[5] Biegelmeier, G.; Kiefer, G.; Krefter, K.-H.: Schutz in elektrischen Anlagen. Bd. 4: Schutz gegen Überströme und Überspannungen. VDE-Schriftenreihe, Bd. 83. Berlin und Offenbach: VDE VERLAG, 2001

14 Trennen und Schalten – DIN VDE 0100-460 und DIN VDE 0100-537

In DIN VDE 0100-460 „Trennen und Schalten" sind die Maßnahmen beschrieben, die beim Trennen und Schalten aus Sicherheitsgründen einzuhalten sind. Die Anforderungen an die Schaltgeräte, die zum Trennen und Schalten verwendet werden können, und deren spezielle Eigenschaften sind in DIN VDE 0100-537 „Geräte zum Trennen und Schalten" behandelt.

Die Normen gelten für nicht-automatische, örtliche und dezentrale Trenn- und Schaltmaßnahmen, um Gefahren in Zusammenhang mit elektrischen Anlagen und elektrisch versorgten Betriebsmitteln sowie Maschinen zu verhindern oder zu beseitigen.

14.1 Allgemeines

Die Schutzmaßnahmen Trennen und Schalten können nicht den Schutz im Fehlerfall (Schutz gegen gefährliche Körperströme), den Schutz gegen zu hohe Erwärmung oder andere Schutzmaßnahmen, wie sie in den Teilen 410 bis 450 beschrieben sind, ersetzen.

Durch Trennen und Schalten sollen Gefahren in elektrischen Anlagen durch die Ausschaltung von Betriebsmitteln mittels Hand- oder Fernbetätigung verhindert werden. Besondere Sorgfalt bei der Planung und der Errichtung ist bei parallelen Einspeisungen, bei der Anwendung von Ersatzstromversorgungsanlagen und beim Einsatz gespeicherter elektrischer Energie (Kondensatoren) erforderlich.

In TN-C-Systemen und im TN-C-Teil von TN-C-S-Systemen darf der PEN-Leiter nicht getrennt und nicht geschaltet werden. In TN-C-S-Systemen und in TN-S-Systemen braucht der Neutralleiter nicht getrennt oder geschaltet zu werden, wenn der Versorgungsnetzbetreiber (VNB) erklärt, dass im Stromversorgungssystem entweder der PEN-Leiter oder der Neutralleiter zuverlässig mit einem geeignet niedrigen Widerstand mit Erde verbunden ist.

Anmerkung 1: Die Frage der ausreichend niedrigen Erdung von PEN-Leiter und Neutralleiter wird in den entsprechenden Gremien noch beraten. In Deutschland wird normalerweise der PEN-Leiter oder der Neutralleiter als ausreichend niedrig geerdet betrachtet. Dies dürfte der Fall sein, wenn in einem Verteilungsnetz der Gesamterdungswiderstand bei etwa 2 Ω liegt oder kleiner ist. Im Zweifelsfall kann durch eine Messung des Gesamterdungswiderstands eines Netzes der entsprechende Nachweis erbracht werden.

Anmerkung 2: Beim Einsatz von Drosselspulen oder Netzfiltern sollte der Errichter der elektrischen Anlage sich auf alle Fälle durch eine Messung vergewissern, dass die niederohmige Verbindung des Neutralleiters zur Erde besteht, wenn der Neutralleiter nicht geschaltet werden soll.

Anmerkung 3: Der Neutralleiter wird in den Ländern Belgien, Frankreich, Norwegen, Portugal, Spanien und Schweiz als nicht zuverlässig mit geeignet niedrigem Widerstand geerdet betrachtet.

Für Schaltgeräte zum Ausschalten gilt nach DIN VDE 0100-100 Abschnitt 132.10 folgender Grundsatz:

Geräte zum Ausschalten müssen so vorgesehen werden, dass sich elektrische Anlagen, Stromkreise oder einzelne Teile von Geräten so abschalten lassen, wie es für Instandhaltung, Prüfung oder Fehlererkennung erforderlich ist.

14.2 Begriffe

Die für Trennen und Schalten geltenden Begriffe sind in Abschnitt 2.10 behandelt.

14.3 Trennen

14.3.1 Maßnahmen zum Trennen

Trennen bedeutet, die Stromversorgung (alle Stromquellen), von einer Anlage oder von Teilen einer Anlage aus Sicherheitsgründen zu unterbrechen.

Die Maßnahme **Trennen von Stromkreisen** setzt voraus, dass folgende Funktionen erfüllt werden:

- Jeder Stromkreis muss von allen aktiven Leitern der Stromversorgung getrennt werden können (Ausnahme: PEN-Leiter und Neutralleiter in TN-Systemen).

- Zulässig ist auch die Trennung von Stromkreisgruppen durch ein gemeinsames Gerät. Dabei sollten die Stromkreise, die gemeinsam getrennt werden sollen, hauptsächlich nach betrieblichen Belangen ausgewählt werden.

- Gegen unbeabsichtigtes Wiedereinschalten sind geeignete Einrichtungen und Maßnahmen vorzusehen. Hierzu können Warnhinweise (Warnschilder), Verschließeinrichtungen (Vorhängeschloss, eingebautes Schloss), Sperren der Antriebe der Trenner/Schalter oder die Unterbringung der Schaltgeräte in einem abschließbaren Raum (Schaltschrank mit Schließeinrichtung) gehören.

- Bei Mehrfacheinspeisungen (Parallelbetrieb) muss ein Warnhinweis so angebracht sein, dass jede Person, die Zugang zu aktiven Teilen hat, auf die Notwendigkeit der Trennung dieser Teile von den verschiedenen Versorgungen hingewiesen wird, wenn nicht eine Verriegelungseinrichtung besteht, die die Trennung aller betreffenden Stromkreise sicherstellt. Hier eine sinnvolle Verriegelungseinrichtung vorzusehen, ist sicherlich die richtige Maßnahme.
- Beim Einsatz von gespeicherter elektrischer Energie (Kondensatoren) sind geeignete Mittel zur Entladung (Entladewiderstände) vorzusehen.

Anmerkung: Die hier behandelten Maßnahmen zum Trennen sollten nicht mit dem Freischalten und Trennen nach DIN EN 50110-1 (VDE 0105-1) und DIN VDE 0105-100 (VDE 0105-100) „Betrieb von elektrischen Anlagen" in Zusammenhang gebracht werden. Nach der Definition bedeutet dort: „Freischalten ist das allseitige Abtrennen eines Betriebsmittels oder Stromkreises von allen nicht geerdeten Leitern."

14.3.2 Geräte zum Trennen

Zum Trennen müssen Schaltgeräte verwendet werden, mit denen eine sichere Trennung der Stromkreise erreicht wird. Von den Schaltgeräten wird nicht erwartet, Ströme unterbrechen zu können. Es sollen vorzugsweise mehrpolige Schaltgeräte, die alle Außenleiter der Stromkreise trennen, verwendet werden. Einpolige Schaltgeräte sind aber nicht ausgeschlossen.

Geräte zu Trennen von Stromkreisen und/oder Anlagen müssen folgende Bedingungen erfüllen:
- In neuem, sauberem und trockenem Zustand müssen in geöffneter Stellung die Trennstreckenpole folgenden Steh-Stoßspannungen standhalten:
    - 5 kV bei 230/400 V (277/480 V) und Überspannungskategorie III
    - 8 kV bei 230/400 V (277/480 V) und Überspannungskategorie IV
    - 8 kV bei 400/690 V (577/1000 V) und Überspannungskategorie III
    - 10 kV bei 400/690 V (577/1000 V) und Überspannungskategorie IV

    Die Steh-Stoßspannung ist auf eine Höhe von 2000 m über NN bezogen.
- Der Ableitstrom zwischen den geöffneten Trennstreckenpolen darf
    - 0,5 mA je Trennstreckenpol im neuen, sauberen und trockenen Zustand und
    - 6 mA je Trennstreckenpol am Ende der üblichen Lebensdauer eines Geräts

    nicht überschreiten, wobei bei Wechselspannung mit 110 % der Nennspannung geprüft wird. Bei einer Prüfung mit Gleichspannung muss deren Wert gleich dem Effektivwert der Prüf-Wechselspannung sein.
- Die Trennstrecke bei geöffneten Gerätekontakten muss sichtbar sein, oder durch eine eindeutige Anzeige wie „Aus" oder „Offen" gekennzeichnet werden. Die

Ein- und Ausstellungen dürfen auch durch die Symbole „O" und „I" angegeben werden, wenn die Verwendung dieser Symbole in der entsprechenden Gerätenorm erlaubt ist.

- Eine selbsttätige Einschaltung der Schaltgeräte durch Vibrationen, Stöße oder andere Einwirkungen muss mit Sicherheit verhindert werden.

Geräte zum Trennen, die kein Lastschaltvermögen besitzen, müssen gegen zufälliges und/oder unbefugtes Öffnen geschützt werden. Möglich ist es zum Beispiel, die Schaltgeräte unter Verschluss zu halten oder das Gerät zum Trennen mit einem Lastschalter zu verriegeln.

Gängige Einrichtungen zum Trennen von Stromkreisen sind:
- ein- und mehrpolige Trennschalter (Trenner)
- ein- und mehrpolige Last-Trennschalter (Last-Trenner)
- Steckvorrichtungen
- austauschbare Sicherungen
- Trennlaschen
- Spezialklemmen, bei denen ein Abklemmen der Leiter nicht erforderlich ist

Anmerkung: Trennschalter, Sicherungen, Trennlaschen und Spezialklemmen dürfen nicht zum betriebsmäßigen Schalten verwendet werden.

Alle Einrichtungen, die zum Trennen verwendet werden, müssen den Stromkreisen bzw. Anlageteilen oder Maschinen eindeutig zugeordnet werden können. Eine ausreichende, eindeutige Kennzeichnung ist deshalb dringend erforderlich.

Halbleiter dürfen nicht als Geräte zum Trennen verwendet werden.

14.4 Ausschalten für mechanische Wartung (Instandhaltung)

14.4.1 Maßnahmen zur mechanischen Wartung (Instandhaltung)

Wenn bei mechanischen Wartungsarbeiten (Instandhaltung) an einer Maschine oder einer Anlage ein Verletzungsrisiko z. B. durch drehende elektrische Maschinen, Heizelemente, elektromagnetische Geräte oder andere Bauteile besteht, müssen geeignete Maßnahmen vorgesehen werden, die ein unbeabsichtigtes Wiedereinschalten während der Wartungsarbeiten (Instandhaltung) verhindern. Anlagen, die hierunter fallen, können sind zum Beispiel:
- Hebezeuge
- Aufzüge
- Fahrtreppen
- Förderbänder
- Pumpen

Dieser Schutz gegen unbeabsichtigtes Wiedereinschalten kann erreicht werden durch:

- Verschließeinrichtungen (Vorhängeschloss)
- Warnhinweise (Hinweisschilder)
- Unterbringung der Schaltgeräte in einem abschließbaren Raum oder einer abschließbaren Umhüllung (Gehäuse), wie z. B. in einem abschließbaren Schaltschrank

Von besonderen Maßnahmen zum unbeabsichtigten Wiedereinschalten der elektrischen Betriebsmittel kann abgesehen werden, wenn die Einrichtung zum Einschalten dauernd unter der Kontrolle der Person ist, die die Wartungsarbeiten durchführt, wie z. B. in einem abschließbaren Schaltschrank.

14.4.2 Geräte zum Ausschalten bei mechanischer Wartung (Instandhaltung)

Geräte zum Ausschalten bei mechanischer Wartung (Instandhaltung) sind vorzugsweise im Hauptversorgungsstromkreis einzusetzen. Die Schaltgeräte müssen so ausgelegt sein, dass der volle Laststrom des entsprechenden Anlageteils abgeschaltet werden kann.

Die Abschaltung mit Hilfe der Unterbrechung von Steuerstromkreisen ist zulässig, wenn zusätzliche Sicherheitsvorkehrungen (z. B. mechanische Verriegelungen) vorgesehen sind, oder die Festlegungen in den Normen für die angewendeten Steuerschalter einen gleichwertigen Zustand wie bei der direkten Unterbrechung des Hauptstromkreises erreichen. Häufig zum Einsatz gelangende Geräte zum Ausschalten bei mechanischer Wartung (Instandhaltung) sind z. B.:

- mehrpolige Lastschalter
- Leistungsschalter
- Steuerschalter zur Betätigung von Schützen
- Steckvorrichtungen

Geräte, die zum Ausschalten bei mechanischer Wartung (Instandhaltung) vorgesehen sind, müssen folgende Bedingungen erfüllen:

- Die Geräte zum Ausschalten bei mechanischer Wartung (Instandhaltung) und die Steuerschalter für diese Geräte müssen für Handbetätigung vorgesehen werden.
- Die Trennstrecke bei geöffneten Gerätekontakten muss sichtbar sein oder durch eine eindeutige Anzeige wie „Aus" oder „Offen" gekennzeichnet werden. Die Ein- und Ausstellungen dürfen auch durch die Symbole „O" und „I" angegeben werden, wenn die Verwendung dieser Symbole in der entsprechenden Gerätenorm erlaubt ist.

- Eine selbsttätige Einschaltung der Schaltgeräte durch Vibrationen, Stöße oder anderen Einwirkungen muss mit Sicherheit verhindert werden.

  Alle Einrichtungen, die zum Ausschalten bei mechanischer Wartung (Instandhaltung) verwendet werden, müssen den Stromkreisen bzw. Anlageteilen oder Maschinen eindeutig zugeordnet werden können. Eine ausreichende, eindeutige Kennzeichnung ist deshalb dringend erforderlich.

14.5 Schalthandlungen im Notfall

Für Schalthandlungen im Notfall gilt nach DIN VDE 0100-100 Abschnitt 132.9 folgender Grundsatz:

Wenn es im Falle einer Gefahr notwendig ist, sofort die Stromversorgung zu unterbrechen, muss eine Einrichtung zum Unterbrechen so errichtet werden, dass sie leicht erkannt sowie einfach und schnell bedient werden kann.

14.5.1 Maßnahmen bei Schaltungen im Notfall

Eine Schalthandlung im Notfall kann erforderlich werden, um eine Gefahr, die unerwartet aufgetreten ist, so schnell als möglich zu beseitigen. Das Schalten im Notfall kann dabei sowohl „Ausschalten im Notfall" als auch „Einschalten im Notfall" bedeuten. Dabei können im Notfall folgende Schalthandlungen entweder einzeln oder auch in Kombinationen vorkommen:

- Stillsetzen im Notfall ist eine Handlung, die dazu bestimmt ist, einen Prozess oder eine Bewegung anzuhalten, um eine Gefahr zu unterbinden.
- Ingangsetzen im Notfall dient dazu, einen Prozess oder eine Bewegung zu starten, um eine Gefahr zu beseitigen.
- Ausschalten im Notfall ist dazu bestimmt, die Versorgung mit elektrischer Energie zu einer Anlage oder einem Teil der Anlage abzuschalten, falls ein Risiko für einen elektrischen Schlag oder ein anderes Risiko elektrischer Art besteht.
- Einschalten im Notfall ist die Versorgung mit elektrischer Energie einer elektrischen Anlage oder einem Teil der Anlage einzuschalten, die für die Notfallsituation vorgesehen ist.

Anmerkung: Die verschiedenen Begriffe sind international noch in Beratung.

Für die Ausschaltung im Notfall sind Einrichtungen vorzusehen, die für jeden Anlageteil, bei dem es notwendig werden kann, die Versorgung ausschalten kann, um eine unvorhergesehene Gefährdung abzuwenden. Beispiele von typischen Anlagen, in denen Einrichtungen für Handlungen im Notfall erforderlich sein können, sind:

- Pumpeinrichtungen für brennbare Flüssigkeiten
- Lüftungsanlagen

- Informationsverarbeitungsanlagen z.B. große Rechenanlagen
- Beleuchtungsanlagen mit Hochspannungs-Entladungslampen, z. B. Neon-Schriftzüge
- bestimmte große Gebäude, z. B. Waren- und Geschäftshäuser
- elektrische Prüf- und Forschungseinrichtungen
- Heizungs- und Kesselanlagen
- Großküchen
- Laboratorien und Räume für Ausbildungszwecke

Die wichtigsten Maßnahmen, die beim Ausschalten im Notfall beachtet werden müssen, sind:

- Wenn die Gefahr eines elektrischen Schlags besteht, muss die Gerät zum Ausschalten im Notfall alle aktiven Leiter abschalten (Ausnahme: PEN-Leiter und Neutralleiter in TN-Systemen).
- Geräte zum Ausschalten im Notfall müssen so direkt wie möglich auf die Stromversorgung einwirken, wobei eine einzige Schalthandlung die entsprechende Versorgung ausschalten muss.
- Die Ausschaltung im Notfall muss so sein, dass ihre Betätigung weder eine neue Gefahr hervorruft noch den vollständigen Betriebsablauf beeinträchtigt.
  Anmerkung: Für das Stillsetzen im Notfall sind die Anforderungen nach DIN EN 60204-1 (VDE 0113-1) „Elektrische Ausrüstung von Maschinen" – Teil 1 „Allgemeine Anforderungen" zu beachten.
- Einrichtungen für das Ausschalten im Notfall (Not-Halt) müssen dort vorgesehen werden, wo Bewegungen, hervorgerufen durch elektrische Antriebe, eine Gefahr erzeugen können. Solche Anlagen sind z. B.
  - Fahrtreppen
  - Aufzüge
  - Förderbänder
  - Hebezeuge
  - Türantriebe
  - Krananlagen
  - Autowaschanlagen

14.5.2 Geräte zum Schalten im Notfall

Besondere Sorgfalt ist bei der Auswahl der Schaltgeräte hinsichtlich „Schaltvermögen" erforderlich. Schaltgeräte für **Ausschaltung im Notfall** (Not-Ausschaltung) einschließlich **Not-Halt** müssen den Volllaststrom der zugeordneten Anlage oder einem Teil der Anlage unterbrechen können, einschließlich der Ströme bei festgebremsten Motoren.

Anmerkung: Die Forderung, dass auch Ströme bei festgebremsten Motoren geschaltet werden müssen, bedeutet, dass der Planer bzw. Errichter der Anlage genaue Kenntnisse über die Art der eingesetzten Motoren und deren Ströme in festgebremstem Zustand besitzt. Die Ströme sind je nach Bauart, Wicklung und Anlassmethode sehr unterschiedlich, und es können in festgebremsten Zustand Ströme vom doppelten bis zum zehnfachen Nennstrom fließen. Gegebenenfalls ist hier der Hersteller der Maschine bzw. der Motoren zu befragen.

Die Not-Aus-Schaltung darf vorgenommen werden durch ein Schaltgerät, das die Versorgung direkt unterbrechen kann (Schalter im Hauptstromkreis) oder einer Gerätekombination, bei der das Unterbrechen der Versorgung durch Betätigungseinrichtungen eines Steuerstromkreises (Hilfsstromkreis) erfolgt. Die Unterbrechung der Stromversorgung muss durch eine einzige Schalthandlung ausgelöst werden. Für die direkte Unterbrechung von Hauptstromkreisen im Notfall sollen vorzugsweise handbetätigte Schaltgeräte eingesetzt werden. Bei Fernbetätigung der Schaltgeräte (z. B. Leistungsschalter, Schütze und dgl.) müssen die Geräte durch Spannungsunterbrechung öffnen, oder es sind gleichwertige Sicherheitsmaßnahmen anzuwenden.

Bei Not-Halt darf die notwendige Stromversorgung von bestimmten Teilen der Anlage, die aus betrieblichen Gründen nicht abgeschaltet werden dürfen, beibehalten werden (z. B. zum Bremsen sich bewegender Teile).

Schaltgeräte für Not-Aus-Schaltung müssen noch folgenden Anforderungen entsprechen:

- Betätigungseinrichtungen für Not-Aus-Schaltungen (Griffe, Druckknöpfe usw.) müssen eindeutig gekennzeichnet sein. Bevorzugt soll die Farbe Rot mit einem kontrastreichen Hintergrund verwendet werden.
  Anmerkung: An Arbeitsplätzen müssen die Betätigungseinrichtungen von Schaltgeräten für den Notfall zwingend rot mit gelbem Untergrund sein. Siehe hierzu die „Richtlinie des Rates der Europäischen Gemeinschaften vom 25. Juli 1977 (77/576/EWG)".

- Die Betätigungseinrichtungen eines Geräts für die Not-Aus-Schaltung müssen an Gefahrenstellen leicht zugänglich sein und, falls erforderlich, zusätzlich an entfernten Stellen angebracht sein, von denen aus eine Gefahr beseitigt werden kann.

- Die Betätigungseinrichtung eines Geräts für die Not-Aus-Schaltung muss in der „Aus"- oder „Halt"-Position verriegel- oder verklinkbar sein. Davon kann abgesehen werden, wenn die Betätigung der Geräte für die Not-Aus-Schaltung und für die Wiedereinschaltung unter Aufsicht derselben Person stehen.

- Das Loslassen der Betätigungseinrichtung eines Geräts für die Not-Aus-Schaltung darf den betreffenden Anlageteil nicht selbsttätig wieder unter Spannung setzen.

- Geräte für die Not-Aus-Schaltung und Not-Halt müssen so angebracht und gekennzeichnet sein, dass sie leicht erkennbar und für die vorgesehene Anwendung leicht zugänglich sind.

14.6 Betriebsmäßiges Schalten

14.6.1 Maßnahmen zum betriebsmäßigen Schalten

Betriebsmäßiges Schalten ist das Ein- und Ausschalten einer Anlage oder eines Teils einer Anlage im normalen Betrieb, also das Schalten eines Stromkreises.

Für jeden Stromkreis, der unabhängig getrennt von anderen Stromkreisen geschaltet werden soll, ist ein **Schalter zum betriebsmäßigen Schalten** vorzusehen. Auch für alle Verbrauchsmittel, für die ein betriebsmäßiges Schalten gefordert wird, sind geeignete Schalter vorzusehen. Dabei müssen nicht unbedingt alle aktiven Leiter eines Stromkreises geschaltet werden. Einpolige Schaltgeräte sind für PEN-Leiter und Neutralleiter nicht zulässig.

Steckvorrichtungen bis 16 A Bemessungsstrom dürfen für das betriebsmäßige Schalten verwendet werden.

Bei der Umschaltung auf eine andere Einspeisequelle (z. B. Ersatzstromversorgungsanlage) müssen alle aktiven Leiter geschaltet werden. Ein Parallelbetrieb ist nicht zulässig, es sei denn, die Anlage ist dafür ausgelegt. PEN-Leiter und Schutzleiter dürfen nicht getrennt werden.

14.6.1.1 Maßnahmen für Steuerstromkreise

Steuerstromkreise (Hilfsstromkreise) müssen so geplant, ausgeführt, angeordnet und geschützt werden, dass die Gefahren von Fehlfunktionen durch einen Fehler in der Anlage minimiert werden. Solche Fehler können auftreten, wenn zwischen Steuerstromkreis und anderen leitfähigen Teilen eine ungewollte Verbindung (z. B. durch einen Isolationsfehler) zustande kommt und so eine Fehlfunktionen, wie z. B. ein ungewollter Betrieb, auftritt.

14.6.1.2 Maßnahmen für Motorsteuerungen

Bei der Planung und Ausführung von Motorsteuerungen sind unter anderem folgende Gesichtspunkte zu beachten:

- Steuerstromkreise von Motoren sind so auszulegen, dass sie den automatischen Wiederanlauf eines Motors nach Stillstand des Motors durch Einbruch oder Ausfall der Spannung mit Sicherheit verhindern, wenn dieser Wiederanlauf eine Gefahr hervorrufen kann.

- Wenn eine Motorgegenstrombremsung vorgesehen ist, müssen Vorkehrungen zur Vermeidung der Drehrichtungsumkehr nach Beendigung des Bremsvorgangs getroffen werden, falls diese Umkehr eine Gefahr hervorrufen kann.
- Wenn die Sicherheit von der Drehrichtung eines Motors abhängt, müssen Vorkehrungen zur Verhinderung der Gegen-Drehrichtung, verursacht durch Phasenvertauschung, getroffen werden. Auch die Gefahr, die durch die Unterbrechung eines Leiters entstehen kann, ist zu beachten.

14.6.2 Schaltgeräte für betriebsmäßiges Schalten

Schaltgeräte für betriebsmäßiges Schalten müssen für die härteste zu erwartete Beanspruchung ausgelegt sein. Hier ist die Art der Anlage (Motoren, Heizungen usw.) für die Bemessung des Ausschaltstroms von entscheidender Bedeutung. Es ist zulässig, dass die Schaltgeräte den Strom unterbrechen, ohne gleichzeitig entsprechende Trennstrecken herzustellen. Dies ist bei Halbleiter-Schaltgeräten der Fall.

Schaltgeräte zum betriebsmäßigen Schalten sind zum Beispiel:

- Lastschalter
- Halbleiter-Schaltgeräte
- Leistungsschalter
- Schütze
- Relais
- Steckvorrichtungen bis 16 A

Trenner, Sicherungen, Trennlaschen und Spezialklemmen dürfen nicht für betriebsmäßiges Schalten verwendet werden.

15 Leuchten und Beleuchtungsanlagen – DIN VDE 0100-559

Anmerkung: Bei Kapitel 15 ist festzustellen, dass die DIN VDE 0100-559:1983-03 mehr als 20 Jahre alt ist. Die Neubearbeitung bei IEC und CENELEC ist in vollem Gange. Hier sind umfangreiche Änderungen zu erwarten, wie der Entwurf DIN VDE 0100-559:2004-09 zeigt.

Bei der Auswahl von Leuchten und der Errichtung von Beleuchtungsanlagen gilt als Schutzziel, dass keine Gefährdung

- von Personen und Nutztieren durch gefährliche Körperströme
- und von Sachen durch zu hohe Temperaturen

auftreten dürfen.

Hierzu gehören die richtige Auswahl der Leuchten und deren normgerechte Anbringung auf Bauteilen und Einrichtungsgegenständen. Neben den Schutzmaßnahmen gegen gefährliche Körperströme ist wichtig, dass die im Normalbetrieb von Lampen und Vorschaltgeräten (Drosselspulen, Kondensatoren, Transformatoren, Zündgeräte, Konverter usw.) abgegebene Wärmeleistung keine zu hohen Temperaturen an Befestigungsflächen und in der unmittelbaren Umgebung hervorrufen. Vorschaltgeräte dürfen auch im Fehlerfall (Körper- oder Windungsschluss) für die Umgebung und die Befestigungsfläche keine Brandgefahr darstellen. Beide Forderungen gelten sinngemäß auch für extern angebrachte Vorschaltgeräte.

Leuchten sind Betriebsmittel, durch welche das von einer oder mehreren Lampen erzeugte Licht verteilt, gefiltert oder umgewandelt wird. Sie umfassen alle Teile, die zur Befestigung und zum Schutz der Leuchten erforderlich sind, einschließlich des erforderlichen Zubehörs (Vorschaltgeräte) und der Vorrichtungen zum Anschluss an das Netz, nicht aber die Lampen selbst.

Für die Herstellung von Leuchten gelten DIN VDE 0710 und DIN EN 60589-1 (VDE 0711-1). Für die Errichtung von Beleuchtungsanlagen und die Anbringung von Leuchten auf Gebäudeteilen und an Einrichtungsgegenständen gilt DIN VDE 0100-559.

Dabei sind grundsätzlich zu unterscheiden:

- Leuchten für Glühlampen
- Leuchten für Entladungslampen

Bei Glühlampen werden, je nach Bauart, etwa 85 % bis 95 % der zugeführten elektrischen Leistung in Wärme umgesetzt. Bei einer 100-W-Glühlampe können dabei, je nach Brennlage der Lampe, Temperaturen von 200 °C bis 260 °C an der Glaskolbenoberfläche auftreten. Bei Niedervolt-Halogen-Glühlampen treten sogar Temperaturen von über 500 °C auf. Auch bei Entladungslampen wird ein erheblicher Teil der zugeführten elektrischen Leistung in Wärme umgesetzt. Die Verlustleistung, die fast ausschließlich in Wärme umgesetzt wird, liegt bei Leuchtstofflampen mit den entsprechenden Vorschaltgeräten bei etwa 75 % bis 85 %. Bei anderen Entladungslampen liegt dieser Wert noch zwischen 65 % und 85 %.

15.1 Anbringung von Leuchten auf Gebäudeteilen

Die Baustoffe, die in Gebäuden verwendet werden, können eingeteilt werden in:
- nicht brennbare Baustoffe
- schwer entflammbare Baustoffe
- normal entflammbare Baustoffe

Anmerkung 1: Leicht entflammbare Baustoffe dürfen nach den Bauverordnungen der Länder in Gebäuden nicht verwendet werden.

Anmerkung 2: Oben genannte Baustoffe sind in Kapitel 22 erläutert.

Auf diesen verschiedenen Baustoffen sind folgende Leuchten zulässig:
- Auf nicht brennbaren Baustoffen dürfen alle Leuchten direkt, also ohne Abstand und ohne weitere Maßnahmen, befestigt werden.
- Auf schwer entflammbaren Baustoffen und normal entflammbaren Baustoffen dürfen alle Leuchten für Glühlampen und Leuchten für Entladungslampen mit den Kennzeichen

befestigt werden. Leuchten für Entladungslampen ohne eines dieser Kennzeichen dürfen nur in einem Abstand von 35 mm angebracht werden, wenn die Leuchte zur Befestigungsfläche hin geschlossen ist. Bei einer Leuchte, die zur Befestigungsfläche hin offen ist, ist eine über die gesamte Länge und Breite reichende Abdeckung durch ein 1 mm starkes Blech erforderlich.

15.2 Anbringung von Leuchten auf Einrichtungsgegenständen

Als Einrichtungsgegenstände gelten alle Möbelstücke wie Schränke, Wandschränke, Schreibtische, Betten u. dgl., aber auch Gardinenleisten, Holzblenden usw.
Bei der Verwendung von Leuchten für die verschiedenen Anwendungsfälle gilt:
- Auf nicht brennbaren Baustoffen können alle Leuchten zum Einsatz gelangen.
- Leuchten mit Glühlampen dürfen auf brennbaren Baustoffen (schwer oder normal entflammbaren Baustoffen) verwendet werden, wenn sie folgendes Zeichen tragen:

- Leuchten für Entladungslampen und Leuchten für Glühlampen dürfen auf normal entflammbaren und schwer entflammbaren Baustoffen verwendet werden, wenn sie eines der folgenden Zeichen tragen:

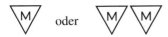

oder

- Leuchten für Entladungslampen dürfen auf Stoffen, deren Brandverhalten nicht bekannt ist, nur verwendet werden, wenn sie folgendes Zeichen tragen:

Strahlerleuchten, z. B. in Möbeln, Schaufenstern, Vitrinen usw., sind so anzuordnen, dass der vom Hersteller angegebene Mindestabstand zu brennbaren Gegenständen eingehalten wird.

15.3 Vorschaltgeräte

Werden Vorschaltgeräte außerhalb von Leuchten montiert, dürfen diese auf nicht brennbaren Bauteilen ohne Einschränkung angebracht werden. Auf brennbaren Baustoffen dürfen nur Vorschaltgeräte und Transformatoren mit dem Zeichen ⊕ direkt montiert werden.

Bei allen anderen Vorschaltgeräten und Transformatoren ist ein Abstand von mindestens 35 mm einzuhalten. Auch zu anderen brennbaren Baustoffen ist ein ausreichender Abstand einzuhalten. Werden diese Vorschaltgeräte oder Transformatoren in Gehäuse eingebaut, ist eine ausreichende Belüftung sicherzustellen.

Anmerkung: Für Vorschaltgeräte und Transformatoren, die außerhalb von Leuchten montiert werden, ist künftig vorgesehen, nur noch Geräte mit dem Zeichen ⊕ zuzulassen.

15.4 Sicherheitszeichen und technisch relevante Bildzeichen für Leuchten und deren Zubehör

Leuchten und Zubehör sind elektrische Betriebsmittel, die nach den einschlägigen Normen herzustellen sind und demnach mit dem VDE-Zeichen ausgestattet sein müssen. Nach dem Geräte- und Produktsicherheitsgesetz (GPSG) sind Leuchten als technische Arbeitsmittel zu betrachten, wonach sie den anerkannten Regeln der Technik entsprechen müssen, was durch das GS-Zeichen dokumentiert wird. Für Leuchten und deren Zubehör gibt es noch das ENEC-Zeichen, das auf der Grundlage des ENEC-Abkommens von den in Tabelle 1.1 genannten Ländern als gemeinsames Konformitätszeichen anerkannt wird. Das CE-Kennzeichen richtet sich nicht an den Anwender oder Endverbraucher, es ist ein reines Verwaltungskennzeichen innerhalb der EU. Das VDE-Zeichen, das GS-Zeichen in verschiedenen Varianten und das ENEC-Zeichen mit Identifizierungsnummer für das jeweilige Land, das CE-Zeichen und das EMV-VDE-Zeichen sind in Abschnitt 1.5 zusammengestellt und beschrieben.

Für Leuchten gibt es einige Bildzeichen, die die Eigenschaften der Leuchte beschreiben und die Montagemöglichkeiten angeben. Die wichtigsten technisch relevanten Bildzeichen für Leuchten und Vorschaltgeräte sind in **Tabelle 15.1** dargestellt und erläutert. Die Bestimmung für FF-Leuchten nach DIN VDE 0710-5 (VDE 0710-5) „Leuchten mit begrenzter Oberflächentemperatur" wurde zurückgezogen und durch die Europäische Norm EN 60598-2-24 (VDE 0711-2-24) mit demselben Titel ersetzt. Leuchten nach EN 60598-2-24 sind geeignet für den Einsatz von Leuchten, in denen sich brennbarer Staub auf den Leuchten ansammeln kann. Die brennbaren Stäube dürfen allerdings nicht zu einer Explosionsgefahr führen. Die Leuchten dürfen mit dem Kennzeichen (D im Dreieck) gekennzeichnet werden. Weitere bildliche Kennzeichnungen für Leuchten und Zubehör sind den einschlägigen Normen der Reihe DIN VDE 0710, DIN VDE 0711 und DIN VDE 0712 zu entnehmen.

Bildzeichen	Bedeutung
▽F▽	Leuchten nach DIN EN 60598-1 (VDE 0711-1), geeignet zur Montage auf nicht brennbaren, schwer entflammbaren und normal entflammbaren Baustoffen. Die Temperatur an der Befestigungsfläche darf 130 °C bei anormalem Betrieb und 180 °C bei einem Fehler im Vorschaltgerät nicht überschreiten. Das Bildzeichen wird sinngemäß auch für Konverter und Transformatoren verwendet.
▽F▽ ▽F▽	Leuchten mit begrenzter Oberflächentemperatur und Schutzart IP5X nach DIN VDE 0710-5 (zurückgezogen), geeignet für feuergefährdete Betriebsstätten (nur mit Schutzart IP54) und geeignet für die Montage auf nicht brennbaren, normal entflammbaren und schwer entflammbaren Baustoffen.
▽D▽	Leuchten mit begrenzter Oberflächentemperatur und der Schutzart IP5X nach EN 60598-2-24 (VDE 0711-2-24), geeignet für feuergefährdete Betriebsstätten (nur mit Schutzart IP54) und geeignet für die Montage auf nicht brennbaren, normal entflammbaren und schwer entflammbaren Baustoffen. Die Temperaturbegrenzung an der Außenfläche ist so, dass sich brennbarer Staub, der sich auf der Leuchte ansammelt, nicht entzünden kann. Verwendung auch in Betriebsstätten, in denen Textilstoffe gelagert und verarbeitet werden, und in Räumen, in denen brennbarer Staub in großen Mengen auftritt.
▽M▽	Leuchten für Entladungslampen mit eingebautem oder getrenntem Vorschaltgerät nach DIN VDE 0710-14 (VDE 0710-14), geeignet zur Montage in und an Einrichtungsgegenständen (Möbel) aus nicht brennbaren, schwer entflammbaren oder normal entflammbaren Werkstoffen. Die Montage auf Gebäudeteilen ist ebenfalls zulässig. Die Vorgaben der Montageanweisung und die Sicherheitsabstände sind einzuhalten.
▽M▽ ▽M▽	Leuchten für Glühlampen und Entladungslampen mit eingebautem oder getrenntem Vorschaltgerät nach DIN VDE 0710-14 (VDE 0710-14), geeignet zur Montage in und an Einrichtungsgegenständen (Möbel) aus nicht brennbaren, schwer entflammbaren oder normal entflammbaren Werkstoffen. Die Montage auf Gebäudeteilen ist ebenfalls zulässig. Die Vorgaben der Montageanweisung und die Sicherheitsabstände sind einzuhalten.
⊞	Unabhängiger Konverter (z. B. elektronisches Vorschaltgerät) nach DIN EN 60046 (VDE 0712-24), das den Anforderungen für unabhängiges Zubehör gerecht wird und auch ohne mechanischen Schutz montiert werden darf.
Weitere Bildzeichen sind in DIN EN 60598-1 (VDE 0711-1) Bild 1 dargestellt.	

Tabelle 15.1 Bildkennzeichen für Leuchten

15.5 Aufschriften auf Leuchten

Nach DIN EN 60598-1 (VDE 0711-1) muss eine Leuchte, falls zutreffend, dauerhaft und gut lesbar (Buchstaben und Ziffern mindestens 2 mm Höhe und Zeichen mindestens 5 mm Höhe) folgende Aufschriften tragen:

- Ursprungszeichen; alternativ Herstellerkennzeichen, Handelsname, Name des Herstellers
- Bemessungsspannung in Volt; Leuchten für Glühlampen, nur wenn die Bemessungsspannung von 250 V abweicht
- Höchstwert der Umgebungstemperatur, falls von 25 °C abweichend
- Bildzeichen für Leuchten der Schutzklasse II oder III, falls zutreffend
- Kennzeichnung der IP-Schutzart
- Typ- oder Bestellnummer des Herstellers
- Bemessungsleistung der Lampe bzw. Lampen in Watt; bei Leuchten für Glühlampen mit mehreren Fassungen darf die Angabe $n \times ...$ W erfolgen; (n gibt die Anzahl der Fassungen an)
- Bildzeichen (z. B. F-Zeichen) bei Leuchten mit eingebauten Vorschaltgeräten oder Transformatoren, die zur direkten Befestigung auf normal entflammbaren Baustoffen geeignet sind
- Angaben zu besonderen Lampen; z. B. Hochdruck-Natriumdampf-Lampen, mit getrenntem oder eingebautem Startgerät
- Bildzeichen für Leuchten mit „cool beam"-Lampen (Kaltlicht-Spiegellampe), falls die Sicherheit beeinträchtigt wird
- eindeutige Beschriftung oder Bezeichnung der Anschlussklemmen
- Bildzeichen für den Mindestabstand zu beleuchteten Gegenständen
- Bildzeichen für Leuchten für rauen Betrieb
- Bildzeichen für Leuchten, die für Kopfspiegellampen gebaut sind

Zusätzlich zu diesen Angaben müssen weitere Einzelheiten, die für den ordnungsgemäßen Anschluss, Verwendung und Wartung erforderlich sind, entweder auf der Leuchte oder der Montageanweisung angegeben werden. Hierzu können gehören:

- Angabe der Bemessungsfrequenz in Hertz
- Angabe von Betriebstemperaturen, z. B. für Wicklungen, Kondensatoren oder Anschlussleitungen
- ein Warnhinweis, wenn die Leuchte nicht zur Befestigung auf normal entflammbaren Baustoffen geeignet ist
- ein Anschlussbild, wenn die Leuchte nicht für den unmittelbaren Anschluss an das Netz geeignet ist

15.6 Befestigung von Leuchten

Die Aufhängevorrichtungen für Leuchten müssen die fünffache Masse der Leuchte, mindestens aber 10 kg ohne Formänderung tragen können.

Bei einer Unterputzinstallation muss die Zuleitung für eine Wandleuchte in einer Wanddose enden.

Die zulässige bzw. nicht zulässige Montageart einer Leuchte ist vom Hersteller anzugeben. Das entsprechende Symbol (**Tabelle 15.2**) ist vom Hersteller entweder auf der Leuchte anzubringen oder in der Montageanweisung anzugeben.

15.7 Schutzarten für Leuchten

Grundsätzlich gilt DIN EN 60529 (VDE 0470-1) „Schutzarten durch Gehäuse" (siehe hierzu Abschnitt 3.3). Für Leuchten gelten zusätzlich die Festlegungen nach DIN EN 60598-1 (VDE 0711-1). Eine Zusammenstellung ist in **Tabelle 15.3** durchgeführt.

Wenn bei der Auswahl bzw. Festlegung hinsichtlich der Einordnung Zweifel bestehen, ist sicherheitshalber die nächsthöhere Schutzart anzuwenden. Das Symbol für die Schutzart muss nach DIN VDE 0710 und DIN EN 60589-1 (VDE 0711-1) auf dem Leuchtengehäuse angegeben sein.

15.8 Besondere Beleuchtungsanlagen

15.8.1 Leuchten für Vorführstände

Bei der Vorführung von Leuchten, z. B. in einem Kaufhaus, muss davon ausgegangen werden, dass Leuchten von Laien angeschlossen und in Betrieb genommen werden. Es gilt, dieses Personal und auch Kunden zu schützen, weshalb gefordert wird:

- Betrieb mit Kleinspannung oder
- Stromkreise für die Vorführstände mit RCD mit $I_{\Delta n} \leq 30$ mA betreiben

Weiter sind zu verwenden:

- zweipolige Steckdosen mit Schutzkontakt (10 A bzw. 16 A für 250 V AC/DC) oder
- Stromschienensysteme für Leuchten nach DIN EN 60570 (VDE 0711-300)

Nr.	Montage	Kennzeichen für die Montageart	
		geeignet	nicht geeignet
1	an der Decke		
2	an der Wand		
3	waagrecht an der Wand		
4	senkrecht an der Wand		
5	an der Decke und waagrecht an der Wand		
6	an der Decke und senkrecht an der Wand		
7	in der waagrechten Ecke, Lampe seitlich		
8	in der waagrechten Ecke, Lampe unterhalb		
9	in der waagrechten Ecke, Lampe seitlich und unterhalb		
10	im U-Profil		
11	am Pendel		

Tabelle 15.2 Kennzeichen der Montagearten

Schutzart nach DIN VDE 0710	Schutzumfang über Schutz gegen Berührung hinaus	Kurzzeichen nach DIN VDE 0710		Schutzart nach DIN EN 60529 etwa	Zuordnung zu den Raumarten nach DIN VDE 0100
abgedeckt	kein Schutz	–	–	IPX0	trockene Räume ohne besondere Staubentwicklung
tropf-wasser-geschützt	Schutz gegen hohe Luftfeuchte und senkrecht fallende Wassertropfen	1 Tropfen	●	IPX1	feuchte und feuchtwarme Räume Orte im Freien unter Dach
regen-geschützt	Schutz von oben bis zu 30° über der Waagrechten auftreffende Wassertropfen	1 Tropfen in 1 Quadrat		IPX3	Orte im Freien
spritz-wasser-geschützt	Schutz gegen aus allen Richtungen auftreffende Wassertropfen	1 Tropfen in 1 Dreieck		IPX4	feuchte und feuchtwarme Orte im Freien
strahl-wasser-geschützt	Schutz gegen aus allen Richtungen auftreffenden Wasserstrahl	2 Tropfen in 2 Dreiecken		IPX5	nasse und durchtränkte Räume, in denen abgespritzt wird
wasser-dicht	Schutz gegen Eindringen von Wasser ohne Druck	2 Tropfen	●●	IPX6 (IPX7)	nasse und durchtränkte Räume; unter Wasser ohne Druck
druck-wasser-dicht	Schutz gegen Eindringen von Wasser unter Druck	2 Tropfen mit Angabe der zulässigen Eintauchtiefe	… m	IPX6 (IPX7) (IPX8)	Abspritzen bei hohem Druck; unter Wasser mit Druck
staub-geschützt	Schutz gegen Eindringen von Staub ohne Druck	Gitter		IP5X	Räume mit nicht brennbaren Stäuben
staubdicht	Schutz gegen Eindringen von Staub unter Druck	Gitter mit Umrandung		IP6X	Räume mit brennbaren Stäuben

Tabelle 15.3 Schutzarten für Leuchten

15.8.2 Fassausleuchten und bewegliche Backofenleuchten

Diese Leuchten unterliegen einer besonderen Gefährdung. Sie müssen deshalb mit Kleinspannung oder Schutztrennung, wobei für jede Leuchte ein separater Trenntransformator erforderlich ist, betrieben werden. Sicherheitstransformatoren und Motorgeneratoren zur Erzeugung der Kleinspannung sowie Trenntransformatoren zum Herstellen der Schutztrennung sind dabei außerhalb des Fasses bzw. des Backofens aufzustellen bzw. anzubringen. Als bewegliche Leitungen müssen mindestens solche der Bauart H07RN-F, A07RN-F oder gleichwertige Leitungen verwendet werden.

15.8.3 Beleuchtungsanlagen mit Niedervolt-Halogenlampen

Für Beleuchtungsanlagen mit Niedervolt-Halogenlampen gibt es zurzeit keine Errichtungsbestimmungen in der Normenreihe DIN VDE 0100. Es gibt lediglich den Entwurf E DIN IEC 64/908/CDV (VDE 0100-715), der bis zur Herausgabe einer gültigen Norm als Stand der Technik anzusehen ist. Die Anwendung der Entwurfsfassung bei der Errichtung einer Beleuchtungsanlage sollte deshalb zwischen dem Elektroinstallateur und dem Kunden schriftlich vereinbart werden.

15.9 Literatur zu Kapitel 15

[1] Halbritter, H.-P.; Sattler, J.: Leuchten, Erläuterungen zu DIN VDE 0711/ EN 60598 und VDE 0710. VDE-Schriftenreihe, Bd. 12. 4. Aufl., Berlin und Offenbach: VDE VERLAG, 2001

[2] Nienhaus, H.; Thäle, R.: Halogenbeleuchtungsanlagen mit Kleinspannung. VDE-Schriftenreihe, Bd. 12. 2. Aufl., Berlin und Offenbach. VDE VERLAG, 2002

[3] VdS (Hrsg.): Leuchten; Richtlinien zur Schadensverhütung. VdS 2005: 2001-11 (04)

[4] Ris, H. R.: Beleuchtungstechnik für Praktiker. 3. Aufl., Berlin und Offenbach: VDE VERLAG, 2003

16 Prüfungen – DIN VDE 0100-610

Elektrische Anlagen müssen vor ihrer ersten Inbetriebnahme vom Errichter der Anlage geprüft werden (Erstprüfung). Dies gilt auch für die Erweiterung oder Änderung bestehender Anlagen, wobei die Prüfung nur für den erweiterten bzw. geänderten Teil der Anlage durchzuführen ist. Die Erstprüfung einer elektrischen Anlage hat nach DIN VDE 0100-610 „Prüfungen, Erstprüfungen" zu erfolgen.

Wiederholungsprüfungen von elektrischen Anlagen sind eine betriebliche Angelegenheit; sie sind nach DIN VDE 0105-100 „Betrieb von elektrischen Anlagen" Abschnitt 5.3.101 „Wiederkehrende Prüfungen" durchzuführen. Die Prüfung hat der Betreiber der Anlage zu veranlassen.

Die Prüfung elektrischer Maschinen und Geräte hat der Hersteller durchzuführen. Die Prüfbestimmungen sind in den einschlägigen Normen für Errichtung der Maschinen und Geräte enthalten. Für die Instandsetzung derartiger Maschinen und Geräte sind die Prüfungen ebenfalls in den entsprechenden Normen beschrieben.

Für die Instandsetzung, Änderung und Prüfung elektrischer Geräte für den Hausgebrauch und ähnliche Zwecke sind die Anforderungen an die Prüfung in DIN VDE 0701 „Instandsetzung, Änderung und Prüfung elektrischer Geräte" festgelegt. Wiederholungsprüfungen für elektrische Geräte sind in DIN VDE 0702 „Wiederholungsprüfungen an elektrischen Geräten" behandelt.

In diesem Kapitel wird nur die Erstprüfung von elektrischen Anlagen, die nach den Normen der Reihe DIN VDE 0100 errichtet wurden, behandelt.

16.1 Allgemeine Anforderungen

Elektrische Anlagen müssen vor der ersten Inbetriebnahme geprüft werden. Zu prüfen ist, ob alle Anforderungen hinsichtlich:

- Schutzmaßnahmen gegen elektrischen Schlag (Bestimmungen der Gruppe 400) sowie
- Auswahl und Errichtung elektrischer Betriebsmittel (Bestimmungen der Gruppen 500 und 700)

eingehalten sind. Die Prüfung besteht aus:

- Besichtigung
- Erprobung und Messung

16.2 Prüfen

Prüfen umfasst alle Maßnahmen, mit denen festgestellt wird, ob die gesamte Anlage normgerecht errichtet wurde. Prüfen umfasst das Besichtigen, Erproben und Messen.

Das Prüfen einer Anlage kann recht schwierig sein, besonders wenn diese eine bestimmte Größe überschreitet. Wichtig ist eine sinnvolle Prüfung, die bereits während der Errichtung mit der ständigen Besichtigung der verschiedenen Anlageteile beginnen sollte. Auch die Reihenfolge der verschiedenen Prüfschritte ist wichtig. Als Reihenfolge der Prüfung ist zu empfehlen:

- Besichtigung
- Isolationsmessung, ggf. Messung des Widerstands von Fußböden und Wänden
- Messung des Erdungswiderstands

Nach Durchführung dieser Prüfungen kann die Anlage unter Spannung gesetzt und die Prüfung fortgeführt werden mit:

- Erprobung der Prüfeinrichtungen
- Durchführung der eigentlichen Messungen

16.3 Besichtigen

Besichtigen umfasst die visuelle Überprüfung der elektrischen Anlage zur Feststellung ihrer normgerechten Errichtung.

Das Besichtigen ist der wichtigste Teil der Prüfung. Dabei sollten äußerlich erkennbare Mängel und Schäden an Betriebsmitteln und offensichtliche Installationsfehler festgestellt werden. Die Anlagenteile, die Schutzzwecken dienen, sind besonders zu beachten und eingehend zu besichtigen. Die Prüfung sollte mindestens folgende Details umfassen:

16.3.1 Allgemeine Besichtigung

- die Betriebsmittel müssen den äußeren Einflüssen am Verwendungsort standhalten
- die Überstrom-Schutzeinrichtungen müssen den Leitungsquerschnitten entsprechend bemessen sein
- die Beschriftungen der einzelnen Stromkreise müssen vorhanden sein
- Schaltpläne, falls erforderlich, müssen vorhanden sein
- Brandabschottungen und andere Vorsichtsmaßnahmen gegen die Ausbreitung von Feuer müssen vorhanden sein
- der Schutz gegen thermische Einflüsse muss gegeben sein

- geeignete Trenn- und Schalteinrichtungen müssen an geeigneter Stelle angeordnet sein
- Kabel, Leitungen und Stromschienen müssen hinsichtlich Strombelastbarkeit und Spannungsfall richtig ausgewählt sein
- Leiterverbindungen müssen ordnungsgemäß sein
- leichte Zugänglichkeit zur Bedienung und Wartung

16.3.2 Schutzmaßnahmen gegen direktes Berühren

- bei Schutz durch Isolierung muss die Isolierung der aktiven Teile vollständig sein
- bei Schutz durch Abdeckung oder Umhüllung müssen alle aktiven Teile geschützt sein
- Abdeckungen und Umhüllungen müssen sicher befestigt sein
- bei Schutz durch Hindernisse müssen diese ihren Zweck erfüllen können
- bei Schutz durch Abstand dürfen sich innerhalb des Handbereichs keine gleichzeitig berührbaren Teile unterschiedlichen Potentials befinden

16.3.3 Schutzmaßnahmen mit Schutzleiter

- Schutzleiter, Erdungsleiter und Potentialausgleichsleiter müssen einwandfrei verlegt und zuverlässig befestigt sein
- Schutzleiter und Schutzleiteranschlüsse müssen richtig gekennzeichnet sein
- Schutzleiter dürfen nicht mit aktiven Leitern verbunden sein
- Schutzleiter und Neutralleiter dürfen nicht vertauscht sein
- Schutzleiter und Neutralleiter in Schaltanlagen und Verteilern müssen ordnungsgemäß angeschlossen und eindeutig, dem Stromkreis zugeordnet, gekennzeichnet sein
- die Schutzkontakte von Steckdosen müssen in Ordnung sein
- in Schutzleitern dürfen keine Schalter oder Schutzorgane eingebaut sein
- im PEN-Leiter dürfen keine Überstrom-Schutzeinrichtungen eingebaut sein
- PEN-Leiter dürfen für sich alleine nicht schaltbar sein
- Schutzeinrichtungen wie RCD, Isolationsüberwachungseinrichtungen und Überspannungsschutzeinrichtungen müssen richtig ausgewählt sein

16.3.4 Schutzmaßnahmen ohne Schutzleiter

- bei den Kleinspannungen SELV und PELV und bei Schutztrennung müssen die Stromquellen richtig ausgewählt sein
- bei Kleinspannung SELV und PELV dürfen die Steckvorrichtungen nicht für höhere Spannungen verwendbar sein

- bei zwingend vorgeschriebener Schutztrennung darf nur ein Verbrauchsmittel an einem Transformator angeschlossen sein
- bei Schutztrennung mit mehreren Verbrauchsmitteln muss der Potentialausgleichsleiter vorhanden sein; er darf nicht geerdet sein
- bei der Schutzisolierung darf diese nicht durch leitfähige Teile oder durch Beschädigung unwirksam sein
- bei Schutz durch nichtleitende Räume muss die Isolierung von Fußböden und Wänden ausreichend sein

16.4 Erproben und Messen

Erproben und **Messen** umfasst die Durchführung von Erprobungen und Messungen in elektrischen Anlagen, um festzustellen, ob die Anlage ihren Zweck ordnungsgemäß erfüllt. Eingeschlossen ist die Feststellung von Eigenschaften, die nicht durch Besichtigen ermittelt werden können, mittels geeigneter Messgeräte

Durch Erproben soll festgestellt werden, ob die in der Anlage eingebauten Einrichtungen für Schutzzwecke ordnungsgemäß arbeiten. Zum Erproben gehören:

- Betätigen der Prüftaste von RCD und Isolationsüberwachungseinrichtungen
- Erproben der Wirksamkeit von Schutzeinrichtungen, z. B. durch Betätigen von Schutzrelais, Not-Aus-Einrichtungen, Endschaltern, Verriegelungen usw.
- Erproben von Sicherheitsstromkreisen, z. B. Notbeleuchtung, Belüftungsanlagen, Brandschutzeinrichtungen usw.
- Erproben der Funktionsfähigkeit von Melde- und Anzeigeeinrichtungen

Messen ist das Feststellen des Sollzustands einer Anlage mit Hilfe geeigneter Messgeräte. Dies kann auch durch Geräte erreicht werden, die nur durch eine „Ja/Nein-Aussage" das Über- oder Unterschreiten bestimmter Grenzwerte angeben. Voraussetzung ist, dass die Geräte den Festlegungen nach der Normenreihe DIN VDE 0413 entsprechen.

Je nach Art und Umfang einer Anlage können folgende Messungen in der vorgegebenen Reihenfolge erforderlich werden:

- Durchgängigkeit der Schutzleiter, der Verbindungen des Hauptpotentialausgleichs und des zusätzlichen Potentialausgleichs
- Isolationswiderstand der Anlage bzw. Stromkreise
- Schutz durch sichere Trennung der Stromkreise bei SELV, PELV und Schutztrennung
- Widerstand von isolierenden Fußböden und isolierenden Wänden
- Schutz durch automatische Abschaltung der Stromversorgung
- Spannungspolarität

- Spannungsfestigkeit
- Funktionsprüfung
- Thermische Einflüsse
- Spannungsfall

Wenn ein Fehler festgestellt wurde, sind Erprobungen und Messungen, die durch diesen Fehler möglicherweise beeinflusst wurden, zu wiederholen.

Die Messgeräte, mit denen obige Messungen durchgeführt werden können, sind in Abschnitt 16.5 dargestellt. Weitere Details zu den Messungen und den Messverfahren sowie die Bewertung der Messergebnisse sind in DIN VDE 0100-610 in den Abschnitten 5.2 bis 5.11 beschrieben. Außerdem wird auf die umfangreiche Fachliteratur verwiesen.

16.5 Messgeräte

Die verwendeten Messgeräte müssen der Normenreihe DIN VDE 0413 „Geräte zum Prüfen, Messen oder Überwachen von Schutzmaßnahmen" entsprechen. Wichtig ist die Beachtung der maximal zulässigen Gebrauchsfehler der Messgeräte (siehe **Tabelle 16.1**). Gegebenenfalls sind die Fehlergrenzen der Messgeräte bei der

Prüfgeräte	DIN VDE	Fehlergrenzen
Isolations-Messgeräte	0413-2	± 30 %
Schleifenwiderstands-Messgeräte	0413-3	± 30 %
Widerstands-Messgeräte	0413-4	± 30%
Erdungs-Messgeräte	0413-5	± 30 %
Geräte zum Prüfen von FI- und FU-Schutzeinrichtungen	0413-6	+ 20 % U[1] ± 10 % I[2]
Drehfeldrichtungsanzeiger	0413-7	–
Isolationsüberwachungsgeräte für IT-Systeme zum Überwachen von Wechselspannungsnetzen mit galvanisch verbundenen Gleichstromkreisen und von Gleichspannungsnetzen	0413-8	+ 30 % bei Wechselspannung + 50 % bei Gleichspannung
Isolationsüberwachungsgeräte zum Überwachen von IT-Systemen für AC und DC und Lokalisieren von fehlerhaften Netzabschnitten bzw. Stromkreisen, in Verbindung mit mehreren Zusatzgeräten	0413-9	+ 30 % bei Wechselspannung + 50 % bei Gleichspannung

[1] U Fehlerspannung [2] I Auslösestrom

Tabelle 16.1 Geräte zum Prüfen elektrischer Anlagen

Durchführung von Messungen zu berücksichtigen z. B. durch die Anwendung von Korrekturfaktoren.

16.6 Dokumentation der Prüfung

Die Prüfung der elektrischen Anlage sowie die Erstellung eines Prüfprotokolls sind zum Zwecke der Beweissicherung dringend zu empfehlen. Das Prüfprotokoll soll so ausführlich wie möglich angefertigt werden, sodass auch nach längerer Zeit über die durchgeführten Prüfungen und Messungen Auskünfte gegeben werden können. Ein Prüfprotokoll sollte mindestens folgende Angaben enthalten:

- Anschrift vom Betreiber der Anlage und vom Prüfer der Anlage
- Art der Erdverbindung (Netzform, die in der Anlage zur Anwendung gelangt)
- Nennspannung der Anlage
- Art und Anzahl der Stromkreise mit den entsprechenden Schutzeinrichtungen
- Schutzmaßnahmen gegen gefährliche Körperströme
- Hinweise auf Schaltpläne, falls diese erstellt und übergeben wurden
- Messergebnisse
- Bemerkungen zu den Messverfahren und zu den Berechnungen
- Art und Fabrikat der verwendeten Messgeräte
- Hinweise auf Mängel und deren Beseitigung
- Datum und Unterschriften (Prüfer und Betreiber der Anlage)
- Verteiler des Prüfprotokolls (Prüfer und Betreiber, je ein Exemplar)

Bewährt haben sich vorgedruckte Prüfprotokolle, wie sie von verschiedenen Verlagen – in der Regel in Blockform – angeboten werden.

Bild 16.1 zeigt ein Beispiel eines Vordrucks „Übergabebericht + Prüfprotokoll", der vom ZVEH, Bundesfachgruppe Elektroinstallation, erarbeitet wurde.

Übergabebericht + Prüfprotokoll (Nachweise) Blatt 1 ZVEH

Übergabebericht① Nr. 1040646	Auftrag Nr. ________
Auftraggeber② Herr / Frau / Firma ________	Elektroinstallationsbetrieb (Auftragnehmer) Anlagenplaner / Anlagenverantwortlicher:
Anlage: ________	Übergabebericht + Prüfprotokoll bestehend aus Blatt 1 bis ____
EVU ________ Netzspannung ____ V	Schaltungsunterlagen übergeben ☐
Netz: TN-System ☐ TT-System ☐ IT-System ☐	EIB-Lastenheft und -Dokumentation übergeben ☐
Zähler-Nr. ________ Zählerstand ________	

Raum ③ Anlagenteil / Anzahl der Betriebsmittel	Wohnzimmer	Schlafzimmer	Kinderzimmer	Balkon/Terrasse	Bad	Küche	Flur	Treppe	Keller	Boden	Toilette	Garage										Aufenthaltsraum	Büro	Laden	Werkstatt	Lager	Hof	Stall	Scheune
Elektroinstallation: Leuchten-Auslass																													
Leuchten																													
Ausschalter																													
Wechselschalter																													
Serienschalter																													
Stromstoßschalter																													
Dimmer																													
Taster																													
Steckdosen 1fach																													
Steckdosen .....fach																													
Geräte: Heizgerät																													
Warmwasserbereiter																													
Elektroherd																													
Elektrische Maschinen																													
Verteiler																													

Gemäß Übergabebericht elektrische Anlage funktionsfähig übernommen: Auftraggeber ②: ________ Ort ________ Datum ________ Unterschrift

Bild 16.1 Muster „Übergabebericht + Prüfprotokoll“

Übergabebericht + Prüfprotokoll (Nachweise) Blatt 2   ZVEH

Prüfprotokoll[1] **Nr.** 1040646   **Auftrag Nr.** _____

Prüfung[4] durchgeführt nach:	UVV „Elektrische Anlagen und Betriebsmittel" (VBG4)	☐			☐
	DIN VDE 0100-610	☐	DIN V VDE 0829 und EN 50090		☐

Grund der Prüfung: Neuanlage ☐   Erweiterung ☐   Änderung ☐   Instandsetzung ☐

Besichtigung:

Richtige Auswahl der Betriebsmittel	☐	Wärmeerzeugende Betriebsmittel	☐	Hauptpotentialausgleich	☐
Betriebsmittel ohne Schäden	☐	Zielbezeichnung der Leitungen im Verteiler	☐	Zusätzlicher (örtlicher) Potentialausgleich	☐
Schutz gegen direktes Berühren	☐	Leitungsverlegung	☐		☐
Sicherheitseinrichtungen	☐	Kleinspannung mit sicherer Trennung	☐		☐
Brandabschottung	☐	Schutztrennung	☐	Anordnung der Busgeräte im Stromkreisverteiler	☐
		Schutzisolierung	☐	Busleitungen/Aktoren	☐

Erprobung: Bemerkungen: _____

Funktion der Schutz- und Überwachungseinrichtungen	☐	Drehfeldrichtung der Drehstrom-Steckdosen	☐	Funktion der Installationsbus-Anlage EIB	☐
Funktion der Starkstromanlage	☐	Drehrichtung der Motoren	☐		☐

Messung: Erdungswiderstand .... Ω   Durchgängigkeit Schutzleiter/Potentialausgleich ☐
Isolationswiderstand der Busleitung .... kΩ   Durchgängigkeit/Polarität der Busleitungen ☐

Verwendetes Messgerät nach DIN VDE	Fabrikat	Typ	Fabrikat	Typ	Fabrikat	Typ

Stromkreis Nr.	Ort/Anlagenteil	Leitung/Kabel			Überstrom-Schutzeinrichtung		Z_s*) Ω oder R_{and} MΩ	Fehlerstrom-Schutzeinrichtung			U_B ≤ V U_{Bmax} V
		Art	Leiter-anzahl	Querschnitt mm²	Art/Charakteristik	I_n A		I_n/Art A	$I_{ΔN}$ mA	I_{noms} mA	
	Hauptleitung										
	Verteiler-Zuleitung										

Prüfergebnis:
Bei der Prüfung wurden keine Mängel festgestellt ☐   Prüfplakette in Stromkreisverteiler eingeklebt ☐   Nächster Prüfungstermin: _____

Unterschriften Die elektrische Anlage entspricht den anerkannten Regeln der Elektrotechnik
Prüfer*   Verantwortlicher Unternehmer*

Ort   Datum   Unterschrift   Ort   Datum   Unterschrift

© 1996 Zentralverband der Deutschen Elektrohandwerke (ZVEH)   Bundesfachgruppe Elektroinstallation

Bild 16.1 (Fortsetzung) Muster „Übergabebericht + Prüfprotokoll"

16.7 Literatur zu Kapitel 16

[1] Henning, W.; Rosenberg, W.: VDE-Prüfung nach BGV A2 und BetrSichV. VDE-Schriftenreihe, Bd. 43. 7. Aufl., Berlin und Offenbach: VDE VERLAG, 2005

[2] Kammler, M.; Nienhaus, H.; Vogt, D.: Prüfungen vor Inbetriebnahme von Niederspannungsanlagen; Besichtigen, Erproben, Messen nach DIN VDE 0100 Teil 610. VDE-Schriftenreihe Bd. 63. 2. Aufl., Berlin und Offenbach: VDE VERLAG, 2004

[3] Grapetin, N.; Wettinghaus, K.: Sicherheitstechnische Prüfungen in elektrischen Anlagen mit Spannungen bis 1000 V. VDE-Schriftenreihe Bd. 47. Berlin und Offenbach: VDE VERLAG, 2005

[4] Bödeker, K.; Kindermann, R.: Erstprüfungen elektrischer Gebäudeinstallationen. Berlin: Verlag Technik

[5] Bödeker, K.; Kammerhoff, U.; Kindermann, R.; Matz, F.: Prüfung elektrischer Geräte in der betrieblichen Praxis nach DIN VDE 0701/0702/0751. VDE-Schriftenreihe Bd. 62. 4. Aufl., Berlin und Offenbach: VDE VERLAG, 2004

17 Steckvorrichtungen – DIN VDE 0620 bis DIN VDE 0625

Zu den Steckvorrichtungen gehören alle Stecker, Steckdosen, Kupplungen, Kupplungsdosen, Gerätesteckdosen und Gerätestecker. Die verschiedenen Elemente sind in **Bild 17.1** dargestellt.

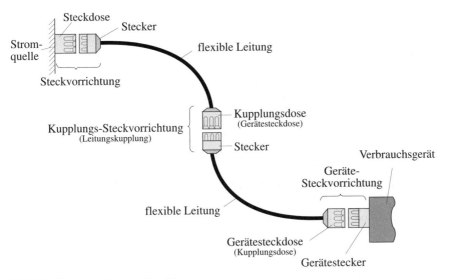

Bild 17.1 Steckvorrichtungen; Einzelelemente

Nach der Europäischen Norm EN 60309-1 (VDE 0623-1) sind die verschiedenen Elemente wie folgt definiert:

Stecker und **Steckdose**: dienen zum Anschluss einer flexiblen Leitung an eine ortsfeste Installation. Sie bestehen aus:

- Steckdose: Ist der Teil, der mit der ortsfesten Installation zu verbinden oder im Gerät einzubauen ist
- Stecker: Ist der Teil, der direkt an die mit einem Gerät oder einer Kupplung verbundene flexible Leitung angeschlossen wird oder mit dieser eine bauliche Einheit bildet

Leitungskupplung: Ist eine Vorrichtung, die zum Verbinden zweier flexibler Leitungen dient. Sie besteht aus:

- Kupplung: Ist der Teil, der an eine mit der Stromquelle verbundene flexible Leitung angeschlossen wird oder mit dieser eine bauliche Einheit bildet
- Stecker: Ist der Teil, der an die mit einem Gerät oder einer Kupplung verbundene flexible Leitung angeschlossen wird oder mit dieser eine bauliche Einheit bildet

Gerätesteckvorrichtung: Ist eine Vorrichtung zum Anschluss einer flexiblen Leitung an ein Gerät oder eine Einrichtung. Sie besteht aus:

- Kupplung; Gerätesteckdose: Ist der Teil, der an eine mit der Stromquelle verbundene flexible Leitung angeschlossen wird oder mit dieser eine bauliche Einheit bildet
- Gerätestecker: Ist der in das Gerät oder die Einrichtung einzubauende oder an ihm/ihr zu befestigende oder für die Befestigung an ihm/ihr bestimmte Teil

Für die Installation von Steckdosen gilt die Norm DIN VDE 0100-550. Diese Errichtungsnorm gilt aber nur bis zur Steckdose. Für die nach der Steckdose angeordneten Betriebsmittel bestehen für die verschiedenen Anwendungen folgende Normenreihen, die je nach Einsatzgebiet und Anforderungen zu berücksichtigen sind:

- DIN VDE 0620 Steckvorrichtungen bis 400 V und 25 A für den Hausgebrauch und ähnliche Zwecke
- DIN VDE 0623 Stecker, Steckdosen und Kupplungen für industrielle Anwendung
- DIN VDE 0624 Stecker und Steckdosen für den Hausgebrauch und ähnliche Zwecke
- DIN VDE 0625 Gerätesteckvorrichtungen für den Hausgebrauch und ähnliche Zwecke

17.1   Steckvorrichtungen für den Hausgebrauch und ähnliche Zwecke

Für den Hausgebrauch und ähnliche Zwecke gelangt in Deutschland das Steckdosen- und Steckersystem mit Schutzkontakt zur Anwendung. In diese Steckdose passt auch der flache zweipolige Konturenstecker (Euro-Stecker) für den Anschluss von schutzisolierten Geräten.

17.2   Steckvorrichtungen für industrielle Anwendungen

Für Steckvorrichtungen für industrielle Anwendung gelten:

- DIN EN 60309-1 (VDE 0623-1) Stecker, Steckdosen und Kupplungen für industrielle Anwendungen; Teil 1: Allgemeine Anforderungen
- DIN EN 60309-2 (VDE 0623-20) Stecker, Steckdosen und Kupplungen für industrielle Anwendungen; Teil 2: Anforderungen und Hauptmaße für die Austauschbarkeit von Stift- und Buchsensteckvorrichtungen

DIN EN 60309-2 (VDE 0623-20) gilt für Stecker, Steckdosen und Kupplungen mit einer Bemessungsspannung bis 690 V, einer Bemessungsfrequenz bis 500 Hz und Bemessungsströmen bis 125 A. Die Steckvorrichtungen sind für den speziellen Einsatz im industriellen Bereich und im Freien konzipiert. Auch die Anwendung auf Baustellen, in landwirtschaftlichen Betriebsstätten, Gewerbebetrieben und in Haushalten ist zulässig. Es wird davon ausgegangen, dass die Steckvorrichtungen nur dort eingesetzt werden, wo die Umgebungstemperatur -25 °C nicht unterschreitet und $+40$ °C nicht überschreitet.

Die bevorzugten Bemessungsspannungen reichen von 20 V bis 25 V und von 600 V bis 690 V und entsprechen den weltweit üblichen Spannungen, wie sie in der Praxis vorkommen. Bei den bevorzugten Bemessungsströmen sind zwei Reihen üblich. Die Bemessungsströme der Serie I mit $I = 16$ A/ 32 A/ 63 A/ 125 A ist die bevorzugte Serie und entspricht den in Deutschland bisher üblichen Stromstärken. Die Serie II mit $I = 20$ A/ 30 A/ 60 A/ 100 A ist im Ausland zum Teil gebräuchlich.

Anmerkung: Steckvorrichtungen der Serie II sind nicht geeignet für die Verwendung in Europa und sind deshalb nicht zulässig. Verweise und Anforderungen für Erzeugnisse der Serie II sind in der Norm nur zur Information aufgenommen. Die genannten Normen gelten in Europa nur für Steckvorrichtungen der Serie I.

Für die verschiedenen Bemessungsströme, Bemessungsspannungen, den Schutzgrad gegen Feuchtigkeit und die Anzahl der Kontakte (Polzahl) gibt es folgende Möglichkeiten:

- Steckvorrichtungen mit Schutzkontakt für $U > 50$ V ... 690 V und $I = 16$ A/ 32 A (Serie II, $I = 20$ A/ 30 A) in dreipoliger, vierpoliger und fünfpoliger Ausführung mit folgendem Schutzgrad gegen Feuchtigkeit:
  - IPX0 bzw. ohne besonderen Schutz mit Haltebügel oder Klappdeckel
  - IPX4 bzw. spritzwassergeschützt; Zeichen ⚠ (Tropfen im Dreieck) mit Klappdeckel
  - IPX7 bzw. wasserdicht; Zeichen ♦♦ (zwei Tropfen) mit Bajonettsystem
- Steckvorrichtungen mit Schutzkontakt für $U > 50$ V ... 690 V und $I = 63$ A (Serie II, $I = 60$ A) in dreipoliger, vierpoliger und fünfpoliger Ausführung mit folgendem Schutzgrad gegen Feuchtigkeit:
  - IPX0 bzw. ohne besonderen Schutz mit Haltebügel oder Klappdeckel
  - IPX4 bzw. spritzwassergeschützt; Zeichen ⚠ (Tropfen im Dreieck) mit Klappdeckel oder Bajonettsystem

- IPX7 bzw. wasserdicht; Zeichen ♦♦ (zwei Tropfen) mit Bajonettsystem
- Steckvorrichtungen mit Schutzkontakt für $U > 50$ V... 690 V und $I = 125$ A (Serie II, $I = 100$ A) in dreipoliger, vierpoliger und fünfpoliger Ausführung mit folgendem Schutzgrad gegen Feuchtigkeit:
  - IPX4 bzw. spritzwassergeschützt; Zeichen ⚠ (Tropfen im Dreieck) mit Bajonettsystem, wenn die Steckdosen am Gehäuse befestigt sind oder mit diesem eine bauliche Einheit bilden
  - IPX7 bzw. wasserdicht; Zeichen ♦♦ (zwei Tropfen) mit Bajonettsystem
- Steckvorrichtungen ohne Schutzkontakt für $U < 50$ V und $I = 16$ A/ 32 A (Serie II, $I = 20$ A/ 30 A) in zweipoliger und dreipoliger Ausführung mit folgendem Schutzgrad gegen Feuchtigkeit:
  - IPX0 bzw. ohne besonderen Schutz mit Haltebügel oder Klappdeckel
  - IPX4 bzw. spritzwassergeschützt; Zeichen ⚠ (Tropfen im Dreieck) mit Haltebügel oder Klappdeckel
  - IPX7 bzw. wasserdicht; Zeichen ♦♦ (zwei Tropfen) mit Bajonettsystem

Die Steckvorrichtungen besitzen je nach Bemessungsspannung, Bemessungsstrom und Anzahl der Pole unterschiedliche Abmessungen. Bei Bemessungsspannungen über 50 V haben Stecker und Gerätestecker eine Nase; Steckdosen und Kupplungen sind mit einer Unverwechselbarkeitsnut ausgerüstet, die stets unten liegt und zusammen mit der Schutzkontaktbuchse (PE-Kontakt) eine absolute Unverwechselbarkeit gewährleistet. Die Lage der Schutzleiterbuchse ist abhängig von Bemessungsspannung, Bemessungsfrequenz, Polzahl und Bemessungsstrom. Die Lage der Schutzkontaktbuchse ist in Anlehnung an die Uhrzeigerstellungen in Blickrichtung auf die Kontakte der Steckdose festgelegt mit: $30° \stackrel{\wedge}{=} 1$ h. Sie ist entsprechend Bemessungsspannung, Bemessungsstrom und Bemessungsfrequenz in **Tabelle 17.1** dargestellt. **Bild 17.2** zeigt einige ausgewählte Beispiele.

Polzahl	Bemessungs-frequenz Hz	Bemessungs-spannung V	Lage PE-Kontakt 16 A/32 A (20 A/30 A)	Lage PE-Kontakt 63 A/125 A (60 A/100 A)	Bemerkung
2 P + ⏚	50 bis 60	100 bis 130	4 h	4 h	
		200 bis 250	6 h	6 h	
		380 bis 415	9 h	9 h	
		480 bis 500	7 h	7 h	
		nach Trenn-transformator	12 h	12 h	$U > 50$ V
	60	277	5 h	5 h	
	100 bis 300 > 300 bis 500	> 50 bis 250 > 50	– 2 h		
	Gleichstrom	> 50 > 250	– 8 h	– 8 h	
3 P + ⏚	50 und 60	100 bis 130	4 h	4 h	
		200 bis 250	9 h	9 h	
		380 bis 415	6 h	6 h	
		480 bis 500	7 h	7 h	
		600 bis 690	5 h	5 h	
		nach Trenn-transformator	12 h	12 h	$U > 50$ V
	60	440 bis 460	11 h	11 h	für Schiffe
	50	380	3 h	–	
	60	440[1]	3 h	–	
	100 bis 300 > 300 bis 500	> 50 > 50	10 h 2 h	– –	
3 P+N+ ⏚	50 und 60	57/100 bis 75/130	4 h	4 h	
		120/208 bis 144/250	9 h	9 h	
		200/346 bis 240/415	6 h	6 h	
		277/480 bis 288/500	7 h	7 h	
		347/600 bis 400/690	5 h	5 h	
	60	250/400 bis 265/460	11 h	11 h	für Schiffe
	50	220/380	3 h	–	
	60	250/440[1]	3 h	–	
	100 bis 300 > 300 bis 500	> 50 > 50	– 2 h	– –	
alle Typen	alle anderen Bemessungs-spannungen und/oder -frequenzen		1 h	1 h	

Die mit einem Strich (–) gekennzeichneten Stellungen (Lage des PE-Kontakts) sind nicht genormt.
[1] für Kühlcontainer, genormt nach ISO

Tabelle 17.1 Lage der Schutzkontaktbuchse für verschiedene Bemessungsspannungen, Bemessungsströme und Frequenzen (Quelle: DIN EN 60309-2 (VDE 0623-20):2000-05)

Da die Buchse für den Schutzkontakt länger ist als die Buchsen der anderen Kontakte, ist der Schutzkontakt beim Zusammenstecken voreilend und beim Trennen nacheilend. Steckvorrichtungen mit 63 A und 125 A Bemessungsstrom gibt es auch mit Pilotkontakt (P in Bild 17.2). Dieser kann als Hilfskontakt für Meldungen, automatische Abschaltungen und dgl. verwendet werden.

Steckvorrichtungen mit Bemessungsspannungen bis 50 V haben keinen Schutzkontakt. Damit die Unverwechselbarkeit gewährleistet ist, haben sie eine Grundnase (unten) und eine Hilfsnase. Die Lage der Hilfsnase markiert gegenüber der ortsunveränderlichen Grundnase die verschiedenen elektrischen Größen. Auch hier ist die Lage der Grundnase zur Hilfsnase durch die Uhrzeigerstellung festgelegt 30 ° $\widehat{=}$ 1 h. **Tabelle 17.2** zeigt die genormten Werte, **Bild 17.3** zeigt eine Auswahl von Anordnungen.

Polzahl	Bemessungs-frequenz Hz	Bemessungsspannung V	Lage der Hilfsnase
2P und 3P	50 und 60	20 bis 25	keine Hilfsnase
		40 bis 50	12 h
	100 bis 200	40 bis 50	4 h
	300	20 bis 25 und 40 bis 50	2 h
	400		3 h
	> 400 bis 500		11 h
2P	Gleichstrom		10 h

Tabelle 17.2 Lage der Hilfsnase bei zwei- und dreipoligen Steckvorrichtungen für verschiedene Bemessungsspannungen und Bemessungsfrequenzen mit Bemessungsströmen von 16 A und 32 A

Das Gehäuse der Steckvorrichtungen besteht aus schlagfestem Kunststoff und ist zur leichteren Unterscheidungsmöglichkeit und um die Unverwechselbarkeit optisch besser kenntlich zu machen farbig gehalten. Die Farbe ist in Abhängigkeit der Bemessungsspannung und der Bemessungsfrequenz in **Tabelle 17.3** gezeigt.

Bemessungsspannung in V ($f = 50/60$ Hz)	Kennfarbe
20 bis 25	violett
40 bis 50	weiß
100 bis 130	gelb
200 bis 250	blau
380 bis 480	rot
500 bis 690	schwarz
Frequenz in Hz	
> 60 bis 500	grün

Tabelle 17.3 Farbige Kennzeichnung von Steckvorrichtungen;
(Quelle: DIN EN 60309-1 (VDE 0623-1):2000-05)

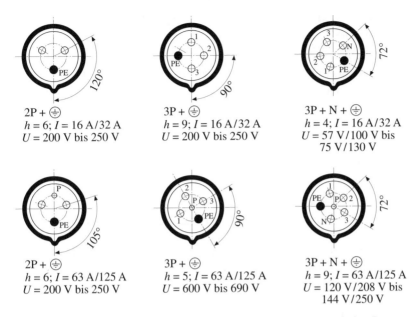

Bild 17.2 Beispiele für die Anordnung von Kontaktbuchsen für Steckdosen mit einer Bemessungsspannung > 50 V; Ansicht von der Vorderseite einer Steckdose auf die Kontaktbuchsen

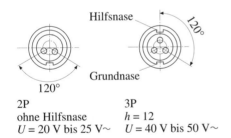

2P
ohne Hilfsnase
$U = 20$ V bis 25 V~

3P
$h = 12$
$U = 40$ V bis 50 V~

Bild 17.3 Beispiele für die Anordnung von Kontaktbuchsen für Steckvorrichtungen mit Bemessungsspannungen bis 50 V; Ansicht von der Vorderseite einer Steckdose auf die Kontaktbuchsen

Steckvorrichtungen müssen folgende Aufschriften tragen, wobei die nachfolgend dargestellten Symbole verwendet werden dürfen:
- Bemessungsstrom (A)
- Bemessungsspannung oder Spannungsbereich (V)

- Symbol für die Stromart
  - Wechselstrom ∼
  - Gleichstrom ⚌
- Bemessungsfrequenz (Hz), wenn diese > 60 Hz
- Name oder Markenzeichen des Herstellers
- Typzeichen oder Katalognummer
- Symbol für den Schutzgrad:
  - IPX0 oder kein Symbol
  - IPX4 oder ⚠ (Tropfen im Dreieck)
  - IPX7 oder ♦♦ (zwei Tropfen)
  - IPXX für andere Schutzgrade
- Symbol für die Stellung des Schutzkontakts oder der Unverwechselbarkeitseinrichtung (h)

Für die Aufschriften der Bemessungsspannungen, Spannungsbereiche und Bemessungsströme dürfen auch Zahlenangaben alleine (ohne Angabe der Dimension) verwendet werden. Beispiele für verschiedene Möglichkeiten, die elektrischen Daten anzugeben:

- 32 A – 6 h/230/400 V ∼
- 32 A – 6/230/400 ∼

- $32\,A\,\dfrac{6\,h}{230/400\,\sim}$

- 16 A – 7 h/500 ∼
  16 – 7 h/500 ∼

- $16\,\dfrac{7\,h}{500\,\sim}$

Von den Herstellern werden z. B. Stecker, Gerätestecker, Einbaugerätestecker, Kupplungen, Einbausteckdosen und Steckdosen in einfacher Ausführung als auch mit eingebauten Überstrom-Schutzeinrichtungen, Schalter, RCD, Motorstarter und anderen Kombinationsgeräten angeboten.

Auch siebenpolige Steckvorrichtungen (Bemessungsspannungen 12 V bis 690 V, für Gleich- und Wechselspannungen bis 500 Hz, Bemessungsströme 16 A und 32 A, Polzahl 6 + ⏚) werden angeboten. Sie können z. B. verwendet werden für:

- Stern-Dreieck-Schaltung von Motoren
- Elektrische Verriegelungen
- Regeln, Steuern, Melden, Quittieren und Überwachen

Steckvorrichtungen dieser Art sind nicht genormt; sie können aber ohne Bedenken eingesetzt werden (Eigenverantwortung nach VDE 0022).

18 Überstrom-Schutzeinrichtungen – VDE 0636 und VDE 0641

Unter Überstrom-Schutzeinrichtungen werden alle Einrichtungen verstanden, die eine elektrische Anlage schützen, indem sie den Strom unterbrechen, wenn der Strom während einer bestimmten Zeit einen bestimmten Wert überschreitet.

Im Niederspannungsbereich kommen für diese Anwendung hauptsächlich Überstrom-Schutzeinrichtungen, in verschiedenen Ausführungen, zum Einsatz:

- Niederspannungssicherungen nach der Normenreihe DIN EN 60269 (VDE 0636)
- Leitungsschutzschalter nach der Normenreihe DIN EN 60898 (VDE 0641)
- Geräteschutzschalter nach DIN EN 60934 (VDE 0642)
- Niederspannungsschaltgeräte nach der Normenreihe DIN EN 60947 (VDE 0660)
- Elektromechanische Schütze und Motorstarter nach DIN EN 60647-4-1 (VDE 0660-102)

Im Folgenden wird nur auf Niederspannungssicherungen und Leitungsschutzschalter eingegangen.

18.1 Niederspannungssicherungen – VDE 0636

Sicherungen für Sondereinsatzgebiete, wie Bergbau, Halbleiterschutzsicherungen und solche besonderer Bauart, wie Geräteschutzsicherungen (Feinsicherungen) und dergleichen, werden hier nicht betrachtet.

18.1.1 Allgemeine Anforderungen

Die allgemeinen Anforderungen an Niederspannungssicherungen sind in DIN EN 60269-1 (VDE 0636-10) festgelegt. Für die verschiedenen Sicherungssysteme, die zurzeit in der Praxis zur Anwendung gelangen, sind zusätzliche Festlegungen getroffen. Es gelten folgende Festlegungen:

- Messersicherungen (NH-System) zum Gebrauch durch Elektrofachkräfte bzw. elektrotechnisch unterwiesene Personen (Sicherungen zum überwiegend industriellen Gebrauch) nach DIN EN 60269-2 (VDE 0636-20), DIN VDE 0636-201 (VDE 0636-201) und DIN VDE 0636-2011 (VDE 0636-2011).
- Schraubsicherungen (D-System und D0-System) zum Gebrauch durch Laien (Sicherungen überwiegend für Hausinstallationen und ähnliche Anwendungen)

nach DIN EN 60269-3 (VDE 0636-30), DIN VDE 0636-301 (VDE 0636-301) und DIN VDE 0636-3011 (VDE 0636-3011).

Beim Einsatz von Sicherungen sind eine Reihe von technischen Daten und Betriebseigenschaften der Sicherungen und deren zugehörigen Bauteilen zu berücksichtigen. Von Wichtigkeit sind folgende Kenngrößen:

- Bemessungswerte
- Ausschaltbereich und Betriebsklasse
- Zeit-Strom-Kennlinien; Zeit-Strom-Bereiche
- Leistungsabgabe
- Bemessungsausschaltvermögen
- Konventionelle Prüfzeiten und Prüfströme
- Ausschaltzeiten
- Durchlassstrom und Durchlassstrom-Kennlinie (Strombegrenzung)
- Aufschriften auf Sicherungen

18.1.2 Technische Anforderungen an Niederspannungssicherungen

18.1.2.1 Bemessungswerte

Die grundsätzlich möglichen Bemessungsspannungen für Sicherungen sind in **Tabelle 18.1** für Gleich- und Wechselspannungen angegeben.

Die Bemessungsströme für Sicherungen von 2 A bis 1250 A sind aus der Reihe R 10 nach ISO 3 auszuwählen. Zwischenwerte sind der Reihe R 20 zu entnehmen. Die genormten Bemessungsströme für Sicherungen der verschiedenen Bauarten sind für NH-Sicherungen in **Tabelle 18.2** und für D- und D0-Sicherungen in Tabelle 18.5 dargestellt.

Wechselspannung in V		Gleichspannung in V
Reihe I	Reihe II	
–	120	110
–	208	125
230	240	**220**
–	277	250
400	415	**440**
500	**480**	460
690	600	500
		600
		750
Die **halbfett gesetzten** Werte sind genormte Werte nach IEC 60038		

Tabelle 18.1 Bemessungsspannungen für Sicherungen

Betriebs-klasse	gG			aM			gTr
Bemessungs-spannung	AC 400 V	AC 500 V	AC 690 V	AC 400 V und AC 500 V	AC 690 V	AC 1000 V	AC 400 V
Baugröße	I A	I A	I A	I A	I A	I A	S_n kVA
00	160	160	100	100	100	160	–
0	160	160	100	160	100	–	–
1	250	250	200	250	250	250	–
2	400	400	315	400	400	315	250
3	630	630	500	630	630	500	400
4	–	1000	800	1000	1000	–	1000
4a	1250	1250	1000	1250	1250	–	–

Tabelle 18.2 Höchste Bemessungsströme für NH-Sicherungen

Sicherungen ohne Angabe einer Bemessungsfrequenz müssen für die Bemessungsfrequenz 50 Hz gebaut sein und die Anforderungen der Norm für Wechselspannungen zwischen einer Frequenz von 45 Hz und 62 Hz erfüllen.

18.1.2.2 Ausschaltbereich und Betriebsklasse

Die Betriebsklasse einer Sicherung kennzeichnet deren Betriebsverhalten im Ausschaltbereich und gibt deren Zeit-Strom-Kennlinie an. Der erste Buchstabe kennzeichnet den Ausschaltbereich der Sicherung mit:

a Teilbereichssicherung; d. h., die Sicherung ist nur geeignet, Ströme abzuschalten, die im Kurzschlussbereich liegen, nicht aber Überströme, die nur geringfügig über dem Bemessungsstrom liegen.

g Ganzbereichssicherung; d. h., die Sicherung ist für alle Abschaltungen einsetzbar, vom kleinsten Überstrom bis zum größten Kurzschlussstrom (Ausschaltvermögen).

Der zweite Buchstabe bestimmt die Anwendung und gibt den Zeit-Strom-Kennlinienverlauf der Sicherung an. Es gilt:

G Sicherung für allgemeine Anwendung

M Sicherung für den Schutz von Motorstromkreisen und Schaltgeräten

Tr Sicherung zum Schutz von Transformatoren

Die wichtigsten, d. h. die am häufigsten zur Anwendung gelangenden Kombinationen, sind:

gG Ganzbereichssicherung für allgemeine Anwendung

aM Teilbereichssicherung zum Schutz von Motoren und Schaltgeräten (kein Überlastschutz, nur Kurzschlussschutz)

gTr Ganzbereichssicherung zum Schutz von Transformatoren (Überlastschutz und Kurzschlussschutz)

Anmerkung: Sicherungen mit den Betriebsklassen „gD" und „gN" sind im deutschen Normenwerk nicht aufgenommen und werden deshalb auch nicht behandelt.

18.1.2.3 Zeit-Strom-Kennlinien, Zeit-Strom-Bereiche

Die Zeit-Strom-Bereiche von Sicherungen sind durch die Normen vorgegeben. Sie werden festgelegt durch Stromtore, die die Begrenzung des Bereichs festlegen. Die Zeit-Strom-Kennlinie muss innerhalb des vorgegebenen Zeit-Strom-Bereichs liegen und wird durch die Bauart, Konstruktion und Materialien des Sicherungseinsatzes bestimmt. Die Zeit-Strom-Kennlinie wird vom Hersteller angegeben.

Bild 18.1 zeigt als Beispiel für eine 100-A-gG-Sicherung verschiedene Stromtore, den Zeit-Strom-Bereich und eine Zeit-Strom-Kennlinie.

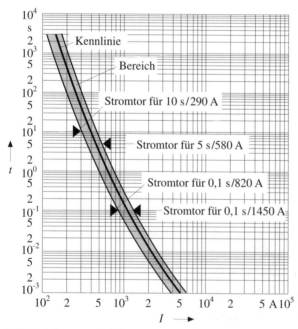

Bild 18.1 Stromtore, Zeit-Strom-Bereich und Zeit-Strom-Kennlinie für eine Sicherung mit 100 A Bemessungsstrom der Betriebsklasse gG

18.1.2.4 Leistungsabgabe

Die Leistungsabgabe eines Sicherungseinsatzes ist die Leistung, also die von einem Sicherungseinsatz abgegebene Energie, wenn dieser mit seinem Bemessungsstrom belastet wird. Die maximal zulässige Leistung, die ein Sicherungseinsatz abgeben darf, ist durch die Normen festgelegt. Die tatsächlich abgegebene Leistung eines Sicherungseinsatzes gibt der Hersteller an.

18.1.2.5 Bemessungsausschaltvermögen

Das Bemessungsausschaltvermögen eines Sicherungseinsatzes ist der Wert des unbeeinflussten Stroms (bei Wechselstrom der Effektivwert der Wechselstromkomponente), den ein Sicherungseinsatz bei einer bestimmten Spannung unter vorgeschriebenen Bedingungen abschalten kann. Das Bemessungsausschaltvermögen wird vom Hersteller für die jeweilige Bemessungsspannung eines Sicherungseinsatzes angegeben. Mindestwerte sind in den Normen vorgegeben.

18.1.2.6 Konventionelle Prüfzeiten und Prüfströme

Sowohl der kleine Prüfstrom I_{nf} (en: nf – non fusing) als auch der große Prüfstrom I_f (en: f – fusing) eines Sicherungseinsatzes sind festgelegte (konventionelle) Ströme, bei denen in einer festgelegten (konventionellen) Prüfzeit ein Sicherungseinsatz nicht ansprechen darf (kleiner Prüfstrom) bzw. ansprechen muss (großer Prüfstrom). Die konventionellen Werte für die Prüfströme und Prüfzeiten sind abhängig von der Sicherungsbauart (Sicherungssystem), der Betriebsklasse und dem Bemessungsstrom in den Normen festgelegt.

18.1.2.7 Ausschaltzeiten

Die Ausschaltzeiten von Sicherungseinsätzen können mit Hilfe der Zeit-Strom-Kennlinie ermittelt werden. Die maximalen und minimalen Ausschaltzeiten sind dem Zeit-Strom-Bereich zu entnehmen. Bei sehr hohen Strömen gegenüber dem Bemessungsstrom (Kurzschlussströmen) ist zu beachten, dass ein Sicherungseinsatz so schnell ausschaltet, dass der Scheitelwert des Kurzschlussstroms überhaupt nicht zum Fließen kommt. In **Bild 18.2** sind die charakteristischen Größen einer Kurzschlussausschaltung (Bereich sehr kleiner Ausschaltzeiten) dargestellt.

Im Einzelnen bedeuten:

t_s Schmelzzeit (Vorlichtbogenzeit) ist die Zeitspanne zwischen dem Einsetzen des Stroms, der groß genug ist, den oder die Schmelzleiter zum Schmelzen zu bringen, und dem Entstehen eines Lichtbogens

t_L Löschzeit (Lichtbogenzeit) ist die Zeitspanne zwischen dem Entstehen des Lichtbogens und seinem endgültigen Erlöschen

t_a Ausschaltzeit ist die Summe der Schmelzzeit und der Löschzeit

i_p Stoßkurzschlussstrom, der zum Fließen kommen würde, wenn keine Sicherung in den Stromkreis eingebaut wäre

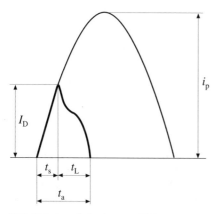

Bild 18.2 Ausschaltzeiten von Sicherungen
t_s Schmelzzeit
t_L Löschzeit
t_a Ausschaltzeit
i_p Stoßkurzschlussstrom
I_D Durchlassstrom

I_D Durchlassstrom ist der höchste Augenblickswert des Stroms, der während des Ausschaltvorgangs eines Sicherungseinsatzes erreicht wird, wenn dieser so ausschaltet, dass sich der anderenfalls mögliche Höchstwert des Stroms nicht einstellen kann.

18.1.2.8 Durchlassstrom und Durchlassstrom-Kennlinie (Strombegrenzung)

In Bild 18.2 ist gezeigt, dass hohe Stoßkurzschlussströme auf den Durchlassstrom begrenzt werden, wenn die Ausschaltung durch die Sicherung schnell genug erfolgt. Die Zusammenhänge zwischen Stoßkurzschlussstrom, Durchlassstrom, Bemessungsstrom des Sicherungseinsatzes in Abhängigkeit vom auftretenden Dauerkurzschlussstrom sind in **Bild 18.3** dargestellt.

18.1.2.9 Aufschriften auf Sicherungen

Auf Sicherungseinsätzen müssen, wenn es die Abmessungen erlauben, folgende Aufschriften vorhanden sein:
- Name des Herstellers oder Handelsmarke
- Typnummer des Herstellers
- Bemessungsspannung
- Bemessungsstrom
- Ausschaltbereich und Betriebsklasse (Buchstabencode)
- Stromart und Bemessungsfrequenz, soweit zutreffend

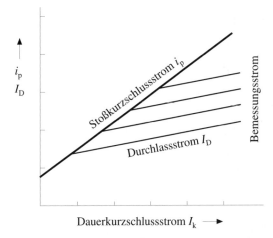

Bild 18.3 Strombegrenzungsdiagramm

Kleine Sicherungseinsätze, auf denen die Anbringung aller Daten nicht möglich ist, müssen mindestens mit der Handelsmarke, der Typnummer des Herstellers, der Bemessungsspannung und dem Bemessungsstrom gekennzeichnet sein.

18.1.3 Messersicherungen (NH-Sicherungssystem)

Niederspannungs-Hochleistungs-Sicherungen (NH-Sicherungen) sind vor allem für den Einsatz im industriellen Bereich gedacht. Das System hat sich bisher in der Praxis hervorragend bewährt. Es besteht keine Unverwechselbarkeit der Sicherungseinsätze und auch kein absoluter Berührungsschutz, weshalb eine Bedienung auch nur durch Elektrofachkräfte oder elektrotechnisch unterwiesene Personen zulässig ist.

Anmerkung: Es gibt auch NH-Sicherungen mit spannungsfreien Grifflaschen.

Das Sicherungssystem besteht aus Sicherungsunterteil, Sicherungseinsatz (Sicherung) und dem Bedienungselement zum gefahrlosen Auswechseln des Sicherungseinsatzes. NH-Sicherungen können zusätzlich noch über Schaltzustandsanzeiger (Bauchkennmelder oder Stirnkennmelder) und Auslösevorrichtung verfügen.

Ein NH-Sicherungseinsatz besteht aus einem Porzellan-, Kunststoff- oder Gießharzkörper, an dessen Stirnseiten Kontaktmesser angebracht sind. Im Innern des Körpers befinden sich ein oder mehrere in Quarzsand eingebettete Schmelzleiter (Gießharzsicherungen ausgenommen), die aus Bandmaterial hoher Leitfähigkeit (Kupfer, Kupfer verzinnt oder versilbert, Neusilber) bestehen. Die Genauigkeit der vom Hersteller angegebenen Zeit-Strom-Kennlinien wird durch die Fertigungsgenauigkeit der Schmelzleiter erreicht. Aussehen, Art, Form und Material der Schmelzleiter

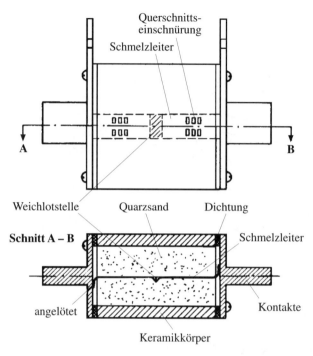

Bild 18.4 Schnittbild einer NH-Sicherung (Größe NH 00)

können von Hersteller zu Hersteller unterschiedlich sein. **Bild 18.4** zeigt den Aufbau einer NH-Sicherung.

Zur Auslösung der Sicherung bei Überlast (bis zum zweifachen Nennstrom) ist der Schmelzleiter mit einer Weichlotstelle (Weichlotauftrag) versehen, der bei Erwärmung durch einen Überstrom beginnt zu schmelzen, wobei Lot und Schmelzleiter eine Legierung eingehen, die schlechter leitend ist als der ursprüngliche Schmelzleiter. Der Schmelzleiter wird somit wärmemäßig immer höher beansprucht, und die Sicherung löst aus. Der Lotauftrag, der bei einer Überlastung „anschmilzt", aber nicht zum Ansprechen der Sicherung führt, trägt zur Alterung der Sicherung durch den Betrieb wesentlich bei. Bei mehrmaligem „Anschmelzen" ist es unter Umständen auch möglich, dass eine Sicherung auch anspricht, obwohl der Bemessungsnennstrom nicht zum Fließen kam. Durch Querschnittseinschnürungen, die gleichmäßig oder ungleichmäßig über dem Schmelzleiter verteilt sein können, werden Querschnittsschwächungen des Schmelzleiters erreicht, die bei größeren Strömen (ab dem zehnfachen Bemessungsstrom) die Abschaltung einleiten. Durch die Querschnittseinschnürungen wird erreicht, dass bei einer Kurzschlussstromabschaltung mehrere kleine Einzellichtbögen entstehen, die durch den Quarzsand leichter gelöscht werden können als ein großer Lichtbogen.

NH-Sicherungen können mit einer Anzeigevorrichtung (Anzeiger) ausgestattet sein, die den Schaltzustand (betriebsfähig oder unterbrochen) der Sicherung angibt. Bei Sicherungen mit Stirnkennmelder erscheint an der Stirnseite der Sicherung die Anzeige, bei Sicherungen mit Bauchkennmelder (Mittekennmelder) erfolgt die Anzeige vorn in der Mitte der Sicherung. Bei Sicherungen mit Schlagvorrichtung wird beim Ansprechen der Sicherung, durch eine Feder, ein Schlagbolzen freigegeben, der zu einer mechanischen Verriegelung, zur Signalgebung oder zur allpoligen Abschaltung des Stromkreises, z. B. durch einen Leistungsschalter, verwendet werden kann.

18.1.3.1 Bemessungswerte für NH-Sicherungen

Das NH-System hat für Wechselspannungen die genormten Bemessungsspannungen von 400 V (für gTr-Sicherungen), 500 V, 690 V und 1000 V (für aM-Sicherungen). Für Gleichspannungen liegen die Bemessungsspannungen bei 250 V und 440 V. Die Normwerte der Bemessungsspannungen bei DC sind nicht mit den Normwerten der Bemessungsspannungen bei AC verknüpft. Zum Beispiel sind folgende Norm-Verknüpfungen möglich: AC 500 V – DC 250 V, AC 500 V – DC 440 V usw.

Für die Bemessungsströme von NH-Sicherungen gelten folgende Vorzugswerte: 2 A, 4 A, 6 A, 8 A, 10 A, 12 A, 16 A, 20 A, 25 A, 32 A, 40 A, 50 A, 63 A, 80 A, 100 A, 125 A, 160 A, 200 A, 224 A, 250 A, 315 A, 400 A, 630 A, 800 A, 1000 A und 1250 A.

Die höchsten Bemessungsströme für die verschiedenen Baugrößen können der Tabelle 18.2 entnommen werden.

18.1.3.2 Ausschaltbereich und Betriebsklasse von NH-Sicherungen

NH-Sicherungen stehen in den Betriebsklassen gG, aM, gM und gTr zur Verfügung. Sicherungen der Betriebsklasse gM sind nicht in den Normen behandelt. Die bisher üblichen Sicherungen der Betriebsklasse gL (Ganzbereichs-Leitungsschutzsicherungen) sind in den neuesten Normen nicht mehr enthalten; sie werden durch Sicherungen der Betriebsklasse gG ersetzt. Sicherungen mit den Betriebsklassen gD und gN sind in Deutschland nicht üblich. Sicherungen für Bergbauanlagenschutz (gB-Sicherungen) und Halbleiterschutzsicherungen (aR- und gR-Sicherungen) werden hier, wie schon ausgeführt, nicht behandelt.

18.1.3.3 Zeit-Strom-Bereiche von NH-Sicherungen

Die Zeit-Strom-Bereiche für NH-Sicherungen für die genormten Bemessungsstromstärken von 2 A bis 1250 A der Betriebsklasse gG sind in **Bild 18.5** dargestellt.

Anmerkung: Die Zeit-Strom-Bereiche können mit hinreichender Genauigkeit auch für Sicherungen der Betriebsklasse gL (Ganzbereichs-Leitungsschutzsicherungen) verwendet werden.
Für NH-Sicherungen der Betriebsklasse aM gilt für alle genormten Bemessungsströme der Zeit-Strom-Bereich, wie in **Bild 18.6** gezeigt.

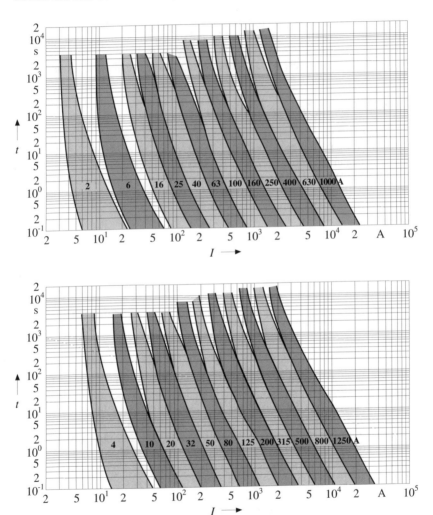

Bild 18.5 Strom-Zeit-Bereiche für NH-Sicherungen der Betriebsklasse gG
(Quelle: DIN VDE 0636-201:2004-10)

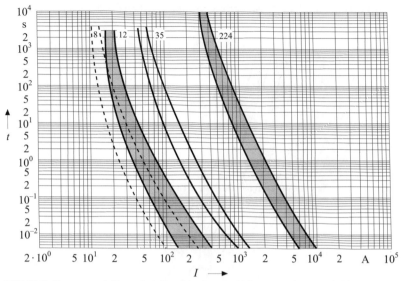

Bild 18.5 (Fortsetzung) Strom-Zeit-Bereiche für NH-Sicherungen der Betriebsklasse gG (Quelle: DIN VDE 0636-201:2004-10)

Anmerkung: Sicherungen mit 35 A Bemessungsstrom sind nicht mehr in der Norm enthalten. Der Strom-Zeit-Bereich wurde aber aufgenommen, weil noch viele dieser Sicherungen in Anlagen eingesetzt sind.

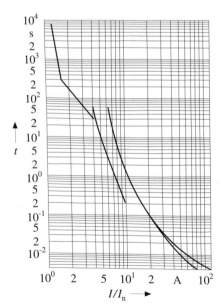

Bild 18.6 Zeit-Strom-Bereich für aM-Sicherungen

Die Zeit-Strom-Bereiche für gTr-Sicherungen sind in **Bild 18.7** dargestellt.

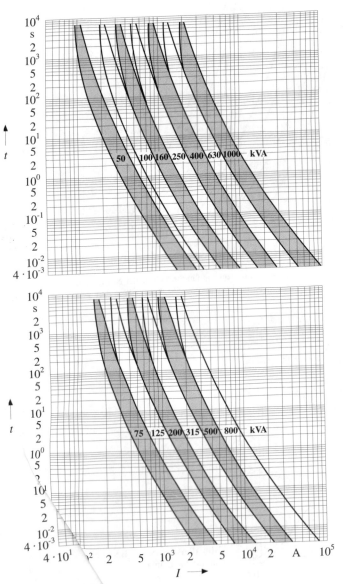

Bild 18.7 Zeit-Strom-Bereiche für gTr-Sicherungen

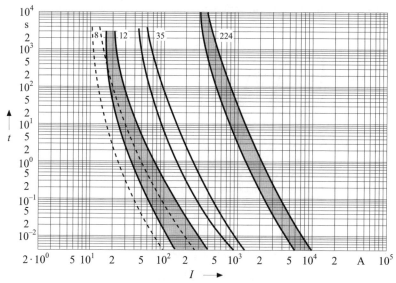

Bild 18.5 (Fortsetzung) Strom-Zeit-Bereiche für NH-Sicherungen der Betriebsklasse gG (Quelle: DIN VDE 0636-201:2004-10)
Anmerkung: Sicherungen mit 35 A Bemessungsstrom sind nicht mehr in der Norm enthalten. Der Strom-Zeit-Bereich wurde aber aufgenommen, weil noch viele dieser Sicherungen in Anlagen eingesetzt sind.

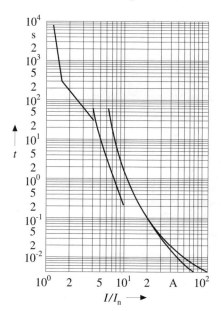

Bild 18.6 Zeit-Strom-Bereich für aM-Sicherungen

Die Zeit-Strom-Bereiche für gTr-Sicherungen sind in **Bild 18.7** dargestellt.

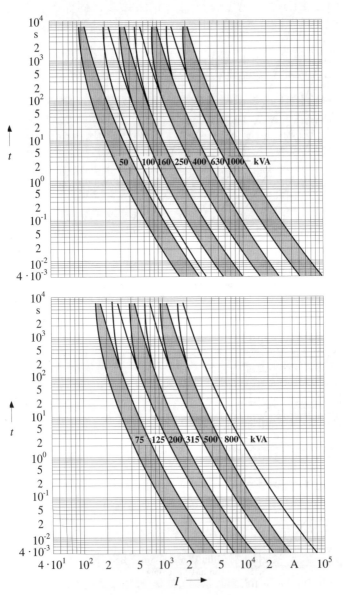

Bild 18.7 Zeit-Strom-Bereiche für gTr-Sicherungen

Baugröße		00	00	0	0	1	1	2	2	3	3	4	4	4a	4a
Bemessungsstrom in A		100	160	100	160	200	250	315	400	500	630	800	1000	1000	1250
Betriebsklasse	U_n in V	Leistungsabgabe in W[1]													
gG	400 und 500 ~	7,5	12	–	16	–	23	–	34	–	48	–	90	–	110
gG	690 ~	12	–	25	–	32	–	45	–	60	–	90	–	110	–
aM	400 und 500 ~	7,5	–	–	16	–	23	–	34	–	48	–	90	–	110
aM	690 ~	12	–	25	–	–	32	–	45	–	60	–	90	–	110
gTr[2]	400 ~	–	–	–	–	–	–	–	34	–	48	–	–	–	115

[1] Die Leistungsabgabe bezieht sich auf den größten Bemessungsstrom einer Baureihe bei Belastung mit 50 Hz Wechselspannung und nach Erreichen der Endtemperatur bei einer Umgebungstemperatur von +20 °C.
[2] Die Leistungsabgaben für Sicherungen der Betriebsklasse gTr (U_n = 400 V) gelten für:
Größe 2: P_v = 34 W; S_n = 250 kVA; I_{rat} = 361 A
Größe 3: P_v = 48 W; S_n = 400 kVA; I_{rat} = 577 A
Größe 4a: P_v = 115 W; S_n = 1000 kVA; I_{rat} = 1443 A

Tabelle 18.3 Leistungsabgaben (Verlustleistung) verschiedener NH-Sicherungen

18.1.3.4 Leistungsabgabe von NH-Sicherungen

Die Leistungsabgabe (Verlustleistung) eines Sicherungseinsatzes zeigt **Tabelle 18.3**

18.1.3.5 Bemessungsausschaltvermögen von NH-Sicherungen

Das Bemessungsausschaltvermögen wird vom Hersteller in Abhängigkeit von der Bemessungsspannung des Sicherungseinsatzes angegeben. Für NH-Sicherungen der verschiedenen Betriebsklassen werden dabei in der Regel 80 kA bis 100 kA bei Wechselstrom angegeben.

Als Mindestwerte für das Bemessungsausschaltvermögen sind für Sicherungen der Betriebsklassen aM, gG und gTr gefordert:

- 50 kA bei Wechselspannungen bis einschließlich 660 V für aM- und gG-Sicherungen
- 25 kA bei Gleichspannungen bis einschließlich 750 V für aM- und gG-Sicherungen
- 25 kA bei Wechselspannung bis einschließlich 1000 V für gTr-Sicherungen

18.1.3.6 Konventionelle Prüfströme und Prüfzeiten für NH-Sicherungen

Die konventionellen Prüfzeiten und Prüfströme für NH-Sicherungen der verschiedenen Betriebsklassen sind in **Tabelle 18.4** dargestellt.

Betriebs-klasse	Sicherung Bemessungsstrom I_n in A	kleiner Prüfstrom I_{nf}	großer Prüfstrom I_f	konventionelle Prüfdauer t
gG	bis 4	$1{,}5 \cdot I_n$	$2{,}1 \cdot I_n$	1 h
	über 4 bis 16	$1{,}5 \cdot I_n$	$1{,}9 \cdot I_n$	1 h
	über 16 bis 63	$1{,}25 \cdot I_n$	$1{,}6 \cdot I_n$	1 h
	über 63 bis 160	$1{,}25 \cdot I_n$	$1{,}6 \cdot I_n$	2 h
	über 160 bis 400	$1{,}25 \cdot I_n$	$1{,}6 \cdot I_n$	3 h
	über 400	$1{,}25 \cdot I_n$	$1{,}6 \cdot I_n$	4 h
aM[1]	alle I_n	$4 \cdot I_n$	$6{,}3 \cdot I_n$	60 s
gTr[1]	alle I_{rat}[2]	$1{,}3 \cdot I_{rat}$ —	— $1{,}5 \cdot I_{rat}$	10 h 2 h

[1] Festlegungen galten noch bis 01.06.2003 gemäß alten Normen (VDE 0636-22)
[2] Bei Sicherungen der Betriebsklasse gTr entspricht der Bemessungsstrom des Sicherungseinsatzes dem Bemessungsstrom des Transformators. Es gilt:

$$I_{rat} = \frac{S_n}{\sqrt{3} \cdot U_n}$$

I_{rat} Bemessungsstrom der Sicherung bzw. des Transformators in A
S_n Bemessungsleistung des Transformators in kVA
U_n Bemessungsspannung des Transformators in kV, mit $U_n = 0{,}4$ kV

Tabelle 18.4 Konventionelle Prüfzeiten und Prüfströme für NH-Sicherungen

18.1.3.7 Ausschaltzeiten von NH-Sicherungen

Die maximale und minimale Ausschaltzeit einer Sicherung für einen bestimmten Strom kann durch Auswertung der genormten Zeit-Strom-Bereiche (siehe Bild 18.5 und Bild 18.6) bestimmt werden. Die tatsächliche Ausschaltzeit einer Sicherung kann mittels der vom Hersteller erstellten Zeit-Strom-Kennlinie, unter Berücksichtigung der vom Hersteller angegebenen Toleranzgrenzen, ermittelt werden.

18.1.3.8 Durchlassstrom und Durchlassstromkennlinien von NH-Sicherungen

Das Diagramm für Durchlassstromkennlinien wird auch Strombegrenzungsdiagramm genannt. Es ist vom Hersteller anzufordern. Als Beispiel ist in **Bild 18.8** das Strombegrenzungsdiagramm eines Herstellers für NH-Sicherungen der Betriebsklasse gG gezeigt.

18.1.3.9 Aufschriften auf NH-Sicherungen

Die erforderlichen Aufschriften sind in Abschnitt 18.1.2.9 aufgelistet. Hierzu ist noch zu bemerken: Die Angaben für den Bemessungsstrom und die Bemessungs-

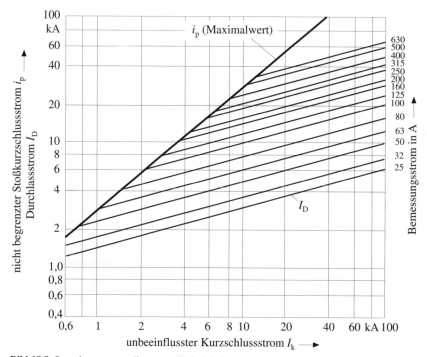

Bild 18.8 Strombegrenzungsdiagramm (Beispiel eines Herstellers)

spannung müssen von vorn erkennbar sein. Weiter sind sie durch Schriftart und Farbe der Aufschrift zu kennzeichnen. Es gelten folgende Festlegungen:

- Sicherungen der Betriebsklasse gG sind „schwarz" zu beschriften; für Sicherungen mit einer Bemessungsspannung von 400 V ist auch „blau" als Farbe zugelassen
- Sicherungen der Betriebsklasse aM sind „grün" zu beschriften
- Sicherungen der Betriebsklasse gTr sind „braun" zu beschriften
- Sicherungen für den Bergbauanlagenschutz (Betriebsklasse gB) sind „rot" beschriftet

Beispiele zur Kennzeichnung von NH-Sicherungen zeigt **Bild 18.9**.

Bei Bemessungsspannungen von AC 400 V und AC 690 V ist die Bemessungsspannung in einem Streifen mit Umkehrschrift anzugeben (siehe Bild 18.9b und 18.9c). Sicherungen für die Bemessungsspannung AC 500 V sind mit normaler Schrift zu versehen. Sicherungen der Betriebsklasse gTr sind mit der Transformatoren-Nennleistung in kVA (z. B. mit 400 kVA) gekennzeichnet.

Stromart und Frequenz dürfen auch mittels Schaltzeichen angegeben werden. Bemessungsstrom und Bemessungsspannung können auch wie folgt dargestellt werden:

10 A 500 V oder 10/500 oder $\dfrac{10}{500}$

Auf Sicherungshaltern (Sicherungsunterteil oder Sicherungshalter) müssen die Angaben für die Bemessungsspannung und den Bemessungsstrom von vorn erkennbar sein, wenn die Sicherung nicht eingesetzt ist.

NH-Sicherungseinsätze mit einer Bemessungsspannung von AC 690 V müssen deutlich gekennzeichnet werden, zum Beispiel durch einen Streifen, der sich über den mittleren Teil der Sicherung erstreckt und die Inschrift „$\sim$ 690 V" trägt.

a)
b)
c)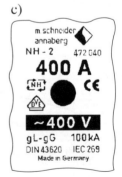

Bild 18.9 Aufschriften von NH-Sicherungen
a) Sicherung älterer Bauart
b) Sicherung der Betriebsklasse gTr
c) Sicherung neuer Bauart

18.1.4 Schraubsicherungen (D- und D0-System)

Zur Anwendung gelangen das D- und das D0-System mit Schraubgewinde. Diese Systeme haben sich in der Praxis bewährt, sind universell einsetzbar und bieten auch einen guten Berührungsschutz. Die Systeme sind für den Gebrauch durch Laien (Sicherungsaustausch) bestimmt und kommen hauptsächlich in Haushaltungen und ähnlichen Anlagen zum Einsatz. Sehr wichtig ist, dass eine Unverwechselbarkeit in der Form besteht, damit ein vorhandener Sicherungseinsatz nicht gegen einen solchen mit höherem Bemessungsstrom ausgetauscht werden kann.

Das D-System bzw. das D0-System besteht aus Sicherungssockel, Sicherungseinsatz, Passschraube oder Passhülse (auch Passring genannt) und Schraubkappe. Der Sicherungseinsatz besteht aus einem Porzellankörper mit metallenen Endkappen zur Stromübertragung. In diesem Porzellankörper liegen, eingebettet in dichtem, feinkörnigem Quarzsand, ein oder mehrere Schmelzleiter, die meist aus Feinsilber oder Kupfer bestehen. Der Schmelzleiter ist bei kleinen Bemessungsströmen als dünnes Drähtchen, bei mittleren Bemessungsströmen als Bändchen und bei großen

Bemessungs-strom I A	Farbe des Anzeigers	D-Sicherungen		D0-Sicherungen	
		Baugröße	Gewinde	Baugröße	Gewinde
2	rosa	DII	E27	D01	E14
4	braun				
6	grün				
10	rot				
13	schwarz				
16	grau				
20	blau	DIII	E33	D02	E18
25	gelb				
35	schwarz				
50	weiß				
63	kupfer				
80	silber	DIV	$E1^{1}/_{4}$ Zoll	D03	$M30 \times 2$
100	rot				

Tabelle 18.5 Bemessungsströme, Farbe des Anzeigers, Baugröße und Gewinde von D- und D0-Sicherungen

Bemessungsströmen als Flachband – evtl. auch in Parallelschaltung – ausgeführt. Der Sand dient zur normalen Kühlung bei Belastung der Sicherung und zur Löschung des Lichtbogens bei einer Abschaltung durch die Sicherung. D- und D0-Sicherungen sind mit einem Anzeiger (Kennmelder) ausgestattet, der den Betriebszustand (betriebsfähig oder unterbrochen) der Sicherung anzeigt. Die Farbe des Anzeigers gibt auch über den Bemessungsstrom der Sicherung Auskunft. Die Bemessungsströme, die Farbe des Anzeigers, die Baugröße und Gewindegröße des Systems zeigt **Tabelle 18.5**.

18.1.4.1 Bemessungswerte für D- und D0-Sicherungen

Das D-System (Baugrößen DII, DIII und DIV) hat eine Bemessungsspannung von 500 V bei Wechselspannung und Gleichspannung, wobei es das System DIII auch für 690 V Wechselspannung und 600 V Gleichspannung gibt. Das D0-System (Baugrößen D01, D02 und D03) ist für Bemessungsspannungen von 400 V bei Wechselspannung und 250 V bei Gleichspannung ausgelegt. Die genormten Bemessungsströme für die verschiedenen Baugrößen können Tabelle 18.5 entnommen werden.

Anmerkung: D0-Sicherungen dürfen auch in Anlagen mit AC 415 V Bemessungsspannung verwendet werden.

Für die Bemessungsströme von D- und D0-Sicherungen gelten folgende Vorzugswerte:

2 A, 4 A, 6 A, 10 A, 13 A, 16 A, 20 A, 25 A, 35 A, 50 A, 63 A, 80 A und 100 A

18.1.4.2 Ausschaltbereiche und Betriebsklassen für D- und D0-Sicherungen

D-Sicherungen und D0-Sicherungen sind nur für die Betriebsklasse gG genormt. Sicherungen mit anderen Betriebsklassen werden im Handel aber angeboten.

18.1.4.3 Zeit-Strom-Bereiche und Zeit-Strom-Kennlinien für D- und D0-Sicherungen

Die Zeit-Strom-Bereiche für D-Sicherungen und D0-Sicherungen für die genormten Bemessungsströme von 2 A bis 100 A sind in **Bild 18.10** dargestellt. Die Zeit-Strom-Kennlinien eines Herstellers zeigt **Bild 18.11**.

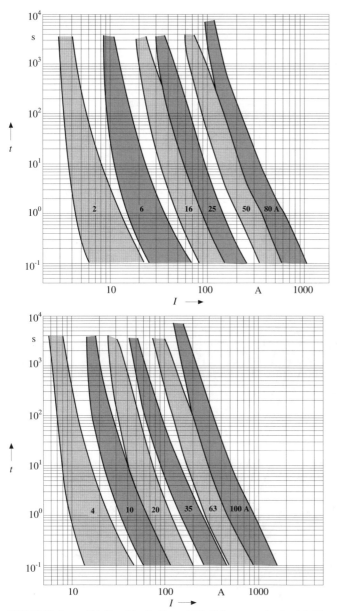

Bild 18.10 Strom-Zeit-Bereiche für D- und D0-Sicherungen der Betriebsklasse gG (Quelle: DIN VDE 0636-301:2005-08)

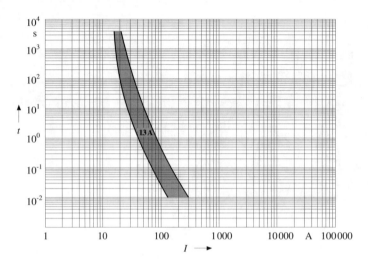

Bild 18.10 (Fortsetzung) Strom-Zeit-Bereiche für D- und D0-Sicherungen der Betriebsklasse gG (Quelle: DIN VDE 0636-301:2005-08)

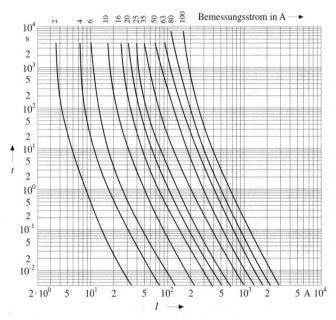

Bild 18.11 Zeit-Strom-Kennlinien für D-Sicherungen (Kennlinien eines Herstellers)

18.1.4.4 Leistungsabgabe von D- und D0-Sicherungen

Die Leistungsabgabe (Verlustleistung) von D- und D0-Sicherungen sind in **Tabelle 18.6** angegeben.

Bemessungsstrom eines Sicherungseinsatzes in A	2	4	6	10	13	16	20	25	35[1)]	50	63	80	100
	Leistungsabgabe P_v in W												
D-Sicherungen	3,3	2,3	2,3	2,6	2,8	3,2	3,5	4,5	5,2	6,5	7,0	8,0	9,0
D0-Sicherungen	2,5	1,8	1,8	2,0	2,2	2,5	3,0	3,5	4,0	5,0	5,5	6,5	7,0

[1)] In einigen Ländern werden anstelle von 35 A Sicherungen mit Bemessungsströmen von 32 A und 40 A verwendet.

Tabelle 18.6 Leistungsabgabe (Verlustleistung) von D- und D0-Sicherungen

18.1.4.5 Bemessungsausschaltvermögen von D- und D0-Sicherungen

Das Bemessungsausschaltvermögen von D- und D0-Sicherungen muss mindestens 50 kA bei Wechselstrom und 8 kA bei Gleichstrom betragen. Das Bemessungsschaltvermögen der im Handel angebotenen Sicherungen liegt in der Regel höher.

18.1.4.6 Konventionelle Prüfzeiten und Prüfströme von D- und D0-Sicherungen

Die konventionellen Prüfzeiten und Prüfströme für D- und D0-Sicherungen sind in **Tabelle 18.7** zusammengestellt.

Sicherung		kleiner Prüfstrom	großer Prüfstrom	Prüfdauer
Betriebsklasse	Bemessungsstrom I_n in A	I_{nf}	I_f	t in h
gG	bis 4	$1,5 \cdot I_n$	$2,1 \cdot I_n$	1
	über 4 bis 10	$1,5 \cdot I_n$	$1,9 \cdot I_n$	1
	über 10 bis 35	$1,4 \cdot I_n$	$1,6 \cdot I_n$	1
	über 35 bis 63	$1,25 \cdot I_n$	$1,6 \cdot I_n$	1
	über 63 bis 100	$1,25 \cdot I_n$	$1,6 \cdot I_n$	2
Tabelle gilt für gM-Sicherungen nur von 16 A bis 100 A				

Tabelle 18.7 Konventionelle Prüfzeiten und Prüfströme von D- und D0-Sicherungen

18.1.4.7 Ausschaltzeiten von D- und D0-Sicherungen

Die maximale und minimale Ausschaltzeit einer Sicherung für einen bestimmten Strom kann durch Auswertung der genormten Zeit-Strom-Bereiche (siehe Bild 18.10) bestimmt werden. Die tatsächliche Ausschaltzeit einer Sicherung kann mittels der vom Hersteller erstellten Zeit-Strom-Kennlinien, unter Berücksichtigung der vom Hersteller angegebenen Toleranzgrenzen, ermittelt werden (siehe Bild 18.11).

18.1.4.8 Durchlassstrom und Durchlassstromkennlinien von D- und D0-Sicherungen

Hier gilt grundsätzlich das unter Abschnitt 18.1.3.8 Gesagte. Das Strombegrenzungsdiagramm ist vom Hersteller anzufordern. Näherungsweise kann für D- und D0-Sicherungen das in Bild 18.8 dargestellte Strombegrenzungsdiagramm für NH-Sicherungen verwendet werden.

18.1.4.9 Aufschriften auf D- und D0-Sicherungen

Die eigentlich aufzubringenden Daten sind in Abschnitt 18.1.2.9 ausführlich dargestellt, was aber bei D- und D0-Sicherungen nicht immer möglich sein dürfte. D- und D0-Sicherungen müssen aber mindestens mit der Handelsmarke, der Typnummer des Herstellers, der Bemessungsspannung und dem Bemessungsstrom gekennzeichnet sein.

18.2 Leitungsschutzschalter (LS-Schalter) – VDE 0641

Ein **Leitungsschutzschalter** (LS-Schalter) ist ein mechanisches Schaltgerät, das in der Lage ist, unter üblichen Stromkreisbedingungen Ströme einzuschalten, zu führen und abzuschalten, und außerdem in der Lage ist, unter festgelegten außergewöhnlichen Stromkreisbedingungen wie im Kurzschlussfall Ströme einzuschalten, eine bestimmte Zeit zu führen und automatisch abzuschalten.
(Quelle: DIN EN 60898 (VDE 0641-11):2005-04, Abschnitt 3.1.4)

18.2.1 Allgemeine Anforderungen

Die allgemeinen Anforderungen für Leitungsschutzschalter (LS-Schalter) sind in der Normenreihe DIN EN 60898 (VDE 0641) festgelegt. Es gelten:

- DIN EN 60898-1 (VDE 0641-11) „Elektrisches Installationsmaterial – Leitungsschutzschalter für Hausinstallationen und ähnliche Zwecke – Teil 1: Leitungsschutzschalter für Wechselstrom (AC)"
- DIN EN 60898-2 (VDE 0641-12) „Leitungsschutzschalter für Hausinstallationen und ähnliche Zwecke – Teil 2: Leitungsschutzschalter für Wechsel- und Gleichstrom (AC und DC)"

Im Weiteren werden nur **LS-Schalter für Wechselspannungen** behandelt, also die nach der Norm DIN EN 60898-1 (VDE 0641-11), da diese Norm den derzeit verwendeten LS-Schalter beschreibt. Die Norm DIN EN 60898-2 (VDE 0641-12) gelangt praktisch nur beim Bau und bei der Prüfung von LS-Schaltern für Gleichspannung zur Anwendung.

Die Norm VDE 0641-11 stellt die Deutsche Fassung der Europäischen Norm EN 60898 dar. LS-Schalter nach dieser Norm sind für den wartungslosen Einsatz und Gebrauch durch Laien bestimmt. Sie sind geeignet für den Schutz gegen zu hohe Erwärmung von Kabeln und Leitungen (Überstrom-, Überlast- und Kurzschlussschutz) und für den Schutz gegen gefährliche Körperströme. Weniger geeignet sind sie zum Schutz von Motoren. Die Bemessungsspannung reicht bis AC 440 V, die Bemessungsströme sind genormt für 6 A bis 125 A, und die Bemessungsschaltleistung liegt bei maximal 25 kA. LS-Schalter sind zum Trennen von Stromkreisen geeignet, aber nicht zum betriebsmäßigen Schalten bestimmt. Die Bezugsumgebungstemperatur liegt bei 30 °C, wobei die Umgebungstemperatur gelegentlich auch Werte zwischen –5 °C und +40 °C annehmen kann. Der tägliche Mittelwert der Umgebungstemperatur darf +35 °C nicht überschreiten. Sie sind für Frequenzen von 50 Hz bzw. 60 Hz gebaut. Der Einbauort sollte nicht über 2000 m NN liegen.

Für LS-Schalter sind folgende Daten bzw. Angaben besonders wichtig:

- Bemessungsspannung
- Bemessungsstrom
- Bemessungsfrequenz
- Ausschaltcharakteristik
- Strom-Zeit-Bereiche
- Leistungsabgabe, Verlustleistung
- Bemessungsschaltvermögen
- festgelegte konventionelle Prüfströme
- Energiebegrenzungsklasse
- Aufschriften

18.2.2 Technische Anforderungen an LS-Schalter

18.2.2.1 Bemessungswerte für LS-Schalter

Die genormten Bemessungsspannungen sind nach DIN EN 60898-1 (VDE 0641-11) festgelegt und in **Tabelle 18.8** zusammengestellt.

LS-Schalter	Stromkreis, der den LS-Schalter versorgt	Bemessungsspannung des LS-Schalters
einpolig	einphasig (Außenleiter–Neutralleiter oder Außenleiter–Außenleiter)	230 V
	dreiphasig 4-Leiter	230 V
	einphasig (Außenleiter–Neutralleiter) oder dreiphasig, bei Verwendung von drei einpoligen LS-Schaltern (3-Leiter oder 4-Leiter)	230/400 V
zweipolig	einphasig (Außenleiter–Neutralleiter oder Außenleiter–Außenleiter)	230 V
	einphasig (Außenleiter–Außenleiter)	400 V
	dreiphasig (4-Leiter)	230 V
dreipolig	dreiphasig (3-Leiter oder 4-Leiter)	400 V
vierpolig	dreiphasig (4-Leiter)	400 V
Anmerkung: In IEC 60038 wurden die Spannungswerte von 230 V und 400 V festgelegt. Diese Werte sollen zunehmend die Spannungen von 220 V und 240 V bzw. 380 V oder 415 V ersetzen. Überall, wo es in dieser Norm 230 V und 400 V heißt, kann 220 V oder 240 V bzw. 380 V und 415 V gelesen werden.		

Tabelle 18.8 Normwerte für die Bemessungsspannungen von LS-Schaltern (Quelle: DIN EN 60898-1 (VDE 0641-11):2005-04)

Dabei sind noch folgende Festlegungen zu beachten:

- zweipolige LS-Schalter für 230 V können einen oder zwei geschützte Pole haben
- zweipolige LS-Schalter für 400 V müssen zwei geschützte Pole haben
- dreipolige LS-Schalter müssen drei geschützte Pole haben
- vierpolige LS-Schalter müssen drei oder vier geschützte Pole haben

Für die Bemessungsströme gelten für LS-Schalter folgende Vorzugswerte:
6 A, 10 A, 13 A, 16 A, 20 A, 25 A, 32 A, 40 A, 50 A, 63 A, 80 A, 100 A und 125 A
Die Bemessungsfrequenzen sind mit 50 Hz und 60 Hz genormt.

18.2.2.2 Ausschaltcharakteristik (Charakteristik) für LS-Schalter

Ein LS-Schalter besitzt zwei getrennt wirkende Auslöseorgane. Der thermische Auslöser (Bimetall) löst im Bereich der Überströme aus, der elektromagnetische Auslöser deckt den Bereich der Kurzschlussströme ab. Die Charakteristik (Zeit-Strom-Kennlinie) eines LS-Schalters ergibt sich durch das Zusammenwirken dieser beiden Auslöseorgane und in Verbindung mit den Prüfströmen, die den Bereich der Sofortauslösung angeben. **Bild 18.12** zeigt die grundsätzlichen Zusammenhänge. Die Sofortauslösung wird durch den elektromagnetischen Auslöser (Kurzschlussschnellauslöser) bewirkt und löst beim LS-Schalter der Charakteristik B zwischen dem drei- und fünffachen Bemessungsstrom aus. Beim LS-Schalter mit der Charakteristik C muss die Auslösung zwischen dem fünf- und zehnfachen Bemessungsstrom erfolgen. Beim LS-Schalter mit der Charakteristik D erfolgt die Auslösung zwischen dem zehn- und zwanzigfachen Bemessungsstrom.

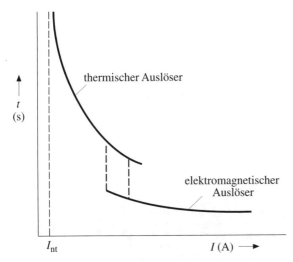

Bild 18.12 Kennlinien der Auslöseorgane und Auslöseströme von LS-Schaltern

18.2.2.3 Zeit-Strom-Bereiche und Zeit-Strom-Kennlinien für LS-Schalter

Die Zeit-Strom-Bereiche bzw. Charakteristiken B, C und D für LS-Schalter sind in **Bild 18.13** gezeigt.

Obwohl in neuen Anlagen nur noch LS-Schalter mit den Charakteristiken B, C oder D eingesetzt werden dürfen, wurden in Bild 18.13 auch die früher üblichen LS-Schalter mit H- und L-Charakteristik aufgenommen, da es auch noch Anlagen mit alten LS-Schaltern gibt, die ja weiter betrieben werden dürfen.

18.2.2.4 Leistungsabgabe und Verlustleistung von LS-Schaltern

Die Verlustleistung ist für LS-Schalter erheblich höher als die von Niederspannungssicherungen, wenn gleiche Bemessungsströme verglichen werden. Die Verlustleistung ist besonders zu beachten, wenn eine große Anzahl von hochbelasteten Schaltern in einer Verteilung auf engstem Raum eingebaut werden. In **Tabelle 18.9**

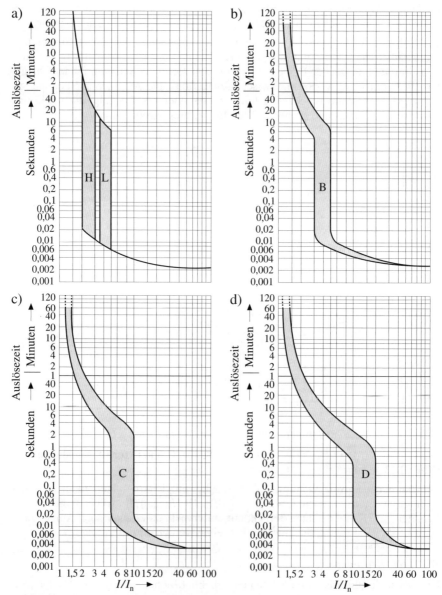

Bild 18.13 Strom-Zeit-Bereiche von LS-Schaltern
a) Charakteristik H und L
b) Charakteristik B
c) Charakteristik C
d) Charakteristik D

sind neben den Prüfströmen (Nichtauslösestrom und Auslösestrom) auch die Verlustleistungen für LS-Schalter dargestellt.

18.2.2.5 Bemessungsschaltvermögen für LS-Schalter

Das Bemessungsschaltvermögen eines LS-Schalters ist der Wert des Grenzausschaltvermögens, der für den LS-Schalter vom Hersteller angegeben ist. LS-Schalter nach VDE 0641-11 müssen ein Bemessungsschaltvermögen besitzen, das einem der folgenden Werte entspricht:

1,5 kA, 3 kA, 4,5 kA, 6 kA, 10 kA, 15 kA, 20 kA, 25 kA

Anmerkung: LS-Schalter mit einem Bemessungsschaltvermögen von 1,5 kA dürfen nur in unmittelbarer Nähe von Steckdosen oder Schaltern im Haushalt und für ähnliche Anlagen eingebaut werden.

18.2.2.6 Konventionelle Prüfströme und Prüfzeiten für LS-Schalter

Die Prüfströme und Prüfzeiten für LS-Schalter nach VDE 0641-11 sind, wie nachfolgend dargestellt, festgelegt:

- Der Nichtauslösestrom I_{nt} (en: nt – non tripping), der früher kleiner Prüfstrom genannt wurde, ist mit $I_{nt} = 1{,}13\ I_n$ festgelegt. Mit diesem Strom belastet, muss der LS-Schalter vom kalten Zustand aus, also ohne Vorbelastung, innerhalb einer Stunde bei $I_n \leq 63$ A und innerhalb zwei Stunden bei $I_n > 63$ A auslösen (siehe hierzu auch Tabelle 18.9).

- Der Auslösestrom I_t (en: t – tripping), der früher großer Prüfstrom genannt wurde, ist mit $I_t = 1{,}45\ I_n$ festgelegt. Mit diesem Strom belastet, muss der LS-Schalter innerhalb einer Stunde bei $I_n \leq 63$ A und innerhalb zwei Stunden bei $I_n > 63$ A auslösen. Die Prüfung muss unmittelbar nach der Prüfung des Nichtauslösestroms durchgeführt werden, wobei eine stetige Steigerung des Stroms in 5 s erfolgen muss (siehe hierzu auch Tabelle 18.9).

- Der Prüfstrom mit $I = 2{,}25\ I_n$ dient zur Prüfung der thermischen Auslösung, wobei, ausgehend vom kalten Zustand, gefordert wird:

    Auslösezeit: $1\ \text{s} < t < 60\ \text{s}$ für $I_n \leq 32$ A

    Auslösezeit: $1\ \text{s} < t < 120\ \text{s}$ für $I_n > 32$ A

- Die Prüfströme und Auslöse- bzw. Nichtauslösezeiten zur Feststellung der unverzögerten Auslösung, die vom kalten Zustand aus erfolgen muss, sind festgelegt mit:

    $I = 3\ I_n$ (Charakteristik B)

    Auslösezeit: $0{,}1\ \text{s} < t < 45\ \text{s}$ für $I_n \leq 32$ A

    Auslösezeit: $0{,}1\ \text{s} < t < 90\ \text{s}$ für $I_n > 32$ A

Bemessungs-strom I_n in A	Nichtauslöse-strom I_{nt} in A	Auslösestrom I_t in A	maximal zulässige Verlustleistung je Pol bei I_n nach VDE 0641-11:2005-04 in W	Verlustleistung bei I_n nach Hersteller[1] P_v in W	
				kalt[2]	warm[3]
4	4,5	5,8	3	1,5	1,8
6	6,8	8,7	3	1,7	2,0
8	9,0	11,5	3	2,6	3,0
10	11,3	14,5	3	1,7	2,1
13	14,7	18,9	3,5	–	–
16	18,1	23,2	3,5	2,0	2,3
20	22,6	29,0	4,5	2,4	2,7
25	28,3	36,2	4,5	2,9	3,4
32	36,1	46,4	6	3,4	3,9
40	45,2	58,0	7,5	4,0	4,6
50	56,5	72,7	9	5,8	6,7
63	71,2	91,4	13	–	–
80	90,4	116,0	15	–	–
100	113,0	145,0	15	–	–
125	139,0	181,3	20	–	–

1) Angabe gilt für einpolige Schalter
2) kalt bedeutet: gemessen in unbelastetem Zustand
3) warm bedeutet: gemessen vom belasteten Zustand ausgehend

Tabelle 18.9 Kennwerte von LS-Schaltern nach VDE 0641-11:2005-04

$I = 5\,I_n$ (Charakteristik C)

Auslösezeit: 0,1 s < t < 15 s für $I_n \leq 32$ A

Auslösezeit: 0,1 s < t < 30 s für $I_n > 32$ A

$I = 10\,I_n$ (Charakteristik D)

Auslösezeit: 0,1 s < t < 8 s für $I_n \leq 10$ A

Auslösezeit: 0,1 s < t < 4 s für $I_n > 10$ A bis ≤ 32 A

Auslösezeit: 0,1 s < t < 8 s für $I_n > 32$ A

- Die Prüfströme zur Prüfung der unmittelbaren Auslösung des elektromagnetischen Auslösers sind festgelegt mit:

$I = 5\,I_n$ (Charakteristik B)

$I = 10\,I_n$ (Charakteristik C)

$I = 20\,I_n$ (Charakteristik D)

Mit diesen Strömen belastet, muss der LS-Schalter in einer Zeit $t < 0{,}1$ s auslösen. Geprüft wird vom kalten Zustand aus.

18.2.2.7 Ausschaltzeiten für LS-Schalter

Die Ausschaltzeiten für LS-Schalter sind durch Auswertung der Zeit-Strom-Bereiche nach Bild 18.13 zu ermitteln oder nach den verschiedenen Prüfströmen abzuschätzen.

18.2.2.8 Strombegrenzung für LS-Schalter

Die Anforderungen an die Kurzschlussstrombegrenzung ist für LS-Schalter in drei Klassen vorgenommen. Festgelegt sind diese Klassen durch die maximal zulässigen Durchlass-I^2t-Werte (Joule-Integral). Dabei bedeuten bezüglich der Prüfanforderungen für die Energiebegrenzungsklasse (früher Strombegrenzungsklasse):

- Energiebegrenzungsklasse 1 – keine Anforderungen
- Energiebegrenzungsklasse 2 – mittlere Anforderungen
- Energiebegrenzungsklasse 3 – hohe Anforderungen

Die für LS-Schalter Typ B und Typ C mit den Energiebegrenzungsklassen 1, 2 und 3 bis einschließlich 40 A zugelassenen Durchlassenergien sind in **Tabelle 18.10** (bis 16 A) und **Tabelle 18.11** (über 16 A bis 40 A) dargestellt.

Die Anforderungen werden durch die Durchlassenergie, das Joule-Integral, ausgedrückt, wobei gilt:

$$I^2 t = \int_{t_0}^{t_1} i^2 \, \mathrm{d}t \tag{18.1}$$

Bemessungs-schalt-vermögen	Energiebegrenzungsklassen					
	1	2		3		
	$(I^2t)_{max}$	$(I^2t)_{max}$		$(I^2t)_{max}$		
	$A^2 s$	$A^2 s$		$A^2 s$		
A	Charakteristik B und C	Charakteristik B	Charakteristik C	Charakteristik B	Charakteristik C
3 000	keine Grenzwerte festgelegt	31 000	37 000	15 000	18 000
4 500		60 000	75 000	25 000	30 000
6 000		100 000	120 000	35 000	42 000
10 000		240 000	290 000	70 000	84 000

Tabelle 18.10 Zulässige I^2t-(Durchlass-)Werte für LS-Schalter mit Bemessungsströmen bis einschließlich 16 A (Quelle: VDE 0641-11:2005-04)

Bemessungs-schalt-vermögen	Energiebegrenzungsklassen				
	1	2		3	
	$(I^2t)_{max}$	$(I^2t)_{max}$		$(I^2t)_{max}$	
	$A^2 s$	$A^2 s$		$A^2 s$	
A	Charakteristik B und C	Charakteristik B	Charakteristik C	Charakteristik B	Charakteristik C
3 000	keine Grenzwerte festgelegt	40 000	50 000	18 000	22 000
4 500		80 000	100 000	32 000	39 000
6 000		130 000	160 000	45 000	55 000
10 000		310 000	370 000	90 000	110 000

Anmerkung: Für LS-Schalter mit einem Bemessungsstrom von 40 A gelten die maximalen I^2t-Durchlassenergien 120 % der Werte, die in der Tabelle angegeben sind.

Tabelle 18.11 Zulässige I^2t-(Durchlass-)Werte für LS-Schalter mit Bemessungsströmen über 16 A bis einschließlich 40 A (Quelle: VDE 0641-11:2005-04)

Je geringer die Durchlassenergie, desto geringer ist auch die Erwärmung der LS-Schalter und der zu schützenden Leitungen bei einem Kurzschluss. Auch an der Fehlerstelle ist die durch den Lichtbogen freigesetzte Energie erheblich geringer. In Anlagen, die nach den AVBEltV versorgt werden, dürfen nach den Festlegungen in den Technischen Anschlussbedingungen (TAB) nur LS-Schalter mit einem Bemessungsschaltvermögen von mindestens 6 kA und der Energiebegrenzungsklasse 3, bei Bemessungsströmen bis 40 A, eingesetzt werden.

Diese Aussagen haben dazu geführt, dass praktisch nur noch LS-Schalter mit der Energiebegrenzungsklasse 3 am Markt angeboten werden.

18.2.2.9 Aufschriften auf LS-Schaltern

LS-Schalter nach VDE 0641-11 müssen dauerhaft mit folgenden Daten gekennzeichnet sein:

- Name oder Warenkennzeichen des Herstellers
- Typbezeichnung, Katalognummer oder eine andere Identifizierungsnummer
- Bemessungsspannung mit dem Zeichen ~
- Bemessungsstrom ohne Angabe der Einheit, davor das Zeichen für die Auslösecharakteristik B, C oder D, z. B. „B 16"
- Bemessungsfrequenz in Hz, falls der LS-Schalter nur für eine Frequenz gebaut ist
- Bemessungsschaltvermögen in A innerhalb eines Rechtecks, ohne Angabe der Einheit
- Schaltplan, sofern die richtige Art des Anschlusses nicht eindeutig ersichtlich ist
- Bezugstemperatur, wenn abweichend von 30 °C
- Energiebegrenzungsklasse, wenn zutreffend

In **Bild 18.14** ist ein Beispiel für die Anordnung der nach VDE 0641-11 geforderten Aufschriften dargestellt und erläutert. **Bild 18.15** zeigt einige Beispiele zu den Aufschriften, wie sie von verschiedenen Herstellern gewählt werden.

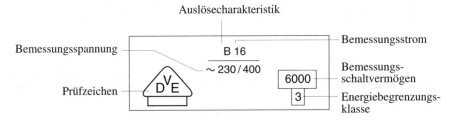

Bild 18.14 Aufschriften für LS-Schalter (Quelle: VDE 0641-11:2005-04)

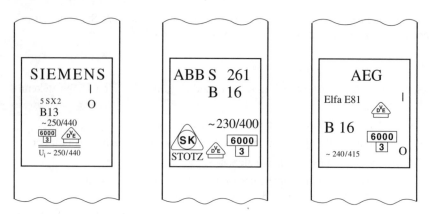

Bild 18.15 Aufschriften für LS-Schalter, Beispiele verschiedener Hersteller

18.3 Selektivität

Bei der Reihenschaltung von Überstrom-Schutzeinrichtungen ist neben den Bemessungsströmen und dem Bemessungsschaltvermögen noch das selektive Verhalten über den gesamten Bereich der zum Fließen kommenden Ströme (Überlast- und Kurzschlussströme) zu berücksichtigen.

Selektivität zwischen zwei oder mehreren in Reihe geschalteten Schaltgeräten ist vorhanden, wenn bei einem Kurzschlussstrom oder einem Überstrom nur das Gerät, das schalten soll, tatsächlich schaltet (Quelle: DIN VDE 0635 Abschnitt 2.2.2).

Die Forderung an ein selektives Verhalten kann auch formuliert werden mit dem Merksatz:

Das der Fehlerstelle am nächsten liegende Schaltgerät (Überstrom-Schutzeinrichtung) muss den Fehler abschalten. Dabei ist die Energieflussrichtung zu beachten.

In der in **Bild 18.16** dargestellten Anlage muss bei einem Überstrom (Überlast- oder Kurzschlussstrom), bei Fehlerstelle 1 in der Anlage, der LS-Schalter den Strom unterbrechen, während die Sicherung (NH-, D- oder D0-Sicherung) nicht auslösen darf. Dabei muss der LS-Schalter in der Lage sein, alle Fehlerströme, die in der Anlage auftreten können, also auch einen Kurzschluss bei Fehlerstelle 2, sicher abzuschalten. Das Bemessungsschaltvermögen des LS-Schalters muss größer sein als der größte zu erwartende Kurzschlussstrom bei einem Fehler in Leitung 2.

Bei der Behandlung von Selektivitätsproblemen ist es ratsam, zunächst die Zeit-Strom-Bereiche oder die Zeit-Strom-Kennlinien der verschiedenen Überstrom-Schutzeinrichtungen zu betrachten. Das **Bild 18.17** zeigt prinzipielle Zeit-Strom-

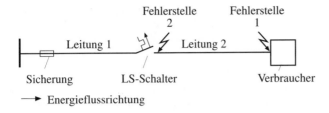

Bild 18.16 Anlage zur Selektivitätsbetrachtung

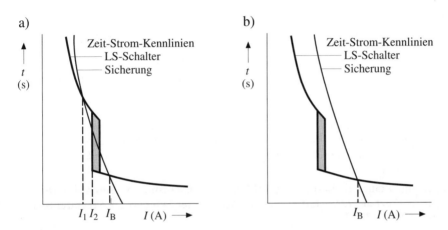

Bild 18.17 Selektivität zwischen LS-Schalter und vorgeschalteter Sicherung
a) Selektivitätskriterien sind nicht erfüllt
b) Selektivitätskriterien sind bis zum Strom I_B erfüllt

Kennlinien, und es ist in Bild 18.17a zu erkennen, dass je nach der Größe des zum Fließen kommenden Stroms entweder der LS-Schalter oder die Sicherung zuerst schaltet. Es ist keine Selektivität gegeben. In Bild 18.17b ist zu erkennen, dass bis zum Strom I_B (Übernahmestrom) richtigerweise der LS-Schalter zuerst schaltet. Nun ist zu prüfen, ob der LS-Schalter den Strom I_B auch abschalten kann, ohne dabei zerstört zu werden, d. h., sein Bemessungsausschaltvermögen muss über dem Strom I_B liegen.

Das Bemessungsschaltvermögen von Überstrom-Schutzeinrichtungen gibt an, welcher Strom von der Überstrom-Schutzeinrichtung noch mit Sicherheit abgeschaltet werden kann. Bei Schaltvorgängen, bei denen der abzuschaltende Strom das Schaltvermögen der Überstrom-Schutzeinrichtung überschreitet, muss damit gerechnet werden, dass die Überstrom-Schutzeinrichtung zerstört, der Fehler nicht abgeschaltet wird und an der Einbaustelle der Überstrom-Schutzeinrichtung ein Fehler (Lichtbogen-Kurzschluss) entsteht. Es ist deshalb wichtig, von einer Anlage die möglichen (maximalen) Kurzschlussströme zu kennen und danach entsprechende Überstrom-Schutzeinrichtungen vorzusehen.

Wenn in einer Anlage der Kurzschlussstrom so groß ist, dass er nicht mehr von dem zunächst vorgesehenen LS-Schalter beherrscht wird, kann durch geschickte Auswahl des Übernahmestroms I_B die Anlage trotzdem geschützt werden. Dieser Schutz wird Back-up-Schutz genannt. Die Grundsätze hierzu sind in Bild 18.17b gezeigt. Unter der Annahme, der größte Kurzschlussstrom in der Anlage beträgt 13 kA, und es sollen LS-Schalter mit nur 6 kA Bemessungsschaltvermögen eingesetzt werden, ist eine Sicherung zu wählen, deren Zeit-Strom-Kennlinie mit der Zeit-Strom-Kennlinie des LS-Schalters sich unterhalb 6 kA schneidet, z. B. bei 5,2 kA. Wird Bild 18.16 als Anlage zu Grunde gelegt, dann übernimmt den Schutz der Anlage im Bereich der Überlastströme und Kurzschlussströme bis I_B = 5,2 kA der LS-Schalter. Kurzschlussströme über I_B = 5,2 kA werden durch die Sicherung abgeschaltet, bevor der LS-Schalter einen Abschaltversuch unternimmt. Back-up-Schutz!

Im Falle des Abschaltens von Kurzschlussströmen kann es bei der Anwendung von Zeit-Strom-Kennlinien unter Umständen zu Fehlinterpretationen kommen, weshalb es besser und sicherer ist, die I^2t-Stromkennlinien (Durchlass-Stromkennlinien: $\int i^2 dt$) der verschiedenen Überstrom-Schutzeinrichtungen zu verwenden. Dabei gilt der Grundsatz:

Wird nach einer Sicherung ein LS-Schalter angeordnet, so muss der Durchlass-I^2t- Wert des LS-Schalters kleiner sein als der Schmelz-I^2t-Wert der Sicherung.

In **Bild 18.18** sind Durchlasswerte ($\int i^2 dt$) für eine Sicherung und einen LS-Schalter gezeigt. Selektivität besteht bis zum Schnittpunktstrom I_S.

Der Schnittpunktstrom liegt je nach Bemessungsstrom der Sicherung zwischen 20 I_n bis 40 I_n. Bei höheren Kurzschlussströmen werden daher oft LS-Schalter und die vorgeschaltete Sicherung gleichzeitig ansprechen. Dies ist physikalisch einfach dadurch gegeben, dass wegen der konstanten spezifischen Schmelzenergie einer Sicherung mit steigendem Kurzschlussstrom die Abschaltung immer schneller erfolgt, während beim LS-Schalter der mechanisch bedingte Öffnungsverzug einen Mindestwert nicht unterschreiten kann.

Bei der Reihenschaltung von zwei LS-Schaltern, auch mit unterschiedlichen Bemessungsströmen und anderer Charakteristik, ist im Kurzschlussgebiet, bei sehr hohen Kurzschlussströmen, im Allgemeinen keine Selektivität gegeben. Der Kurzschlussstrom liegt praktisch immer höher als die Ansprechgrenzen der Magnetauslöser, sodass beide LS-Schalter gleichzeitig auslösen.

Selektivität von in Reihe geschalteten Sicherungen wird erreicht, wenn die Bemessungsströme im Verhältnis 1:1,6 ausgewählt werden, z. B. 100 A und 63 A.

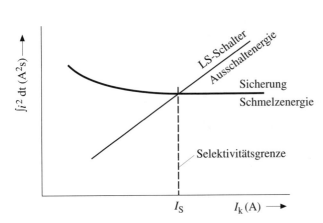

Bild 18.18 Selektivitätskriterium für die Reihenschaltung von Sicherung und LS-Schalter durch Vergleich der Schmelzenergie der Sicherung und der Ausschaltenergie des LS-Schalters

18.4 Literatur zu Kapitel 18

[1] Johann, H.: Elektrische Schmelzsicherungen für Niederspannung. Berlin/Heidelberg/New York: Springer-Verlag

[2] Biegelmeier, G.; Kiefer, G.; Krefter, K.-H.: Schutz in elektrischen Anlagen. Bd. 5: Schutzeinrichtungen. VDE-Schriftenreihe, Bd. 84. Berlin und Offenbach: VDE VERLAG, 1999

19 Fehlerstrom-/Differenzstrom-Schutzeinrichtungen

In Deutschland wurden bisher die Begriffe „Fehlerstrom-Schutzschalter (FI-Schalter)" für netzspannungsunabhängige Geräte und „Differenzstrom-Schutzschalter (DI-Schalter)" für netzspannungsabhängige Geräte verwendet. Die Kurzbezeichnung **RCD** (en: **R**esidual **C**urrent operated **D**evice) gilt für beide Geräte als Oberbegriff. Diese Unterscheidung ist in der englischen Sprache nicht möglich, weshalb bei IEC und CENELEC auch kein Unterschied gemacht wird und beide Gerätearten künftig mit **RCCB** (en: **R**esidual **C**urrent operated **C**ircuit-**B**reaker without overcurrent protection) bezeichnet werden, wenn sie nicht mit einem Überstromschutz ausgerüstet sind. Geräte mit Überstromschutz, also „Fehlerstrom-Schutzschalter mit Überstromauslöser (FI/LS-Schalter)" und „Leitungsschutzschalter mit Fehlerstromauslöser (LS/DI-Schalter)", werden mit **RCBO** (en: **R**esidual **C**urrent operated circuit-**B**reaker with integral **O**vercurrent protection) bezeichnet.

Weitere wichtige (Schutz-)Geräte, die in Deutschland häufig zum Einsatz gelangen und in besonderen Normen behandelt werden, sind mit folgenden englischen Abkürzungen im Normenwerk aufgenommen. **PRCD** (en: **P**ortable **R**esidual **C**urrent operated **D**evice) entspricht der ortsveränderlichen FI-Schutzeinrichtung, und **SRCD** (en: **S**ocket outlet with **R**esidual **C**urrent operated **D**evice) entspricht der Steckdose mit integriertem FI-Schutzschalter.

Somit sind als wichtigste Normen für FI-Schalter und DI-Schalter, mit und ohne eingebautem Überstromschutz, die die internationalen und regionalen Arbeiten bei IEC und CENELEC und im nationalen Bereich wiedergeben, zu nennen:

- DIN EN 61008-1 (VDE 0664-10) „Fehlerstrom-/Differenzstrom-Schutzschalter ohne eingebauten Überstromschutz (RCCB) für Hausinstallationen und ähnliche Anwendungen – Allgemeine Anforderungen"
- Entwurf DIN VDE 0664-100 (VDE 0664-100):2002-05 „Fehlerstrom-Schutzschalter Typ B zur Erfassung von Wechsel- und Gleichströmen – Teil 100 RCCB Typ B"
  Anmerkung: Für diesen Entwurf liegt eine Ermächtigung seit 01.05.2004 vor. Der Entwurf ist als Änderung von Teil 10 vorgesehen und enthält ergänzende Festlegungen an RCCB Typ B.
- DIN EN 61009-1 (VDE 0664-20) „Fehlerstrom-/Differenzstrom-Schutzschalter mit eingebautem Überstromschutz (RCBO) für Hausinstallationen und ähnliche Anwendungen – Allgemeine Anforderungen"
- Entwurf DIN VDE 0664-200 (VDE 0664-200):2003-07 „Fehlerstrom-Schutzschalter Typ B mit eingebautem Überstromschutz zur Erfassung von Wechsel- und Gleichströmen – Teil 200 RCBO Typ B"

Anmerkung: Für diesen Entwurf liegt eine Ermächtigung seit 01.03.2004 vor. Der Entwurf ist als Änderung von Teil 20 vorgesehen und enthält ergänzende Festlegungen an RCBO Typ B.

- DIN VDE 0664-101 (VDE 0664-101) „Fehlerstrom/Differenzstrom-Schutzschalter ohne eingebauten Überstromschutz für Hausinstallationen und ähnliche Anwendungen (RCCB) – Teil 101: Anwendung der allgemeinen Anforderungen auf RCCB für Wechselspannungen über 440 V bzw. Bemessungsströme über 125 A"
- DIN VDE 0661 (VDE 0661) „Ortsveränderliche Schutzeinrichtungen zur Schutzpegelerhöhung für Nennwechselspannungen U_n = 230 V, Nennstrom I_n = 16 A, Nenndifferenzstrom $I_{\Delta n}$ = 30 mA"
- DIN VDE 0661-10 (VDE 0661-10) „Elektrisches Installationsmaterial – Ortsveränderliche Fehlerstrom-Schutzeinrichtungen ohne eingebauten Überstromschutz für Hausinstallationen und für ähnliche Anwendungen (PRCD)"
- Entwurf DIN VDE 0662 (VDE 0662) „Ortsfeste Schutzeinrichtungen in Steckdosenausführung zur Schutzpegelerhöhung (SRCD)"
- Entwurf DIN IEC 23E/214/CD (VDE 0662-10):1995-11 „Fehlerstromschutzeinrichtungen ohne Überstromschutz, ein- oder angebaut an ortsfeste Steckdosen (SRCD)"
- Entwurf DIN IEC 23E/386/CD (VDE 0662-10/A1):2000-07 „Fehlerstromschutzeinrichtungen ohne Überstromschutz, ein- oder angebaut an ortsfeste Steckdosen (SRCD)"
- DIN EN 60947-2 (VDE 0660-101) „Niederspannungsschaltgeräte – Teil 2: Leistungsschalter", Anhang B: Leistungsschalter mit Fehlerschutz

19.1 RCCB und RCBO – DIN VDE 0664

Fehlerstrom-Schutzschalter ohne Überstromschutz (RCCB) sind nach DIN EN 61008-1 (VDE 0664-10) genormt bzw. durch Ermächtigung für den Entwurf DIN VDE 0664-100 (VDE 0664-100) zugelassen.

Fehlerstrom-Schutzschalter mit Überstromschutz (RCBO) nach DIN EN 61009-1 (VDE 0664-20) bzw. Entwurf mit Ermächtigung DIN VDE 0664-200 (VDE 0664-200) sind Schaltgeräte, die zwei Funktionen ausüben und deshalb auch zwei Auslöseorgane (FI-Schutz oder DI-Schutz und Überstromschutz) besitzen. RCBO dienen als Fehlerschutz, Brandschutz und Zusatzschutz (Voraussetzung $I_{\Delta n} \leq$ 30 mA) sowie zum Schutz gegen Überströme. Der FI-/DI-Teil muss den Anforderungen der Norm DIN EN 61008-1 (VDE 0664-10) für „Fehlerstrom-Schutzschalter/Differenzstrom-Schutzschalter" entsprechen, und der Überstromschutz muss die Festlegungen der Norm DIN VDE 0641-10 für „Leitungsschutzschalter" erfüllen.

Die genannten Normen gelten für Fehlerstrom-Schutzschalter bis zu einer Bemessungsspannung von 440 V AC, einem Bemessungsstrom nicht über 125 A, einem Bemessungsschaltvermögen nicht über 25 kA und zum Betrieb bei 50 Hz oder 60 Hz.

19.1.1 Technische Anforderungen

Den prinzipiellen Aufbau eines Fehlerstrom-Schutzschalters mit netzspannungsunabhängiger Ausschaltung ohne Überstromschutz zeigt **Bild 19.1**.

In **Bild 19.2** ist der prinzipielle Aufbau für einen zweipoligen Differenzstrom-Schutzschalter mit spannungsabhängiger Ausschaltung und Überstromschutz gezeigt.

Ein wichtiges Bauteil der FI-Schutzschalter und DI-Schutzschalter ist der Summenstromwandler (auch Ringkernwandler genannt). Beim ungestörten Betrieb eines Stromkreises ist nach dem ersten Kirchhoff'schen Gesetz die Summe der Ströme in jedem Augenblick gleich null.

$$\sum_{1}^{n} I_i = 0 \qquad (19.1)$$

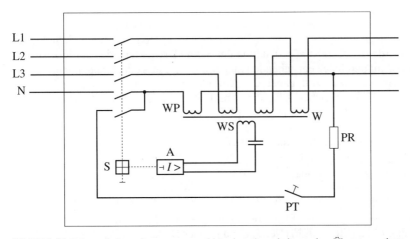

Bild 19.1 FI-Schutzschalter mit spannungsunabhängiger Ausschaltung ohne Überstromschutz

A	Auslöser	W	Summenstromwandler
PR	Prüfwiderstand	WP	Wandler, Primärwicklungen
PT	Prüftaste	WS	Wandler, Sekundärwicklung
S	Schaltschloss, Betätigungsorgan		

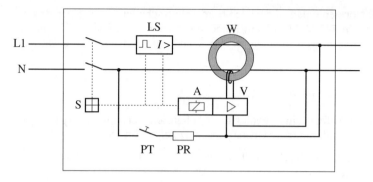

Bild 19.2 DI-Schutzschalter mit spannungsabhängiger Ausschaltung und Überstromschutz
A   Auslöser
LS Leitungsschutzschalter mit thermischer und magnetischer Auslösung
PR Prüfwiderstand
PT Prüftaste
S   Schaltschloss, Betätigungsorgan
V   Verstärker
W   Summenstromwandler

Das bedeutet, dass durch die Summe der in die Anlage hineinfließenden Ströme im Summenstromwandler theoretisch ein magnetischer Fluss, erzeugt wird, der aber durch die zurückfließenden Ströme sofort wieder aufgehoben wird. Im Summenstromwandler entsteht also kein magnetischer Fluss, und in der Sekundärwicklung wird keine Spannung induziert, wenn kein Fehler- oder Ableitstrom I_Δ zur Erde oder zum Schutzleiter fließt (Fehlerstrom $I_\Delta = 0$). Wird dieser Zustand gestört, weil z. B. ein Fehler- oder Ableitstrom I_Δ, in ausreichender Höhe, zu einem Schutzleiter oder zur Erde fließt, so ist $I_\Delta > 0$, und in der Sekundärwicklung des Summenstromwandlers wird durch den entstehenden magnetischen Fluss eine Spannung induziert. Durch den Auslöser wird dabei der Stromkreis abgeschaltet, sobald I_Δ einen bestimmten Wert erreicht, d. h., die Abschaltung erfolgt spätestens, wenn der Bemessungsfehlerstrom $I_{\Delta n}$ erreicht wird. Die zulässige Abschaltzeit liegt maximal bei $\Delta t = 0{,}2$ s (für stoßstromfeste, selektive Schalter sind maximal $\Delta t = 0{,}5$ s zugelassen). Die Auslösung des Schalters darf zwischen dem Bemessungsnichtauslösefehlerstrom $I_{\Delta no}$, den der Hersteller angibt und dessen Normwert $I_{\Delta no} = 0{,}5\ I_{\Delta n}$ beträgt, und dem Bemessungsfehlerstrom $I_{\Delta n}$ liegen. Es gilt also für eine Auslösung des Schalters nach der Norm $I_\Delta = I_{\Delta no} \ldots I_{\Delta n} = (0{,}5 \ldots 1{,}0)\ I_{\Delta n}$. In der Praxis erfolgt die Auslösung bei handelsüblichen RCCD und RCBO etwa bei $I_\Delta = 0{,}8\ I_{\Delta n}$.

An das Auslöseorgan eines FI-Schutzschalters ist die Forderung gestellt, dass die Auslösung ohne Hilfsenergie (Netzspannung oder Batterie) auskommen muss. Die Auslösung muss allein durch die Energie erfolgen, die durch den Fehlerstrom im Summenstromwandler induziert wird. Bei normal empfindlichen Schaltern mit $I_{\Delta n} = 300$ mA und 500 mA wird dabei ohne Kondensator gearbeitet, da der magnetische Auslöser ausreicht. Bei hochempfindlichen Schaltern mit $I_{\Delta n} = 10$ mA und

30 mA wird je nach Auslösertyp zusätzlich ein Kondensator so eingebaut und abgestimmt, dass ein Resonanzkreis entsteht, bestehend aus Summenstromwandler, magnetischem Auslöser und Kondensator. Ein magnetischer Auslöser, z. B. ein Sperrmagnet-Auslöser, wie in **Bild 19.3** gezeigt, besitzt einen Permanent-Magneten, der im normalen Betrieb das Auslöseglied des Schalters hält. Bei einem Fehlerstrom wird der permanente magnetische Fluss durch einen Wechselfluss, hervorgerufen durch den Fehlerstrom, so geschwächt, dass das Auslöseglied durch eine Feder abgezogen werden kann.

Die grundsätzlichen technischen Anforderungen an RCCB und RCBO sind annähernd gleich. Der Unterschied besteht lediglich darin, dass

- RCCB ohne eingebauten Überstromschutz und
- RCBO mit eingebautem Überstromschutz

ausgerüstet sind. Für alle Geräte gelten deshalb auch die Aussagen, dass RCCB und RCBO verwendet werden können:

- zum Schutz von Personen bei indirektem Berühren (Fehlerschutz)
- zum Schutz gegen Brandgefahren infolge länger andauernder Erdfehlerströme ohne Ansprechen der Überstrom-Schutzeinrichtung (Brandschutz)
- zum Schutz von Personen bei direktem Berühren, wenn der Bemessungsfehlerstrom $I_{\Delta n} \leq 30$ mA ist (Zusatzschutz)
- zum selektiven Schutz von Anlagen, die durch Schalter des normalen Typs geschützt sind und zusätzlich einen vorangeschalteten Schalter haben; ein selektiver Schalter – Kennzeichen [S] – ist mit einer Zeitverzögerung ausgerüstet, um ein selektives Verhalten der Schalter untereinander zu gewährleisten

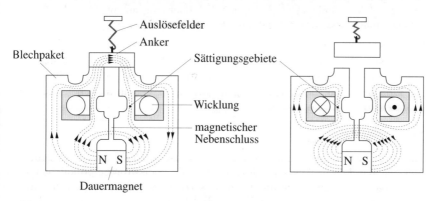

Bild 19.3 Auslöser eines FI-Schutzschalters mit Haltemagnet (Sperrmagnet)

Weiter gelten folgende Festlegungen:
- Geräte des allgemeinen Typs sind unempfindlich gegen ungewolltes Auslösen einschließlich des Falles, bei dem Stoßspannungen infolge von Schaltüberspannungen oder induziert durch Blitze in der Installation Ladeströme bewirken, ohne dass ein Überschlag erfolgt.
- Selektive Fehlerstrom-Schutzschalter gelten gegen ungewolltes Auslösen als ausreichend unempfindlich, auch wenn durch die Stoßspannungen ein Überschlag und ein Folgestrom erzeugt werden.
- Der Einsatzbereich ist bis zu einer Höhenlage von 2000 m NN zulässig.
- Als Bezugstemperatur gilt +20 °C, wobei für die Umgebungstemperaturen Werte gelten, die zwischen –5 °C und +40 °C liegen können. Bei einem zulässigen Bereich der Umgebungstemperatur zwischen –25 °C und +40 °C für die Anwendung im Freien, z. B. auf Baustellen, Campingplätzen, Kieswerken usw., ist das Kennzeichen: Schneeflocke, die –25 umschließt, anzubringen.

Kennzeichnung: ❄-25❄

Die Geräte (RCCB und RCBO) werden auch eingeteilt hinsichtlich ihres Auslöseverhaltens durch die Ausschaltcharakteristik bei verschiedenen Fehlerströmen, wenn, z. B. der Fehlerstrom Gleichstromanteile enthält.
- Der Schalter **Typ AC** löst aus bei sinusförmigen Wechselfehlerströmen, die plötzlich oder langsam ansteigend auftreten.

Kennzeichnung: ∿

- Der Schalter **Typ A** löst aus bei sinusförmigen Wechselfehlerströmen und pulsierenden Gleichfehlerströmen, die plötzlich oder langsam ansteigend auftreten (so genannter pulsstromempfindlicher FI-Schutzschalter)

Kennzeichnung: ∿∿

- Der Schalter **Typ B** löst aus bei sinusförmigen Wechselfehlerströmen, pulsierenden Gleichfehlerströmen und glatten Gleichfehlerströmen, die plötzlich oder langsam ansteigend auftreten (so genannter allstromempfindlicher oder allstromsensitiver FI-Schutzschalter).

Kennzeichnung: ∿∿ ⎓

Grundlage des FI-Schutzschalters Typ B (allstromsensitiver Fehlerstrom-Schutzschalter) ist das bereits bewährte Auslöseglied des pulsstromempfindlichen FI-Schutzschalters (Bild 19.3), das durch eine Zusatzeinheit zur Erfassung von glatten Gleichfehlerströmen erweitert wird. Wie in **Bild 19.4** gezeigt, überwacht der Summenstromwandler W1 die elektrische Anlage auf Wechselfehlerströme und pulsierende Gleichfehlerströme. Der Summenstromwandler W2 dient zur Erfassung der glatten Gleichfehlerströme. Dabei wird durch einen Frequenzgenerator über die

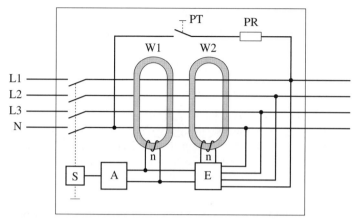

Bild 19.4 Allstromsensitiver FI-Schutzschalter (Prinzipschaltbild)
W1   Summenstromwandler für sinusförmige Wechselfehlerströme und pulsartige Gleichfehlerströme
W2   Summenstromwandler für glatte Gleichfehlerströme
PT   Prüftaste
PR   Prüfwiderstand
S   Schaltschloss, Betätigungsorgan
A   Mechanik der Schutzeinrichtung
E   Elektronik zur Auslösung bei glatten Gleichfehlerströmen
n   Sekundärwicklung

Sekundärwicklung n der Summenstromwandler W2 in einen konstanten wechselmagnetischen Zustand versetzt. Wenn ein glatter Gleichfehlerstrom bestimmter Größe in der elektrischen Anlage zum Fließen kommt, dann verändert sich auch der wechselmagnetische Zustand des Summenstromwandlers. Die Auswert-Elektronik-Einheit E erkennt den nun bestehenden Zustand als Fehler, und die Abschaltung wird über den Auslöser A in die Wege geleitet.

19.1.2 Produktinformationen

19.1.2.1 Bemessungswerte

Vorzugswerte für die Bemessungsspannung U_n von RCCB und RCBO sind Wechselspannungen mit 230 V und 400 V. Geräte mit 230 V können auch in Netzen mit einer Spannung von 240 V und solche mit 400 V in Netzen mit 415 V eingesetzt werden.

Die Bemessungsströme I_n sind genormt für:

RCCB: 10 A, 13 A, 16 A, 20 A, 25 A, 32 A, 40 A, 50 A, 63 A, 80 A, 100 A, 125 A

RCBO: 6 A, 8 A, 10 A, 13 A, 16 A, 20 A, 25 A, 32 A, 40 A, 50 A, 63 A, 80 A, 100 A, 125 A

Der Vorzugswert für die Bemessungsfrequenz f_n ist 50 Hz.

Für den Bemessungsfehlerstrom $I_{\Delta n}$ sind folgende Werte genormt:

0,01 A, 0,03 A, 0,1 A, 0,3 A, 0,5 A

19.1.2.2 Abschaltzeiten und Nichtauslösezeiten

Unter Abschaltzeit (auch Ausschaltzeit) Δt ist die Zeit zu verstehen, die vergeht zwischen dem Augenblick, in dem der Auslösestrom plötzlich erreicht wird, und dem Augenblick der Lichtbogenlöschung. Die Nichtauslösezeit ist die größte Zeitspanne zwischen dem Augenblick, in der ein Wert des Fehlerstroms I_Δ, der größer ist als der Nichtauslösefehlerstrom $I_{\Delta no}$, an den Schalter angelegt werden kann, ohne eine Abschaltung zu bewirken.

Die geforderten Abschaltzeiten und Nichtauslösezeiten für RCCB sind in **Tabelle 19.1** zusammengestellt.

Typ	I_n	$I_{\Delta n}$	Normwerte der Abschaltzeit (in s) und der Nichtauslösezeit (in s) bei einem Fehlerstrom (I_Δ) gleich:				
	A	A	$I_{\Delta n}$	$2\,I_{\Delta n}$	$5\,I_{\Delta n}$[1)]	500 A	
allgemein	jeder Wert	jeder Wert	0,3	0,15	0,04	0,04	höchstzulässige Abschaltzeiten
S	≥ 25	> 0,030	0,5	0,2	0,15	0,15	höchstzulässige Abschaltzeiten
			0,13	0,06	0,05	0,04	kürzeste Nichtauslösezeiten

[1)] Für RCCBs des allgemeinen Typs in einer Baueinheit mit einer Steckdose oder für RCCBs des allgemeinen Typs, die ausschließlich zum örtlichen Zusammenbau mit einer Steckdose in derselben Einbaudose konstruiert sind, und für RCCBs mit $I_{\Delta n} \leq 30$ mA kann 0,25 A an Stelle von 5 $I_{\Delta n}$ verwendet werden

Auch für RCCB vom Typ A gelten die in der Tabelle angegebenen höchstzulässigen Abschaltzeiten, wobei jedoch die Stromwerte (d. h. $I_{\Delta n}$, 2 $I_{\Delta n}$, 5 $I_{\Delta n}$, 0,25 A und 500 A) für RCCB mit $I_{\Delta n} > 0,01$ A um den Faktor 1,4 und für RCCB mit $I_{\Delta n} \leq 0,01$ A um den Faktor 2 erhöht werden

Tabelle 19.1 Normwerte der Abschaltzeit und der Nichtauslösezeit für RCCB des Typs AC (Quelle: VDE 0664-10:2000-09)

Für RCBO sind die geforderten Abschaltzeiten und die Nichtauslösezeiten in **Tabelle 19.2** dargestellt.

Für Fehlerstrom-Schutzschalter RCCB Typ B und RCBO Typ B gelten die in **Tabelle 19.3** angegebenen Abschaltzeiten.

Typ	I_n	$I_{\Delta n}$	Normwerte der Abschaltzeit (in s) und der Nichtauslösezeit (in s) bei einem Fehlerstrom gleich:				
	A	A	$I_{\Delta n}$	$2\,I_{\Delta n}$	$5\,I_{\Delta n}$ [1]	$I_{\Delta t}$ [2]	500 A oder $10\,I_n$ [4]
allgemein	jeder Wert	jeder Wert	0,3	0,15	0,04	0,04 [2]	0,04	höchstzulässige Abschaltzeiten
S	≥ 25	$> 0,03$	0,5	0,2	0,15	0,15 [2]	0,15	höchstzulässige Abschaltzeiten
			0,13	0,06	0,05	0,04 [2]	— [3]	kürzeste Nichtauslösezeiten

[1] Für RCBOs des allgemeinen Typs, die eingebaut in oder nur für Zusammenbau mit Steckdose und Steckern bestimmt sind, und für RCBOs mit Überstromauslöser des allgemeinen Typs mit $I_{\Delta n} \leq$ 30 mA kann der Wert 0,25 A anstelle des Wertes $5\,I_{\Delta n}$ verwendet werden

[2] Diese Prüfung wird mit einem Strom von $I_{\Delta t}$ durchgeführt, der dem unteren Grenzwert des Überstromschnellauslösungsbereichs gemäß Typ B, C oder D entspricht, je nachdem, welcher zutreffend ist. Für Typ B = $3\,I_n$; Typ C = $5\,I_n$; Typ D = $10\,I_n$

[3] Die Unterscheidung zwischen Schnellauslösung und Fehlerstromauslösung kann nicht sichergestellt werden

[4] 500 A oder $10\,I_n$, je nachdem, welcher Wert höher ist

Auch für RCBO vom Typ A gelten die in der Tabelle angegebenen höchstzulässigen Abschaltzeiten, wobei jedoch die Stromwerte (d. h. $I_{\Delta n}$, $2\,I_{\Delta n}$, $5\,I_{\Delta n}$, 0,25 A und 500 A) für RCBO mit $I_{\Delta n} > 0,01$ A um den Faktor 1,4 und für RCBO mit $I_{\Delta n} \leq 0,01$ A um den Faktor 2 erhöht werden

Tabelle 19.2 Normwerte der Abschaltzeit und der Nichtauslösezeit für den Betrieb unter Fehlerbedingungen für RCBO des Typs AC
(Quelle: VDE 0664-20:2000-09)

19.1.2.3 Bemessungsschaltvermögen und Bemessungsfehlerschaltvermögen

Das **Bemessungsschaltvermögen** I_m eines RCCB ist der Effektivwert der Wechselstromkomponente des vom Hersteller bestimmten unbeeinflussten Stroms, den ein RCCB unter festgelegten Bedingungen einschalten, führen und ausschalten kann.

Das **Bemessungsschaltvermögen (Bemessungkurzschlussstrom)** I_{nc} eines RCBO ist der vom Hersteller für diesen RCBO bestimmte Wert des Grenz-Kurzschlussschaltvermögens.

Das **Bemessungsfehlerschaltvermögen** $I_{\Delta m}$ für RCCB und RCBO ist der Effektivwert des vom Hersteller bestimmten unbeeinflussten Fehlerstroms, den ein Schalter unter festgelegten Bedingungen einschalten, führen und ausschalten kann.

Der Bemessungskurzschlussstrom I_{nc} ist für RCCB und RCBO mit folgenden Werten genormt: 3 kA, 4,5 kA, 6 kA, 10 kA, 15 kA, 20 kA, 25 kA.

Effektivwert des Fehlerstromes	Halbwellen-Gleichfehlerstrom		Fehlerstrom aus Zweipuls-, Sechspuls-, Drehstrom-Mittelpunkt-Gleichrichterschaltung und glatter Gleichfehlerstrom		
	Typ S	Allgemeiner Typ $I_{\Delta n} > 0{,}01$ A	Allgemeiner Typ $I_{\Delta n} \leq 0{,}01$ A	Typ S	Allgemeiner Typ
$1{,}4\,I_{\Delta n}$	0,5 s	0,3 s			
$2\,I_{\Delta n}$			0,3 s	0,5 s	0,3 s
$2 \times 1{,}4\,I_{\Delta n}$	0,2 s	0,15 s			
$2 \times 2\,I_{\Delta n}$			0,15 s	0,2 s	0,15 s
$5 \times 1{,}4\,I_{\Delta n}$	0,15 s	0,04 s			
$5 \times 2\,I_{\Delta n}$			0,04 s	0,15 s	0,04 s

Tabelle 19.3 Normwerte der Abschaltzeiten für RCCB Typ B und RCBO Typ B für den Betrieb unter Fehlerbedingungen
(Quelle: Entwurf VDE 0664-100:2002-05 und Entwurf VDE 0664-200:2003-07)

Der Kleinstwert des Bemessungsschaltvermögens I_m ist entweder 10 I_n oder 500 A, je nachdem, welcher Wert größer ist.

In Beratung ist noch die Angabe des Bemessungskurzschlussstroms in Verbindung mit einer Sicherung. Die Angabe erfolgt in Ampere, jeweils ohne Einheit, durch das Bildzeichen:

Kennzeichnung: ─⊏100⊐─ 6000   ─⊏250⊐─ 20000

19.1.2.4 Aufschriften

RCCB und RCBO müssen dauerhaft beschriftet sein. Bei kleineren Geräten, bei denen der verfügbare Platz nicht ausreicht, sind mindestens folgende Informationen so aufzubringen, dass sie in eingebautem Zustand sichtbar und lesbar sind:

- Bemessungsstrom in A
- Bemessungsfehlerstrom $I_{\Delta n}$ in A oder mA
- Zeichen ⬚S⬚ für Geräte vom Typ S
- Betätigungstaste der Prüfeinrichtung, durch den Buchstaben T
- Auslösecharakteristik in Anwesenheit von Differenzströmen mit Gleichstromkomponenten für Schalter vom Typ A
- Zeichen für das Bemessungsausschaltvermögen in Verbindung mit einer Sicherung

Wenn auf der Vorderseite der Schalter nicht möglich, können folgende Angaben auch seitlich oder auf der Rückseite der Schalter aufgebracht werden:
- Name oder Warenzeichen des Herstellers
- Typbezeichnung, Katalognummer oder Seriennummer
- Bemessungsspannung in V
- Betriebsposition (Gebrauchslage), falls erforderlich
- Angabe, dass das Gerät funktionell von der Netzspannung abhängig ist, soweit zutreffend
- Schaltbild, sofern der korrekte Anschluss nicht eindeutig ersichtlich ist
- Auslösecharakteristik in Anwesenheit von Differenzströmen mit Gleichstromkomponenten für Schalter vom Typ AC
- Schalter für die Anwendung bei Umgebungstemperaturen zwischen −25 °C und +40 °C müssen mit dem Zeichen ❄-25❄ versehen werden

Folgende Angaben müssen nicht auf dem Schaltgerät angebracht werden, sind aber in den Katalogen des Herstellers anzugeben:
- Bemessungsfrequenz, falls das Gerät für eine andere Frequenz als 50 Hz gebaut ist
- Bemessungsschaltvermögen I_m
- Schutzart, falls von IP20 abweichend
- Bemessungsfehlerschaltvermögen $I_{\Delta m}$, wenn es vom Bemessungsschaltvermögen I_m abweicht

RCBO sind zusätzlich noch mit folgenden Angaben bzw. Änderungen zu versehen:
- Auf der Vorderseite ist der Bemessungsstrom ohne die Einheit „A" anzugeben, dem das Zeichen für die Überstromauslösung (B, C oder D) vorangestellt wird, z. B. C16.
- Seitlich sind das Bemessungsschaltvermögen in Ampere in einem Rechteck ohne die Einheit A und die Energiebegrenzungsklasse (z. B. 3) in einem Quadrat, soweit zutreffend, anzugeben.
- In den Katalogen hat der Hersteller noch die Referenzkalibriertemperatur anzugeben, falls diese von 30 °C abweicht.

In **Bild 19.5** sind die Aufschriften von zwei handelsüblichen Schaltern gezeigt.

19.1.3 Auswahl und Errichtung von Fehlerstrom-Schutzeinrichtungen (RDC)

RDC sind so auszuwählen, dass die in einer Anlage auftretenden Fehlerströme erkannt und ausgeschaltet werden können. Die verschiedenen RDC sind für folgende Fehlerströme geeignet:

a) b)

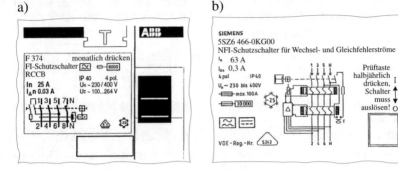

Bild 19.5 Beispiele von Aufschriften bei handelsüblichen Schaltern
a) pulsstromsensitiver Schalter
b) allstromsensitiver Schalter

- Typ AC zum Schutz bei sinusförmigen Wechselfehlerströmen
- Typ A zum Schutz bei sinusförmigen Wechselfehlerströmen und bei pulsierenden Gleichfehlerströmen
- Typ B zum Schutz bei sinusförmigen Wechselfehlerströmen, pulsierenden Wechselfehlerströmen und glatten Gleichfehlerströmen in Wechselspannungsnetzen

Fehlerstrom-Schutzeinrichtungen (RCD) vom Typ B keine RCD vom Typ A vorgeschaltet werden.

Bild 19.6 zeigt hierzu ein Planungsbeispiel.

19.1.3.1 RCD zum Schutz gegen elektrischen Schlag

Zum Schutz gegen elektrischen Schlag dürfen folgende RDC eingesetzt werden:

a) Netzspannungsunabhängige Fehlerstrom-Schutzschalter Typ A zur Auslösung bei Wechselfehlerströmen und pulsierenden Gleichfehlerströmen
   – ohne eingebaute Überstrom-Schutzeinrichtung (RCCB)
   – mit eingebauter Überstrom-Schutzeinrichtung (RCBO)
b) Fehlerstrom-Schutzeinrichtungen Typ B zur Auslösung bei Wechselfehlerströmen, pulsierenden und glatten Gleichfehlerströmen
   – ohne eingebaute Überstrom-Schutzeinrichtung (RCCB)
   – mit eingebauter Überstrom-Schutzeinrichtung (RCBO)

Anmerkung: Fehlerstrom-Schutzschalter Typ B arbeiten bei Wechselfehlerströmen und pulsierenden Gleichfehlerströmen **netzspannungsunabhängig** und bei glatten Gleichfehlerströmen **netzspannungsabhängig**.

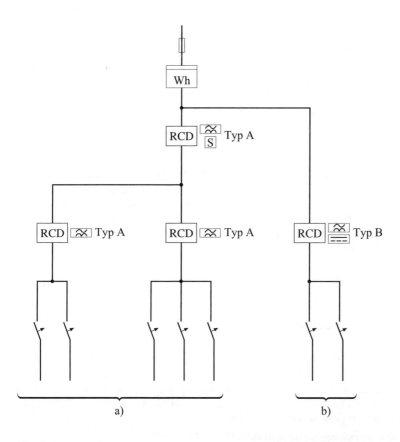

Bild 19.6 Beispiel für den Einsatz von Fehlerstrom-Schutzeinrichtungen vom Typ A und Typ B
a) Stromkreise, bei denen im Fehlerfall Wechselfehlerströme und/oder pulsierende Gleichfehlerströme auftreten können
b) Stromkreise, bei denen im Fehlerfall Wechselfehlerströme und/oder pulsierende Gleichfehlerströme und/oder glatte Gleichfehlerströme auftreten können

c) Fehlerstrom-Auslöser (RCU oder RC Unit) zum Anbau an Leitungsschutzschalter nach DIN EN 61009-1 (VDE 0664-20):2000-09, Anhang G
d) Leistungsschalter mit Fehlerstrom-Auslöser (CBR) nach DIN EN 60947-2 (VDE 0660-101):2002-09, Anhang B

Wenn in einer elektrischen Anlage glatte Gleichfehlerströme zu erwarten sind, müssen Fehlerstrom-Schutzschalter (RCB) Typ B verwendet werden.

19.1.3.2 RCD zum Brandschutz

Es dürfen für den Brandschutz die in 19.1.3.1 beschriebenen Fehlerstrom-Schutzschalter (RCD) verwendet werden, wobei noch zu beachten ist, dass der Bemessungsdifferenzstrom nicht größer als 300 mA ist. Dabei müssen Fehlerstrom-Schutzschalter vom Typ A oder Typ B eingesetzt werden. Wenn in der Anlage glatte Gleichfehlerströme zu erwarten sind, müssen RCD vom Typ B zur Anwendung gelangen.

19.1.3.3 RCD zum zusätzlichen Schutz (Zusatzschutz)

Fehlerstrom-Schutzschalter mit einem Bemessungsdifferenzstrom von 30 mA oder kleiner dürfen als Zusatzschutz eingesetzt werden. Die Anwendung schließt die Notwendigkeit von Schutzmaßnahmen zum Basisschutz und zum Fehlerschutz nach VDE 0100-410 nicht aus. Der Fehlerschutz und der Zusatzschutz dürfen durch dieselbe Schutzeinrichtung erfüllt werden, vorausgesetzt, der Bemessungsdifferenzstrom der RCD ist $\leq$ 30 mA, und der RCD ist am Anfang des Stromkreises eingebaut.

19.2 RCCB für höhere Spannungen bzw. höhere Ströme – VDE 0664-101

Die Norm DIN VDE 0664-101 (VDE 0664-101) gilt für spannungsunabhängige Fehlerstrom-Schutzschalter ohne Überstromschutz für Hausinstallationen und ähnliche Anwendungen mit einer Bemessungsspannung $U_n > 440$ V AC bis $U_n \leq 690$ V AC und einem Bemessungsstrom zwischen $I_n > 125$ A und $I_n \leq 250$ A. Das Bemessungsschaltvermögen liegt bei 25 kA.

Bevorzugte Bemessungswerte sind für:

- Bemessungsspannungen

  230 V, 400 V, 500 V, 660 V und 690 V

- Bemessungsströme

  10 A, 13 A, 16 A, 20 A, 25 A, 32 A, 40 A, 63 A, 80 A, 100 A, 125 A, 160 A, 200 A, 225 A und 250 A

- Bemessungsfehlerströme

  0,01 A, 0,03 A, 0,1 A, 0,3 A, 0,5 A und 1 A

- Bemessungsschaltvermögen

  20 kA

Ansonsten gelten die wesentlichen Forderungen, wie sie in DIN EN 61008-1(VDE 0664-10) für RCCB ohne Überstromschutz für spannungsunabhängige Fehlerstrom-Schutzschalter beschrieben sind.

19.3 PRCD – DIN VDE 0661

Ortsveränderliche Fehlerstromschutzeinrichtungen ohne eingebauten Überstromschutz (PRCD) für Hausinstallationen und ähnliche Anwendungen sind seit 1975 im Handel und in Gebrauch. Sie sind nach DIN VDE 0661:1988-04 „Ortsveränderliche Schutzeinrichtungen" zur Schutzpegelerhöhung mit folgenden Bemessungsdaten genormt:

- Bemessungsspannung $U_n = 230$ V
- Bemessungsstrom $I_n = 16$ A
- Bemessungsdifferenzstrom $I_{\Delta n} \leq 30$ mA

PRCD gibt es sowohl als Fehlerstrom-Schutzschalter als auch als Differenzstrom-Schutzschalter. Die grundsätzlichen Schaltbilder sind in **Bild 19.7** gezeigt.

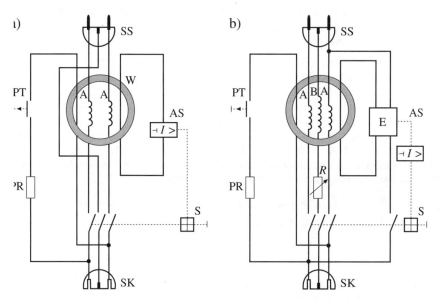

Bild 19.7 Schaltungen ortsveränderlicher Schutzeinrichtungen PRCD
a) Fehlerstromprinzip
b) Differenzstromprinzip

A	Hauptwicklung	W	Summenstromwandler
B	Hilfswicklung	R	spannungsabhängiger Widerstand
AS	Auslösespule	S	Schaltschloss, Betätigungsorgan
PR	Prüfwiderstand	SK	Schutzkontakt-Kupplung
PT	Prüftaste	SS	Schutzkontakt-Stecker
E	elektronischer Verstärker		

Die Fehlerstromschutzeinrichtungen sind für Umgebungstemperaturen von −25 °C bis +40 °C geeignet und sind entsprechend zu kennzeichnen (Schneeflocke).

Kennzeichen: ❄−25

Der Bemessungsdifferenzstrom muss $I_{\Delta n} \leq 30$ mA (handelsüblich sind Schalter mit 10 mA und 30 mA Bemessungsstrom) sein, wobei die Auslösezeit im Fehlerfall $\Delta t = 200$ ms nicht überschreiten darf. In der Regel wird eine Auslösezeit von $\Delta t < 40$ ms erreicht. Die Abschaltung erfolgt allpolig, d. h., es werden Außenleiter, Neutralleiter und Schutzleiter vom Netz getrennt. Die Schutzeinrichtung löst aus beim Auftreten von Wechselfehlerströmen und/oder pulsierenden Gleichfehlerströmen, die innerhalb einer Periode der Netzfrequenz mindestens eine Halbperiode lang null oder nahezu null werden.

Die Norm „Elektrisches Installationsmaterial − Ortsveränderliche Fehlerstromschutzeinrichtungen ohne eingebauten Überstromschutz für Hausinstallationen und für ähnliche Anwendungen" nach DIN VDE 0661-10 (VDE 0661-10) ist international und regional abgestimmt.

Die Geräte bestehen aus einem Stecker, einer Fehlerstrom-Schutzeinrichtung und einer oder mehreren Steckdosen oder einer anderen Anschlussmöglichkeit und sind entweder netzspannungunabhängig oder netzspannungsabhängig und enthalten keinen eingebauten Überstromschutz. Sie sind für einphasige Stromkreise für Bemessungsströme bis zu 16 A und Bemessungsspannungen von maximal 250 V AC ausgelegt. Vorzugswert der Bemessungsspannung sind 230 V AC. Bevorzugte Bemessungsströme sind 6 A, 10 A, 13 A und 16 A. Der Bemessungsfehlerstrom liegt bei 0,01 A oder 0,03 A. Normwerte für die maximal zulässige Ausschaltzeiten für Wechselfehlerströme sind in Abhängigkeit vom Fehlerstrom

- $t = 0,3$ s   bei $I_{\Delta n} = I_{\Delta n}$
- $t = 0,15$ s   bei $I_{\Delta n} = 2\, I_{\Delta n}$
- $t = 0,04$ s   bei $I_{\Delta n} = 5\, I_{\Delta n}$
- $t = 0,04$ s   bei $I_{\Delta n} = 250$ A

Hinsichtlich Umgebungstemperatur kann gewählt werden:

- Anwendung zwischen: −5 °C und +40 °C mit einer Grenztemperatur von −20 °C und +60 °C
- Anwendung zwischen: −25 °C und +40 °C mit einer Grenztemperatur von −35 °C und +60 °C

Die genannten Grenztemperaturen gelten für die Lagerung und während des Transports, was die Hersteller bei der Konstruktion und Materialauswahl zu beachten haben.

19.4 SRCD – VDE 0662

Die Norm für „Ortsfeste Schutzeinrichtungen in Steckdosenausführung zur Schutzpegelerhöhung" (SRCD) nach Entwurf DIN VDE 0662 (VDE 0662):1993-08 ist eine nationale Norm, die zur Zeit nur als Entwurf vorliegt. Sie gilt für ortsfeste Fehlerstrom-/Differenzstrom-Schutzeinrichtungen, die als genormte Steckdosen eine Baueinheit bilden und für ortsfeste Installation geeignet sind. Schutzziel solcher Einrichtungen ist der Zusatzschutz, z. B. in Baderäumen und landwirtschaftlichen Bereichen.

Die Bemessungsspannung ist 230 V AC, der Bemessungsstrom ist 16 A. Der Bemessungsdifferenzstrom kann 10 mA oder 30 mA betragen. Die Umgebungstemperatur sollte zwischen –25 °C und +40 °C liegen, wobei ein täglicher Mittelwert von +35 °C nicht überschritten werden sollte.

SRCD erfassen Fehler-/Differenzströme, die von stromführenden aktiven Leitern (Außenleiter und/oder Neutralleiter) im Fehlerfall gegen Erde oder den PEN-Leiter fließen, und lösen aus beim Auftreten von

- sinusförmigen Wechselfehlerströmen und
- pulsierenden Gleichfehlerströmen, die innerhalb jeder Periode der Netzfrequenz mindestens eine Halbperiode lang den Wert null oder nahezu null annehmen

Im Fehlerfall muss die SRCD innerhalb 0,2 s auslösen.

Im Entwurf DIN IEC 23E/214/CD (VDE 0662-10):1995-11 „Fehlerstromschutzeinrichtungen ohne Überstromschutz, ein- oder angebaut an ortsfeste Steckdosen (SRCD)" mit Änderung A1 mit Erscheinungsdatum 2000-07 ist die regionale und internationale Variante von SRCD abgehandelt. Die technischen Anforderungen sind nahezu identisch, nur bei den Bemessungsströmen und den zulässigen Umgebungstemperaturen gibt es Abweichungen. Bei einer Bemessungsspannung von 230 V AC ist die bevorzugte Reihe der Bemessungsströme der SRCD 6 A, 10 A, 13 A, 16 A, 20 A, 25 A und 32 A, während die Bemessungsströme für die Steckdose bei 6 A, 10 A, 13 A und 16 A liegen. Bei den Umgebungstemperaturen sind auch hier zwei Ausführungen möglich:

- Umgebungstemperatur –5 °C bis +40 °C
- Umgebungstemperatur –25 °C bis +40 °C

wobei für Lagerung und beim Transport gilt:

- Grenzwerte –20 °C bis +60 °C
- Grenzwerte –35 °C bis +60 °C

Dies ist bei der Konstruktion und bei der Materialauswahl zu berücksichtigen.

19.5 Leistungsschalter mit Fehlerstromschutz (CBR) – DIN EN 60947-2 (VDE 0660-101), Anhang B

Es gilt hier die Norm DIN EN 60947-2 (VDE 0660-101) „Niederspannungsschaltgeräte – Teil 2: Leistungsschalter". In Anhang B „Leistungsschalter mit Fehlerstromschutz" werden Leistungsschalter, die eine Fehlerstromfunktion als integrierte Einheit besitzen, und Geräte, die aus einer Kombination von Leistungsschalter und Fehlerstromgerät bestehen, behandelt. Der mechanische und elektrische Zusammenbau dieser Kombination darf sowohl in der Fabrik als auch vor Ort vom Anwender nach den Anleitungen des Herstellers vorgenommen werden.

Aber auch andere Kombinationen sind denkbar. Häufig kommt in der Praxis bei größeren Bemessungsströmen ($I_n \geq 160$ A bis 4000 A) eine Kombination aus

- Leistungsschalter
- Summenstromwandler
- Fehlerstrom-Steuereinrichtung oder Differenzstrom-Steuereinrichtung

zur Anwendung. **Bild 19.8** zeigt hierzu eine Prinzipschaltung. Der Leistungsschalter kann auch durch ein Schütz oder ein anderes geeignetes Schaltgerät ersetzt werden.

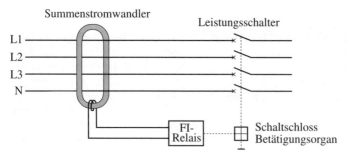

Bild 19.8 Leistungsschalter, Summenstromwandler und FI-Relais

19.6 Literatur zu Kapitel 19

[1] Schreyer, L.; Solleder, R.: Sichere Elektrizitätsanwendungen mit Fehlerstrom-Schutzeinrichtungen. Elektropraktiker 47 (1993) H. 9, S.768 bis 771

[2] Schreyer, L.; Solleder, R.: Anwendungen von Fehlerstrom-Schutzeinrichtungen. Elektropraktiker 47 (1993) H. 11, S. 979 bis 983

[3] Solleder, R.: Allstromempfindliche Fehlerstrom-Schutzeinrichtung für Industrieanwendung. etz Elektrotech. Z. 115 (1994) H. 16, S. 896 bis 901

[4] Schultke, H.; Solleder, R.: Fehlerstrom-Schutzeinrichtungen schützen Menschenleben und Sachwerte. EVU-Betriebspraxis 34 (1995) H. 6, S. 190 bis 200

[5] Biegelmeier, G.; Kiefer, G.; Krefter, K.-H.: Schutz in elektrischen Anlagen. Bd. 5: Schutzeinrichtungen. VDE-Schriftenreihe, Bd. 84. Berlin und Offenbach: VDE VERLAG, 1999

[6] Hofheinz, W.: Fehlerstrom-Überwachung in elektrischen Anlagen. VDE-Schriftenreihe, Bd. 113. Berlin und Offenbach: VDE VERLAG, 2002

[7] Siedelhofer, B.; Muschong, M.: Fehlerstrom-Schutzeinrichtung bei besonderen Anwendungen. de Der Elektro- und Gebäudetechniker 80 (2005) H. 7, S. 46 bis 49 und H. 8, S. 46 bis 48

20 Isolationsüberwachungsgeräte (IMD) – VDE 0413-8

Isolationsüberwachungsgeräte (IMD) (en: Insulating Monitoring Device), in DIN VDE 0100-410 Isolationsüberwachungseinrichtungen genannt, gelangen in ungeerdeten IT-Systemen hauptsächlich in medizinisch genutzten Räumen, auf Schiffen, in der Industrie und im Bergbau zur Anwendung. Um einen sicheren Betrieb dieser ungeerdet betriebenen Anlagen sicherzustellen, ist es wichtig, Erdschlüsse, die durch Isolationsfehler entstehen können, zu vermeiden. Deshalb wird in diesen Anlagen der Isolationswiderstand gegen Erde dauernd überwacht, und die Geräte haben die Aufgabe, die Unterschreitung eines Mindestwerts des Isolationswiderstands der Anlage akustisch und optisch zu melden.

Isolationsüberwachungsgeräte für diese Aufgaben sind nach DIN EN 61557-8 (VDE 0413-8) „Isolationsüberwachungsgeräte für IT-Netze" genormt und können eingesetzt werden für:

- IT-Wechselspannungsnetze mit Bemessungsspannungen bis 1000 V
- IT-Wechselspannungsnetze mit galvanisch verbundenen Gleichstromkreisen mit Bemessungsspannungen bis 1000 V
- IT-Gleichspannungsnetze mit Bemessungsspannungen bis 1500 V

Dabei ist das Messverfahren für den Erdschlussstrom bzw. für den Isolationswiderstand nicht vorgeschrieben, um dem Hersteller der Geräte größtmöglichen Spielraum für Weiterentwicklungen zu lassen. Isolationsüberwachungsgeräte müssen in der Lage sein, sowohl symmetrische als auch unsymmetrische Isolationsverschlechterungen zu erkennen.

Anmerkung: Eine symmetrische Isolationsverschlechterung liegt dann vor, wenn sich der Isolationswiderstand des zu überwachenden Netzes (annähernd) gleichmäßig verringert. Eine unsymmetrische Isolationsverschlechterung liegt dann vor, wenn sich der Isolationswiderstand eines Leiters wesentlich stärker verringert als der der übrigen Leiter.

20.1 Technische Anforderungen

Die technischen Anforderungen an Isolationsüberwachungsgeräte sind in **Tabelle 20.1** dargestellt.

Kennzeichnung	Reine Wechselspannungsnetze	Wechselspannungsnetze mit galvanisch verbundenen Gleichstromkreisen und Gleichspannungsnetze
Ansprechzeit t_{an} [1]	≤ 10 s bei $0{,}5 \cdot R_{an}$ und $C_e = 1$ µF	≤ 100 s bei $0{,}5 \cdot R_{an}$ und $C_e = 1$ µF
Scheitelwert der Messspannung U_m	Bei $1{,}1 \cdot U_n$ und $1{,}1 \cdot U_v$ sowie $R_F = \infty$: ≤ 120 V	Bei $1{,}1 \cdot U_n$ und $1{,}1 \cdot U_v$ sowie $R_F = \infty$: ≤ 120 V
Messstrom I_m	≤ 10 mA bei $R_F = 0$	≤ 10 mA bei $R_F = 0$
Wechselstrominnenwiderstand Z_i [2]	≥ 250 Ω/V Netznennspannung, mindestens ≥ 15 kΩ	≥ 250 Ω/V Netznennspannung, mindestens ≥ 15 kΩ
Innenwiderstand R_i [2]	≥ 30 Ω/V Netznennspannung, mindestens $\geq 1{,}8$ kΩ	≥ 30 Ω/V Netznennspannung, mindestens $\geq 1{,}8$ kΩ
dauernd zulässige Netzspannung	$\leq 1{,}15 \cdot U_n$	$\leq 1{,}15 \cdot U_n$
dauernd zulässige Fremdgleichspannung U_{fg}	Nach Angaben des Herstellers	$\leq$ Scheitelwert $1{,}15 \cdot U_n$, entfällt bei Gleichspannungsnetzen
Ansprechabweichung [3]	0 % bis +30 % vom Sollansprechwert R_{an}	0 % bis +50 % vom Sollansprechwert R_{an}
Netzleitkapazität C_E	$C_E \leq 1$ µF	$C_E \leq 1$ µF
Temperaturbereich	0 °C bis +35 °C	0 °C bis +35 °C
Umgebungsbedingungen	Betrieb: [4] Klasse 3K5 (IEC 60721-3-3), –5 °C bis +45 °C Transport: Klasse 2K3 (IEC 60721-3-2), –25 °C bis +70 °C Lagerung: Klasse 1K4 (IEC 60721-3-1), –25 °C bis +55 °C	Betrieb: [4] Klasse 3K5 (IEC 60721-3-3), –5 °C bis +45 °C Transport: Klasse 2K3 (IEC 60721-3-2), –25 °C bis +70 °C Lagerung: Klasse 1K4 (IEC 60721-3-1), –25 °C bis +55 °C
Kontaktkreise Kontaktklasse Kontaktbemessungsspannung	IIB (IEC 60255-23) AC 250 V / DC 300 V UC 5 A	IIB (IEC 60255-23) AC 250 V / DC 300 V UC 5 A
Einschaltvermögen Ausschaltvermögen	2 A, AC 230 V, cos $\varphi = 0{,}4$ 0,2 A, DC 220 V, $L/R = 0{,}04$ s	2 A, AC 230 V, cos $\varphi = 0{,}4$ 0,2 A, DC 220 V, $L/R = 0{,}04$ s

Tabelle 20.1 Anforderungen an Isolationsüberwachungsgeräte
(Quelle: DIN EN 61557-8 (VDE 0413-8):1998-05)

Die Anmerkungen bedeuten:
1) Bei IT-Netzen, deren Spannung betriebsbedingt mit niedriger Frequenz variiert wird (z. B. bei Umrichternetzen mit niederfrequenten Regelvorgängen oder Gleichstrommotoren mit niederfrequenten Stellvorgängen), richtet sich die Ansprechzeit nach den im Betrieb zwischen Netz und Erde niedrigsten auftretenden Frequenzen. Diese Ansprechzeiten können von den oben angegebenen Ansprechzeiten abweichen.
2) In IT-Netzen, in denen die Impedanz zwischen Netz und Erde während des Betriebs unter 30 Ω/V beträgt, kann der Wechselstrominnenwiderstand R_i niedriger als 250 Ω/V und der Gleichstrominnenwiderstand R_i niedriger als 30 Ω/V sein.
3) Die Ansprechabweichung darf bei einer Umgebungstemperatur zwischen –5 °C und +45 °C bei Spannungen zwischen 0 % und 115 % der Nennspannung an den Messanschlussklemmen des Messkreises und bei einer Versorgungsspannung U_v zwischen 85 % und 110 % ihres Nennwerts sowie bei Netzableitkapazitäten C_E zwischen 0 µF und 1 µF nicht überschritten werden. Ist der Ansprechwert einstellbar, so ist der Bereich der Ansprechwerte zu kennzeichnen, bei dem diese Fehlergrenzen nicht eingehalten werden, z. B. durch Punkte an den Grenzen des Bereichs oder der Bereiche.
4) Ausnahme: Betauung und Vereisung.

Tabelle 20.1 (Fortsetzung) Anforderungen an Isolationsüberwachungsgeräte (Quelle: DIN EN 61557-8 (VDE 0413-8):1998-05)

Die in der Tabelle 20.1 gebrauchten Begriffe bedeuten:

- Ansprechzeit t_{an} ist die Zeit, die ein Isolationsüberwachungsgerät unter vorgegebenen Bedingungen zum Ansprechen benötigt
- Scheitelwert der Messspannung U_m ist der Scheitelwert der Spannung, der während der Messung an den Messanschlüssen vorhanden ist
- Messstrom I_m ist der maximale Strom, der aus der Messspannungsquelle, begrenzt durch den Innenwiderstand R_i des Isolationsüberwachungsgeräts, zwischen Netz und Erde fließen kann
- Wechselstrominnenwiderstand Z_i ist die Gesamtimpedanz des Isolationsüberwachungsgeräts zwischen Netz- und Erdanschlüssen
- Gleichstrominnenwiderstand R_i ist der Wirkwiderstand des Isolationsüberwachungsgeräts zwischen Netz- und Erdanschlüssen
- Nennspannung/Bemessungsspannung U_n ist die Spannung, nach der ein Netz oder ein Gerät benannt ist und auf die sich bestimmte Betriebsmerkmale beziehen
- Fremdgleichspannung U_{fg} ist die Gleichspannung, die in einem Wechselspannungsnetz zwischen den Leitern des Wechselspannungsnetzes und Erde auftritt (hervorgerufen durch Gleichstromanteile)
- Netzableitkapazität C_E ist der maximal zulässige Wert der Gesamtkapazität des zu überwachenden Netzes einschließlich aller angeschlossenen Betriebsmittel gegen Erde, bis zu dem ein Isolationsüberwachungsgerät bestimmungsgemäß arbeiten kann

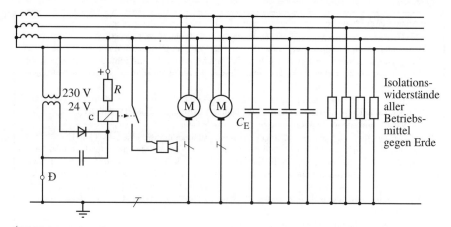

Bild 20.1 Isolationsüberwachungsgerät in einem IT-Drehstromnetz mit vier Leitern

- Versorgungsspannung U_v ist die Spannung eines Messgeräts an einer Stelle, an der dieses elektrische Leistung zum Zweck der Stromversorgung aufnimmt oder aufnehmen kann

Isolationsüberwachungsgeräte für IT-Wechselstromnetze oder IT-Drehstromnetze arbeiten in der Regel mit einer überlagerten Gleichspannung mit 24 V Bemessungsspannung. Ein prinzipielles Schaltbild für ein Isolationsüberwachungsgerät in einem Wechselstromnetz ist in **Bild 20.1** gezeigt.

Es gibt auch Isolationsüberwachungsgeräte mit einstellbarem Ansprechwert (z. B. 2 kΩ bis 60 kΩ), dabei darf die Einstellung dieses Werts nur mittels Schlüssels oder Werkzeugs vorgenommen oder verändert werden können.

20.2 Aufschriften auf Isolationsüberwachungsgeräten

Auf einem Isolationsüberwachungsgerät sind dauerhaft folgende Aufschriften so anzubringen, dass sie in eingebautem Zustand gut lesbar sind:

- Typ des Geräts sowie Ursprungszeichen oder Name des Herstellers
- Art des zu überwachenden IT-Netzes
- Anschlussschaltbild oder Nummer des Anschlussschaltbilds oder Nummer der Betriebsanleitung
- Bemessungsspannung oder Bemessungsspannungsbereich
- Nennwert der Versorgungsspannung
- Frequenz der Versorgungsspannung, falls abweichend von 50 Hz

- Sollansprechwert R_{an} oder minimaler und maximaler Ansprechwert R_{an} und, wenn zutreffend, der Bereich der Sollansprechwerte, in denen eine höhere Abweichung, als in Tabelle 20.1 angegeben, auftritt

Außen und, wenn notwendig, auch innen sind in dem Gerät noch Herstellungsnummer, Herstellungsjahr oder Herstellerbezeichnung anzugeben.

Zusätzlich sind in der Betriebsanleitung noch folgende Daten anzugeben:
- Wechselstrominnenwiderstand Z_i des Messkreises als Funktion der Bemessungsfrequenz
- Gleichstrominnenwiderstand R_i des Messkreises
- Scheitelwert der Messspannung U_m nach Tabelle 20.1 bei Speisung mit dem Bemessungswert der Versorgungsspannung U_v
- Höchstwert des Messstroms I_m nach Tabelle 20.1 bei kurzgeschlossenen Messklemmen
- Schaltvermögen der eingebauten Schaltglieder
- Hinweis, dass Isolationsüberwachungsgeräte nicht parallel geschaltet werden dürfen (z. B. bei Netzkopplungen)
- Anschlussplan, falls dieser nicht auf dem Gerät angebracht ist
- Hinweis auf den Einfluss von Netzableitkapazitäten $C_{\hat{E}}$ und auf deren maximal zulässigen Wert
- Hinweis auf den Spannungsbereich bei Versorgung aus dem zu überwachenden Netz
- Fremdgleichspannung U_{fg} beliebiger Polarität, die dauernd an dem Isolationsüberwachungsgerät anliegen kann, ohne dass das Gerät beschädigt wird
- Prüfspannung/Schärfegrad für Spannungs-/EMV-Prüfungen bzw. Angabe der Prüfbedingungen

20.3 Isolationsfehlersucheinrichtung – VDE 0413-9

Zusammen mit weiteren Komponenten kann eine Isolationsüberwachungseinrichtung im IT-System auch als **Isolationsfehlersucheinrichtung** zur Anwendung gelangen. Die Norm DIN EN 61557-9 (VDE 0413-9) „Einrichtungen zur Isolationsfehlersuche in IT-Systemen" behandelt diesen Fall. Eine Einrichtung zur Isolationsfehlersuche besteht aus einem Isolationsüberwachungsgerät (IMD) und verschiedenen Zusatzgeräten, die in tragbarer Ausführung sein können oder fest installiert sind. Die Komponenten der Isolationsfehlersucheinrichtung prägen einen Prüfstrom zwischen Netz und Erde ein und lokalisieren die fehlerbehafteten Netzabschnitte oder Stromkreise. Die verschiedenen Komponenten dürfen aus mehreren Einheiten bestehen oder in einem Gerät zusammengefasst werden. Es müssen sowohl symme-

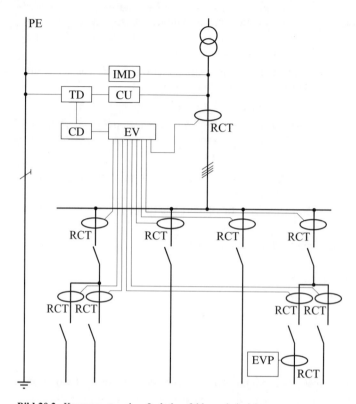

Bild 20.2 Komponenten einer Isolationsfehlersucheinrichtung
IMD Isolationsüberwachungsgerät
TD Prüfgerät
CU Ankoppelgerät
CD Steuergerät
EV Auswertegerät
RCT Stromwandler
EVP Tragbares Auswertegerät
(Quelle: DIN EN 61557-9 (VDE 0413-9):2000-08)

trische als auch unsymmetrische Isolationsfehler lokalisiert werden können. Die einzelnen Komponenten und ihre Funktion sind:

- Isolationsüberwachungsgerät (IMD): Überwacht den Isolationszustand einer Anlage
- Steuergerät (CD): Das Steuergerät legt die Reihenfolge der Prüfung fest und bestimmt die logischen Verknüpfungen zur Suche von Isolationsfehlern und zur Fehlersignalisierung

- Prüfgerät (TD): Das Prüfgerät beinhaltet den Prüfgenerator
- Ankoppelgerät (CU): Das Ankoppelgerät bildet in Verbindung mit dem Prüfgerät die Verbindung zum überwachenden Netz
- Stromwandler oder Messzange (RCT): Die Stromwandler dienen zur Erfassung des Prüfstroms und sind an ein Auswertegerät angeschlossen
- Auswertegerät (EV): An das Auswertegerät sind die Stromwandler für die Erfassung des Prüfstroms angeschlossen

Ein Beispiel für ein IT-System mit mehreren Stromkreisen und den Komponenten für eine Isolationsfehlersucheinrichtung zeigt **Bild 20.2**.

Isolationsfehlersucheinrichtungen mit netzfremder Prüfstromquelle können auch zur Überwachung und Fehlersuche in abgeschalteten Netzen oder Stromkreisen eingesetzt werden.

20.3 Literatur zu Kapitel 20

[1] Hofheinz, W.: Schutztechnik mit Isolationsüberwachung. 7. Aufl., Berlin und Offenbach: VDE VERLAG, 2000

[2] Biegelmeier, G.; Kiefer, G.; Krefter, K.-H.: Schutz in elektrischen Anlagen. Bd. 5: Schutzeinrichtungen. VDE-Schriftenreihe, Bd. 84. Berlin und Offenbach: VDE VERLAG, 1999

[3] Hofheinz, W.: Schutztechnik mit Isolationsüberwachung. VDE-Schriftenreihe, Bd. 114. Berlin und Offenbach: VDE VERLAG, 2003

21 Überspannungsschutzgeräte – DIN VDE 0675

Überspannungsschutzgeräte (ÜSG) oder Überspannungsableiter werden im Sprachgebrauch von DIN VDE 0100 als Überspannungsschutzeinrichtungen (ÜSE) bezeichnet. Üblich ist bei der Fachmannschaft auch die Kurzbezeichnung „Ableiter". Auch die aus dem Englischen kommende Kurzbezeichnung **SPD** (en: **S**urge **P**rotective **D**evices) wird in den Normen und in der Fachliteratur häufig verwendet.

- DIN EN 60099-1 (VDE 0675-1): „Überspannungsableiter – Teil 1: Überspannungsableiter mit nichtlinearen Widerständen für Wechselspannungsnetze"
- DIN EN 60099-4 (VDE 0675-4): „Überspannungsableiter – Teil 4: Metalloxidableiter ohne Funkenstrecken für Wechselspannungsnetze"
- DIN EN 60099-5 (VDE 0675-5): „Überspannungsableiter – Teil 5: Anleitung für die Auswahl und die Anwendung"

Die wichtigsten Normen und Entwürfe, speziell für Überspannungsschutzgeräte im Niederspannungsbereich, sind:

- DIN EN 61643-11 (VDE 0675-6-11): „Überspannungsschutzgeräte für Niederspannung – Teil 11: Überspannungsschutzgeräte für den Einsatz in Niederspannungsanlagen – Anforderungen und Prüfungen"
- Entwurf DIN EN 61643-12 (VDE 0675-12): „Überspannungsschutzgeräte für den Einsatz in Niederspannungsverteilungsnetzen – Teil 12: Auswahl und Anwendungsgrundsätze"

Die genannten Normen für Niederspannung (Anlagen und Netze) gelten speziell für Überspannungsschutzgeräte für Spannungen bis 1000 V AC bei Frequenzen von 48 Hz bis 62 Hz, wobei die genormte Frequenzen bei 50 Hz und 60 Hz liegen. Der Entwurf VDE 0675-12 gilt auch für Gleichspannungsnetze bis 1500 V. Als Betriebsbedingung ist noch zu beachten, dass die Höhe des Einbauorts 2000 m NN nicht überschreiten darf. Die relative Luftfeuchtigkeit im Innenraumbereich muss zwischen 30 % und 90 % liegen, und für die Temperaturen am Einsatzort gelten −5 °C bis +40 °C als normaler Bereich und −40 °C bis +70 °C als erweiterter Bereich.

Die regionalen und internationalen Arbeiten zum Thema „Überspannungsschutzgeräte" sind noch nicht abgeschlossen, sodass hier noch mit wesentlichen Änderungen zu rechnen ist.

21.1 Technische Grundlagen

Ein **Überspannungsschutzgerät (SPD)**/(Ableiter) ist ein Gerät, das dazu bestimmt ist, transiente Überspannungen zu begrenzen und Stoßströme abzuleiten, um elektrische Anlagen und Betriebsmittel gegen unzulässig hohe Überspannungen zu schützen. Es enthält mindestens ein nicht lineares Bauelement und besteht im Wesentlichen aus spannungsabhängigen Widerständen und/oder Funkenstrecken. Beide Elemente können in Reihe oder parallel geschaltet sein oder auch einzeln verwendet werden. Durch die sinnvolle Zusammenschaltung der verschiedenen Einzelkomponenten kann der gewünschte Effekt der Spannungsbegrenzung bei temporären Überspannungen aus dem Netz in den verschiedenen Netzteilen (Niederspannungsnetz, Verbraucheranlage, Verbrauchsgeräte) bzw. in den verschiedenen Anforderungsfällen erreicht werden.

SPD werden eingeteilt nach ihrem Verhalten bei Überspannungen in:

- Spannungschaltende Ableiter (en: Voltage Switching Typ SPD)
- Spannungbegrenzende Ableiter (en: Voltage Limiting Typ SPD)
- Kombinierte Ableiter (en: Combination Typ SPD)

Diese Ableiter oder Schaltkombinationen werden auch „One Port SPD" genannt. In **Bild 21.1** sind die Einzelbauteile (Komponenten) in verschiedenen Anordnungen gezeigt.

One Port SPD werden dem zu schützenden Stromkreis parallel geschaltet. One Port SPD haben getrennte Eingangs- und Ausgangswicklungen, zwischen denen jedoch keine spezifizierte Reihenimpedanz liegt.

Spannungschaltende SPD sind Ableiter mit diskontinuierlichem Strom-Spannung-Verlauf, deren Impedanz sich beim Auftreten einer Stoßspannung schlagartig verringert. Beispiele für gängige Bauteile, die als spannungschaltende Elemente

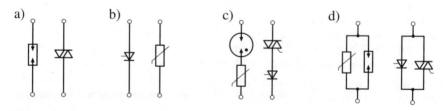

Bild 21.1 One Port SPD
a) Spannungsschaltende Bauteile
b) Spannungsbegrenzende Bauteile
c) Spannungsbegrenzende Bauteile in Reihe mit spannungsschaltenden Bauteilen
d) Spannungsbegrenzende Bauteile parallel zu spannungsschaltenden Bauteilen

eingesetzt werden, sind: Funkenstrecken, Gasentladungsstrecken, Thyristoren und Triacs.

Spannungbegrenzende SPD sind Ableiter mit kontinuierlichem Strom-Spannung-Verlauf, deren Impedanz sich beim Auftreten einer Stoßspannung bzw. eines Stoßstroms stetig verringert. Beispiele für gängige Bauteile, die als nicht lineare Elemente verwendet werden, sind: Varistoren und Begrenzungsdioden, wie z. B. Suppressor- und Zenerdioden.

Kombinierte SPD sind Ableiter, die belastungsabhängig beide Verhalten aufweisen, die sowohl spannungschaltende als auch spannungbegrenzende Bauteile enthalten. Abhängig von der angelegten Spannung kann ein SPD ein spannungschaltendes, ein spannungbegrenzendes oder sowohl ein spannungschaltendes als auch ein spannungbegrenzendes Verhalten aufweisen.

Ableiter, die mit einer Serienimpedanz (Reihenimpedanz) ausgerüstet sind, werden als **Two Port SPD** bezeichnet und besitzen drei oder vier Anschlussklemmen. Beispiele sind in **Bild 21.2** gezeigt.

SPD können neben den in Bild 21.1 und Bild 21.2 gezeigten Bauteilen noch mit Indikatoren, Abtrennvorrichtungen, induktiven Bauelementen, Kondensatoren und anderen Komponenten ausgestattet sein.

Eine weitere Klassifizierung der SPD kann durch eine von der IEC vorgenommene Einteilung in die Prüfklasse oder Testklasse (en: Test Class), die mit I, II oder III bezeichnet werden, erfolgen. SPD der Testklasse I werden dabei der härtesten Prüfung unterzogen, während die SPD der Testklassen II und III durch die Prüfung weniger beansprucht werden. Zurzeit sind solche Anwendungen in der Praxis aber nur schwer durchführbar.

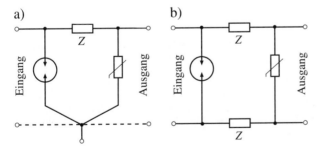

Bild 21.2 Beispiele für Two Port SPD
a) Two Port SPD mit 3-Klemmen-Schaltung
b) Two Port SPD mit 4-Klemmen-Schaltung
Z Serienimpedanz (Reihenimpedanz)

21.2 Überspannungsschutzgeräte für den Einsatz in Niederspannungsanlagen

Bisher wurden Überspannungsschutzgeräte in die Anforderungsklassen A, B, C und D eingeteilt und SPD (en: **S**urge **P**rotective **D**evice) als Abkürzung genannt. In DIN VDE 0675-6-11 werden die Anforderungsklassen durch Prüfklassen ersetzt. Die verschiedenen Bezeichnungen, die Zusammenhänge und die typischen Anwendungsfälle sind in **Tabelle 21.1** dargestellt.

Anmerkung: Der in der Vornorm DIN V VDE V 0100-534:1999-04 gebrauchte Ausdruck **Überspannungsschutzeinrichtung** schließt die in DIN VDE 0675-6-11 verwendete Bezeichnung Überspannungsschutzgeräte (SPD) ein.

Typische Anwendung	Anforderungsklasse V DIN V VDE 0100-534	Überspannungs- schutz DIN VDE 0675-6-11	Prüfklasse
Freileitungsnetze Blitzschutz Überspannungsschutz	A	SPD Typ 1 oder Typ 2 nicht zugänglich, da Freileitungsnetz	I oder II
Blitzschutz- Potentialausgleich	B	SPD Typ 1	I
Überspannungsschutz für elektrische Anlagen	C	SPD Typ 2	II
Überspannungsschutz für Endgeräte	D	SPD Typ 3	III

Tabelle 21.1 Zusammenhang zwischen Anforderungsklasse und Prüfklasse von SPD

Die verschiedenen SPD Typen und die Prüfklassen können, wie nachfolgend dargestellt, beschrieben werden:

- SPD Typ 1 oder SPD Typ 2, Prüfklasse I oder II (Anforderungsklasse A) für Freileitungsnetze

  Für den Einbau in Niederspannungsnetzen kommen SPD anderer Bauart (Freiluftbauweise) zur Anwendung. Sie entsprechen hinsichtlich der elektrischen Daten einer SPD Typ 1. Im Netz auftretende Überspannungen werden gefahrlos zur Erde abgeleitet. Bei direkten Blitzeinschlägen dürfen sie überlastet werden und können auch zerstört werden.

- SPD Typ 1, Prüfklasse I (Anforderungsklasse B)

  Die SPD dienen zum Blitzschutzpotentialausgleich nach DIN V VDE V 0185 bei direkten oder nahen Blitzeinschlägen (Grobschutz). Sie werden auch Blitzstromableiter genannt. Der maximale Schutzpegel entspricht der Überspannungskategorie IV nach DIN VDE 0110-1.

- SPD Typ 2, Prüfklasse II (Anforderungsklasse C)

  Die SPD dienen zum Überspannungsschutz nach DIN VDE 0100-443, bei denen über das Versorgungsnetz einlaufende Überspannungen auf Grund ferner Blitzeinschläge oder Schalthandlungen im Netz zu beherrschen sind (Mittelschutz). Der maximale Schutzpegel entspricht der Überspannungskategorie III nach DIN VDE 0110-1.

- SPD Typ 3, Prüfklasse III (Anforderungsklasse D)

  Diese SPD sind bestimmt zum Überspannungsschutz ortsveränderlicher Verbrauchsgeräte an Steckdosen (Feinschutz). Der maximale Schutzpegel entspricht der Überspannungskategorie II nach DIN VDE 0110-1.

21.2.1 Überspannungsschutzgeräte für den Einbau in Niederspannungsnetzen

Zum Einsatz gelangen SPD der Anforderungsklasse A. In Kabelnetzen sind SPD normalerweise nicht erforderlich. In Freileitungsnetzen ist in der Regel ein Überspannungsschutz durch SPD zu empfehlen bzw. erforderlich.

SPD, die in 400/230-V-Netzen eingebaut werden, sollten nach der Norm eine Ansprechspannung von $2\,U_n + 1700\,V = 2500\,V$ aufweisen. Da die SPD eine Sicherung (Schmelzsicherung, Schmelzlot) hat, die einen Dauerstrom von 5 A zulässt, sollte der Erdungswiderstand nicht mehr als $50\,V/5\,A = 10\,\Omega$ betragen, damit keine zu hohe Berührungsspannung auftritt.

Die wichtigsten Bestandteile einer SPD sind die Funkenstrecke, der spannungsabhängige Widerstand (Halbleiterplatte) und die Sicherung, die in Reihe geschaltet sind. Wenn die Sicherung auslöst, wird eine Ansprechanzeige ausgelöst. Die Funkenstrecke im Ableiter wirkt im Normalbetrieb wie ein Isolator zwischen Netzpotential und Erde. Beim Auftreten einer zu hohen Spannung spricht die Funkenstrecke an, und der spannungsabhängige Widerstand wird niederohmig. Die Folge ist, dass ein Stoßstrom zur Erde fließt und die Spannung im Netz absinkt. Nach dem Abklingen des Stoßstroms erhöht sich der Widerstand des Halbleiters, sodass der Folgestrom immer kleiner wird und die Funkenstrecke den zur Erde fließenden Strom löscht.

21.2.2 Überspannungsschutzgeräte für den Einbau in Verbraucheranlagen

In Verbraucheranlagen gelangen SPD der Anforderungsklassen B (Grobschutz) und C (Mittelschutz) zum Einsatz. SPD haben in Verbraucheranlagen die beste Wirkung, wenn sie in unmittelbarer Nähe des Hausanschlusskastens angebracht sind und die Erdung auf kürzestem Wege erfolgt. Weitere Einzelheiten und Einbaubeispiele sind in Abschnitt 10.2.2 erläutert und dargestellt.

SPD in Verbraucheranlagen werden für den Einbau in genormte Verteiler mit den Abmessungen nach DIN 43880 und mit Befestigungsmöglichkeiten für eine Schnellbefestigung auf Tragschienen nach EN 40022 gebaut. Zum Schutz von Verbraucheranlagen gegen Schaltüberspannungen und Überspannungen durch Gewitter bei Ferneinschlägen sind folgende SPD geeignet und werden häufig eingesetzt:

- SPD mit Siliziumkarbid(SiO)-Varistor und Funkenstrecke
- SPD mit Zinkoxid(ZnO)-Varistor ohne Funkenstrecke
- SPD mit Zinkoxid(ZnO)-Varistor mit Funkenstrecke.

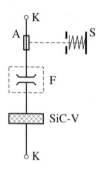

Bild 21.3 Grundsätzlicher Aufbau einer SPD für den Grobschutz in Verbraucheranlagen
F   Funkenstrecke (z. B. gekapselte Gasentladungsstrecke)
SiC-V   SiC-Varistor
A   Abtrennvorrichtung (Schmelzlot, Schmelzstreifen)
S   Sichtanzeige der Abtrennvorrichtung
K   Anschlussklemmen

Alle Bauarten haben eine thermische Abtrennvorrichtung mit Sichtanzeige, die bei Überlastung des SPD anspricht und einen eventuell nachfolgenden, dauernd fließenden Ableitstrom unterbrechen soll.

Bild 21.3 zeigt den grundsätzlichen Aufbau einer SPD mit Funkenstrecke, SiC-Varistor und Abtrennvorrichtung.

21.2.3 Überspannungsschutzgeräte für ortsveränderliche Geräte

SPD für ortsveränderliche Geräte (Feinschutz) gelangen hauptsächlich zum Schutz elektronischer Betriebsmittel und Geräte zur Anwendung. Diese Überspannungsschutzgeräte bestehen aus einer Kombination von:

- Varistoren zum Überspannungsschutz
- Netzentstörfilter-Kombinationen
- Sicherungen bzw. Überwachungseinrichtungen mit Anzeigevorrichtung

Durch geeignete Schaltung dieser Bauteile zu einer Schutzschaltung entstehen SPD mit unterschiedlichen Eigenschaften, wie z. B.:

- gasgefüllte SPD können Ströme bis zu einigen 10 kA innerhalb einiger Mikrosekunden ableiten
- Varistoren leiten, je nach Aufbau, Überspannungen im Nanosekundenbereich ab
- Zener-Dioden (Z-Dioden) können Ströme bis zu 200 A im Nanosekundenbereich ableiten
- Suppressor-Dioden (Z-Dioden mit besonderen Eigenschaften) haben ein hohes Ableitvermögen und können Ströme von einigen 100 A im Picosekundenbereich (Ansprechzeit < 10 ps) ableiten

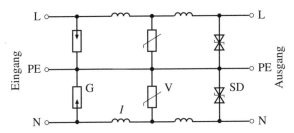

Bild 21.4 Grundsätzlicher Aufbau (Schaltung) einer SPD für den Feinschutz
G   Gasableiter
V   Varistor
SD Suppressor-Diode
I Induktivität
L   Außenleiter
N   Neutralleiter
PE Schutzleiter

Bild 21.4 zeigt die Schaltung einer handelsüblichen SPD. Die Gasableiter übernehmen dabei den Grobschutz, während die Kombination aus Varistoren und Suppressor-Dioden als Feinschutz arbeitet.

21.3   Literatur zu Kapitel 21

[1]   Scheibe, K.: Überspannungsschutz elektronischer Bauteile. etz Elektrotechn. Z. 105 (1984) H. 8, S. 396 bis 399

[2]   Biegelmeier, G.; Kiefer, G.; Krefter, K.-H.: Schutz in elektrischen Anlagen. Bd. 5: Schutzeinrichtungen. VDE-Schriftenreihe, Bd. 84. Berlin und Offenbach: VDE VERLAG, 1999

[3] VDN (Hrsg.): Richtlinie für den Einsatz von Überspannungs-Schutzeinrichtungen Typ 1 in Hauptstromversorgungssystemen. 2. Aufl., VDN e.V. beim VDEW, 2004

[4] Raab, P.: Installationsfreundlicher Kombi-Ableiter für den Zählerplatz. netzpraxis 44 (2005) H. 5, S. 22 bis 26

22 Brandschutz

22.1 Normen für den Brandschutz

Normen, die den Brandschutz betreffen, gibt es relativ wenige, da Brandschutzmaßnahmen überwiegend durch bauliche Verordnungen und Vorschriften geregelt sind. So wird zum Beispiel in der Musterbauordnung (MBO) vorgeschlagen, wie die Bundesländer, die durch die verschiedenen Landesbauordnungen Brandschutzmaßnahmen festzulegen haben, vorgehen sollen. Im Bereich von DIN VDE 0100 sind folgende Normen vorhanden:

- DIN VDE 0100-420 (VDE 0100-420) „Errichten von Starkstromanlagen mit Nennspannungen bis 1000 V; Schutzmaßnahmen; Schutz gegen thermische Einflüsse"
- DIN VDE 0100-482 (VDE 0100-482) „Elektrische Anlagen von Gebäuden; Schutzmaßnahmen; Auswahl der Schutzmaßnahmen als Funktion äußerer Einflüsse; Brandschutz bei besonderen Risiken oder Gefahren"

Während Teil 420 den Schutz von Personen, Nutztieren und Sachen gegen thermische Einflüsse (zu hohe Temperaturen) für alle elektrischen Anlagen regelt, gilt der Teil 482 im Wesentlichen für Räume und Orte, die auf Grund der verarbeiteten oder gelagerten Materialien als „Feuergefährdete Betriebsstätten" einzustufen sind.

22.2 Physikalische Grundlagen

Ein Brand kann nur entstehen, wenn die folgenden drei Voraussetzungen vorliegen:
- brennbare Stoffe mit entsprechend niedriger Zündtemperatur (normal bei 200 °C bis 500 °C) müssen in ausreichender Menge vorhanden sein
- eine Wärmequelle mit ausreichender Leistung und Einwirkungsdauer muss die Zündenergie liefern
- Sauerstoff muss in ausreichender Menge vorhanden sein

Fehlt auch nur eine dieser drei Komponenten, so kann kein Brand entstehen.

Ein Brand (Verbrennung) ist im engeren Sinn die Reaktion von brennbaren Stoffen mit Sauerstoff unter Wärme- und Lichtentwicklung (Feuer), die nach dem Erreichen der Entzündungstemperatur sehr rasch verlaufen kann. Dieser Vorgang spielt sich hauptsächlich in der Gasphase ab, wobei flüssige Brennstoffe vorher verdampfen und feste Brennstoffe entgasen. Das entzündete Gas-Luft-Gemisch brennt dann bei normalem Luftdruck oberhalb des flüssigen oder festen Brennstoffs oftmals mit heller Flamme.

Im weiteren Sinne ist eine Verbrennung ein Oxidationsprozess, der ohne Flammenbildung vor sich geht. Bei Kohle zum Beispiel zünden pyrolytisch abgespaltene Gase und leiten die Verbrennung ein, bei Koks beginnt die Verbrennung an der festen Substanz.

Bei der Verbrennung von Gasen und Dämpfen entstehen Flammen, während sich bei festen Stoffen ein Glutbrand ausbildet.

22.3 Wärmequellen

Die Voraussetzung zur Entzündung eines Stoffs ist eine Wärmequelle (Zündquelle), die in der Lage ist, genügend Wärmeenergie (Zündenergie) an der Zündstelle abzugeben. Zündquellen können sein:

- Offene Flammen, wie z.B.
  - Funken elektrischer oder mechanischer Herkunft
  - Streichholz mit 800 °C bis 1000 °C
  - Kerze mit 1000 °C bis 1100 °C
  - Leuchtgasbrenner mit 1500 °C bis 1800 °C
  - Bunsenbrenner mit 1981 °C
  - Schweißbrenner (Acethylen-Sauerstoff) mit etwa 2850 °C
  - elektrischer Lichtbogen mit etwa 3000 °C bis 4000 °C
- Strahlungserzeuger, Wärmestrahler, wie z. B.
  - Glühlampen
  - Gasentladungslampen
  - Lötkolben
  - Bügeleisen
  - Heizkörper
  - heiße Gase oder Flüssigkeiten
  - heiße Oberflächen
- Chemische Prozesse, wie z. B.
  - chemische Reaktionen, bei denen Wärme freigesetzt wird
  - Oxidation, die zur Selbstentzündung eines Stoffs führt

Während eine offene Flamme einen brennbaren Stoff fast immer entzündet, sind bei der Wärmestrahlung noch Zeitdauer und Intensität von Bedeutung.

22.4 Elektrische Geräte als Zündquelle

Ein falsch eingesetztes Elektrogerät mit einer Leistung von 15 W bis 20 W ist in der Lage, einen Schwelbrand auszulösen, wenn sich die Wärme durch Abdeckung staut. Geräte mit einer Leistung von 25 W bis 30 W können, wenn die Wärmeabfuhr behindert ist, leicht entzündliche Stoffe zur Entzündung bringen. Bei einer Leistung von etwa 100 W können auch normal entflammbare Stoffe zum Brennen gebracht werden. Auch leistungsstarke Wärmegeräte, wie Infrarotstrahler, Leuchten, Scheinwerfer und ähnliche Strahler, können leicht zur Brandursache werden, wenn sie zu nahe vor leicht entzündlichen Stoffen angeordnet werden. Brandgefahr besteht ab einer Strahlungsleistung von etwa 0,2 W/cm^2, wenn der Abstand zu gering ist und die Leistung über einen längeren Zeitraum zur Verfügung steht. Mit größer werdendem Abstand geht die Gefahr merklich zurück.

22.5 Isolationsfehler als Zündquelle

Die Zerstörung bzw. Beschädigung einer Isolation, besonders der Isolierung eines Leiters, kann hervorgerufen werden durch:
- elektrische Einwirkungen, wie Überspannungen oder Überströme
- mechanische Einwirkungen, wie Schlag, Stoß, Schwingungen, Eindringen von Fremdkörpern
- Umwelteinwirkungen, wie Feuchtigkeit, Wärme, Strahlung (UV-Strahlung), Alterung und chemische Einflüsse

Dabei können gleichzeitig auch mehrere Einwirkungen auftreten und so zur Beschleunigung eines Isolationsfehlers führen.

Die Entstehung eines Isolationsfehlers und daraus die Einleitung eines Lichtbogens kann ein Vorgang von Monaten oder Jahren sein. Die Entwicklung ist in **Bild 22.1** dargestellt. Dabei muss, in trockenem Zustand, nach dem ersten Isolationsfehler nicht unbedingt ein Fehlerstrom zum Fließen kommen (Bild 22.1a). Durch Feuch-

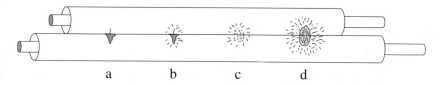

Bild 22.1 Entwicklungsstufen eines Isolationsfehlers zum Lichtbogen
a   erster Isolationsfehler
b   gelegentlich entstehen Glimmentladungen
c   ständige Glimmentladung
d   Lichtbogen

tigkeit zusammen mit Schmutz (Kondensat, verunreinigt durch Staub) wird eine leitende Verbindung hergestellt, sodass erste Kriechströme zum Fließen kommen. Der Strom ist zunächst sehr klein (weniger als 1 mA) und liegt in der Größenordnung zulässiger Ableitströme. Es wird nur wenig Wärme erzeugt, die aber anfangs ausreichen kann, die Feuchtigkeit zu trocknen, sodass zunächst der Stromfluss aufhört und erst bei erneuter Feuchtigkeitseinwirkung wieder beginnt. Dabei kann der Isolierstoff durch jahrelange Einwirkung so zerstört werden, dass sich Kohlebrücken (Verkohlungen längs der Kriechstromwege, in Richtung des elektrischen Felds) bilden. Die Fehlerstelle wird langsam, aber sicher größer, und der Fehlerstrom wird ständig größer und liegt bei etwa 5 mA bis 50 mA (Bild 22.1b). Der Strom fließt nun, begünstigt durch die Kohlebrücken, ständig und wird immer größer.

Dadurch entstehen weitere, bessere Leiterbahnen aus weiteren Verkohlungen, was wiederum einen größeren Strom zur Folge hat (Bild 22.1c). Dieser Vorgang läuft nun wesentlich rascher ab als am Anfang. Bei Strömen von über 150 mA ist es nun möglich, dass auch brennbare leicht entzündliche Stoffe, die sich in unmittelbarer Nähe der Fehlerstelle befinden, durch die Wärmeentwicklung an der Fehlerstelle ($P = U \cdot I$ = 230 V $\cdot$ 150 mA = 33 W) entzündet werden. Da es sich bei den Kohlebrücken um so genannte „Heißleiterwiderstände" handelt, die also im warmen Zustand mehr Strom durchlassen als in kaltem Zustand, wird der Vorgang weiter beschleunigt. Der Kriechstrom entwickelt sich weiter, wird rasch größer und erreicht etwa 300 mA bis 500 mA. Dabei bilden sich zwischen den einzelnen Kohlekörnchen weißglühende Funkenbrücken. Aus der immer heller werdenden Glut springt der Fehlerstrom dann plötzlich in einen Lichtbogen über (Bild 22.1d).

Ist der Lichtbogen gezündet, so wird Kohle auf die Kupferleiter aufgedampft. Bereits nach einigen Halbschwingungen kommt die Kohle zum Glühen und emittiert auch während des Stromnulldurchgangs Elektronen, sodass der Lichtbogen nicht mehr erlischt. Der Lichtbogen selbst versucht sich, infolge des magnetischen Felds, ständig zu vergrößern und entfernt sich dabei von der Stromquelle. Die Fußpunkte des Lichtbogens wandern dabei entlang der Leitung in Richtung der Stromquelle. Der Lichtbogen brennt, bis der Strom durch eine Schutzeinrichtung unterbrochen wird oder durch zu großen Kontaktabstand der Lichtbogenfußpunkte von selbst erlischt.

22.6 Lichtbogen als Zündquelle

Ein Lichtbogen kann entstehen durch eines der folgenden Ereignisse:
- eine Kohlebrücke, als Folge eines Isolationsfehlers, wie in Abschnitt 22.5 beschrieben
- eine unmittelbare atmosphärische Überspannung
- eine Überbrückung von unter Spannung stehenden Teilen untereinander oder unter Spannung stehenden Teilen gegen Erde durch metallene Gegenstände, z. B. ein Draht in einer Freileitung oder ein Schlüssel auf den Sammelschienen

Die physikalischen Vorgänge in einem Lichtbogen sind andere als bei festen Leitern. Der Lichtbogen stellt eine Gasentladung dar, deren besondere Verhältnisse durch eine hohe Temperatur (3000 °C bis 4000 °C), einen großen Strom und eine verhältnismäßig kleine Spannung geprägt sind. Wenn ein Lichtbogen ungehindert (ohne Fremdkörper) brennen kann, nimmt er einen zylindrischen Raum ein und schnürt sich kurz vor den Fußpunkten (Elektroden) ein.

Unter Berücksichtigung der hohen Lichtbogentemperatur ist mit der Entstehung eines Brands immer zu rechnen, wenn brennbare Materialien in ausreichender Menge vorhanden sind. Ein Lichtbogen brennt immer der Leitung entlang in Richtung Stromquelle und entwickelt dabei eine Abbrandgeschwindigkeit von etwa 1 mm/s. Die Lichtbogenlänge wird durch den Abstand der Leiter untereinander bestimmt, wobei seine maximale Länge von der treibenden Spannung und von der im Netz bis zur Fehlerstelle vorhandenen Impedanz abhängig ist. Bei einer Spannung von U_0 = 230 V liegt die maximale Länge bei etwa 8 cm bis 12 cm; bei U = 400 V kann eine maximale Länge von etwa 15 cm bis 20 cm erreicht werden.

22.7 Brandverhalten von Baustoffen

Das Brandverhalten von Baustoffen wird nicht nur von der Art des Stoffs beeinflusst, sondern auch von der Gestalt, der Oberfläche und von der Masse, dem Verbund mit anderen Stoffen und der Verarbeitungstechnik.

Baustoffe sind ursprüngliche Materialien, wie sie beim Errichten von Gebäuden verwendet werden. Hierzu gehören Lehm, Beton, Holz, Kunststoffe, Glas usw. Baustoffe werden hinsichtlich ihrer Brennbarkeit und hinsichtlich ihres Brandverhaltens nach **Tabelle 22.1** in verschiedene Klassen eingeteilt.

Baustoff Klasse		Benennung	Beispiele[1]
A		nicht brennbar	
	A 1		Gips, Sand, Ton, Kies, Ziegel, Stein, Erde, Beton, Zement, Glas Metalle, Legierungen, Mineralwolle ohne organische Zusätze
	A2		Gipskarton-Platten, Mineralfaser-Erzeugnisse
B		brennbar	
	B1	schwer entflammbar	Holzwolle-Leichtbauplatten, PVC
	B2	normal entflammbar	Holz > 2 mm Dicke, Normdachpappen
	B3	leicht entflammbar	Holz ≤ 2 mm Dicke, loses Papier, Stroh, Reet, Heu, Holzwolle, Baumwolle, Reisig
[1] Ausführliche Beispiele mit Einzelfestlegungen sind in DIN 4102-4 enthalten.			

Tabelle 22.1 Brandverhalten von Baustoffen

22.7.1 Nicht brennbare Baustoffe

Nicht brennbare Baustoffe sind Materialien, die nicht zur Entflammung gebracht werden können und auch nicht ohne Flammenbildung veraschen.

Nicht brennbare Baustoffe sind z. B.: Sand, Lehm, Kies, Zement, Gips, Kalk, Hochofenschlacke, Lavaschlacke, Naturbims, Steine, Mörtel, Beton, Glas, Gusseisen, Stahl und andere Metalle.

Baustoffe der Klasse A1 bedürfen in der Regel keiner besonderen Prüfung. Die Eigenschaften von Baustoffen der Klasse A2 müssen durch Prüfzeugnis bzw. Prüfzeichen auf der Grundlage von Brandversuchen nach DIN 4102-2 nachgewiesen werden. Wenn nicht brennbare Baustoffe der Klasse A brennbare Bestandteile enthalten, ist ein Prüfzeichen des Instituts für Bautechnik, Berlin, erforderlich.

Die Prüf- und Beurteilungskriterien für nicht brennbare Baustoffe der Klassen A1 und A2 reichen in den Bereich des voll entwickelten Brands. Geprüft wird, ob der Heizwert nach Gewichtseinheit und Fläche begrenzt ist, oder es wird bei einer Temperatur von 750 °C geprüft.

22.7.2 Brennbare Baustoffe

Brennbare Baustoffe sind Materialien, die nach der Entflammung ohne zusätzliche Wärmequelle weiterbrennen.

Nach den Kriterien des Entstehungsbrands (Abschnitt 14.9) werden die brennbaren Stoffe hinsichtlich der Entflammbarkeit und der Flammenausbreitung beurteilt. Es gilt folgende Einteilung:

Schwer entflammbare Baustoffe (Klasse B1) lassen sich nur durch größere Zündquellen (Wärmequellen) zum Entflammen oder zu einer thermischen Reaktion bringen. Sie brennen nur bei zusätzlicher Wärmezufuhr mit geringer Geschwindigkeit weiter, wobei die Flammenausbreitung örtlich stark begrenzt ist. Nach dem Entfernen der Wärmequelle verlöscht der Baustoff in kurzer Zeit. Darüber hinaus darf der Baustoff nur kurze Zeit nachglimmen.

Beispiele für schwer entflammbare Baustoffe sind: Holzwolle-Leichtbauplatten, Gips-Kartonplatten mit geschlossener oder gelochter Oberfläche, Tapeten bis 150 g/m^2, soweit sie auf massivem mineralischen Untergrund aufgeklebt sind.

Normal entflammbare Baustoffe (Klasse B2) lassen sich auch durch kleinere Zündquellen (Wärmequellen) entflammen, wobei die Flammenausbreitung ohne weitere Wärmezufuhr jedoch gering ist, sodass eine Selbstverlöschung auftreten kann.

Beispiele für normal entflammbare Baustoffe sind: Holz und Holzwerkstoffe mit einer Dicke > 2 mm, Holzwerkstoffe mit einer Rohdichte $\geq$ 600 kg/m^2 und einer Dicke > 2 mm, kunststoffbeschichtete Flachpressplatten mit einer Dicke > 4 mm, kunststoffbeschichtete Holzfaserplatten mit einer Dicke $\geq$ 3 mm, Schichtpressstoffplatten, Tafeln aus Hart-PVC, Polyethylen- und Polypropylen-Platten mit einer

Dicke ≥ 2 mm, Tafeln aus Polymethylmethacrylat mit einer Dicke ≥ 2 mm, Kunstharzplatten und Linoleum-Beläge nach den jeweiligen Normen.

Leicht entflammbare Baustoffe (Klasse B3) lassen sich mit kleineren Zündquellen (z. B. Streichholz) entflammen und brennen dann ohne weitere Wärmezufuhr mit gleich bleibender oder zunehmender Geschwindigkeit ab.

Beispiele für leicht entflammbare Stoffe sind: Papier, Stroh, Reet, Heu, Stroh, Strohstaub, Holzwolle, Baumwolle, Zellulosefasern, Holz und Holzwerkstoffe mit einer Dicke ≤ 2 mm und andere brennbare Stoffe in fein zerteilter Form.

Anmerkung: Der Begriff „leicht entflammbar" kann mit dem Begriff „leicht entzündlich" nach Teil 482 nicht unbedingt gleichgesetzt werden, da dort festgelegt ist, dass leicht entzündliche Stoffe dadurch gekennzeichnet sind, dass sie, der Flamme eines Zündholzes 10 s lang ausgesetzt, von selbst weiter brennen oder weiter glimmen.

Brennbare Baustoffe der Klassen B1 und B2 bedürfen in jedem Fall einer Prüfung zur Einordnung. Baustoffe, die den Anforderungen an die Klassen B1 oder B2 nicht gerecht werden, sind in die Klasse B3 einzuordnen.

22.8 Brandverhalten von Bauteilen

Bauteile sind aus Baustoffen hergestellte Elemente wie Wände, Decken, Dächer, Fenster, Türen, Schächte, Kanäle usw. Wichtig ist, wie lange die Bauteile unter Belastung durch einen Brand die ihnen zugedachte Funktion erfüllen können.

Eingeteilt werden die Bauteile nach der Feuerwiderstandsklasse, wobei die Bauteile stets unter den Verhältnissen des Vollbrands geprüft werden. Die Einteilung der Baustoffe zeigt **Tabelle 22.2**. Die Feuerwiderstandsklasse wird von der Zeit bestimmt, in der das Versagenskriterium eintritt. Versagenskriterien sind Verlust der Tragfähigkeit von Bauteilen oder Verlust des Raumabschlusses bzw. Übertragung von Feuer und/oder Rauch, je nachdem, welche Aufgabe das Bauteil im Bauwerk zu erfüllen hat.

Feuerwiderstandsklasse	Feuerwiderstandsdauer	brandschutztechnische Forderung[1]
F 30 F 60	≥ 30 min ≥ 60 min	feuerhemmend
F 90 F 120	≥ 90 min ≥ 120 min	feuerbeständig
F 180	≥ 180 min	hochfeuerbeständig
[1] Im Sprachgebrauch üblich und auch in verschiedenen Landesbauordnungen sowie in DIN 4102 Blatt 2:1970-02 gebräuchlich.		

Tabelle 22.2 Feuerwiderstandsklassen

Die brandschutztechnischen Begriffe „feuerhemmend", „feuerbeständig" und „hochfeuerbeständig" werden in den Landesbauordnungen häufig verwendet; sie können wie folgt interpretiert werden:

- **Feuerhemmend** (Feuerwiderstandsklasse F 30) sind Bauteile, die beim Brandversuch während einer Prüfzeit von 30 min nicht entflammen, ihre Standfestigkeit und Tragfähigkeit unter Zugrundelegung der rechnerisch zulässigen Belastung nicht verlieren. Bei Stahlstützen, die nicht unter Gebrauchslast stehen, darf der Stahl nicht über 500 °C warm werden.
- **Feuerbeständig** (Feuerwiderstandsklasse F 90) sind Bauteile, die bei einem Brandversuch während einer Prüfzeit von 90 min ihre Aufgabe (Stand- und Tragfähigkeit) erfüllen und unmittelbar nach dem Brandversuch der Löschwasserbeanspruchung standhalten. Dabei dürfen tragende Stahlteile oder lotrechte Bewehrungsstäbe nicht in gefahrdrohender Weise freigelegt werden.
- **Hochfeuerbeständig** (Feuerwiderstandsklasse F 180) sind Bauteile, die bei einem Brandversuch während einer Prüfzeit von 180 min ihre Aufgabe erfüllen.

22.9 Temperaturen von Bränden

Die Temperatur, die bei einem Brand auftritt, hängt vom Energiegehalt der brennbaren Stoffe der Gebäudeteile, des Mobiliars und der gelagerten Materialien sowie von den Einflüssen durch das Gebäude (Luftzufuhr, Kaminwirkung) und von den Löschmaßnahmen ab.

Ein Brand beginnt in der Entstehungsphase (Entstehungsbrand) mit einer mehr oder minder langsamen Aufheizung des Raums bis zu einer Grenztemperatur, dem Feuersprung, bei dem alle brennbaren Stoffe im Raum entflammen (**Bild 22.2**). In die-

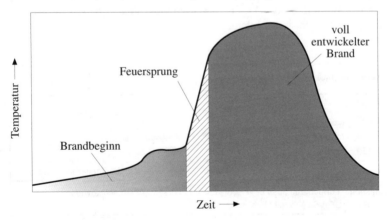

Bild 22.2 Brandentstehung

ser Anfangsphase des Brands ist das Brandverhalten der Stoffe von ausschlaggebender Bedeutung in Bezug auf die Entflammbarkeit, die Flammenausbreitung und den Brandbeitrag (Brandlast). Nach der Oberflächenentflammung spricht man vom Vollbrand (voll entwickelter Brand). Dieser stellt besondere Anforderungen an die Konstruktion des Bauwerks bzw. an die tragenden Bauteile.

Bei Großbränden mit besonders großer Anhäufung von brennbaren Stoffen können Temperaturen bis zu 1650 °C auftreten. Wenn brennbare Stoffe in normal üblicher Menge vorhanden sind, liegt die Brandtemperatur im Bereich von 1000 °C bis 1500 °C. Liegen keine besonders günstigen Voraussetzungen für den Brand vor und sind keine großen Mengen brennbarer Stoffe vorhanden, so liegt die Brandtemperatur nicht über 1000 °C. Bei Wohngebäuden liegen im Brandfall die Temperaturen bei nur 800 °C bis 1000 °C.

22.10 Bauliche Brandschutzmaßnahmen

Ziel des baulichen Brandschutzes ist es, Gebäude so zu konstruieren, dass die Möglichkeit einer Brandentstehung und Brandausdehnung auf ein erträgliches Maß verringert wird.

Für das Gewerk „Elektrotechnik" ist dabei besonders zu beachten, dass feuerbeständige Wände, Brandschutzwände und feuerbeständige Decken raumabschließende Bauteile sind, durch die Leitungen nur hindurchgeführt werden dürfen, wenn eine Übertragung von Feuer und Rauch nicht zu befürchten ist oder wenn entsprechende Vorkehrungen getroffen sind.

Werden nur Einzelleitungen oder Einzelkabel durch o. g. raumabschließende Bauteile hindurchgeführt, genügt es, wenn die verbliebene Öffnung mit nicht brennbaren Baustoffen, z. B. Mörtel, Beton, Mineralfaserstoffe mit oberflächigem Putz, ordnungsgemäß verschlossen wird.

Besondere Vorkehrungen gegen die Übertragung von Feuer und Rauch sind in jedem Fall bei der Durchführung von gebündelten elektrischen Leitungen und/oder Kabeln erforderlich. Dies gilt auch für Stromschienensysteme und Rohrleitungen. Es besteht die Forderung, eine so genannte „Abschottung für Kabel- und Rohrsysteme" zu verwenden, wobei nach Einbau derselben die ursprünglich geforderte Feuerwiderstandsklasse wieder erreicht werden muss.

Zu beachten ist auch die von der ARGEBAU ausgearbeitete „Muster-Richtlinie über brandschutztechnische Anforderungen an Leitungsanlagen (Muster-Leitungsanlagen-Richtlinie MLAR)". Die MLAR wurden oder werden von den einzelnen Bundesländern baurechtlich eingeführt.

Hinsichtlich des Brandschutzes an Leitungsanlagen werden
- in notwendigen Treppenräumen
- in Räumen zwischen notwendigen Treppenräumen und Ausgängen ins Freie

- in notwendigen Fluren und in offenen Gängen von Gebäudeaußenwänden

sowie an die Führung von elektrischen Leitungen durch bestimmte Wände und Decken spezielle Anforderungen gestellt.

Anmerkung: Derzeit gilt die MLAR in der Fassung vom März 2000; eine Überarbeitung ist noch im Gange. Der jeweilige Stand der Ausgabe und die verbindliche Übernahme in den Bundesländern sollte deshalb bei der zuständigen Aufsichtsbehörde erfragt werden.

Wichtige Maßnahmen zur Verhinderung und Ausdehnung von Bränden sind:

- Vorkehrungen innerhalb eines Brandabschnitts durch die Verwendung geeigneter Materialien. Danach müssen Kabel- und Leitungsanlagen so errichtet werden, dass die allgemeine Gebäudebetriebs- und Feuersicherheit nicht verringert werden. Entweder gelangen Kabel, Leitungen und Zubehör zur Anwendung mit der notwendigen Flammwidrigkeit, oder sie werden vollständig von geeigneten, nicht brennbaren Baustoffen umschlossen.

- Durchbrüche für Kabel und Leitungen, wie Fußböden, Wände, Decken, Zwischenwände, Hohlräume und Dächer, müssen nach der Durchführung der Kabel oder Leitungen so verschlossen werden, dass die Feuerwiderstandsdauer, die für das entsprechende Gebäudeelement vorgeschrieben ist, nicht vermindert wird.

- Auch Kabel- und Leitungsanlagen, wie Elektroinstallationsrohre, geschlossene Elektroinstallationskanäle, zu öffnende Elektroinstallationskanäle, Stromschienen oder Stromschienensysteme, die durch Gebäudeelemente mit vorgegebener Feuerwiderstandsdauer geführt werden, müssen im Innern so verschlossen werden, dass die Feuerwiderstandsdauer erhalten bleibt.

22.11 Brandschutz durch vorbeugende Installationstechnik

Für die Verminderung der Brandgefahr ist die schnelle Abschaltung eines Fehlers in der elektrischen Anlage wichtig. Richtig bemessene und einwandfrei ausgeführte Schutzmaßnahmen gegen elektrischen Schlag (DIN VDE 0100-410) und der Überstromschutz von Kabeln und Leitungen gegen zu hohe Erwärmung (DIN VDE 0100-430) sorgen unter Beachtung aller Umgebungs- und Verlegebedingungen für einen ausreichenden Brandschutz. Je empfindlicher eine Schutzeinrichtung arbeitet, d. h. je schneller sie im Fehlerfall anspricht, desto wirksamer übernimmt sie auch den Brandschutz. Ebenso logisch ist allerdings auch, dass eine Schutzeinrichtung bei mangelhafter Ausführung der Anlage den Schutz nur bedingt oder überhaupt nicht übernehmen kann. Werden Leitungshäufungen oder höhere Umgebungstemperaturen nicht berücksichtigt oder liegen mangelhafte Übergangswiderstände an Kontakten vor, so kommen Ströme zum Fließen, die einen Brand auslösen können, ohne dass die vorgeschaltete Schutzeinrichtung anspricht.

Werden zum Brandschutz Fehlerstrom-Schutzeinrichtungen (RDC) verwendet, müssen solche vom Typ A oder Typ B (wenn glatte Gleichfehlerströme zu erwarten sind) mit einem Bemessungsdifferenzstrom $I_{\Delta n} \leq 300$ mA eingesetzt werden. Einen sehr hohen Schutzwert bieten Fehlerstrom-Schutzeinrichtungen mit einem Bemessungsfehlerstrom $I_{\Delta n} \leq 100$ mA, da Fehler gegen Erde oder geerdete Bauteile sehr schnell erkannt und abgeschaltet werden. Bei Anwendung von Differenzstrom-Schutzeinrichtungen (RCM) ist ein Gerät mit einem Ansprechstrom $I_{\Delta n} \leq 300$ mA zu verwenden. Die Differenzstrom-Schutzeinrichtung muss bei einem Spannungsausfall eine Abschaltung in die Wege leiten.

22.12 Schutz gegen thermische Einflüsse

Nach DIN VDE 0100-100 Abschnitt 131.1 gilt für den Schutz gegen thermische Auswirkungen folgender Grundsatz:

Die elektrische Anlage muss so angeordnet sein, dass von ihr keine Gefahr der Entzündung brennbaren Materials infolge zu hoher Temperatur oder eines Lichtbogens ausgeht. Zusätzlich dürfen während des normalen Betriebs von elektrischen Betriebmitteln Personen und Nutztiere keiner Gefahr von Verbrennungen ausgesetzt sein.

Für alle elektrischen Anlagen gilt, dass Personen, Nutztiere und Sachen gegen zu hohe Erwärmung, die durch benachbarte elektrische Betriebsmittel oder benachbarte elektrische Anlagen verursacht werden können, zu schützen sind. Außerdem dürfen elektrische Anlagen und Betriebsmittel für die Umgebung keine Brandgefahr darstellen. Um dem gerecht zu werden, sind verschiedene Festlegungen zu beachten:

- die Montageanweisungen der Hersteller sind zu beachten
- es sind Maßnahmen zu treffen, damit eine zu hohe Oberflächentemperatur eines Betriebsmittels keinen Schaden anrichtet
- wenn bei bestimmungsgemäßem Betrieb Lichtbögen oder Funken aus einem Betriebsmittel austreten können, muss ein entsprechender Schutz vorgesehen werden
- wenn Betriebsmittel einen Wärmestau oder eine Wärmekonzentration verursachen, muss für ausreichend Abstand gesorgt werden
- in Räumen mit entflammbaren Flüssigkeiten in bedeutender Menge (> 25 Liter) müssen Vorkehrungen getroffen werden, um zu verhindern, dass brennende Flüssigkeit oder ihre Verbrennungsprodukte (Flammen, Rauch, toxische Gase) sich in andere Gebäudeteile ausbreiten

Zum Schutz gegen Verbrennungen (Brandwunden) dürfen im Handbereich zugängliche Teile elektrischer Betriebsmittel keine höheren Oberflächentemperaturen annehmen, als in **Tabelle 22.3** vorgegeben. Teile, die bei normalem Betrieb diese

Temperaturen überschreiten können, müssen gegen zufällige Berührung geschützt sein.

zugängliche Teile	Material der zugänglichen Oberflächen	maximale Temperaturen (°C)
beim Betrieb in der Hand gehaltene Teile	metallisch nicht metallisch	55 65
Teile, die berührt werden müssen, aber nicht in der Hand gehalten werden	metallisch nicht metallisch	70 80
Teile, die bei normalem Betrieb nicht berührt zu werden brauchen	metallisch nicht metallisch	80 90

Tabelle 22.3 Temperaturgrenzen für berührbare Teile von Oberflächen elektrischer Betriebsmittel im Handbereich bei bestimmungsgemäßem Betrieb (Quelle: DIN VDE 0100-420:1991-11)

Gebläse-Heizsysteme sind so zu errichten, dass ihre Heizelemente erst in Betrieb gesetzt werden können, wenn der vorgesehene Luftdurchsatz erreicht ist (Speicherheizgeräte sind ausgenommen). Es sind zwei unabhängig voneinander wirkende, temperaturbegrenzende Einrichtungen, z. B. Temperaturregler und Sicherheitstemperaturbegrenzer, vorzusehen, die die Überschreitung der Lufttemperatur im Luftkanal verhindern. Sie müssen sich außer Betrieb setzen, wenn die Gebläseleistung sich unzulässig reduziert oder das Gebläse abgeschaltet wird. Tragekonstruktionen und Verkleidungen von elektrischen Heizelementen müssen aus nicht brennbaren Werk- oder Baustoffen bestehen.

Heißwasser- und Dampferzeuger müssen bei allen Betriebsbedingungen gegen Überhitzung geschützt sein. Wenn sie nicht als Ganzes einer Norm entsprechen, ist der Schutz durch einen geeigneten, nicht selbsttätig wieder einschaltenden Temperaturbegrenzer, der unabhängig von der Temperaturregelung arbeitet, sicherzustellen. Um eine unzulässige Erhöhung des Wasserdrucks zu vermeiden, muss eine freie Auslassöffnung vorhanden sein, oder das Betriebsmittel muss zusätzlich mit einer Vorrichtung zur Begrenzung des Wasserdrucks ausgerüstet sein.

22.13 Brandschutz bei feuergefährdeten Betriebsstätten DIN VDE 0100-482

Beim Vorliegen besonderer Risiken, z. B. in feuergefährdeten Betriebsstätten, muss zusätzlich noch DIN VDE 0100-482 (VDE 0100-482): „Brandschutz bei besonderen Risiken oder Gefahren" beachtet werden.

Die Einstufung in eine feuergefährdete Betriebsstätte ist vom Betreiber der elektrischen Anlage unter Berücksichtigung der Unfallverhütungsvorschriften vorzunehmen, ggf. unter Hinzuziehung von Sachverständigen und Versicherungsfachleuten.

Feuergefährdete Betriebsstätten sind Räume oder Teile von Räumen oder Orte im Freien, bei denen die Gefahr besteht, dass sich nach den örtlichen und betrieblichen Verhältnissen leicht entzündliche Stoffe in gefahrdrohender Menge den elektrischen Betriebsmitteln so nähern können, dass höhere Temperaturen an diesen Betriebsmitteln oder Lichtbögen eine Brandgefahr darstellen. Hierzu können gehören: Arbeits-, Trocken- und Lageräume, Heu-, Stroh-, Jute- und Flachslager sowie derartige Stätten im Freien, z. B. Holzverarbeitungsbetriebe, Papier- und Textilfabriken.

Leicht entzündlich sind brennbare feste Stoffe, die, wenn sie der Flamme eines Zündholzes für 10 s ausgesetzt sind, nach Entfernen der Zündquelle von selbst weiterbrennen und weiterglimmen. Hierunter fallen folgende Materialien: Heu, Stroh, Strohstaub, Hobelspäne, lose Holzwolle, Magnesiumspäne, Reisig, loses Papier, Baum- und Zellwollfasern.

Als Grundsatz für die Errichtung von elektrischen Anlagen in feuergefährdeten Betriebstätten gilt:

Elektrische Betriebsmittel müssen unter Berücksichtigung äußerer Einflüsse so ausgewählt und errichtet werden, dass ihre Erwärmung bei üblichem Betrieb und vorhersehbarer Temperaturerhöhung im Fehlerfall kein Feuer verursachen können.

Diese Forderung kann durch geeignete Bauart der Betriebsmittel oder durch zusätzliche Schutzmaßnahmen bei der Errichtung der Anlage erreicht werden. Als wichtige Maßnahmen, die es zu beachten gilt, sind zu nennen:

- Die elektrischen Anlagen sind auf solche zu beschränken, die in der Anlage benötigt werden.
- Wenn sich Staub auf Umhüllungen (Gehäusen) von elektrischen Betriebsmitteln ansammeln kann, sind Maßnahmen zu treffen, die verhindern, dass die Umhüllungen zu hohe Temperaturen annehmen.
- Die Betriebmittel müssen eine IP-Schutzart aufweisen, die der Beanspruchung gerecht wird:
  - IP5X, wenn mit Ansammlung von Staub und/oder Fasern zu rechnen ist
  - IP4X, wenn mit der Ansammlung von Staub und/oder Fasern nicht zu rechnen ist und die Feuergefährdung durch andere leicht entzündliche Stoffe besteht, ausgenommen Elektrowärmegeräte, für die die Schutzart IP2X zugelassen ist; dabei sind die vom Hersteller angegebenen Mindestabstände zu brennbaren Bauteilen einzuhalten
- Kabel und Leitungen müssen in ihrem gesamten Verlauf vollständig in nicht brennbaren Materialien, wie Putz oder Beton, eingebettet oder anderweitig vor Feuer geschützt sein. Kann diese Forderung nicht erfüllt werden, müssen die Kabel und Leitungen schwer entflammbare Eigenschaften besitzen. Halogenfreie Kabel und Leitungen mit verbessertem Verhalten im Brandfall erfüllen

diese Forderungen normalerweise und bieten einen verbesserten Schutz vor Korrosionsschäden.

- Kabel und Leitungen, die feuergefährdete Betriebsstätten versorgen oder durchqueren, müssen gegen Überlast und Kurzschluss geschützt sein. Die Schutzeinrichtungen müssen außerhalb der feuergefährdeten Betriebstätten angeordnet werden.

- Kabel und Leitungen, ausgenommen mineralisolierte Leitungen und Stromschienensysteme, benötigen einen Schutz gegen langsam auftretende Isolationsfehler. Sie sind zu schützen durch:

  - Einbau von Fehlerstrom-Schutzeinrichtungen (RCD) Typ A oder Typ B (wenn glatte Fehlergleichströme zu erwarten sind) mit einem Bemessungsdifferenzstrom $I_{\Delta n} \leq 300$ mA in TN- und TT-Systemen, wobei für Flächenheizelemente nur $I_{\Delta n} \leq 30$ mA zugelassen sind

  - Einbau von Isolationsüberwachungseinrichtungen mit akustischer oder optischer Meldung und einer Abschaltung innerhalb 5 s im Doppelfehlerfall

  - bei Schutz durch automatische Abschaltung der Stromversorgung ist in den Kabeln und Leitungen ein Schutzleiter als Überwachungsleiter mitzuführen, wenn möglich sogar als konzentrischer Leiter

- PEN-Leiter sind nicht zulässig, es sei denn, die Kabel oder Leitungen durchqueren die feuergefährdeten Betriebsstätten nur.

- Alle Neutralleiter, die in die Anlage geführt sind, müssen mit einer Trenneinrichtung versehen sein, z. B. Neutralleiter-Trennklemme.

- Flexible Leitungen sollten in schwerer Ausführung, mindestens in der Bauart H07RN-F oder als gleichwertige Bauart, ausgeführt sein.

- Schaltgeräte müssen, sofern sie nicht außerhalb der feuergefährdeten Betriebsstätte angeordnet werden, mindestens die bereits angegebenen Schutzarten aufweisen.

- Motoren, die automatisch gesteuert oder fernbedient oder nicht ständig beaufsichtigt werden, müssen gegen unzulässig hohe Temperaturen geschützt werden. Hierzu dienen Einrichtungen zum Schutz bei Überlast mit manueller Rückstellung oder eine gleichwertige Einrichtung zum Schutz bei Überlast. Motoren mit Stern-Dreieck-Anlauf müssen auch in der Sternstufe gegen unzulässig hohe Temperaturen geschützt werden.

- Es dürfen nur Leuchten mit begrenzter Oberflächentemperatur verwendet werden. Die höchsten zulässigen Temperaturen sind:
  - bei normalen Bedingungen   90 °C
  - unter Fehlerbedingungen   115 °C

Leuchten mit den nachfolgenden Symbolen erfüllen diese Anforderungen, wenn die vom Hersteller angegebenen Einbauanweisungen und Sicherheitsabstände eingehalten werden.

Bei Staub- und/oder Faseranfall sind nur Leuchten zulässig, bei denen sichergestellt ist, dass sich Staub und/oder Fasern nicht in gefahrdrohender Menge ansammeln können.

Die mit ▽D▽ gekennzeichnete Leuchte muss mit einer zusätzlichen Abdeckung in der Schutzart IP5X versehen werden.

- Kleine Scheinwerfer und Projektoren müssen zu brennbaren Materialien folgende Abstände aufweisen, es sei denn, der Hersteller gibt andere Abstände an.
  - bis zu 100 W   0,5 m
  - \> 100 W bis 300 W   0,8 m
  - \> 300 W bis 500 W   1,0 m
- Lampen und andere Bauteile von Leuchten müssen gegen die zu erwartenden mechanischen Beanspruchungen geschützt sein. Außerdem muss verhindert werden, dass Bauteile von Leuchten, wie Lampen oder andere heiße Teile, aus der Leuchte herausfallen können.
- Heizgeräte sind auf nicht brennbaren Unterlagen zu befestigen und solche, die in brennbarer Umgebung aufgestellt werden, sind mit geeigneten Abdeckungen zu versehen, um eine Entzündung dieser Materialien zu verhindern.
- Wenn elektrische Beheizungs- und Belüftungssysteme verwendet werden, dürfen Lufttemperatur und Staubgehalt nur so sein, dass eine Feuergefahr nicht entsteht. Temperaturbegrenzer dürfen nur manuell rückstellbar sein.
- Umhüllungen (Gehäuse) von Elektrowärmegeräten dürfen keine höheren Temperaturen erreichen als die für Leuchten festgelegten. Außerdem müssen die Geräte so ausgeführt und angebracht sein, dass eine Ansammlung von Stoffen die Wärmeabfuhr nicht behindert.

22.14 Literatur zu Kapitel 22

[1] Schwartz, E.: Handbuch der Feuer- und Explosionsgefahr. 6. Aufl., München: Feuerschutz-Verlag Ph. L. Jung, 1964

[2] Krefter, K.-H.; Wührmann, B.: Vorbeugender Brandschutz bei der Errichtung elektrischer Anlagen. In: Jahrbuch Elektrotechnik, Bd. 10, S. 291 bis 310. Hrsg.: Grütz, A. Berlin und Offenbach: VDE VERLAG, 1990

[3] Hochbaum, A.: Schadensverhütung in elektrischen Anlagen. VDE-Schriftenreihe, Bd. 85. 2. Aufl., Berlin und Offenbach: VDE VERLAG, 2002

[4] Schmidt, F.: Brandschutz der Elektroinstallation. 4. Aufl., Berlin: Verlag Technik

23 Anhang

In den Anhängen A bis F sind Berechnungsmethoden für den Kurzschlussstrom, den Spannungsfall, die maximal zulässige Stromkreislänge und den Materialbeiwert k dargestellt, die in den verschiedenen Kapiteln angesprochen werden, dort aber, um den Zusammenhang nicht zu unterbrechen, nicht behandelt wurden.

23.1 Anhang A: Berechnung des kleinsten Kurzschlussstroms

23.1.1 Grundlagen

Die Berechnung des kleinsten einpoligen Kurzschlussstroms muss unter Beachtung von DIN VDE 0102 „Berechnung von Kurzschlussströmen in Drehstromnetzen" erfolgen.

Die Methode beruht auf der Zerlegung eines unsymmetrischen Drehstromsystems in drei symmetrische Komponenten (Mit-, Gegen- und Nullsystem). Außerdem wird durch Berücksichtigen der Anfangskurzschlusswechselstromleistung auch der Widerstand der vorgelagerten Mittel- und Hochspannungsnetze einschließlich der Transformatoren und Generatoren in die Rechnung einbezogen.

Die Gleichung für den Kurzschlussstrom lautet:

$$I_{k\,min\,1pol} = \frac{\sqrt{3} \cdot c \cdot U}{\sqrt{\left(2R_Q + 2R_T + 2R_L + R_{0T} + R_{0L}\right)^2 + \left(2X_Q + 2X_T + 2X_L + X_{0T} + X_{0L}\right)^2}}$$

(A1)

Darin bedeuten:

$I_{k\,min\,1\,pol}$ kleinster einpoliger Kurzschlussstrom in A
U Spannung zwischen den Außenleitern (Netzspannung) in V
c Faktor, der die nicht berechenbaren Widerstände von z. B. Klemmen, Sammelschienen, Sicherungen, Schaltern usw. berücksichtigt ($c = 0{,}95$)
R_Q, X_Q Ohm'scher, induktiver Widerstand des vorgelagerten Netzes
R_T, X_T Ohm'scher, induktiver Widerstand des Transformators
R_L, X_L Ohm'scher, induktiver Widerstand des Leitungsnetzes
R_{0T}, X_{0T} Ohm'scher, induktiver Nullwiderstand des Transformators
R_{0L}, X_{0L} Ohm'scher, induktiver Nullwiderstand des Leitungsnetzes

Die verschiedenen Einzelgrößen werden mittels nachfolgender Gleichungen ermittelt.

Widerstände des vorgelagerten Netzes

$$X_Q \approx 0{,}995 \cdot Z_Q = \frac{1{,}0 \cdot U^2}{S''_{kn} \cdot 10^6} \quad \text{in } \Omega/\text{Strang} \tag{A2}$$

$$R_Q = 0{,}1 \cdot X_Q \quad \text{in } \Omega/\text{Strang} \tag{A3}$$

U Spannung zwischen den Außenleitern in V
S''_{kn} Anfangskurzschlusswechselstromleistung in MVA

Widerstände von Transformatoren

$$R_T = \frac{u_r \cdot U^2}{S_n \cdot 10^5} \quad \text{in } \Omega/\text{Strang} \tag{A4}$$

$$X_T = \frac{u_s \cdot U^2}{S_n \cdot 10^5} \quad \text{in } \Omega/\text{Strang} \tag{A5}$$

U Spannung zwischen den Außenleitern in V
S_n Bemessungsleistung des Transformators in kVA
u_r Wirkspannungsfall in %
u_s Blindstreuspannung in %

u_r und u_s können ermittelt werden nach:

$$u_r = \frac{P_k}{S_n} \cdot 10^{-1} \quad \text{in \%} \tag{A6}$$

$$u_s = \sqrt{u_{kn}^2 - u_r^2} \quad \text{in \%} \tag{A7}$$

P_k Kurzschlussverluste des Transformators bei 75 °C in W
S_n Bemessungsleistung des Transformators in kVA
u_{kn} Kurzschlussspannung in %

Für die üblicherweise nach DIN 42500 eingesetzten Transformatoren, die ein $u_{kn} = 4\ \%$ haben, sind die Größen u_r, u_s und P_k in **Tabelle A1** zusammengestellt.

S_n	50	100	160	200	250	315	400	500	630	kVA
u_r	2,20	1,75	1,47	1,43	1,30	1,24	1,15	1,10	1,03	%
u_s	3,34	3,60	3,72	3,74	3,78	3,80	3,83	3,85	3,86	%
P_k	1100	1750	2350	2850	3250	3900	4600	5500	6500	W

Tabelle A1 Rechenwerte von Transformatoren mit einer Kurzschlussspannung von $u_{kn} = 4\%$

Widerstände des Leitungsnetzes

Die Wirkwiderstände sind bei einer Leitertemperatur von 80 °C einzusetzen.

$$R_L = \frac{L}{\varkappa \cdot S} \cdot 1,24 \quad \text{in } \Omega/\text{Strang} \tag{A8}$$

$$R_L = r \cdot L \cdot 10^{-3} \quad \text{in } \Omega/\text{Strang} \tag{A9}$$

$$X_L = x \cdot L \cdot 10^{-3} \quad \text{in } \Omega/\text{Strang} \tag{A10}$$

R_L Ohm'scher Widerstand der Leitung in Ω
X_L induktiver Widerstand der Leitung in Ω oder mΩ
L einfache Leitungslänge in m
$\varkappa$ Leitwert bei 20 °C, für Kupfer bzw. Aluminium in m/($\Omega \cdot$ mm^2)
S Leiterquerschnitt in mm^2
1,24   Faktor, der sowohl für Al als auch Cu die Temperaturerhöhung von 20 °C auf 80 °C berücksichtigt
r Ohm'scher Widerstand einer Leitung oder eines Kabels bei 80 °C in Ω/km (siehe **Tabelle A2**)
x induktiver Widerstand einer Leitung oder eines Kabels in Ω/km (siehe Tabelle A2)

Querschnitt S in mm^2	Kupfer			Aluminium		
	Resistanz r	Reaktanz x	Impedanz z	Resistanz r	Reaktanz x	Impedanz z
16	1,406	0,360	1,451	2,226	0,360	2,255
25	0,924	0,340	0,985	1,463	0,340	1,502
35	0,650	0,330	0,729	1,029	0,330	1,081
50	0,465	0,320	0,565	0,737	0,320	0,804
70	0,342	0,310	0,462	0,541	0,310	0,624
95	0,242	0,290	0,378	0,382	0,290	0,480
120	0,192	0,290	0,348	0,305	0,290	0,421

Tabelle A2a Widerstände in Ω/km bei 80 °C Leitertemperatur (Freileitungen) und einem mittleren Leiterabstand von $a = 561$ mm, also quadratische Leiteranordnung mit jeweils 500 mm Leiterabstand

Querschnitt S in mm²	Kupfer			Aluminium		
	Resistanz r	Reaktanz x	Impedanz z	Resistanz r	Reaktanz x	Impedanz z
4 × 1,5	14,620	0,115	14,620	–	–	–
4 × 2,5	8,770	0,110	8,770	14,800	0,110	14,800
4 × 4	5,480	0,107	5,480	9,260	0,107	9,260
4 × 6	3,660	0,100	3,660	6,170	0,100	6,170
4 × 10	2,244	0,094	2,246	3,700	0,094	3,700
4 × 16	1,415	0,090	1,418	2,324	0,090	2,326
4 × 25	0,898	0,086	0,902	1,489	0,086	1,492
4 × 35	0,652	0,083	0,657	1,086	0,083	1,089
4 × 50	0,482	0,083	0,489	0,796	0,083	0,800
4 × 70	0,336	0,082	0,346	0,551	0,082	0,557
4 × 95	0,244	0,082	0,257	0,398	0,082	0,406
4 × 120	0,195	0,080	0,211	0,316	0,080	0,326
4 × 150	0,155	0,080	0,174	0,258	0,080	0,270
4 × 185	0,125	0,080	0,148	0,207	0,080	0,222
4 × 240	0,095	0,079	0,124	0,162	0,079	0,180
4 × 300	0,078	0,079	0,111	0,133	0,079	0,155

Tabelle A2b Widerstände in Ω/km bei 80 °C Leitertemperatur (Kabel und Mantelleitungen)

Ermittelt werden kann x nach:

$$x = \omega \cdot L = 2 \cdot \pi \cdot f \left[\frac{\mu_0}{2\pi} \left(\ln \frac{2a}{d} + \frac{\mu_r}{4} \right) \right] 10^{-3} \text{ in } \Omega/\text{km}$$

wobei

ω Kreisfrequenz in Hz
L Leiterinduktivität in H
μ_0 Induktionskonstante $(1{,}257 \cdot 10^{-6}$ Vs/(Am))
μ_r Permeabilität (bei nicht magnetischen Werkstoffen ≈ 1)
f Netzfrequenz (50 Hz)
a mittlerer Leiterabstand in mm, $a = \sqrt[3]{a_1 \cdot a_2 \cdot a_3}$
d Leiterdurchmesser in mm

Nach Einsetzen der konstanten Größen ergibt sich:

$$x = 0{,}0628 \left(\ln \frac{2a}{d} + 0{,}25 \right) \text{ in } \Omega/\text{km}$$

PEN •

L1, L2, L3 mit Abständen a_1, a_2, a_3

Nullwiderstände von Transformatoren

Die näherungsweise Ermittlung der Nullwirk- und Nullblindwiderstände kann nach **Tabelle A3** erfolgen.

Nullwiderstände	Schaltgruppe		
	Dy	Dz, Yz	Yy[1]
R_{0T}	R_T	$0{,}4 \cdot R_T$	R_T
X_{0T}	$0{,}95 \cdot X_T$	$0{,}1 \cdot X_T$	$(7 \dots 100) \cdot X_T$

[1] Transformatoren der Schaltgruppe Yy sind wegen ihrer hohen Jochstreuspannung meist ungeeignet

Tabelle A3 Nullwiderstände von Transformatoren

Nullwiderstände des Leitungsnetzes

Die Ermittlung der Nullwirk- und Nullblindwiderstände erfolgt mit Hilfe von **Tabelle A4**.

In der Tabelle A4 ist jeweils der Quotient R_{0L}/R_L und X_{0L}/X_L angegeben. Es gilt dann:

R_{0L} = Tabellenwert $\cdot R_L$

X_{0L} = Tabellenwert $\cdot X_L$

Die Werte von Tabelle A4 gelten für NYY, NAYY und ähnlich aufgebaute Kabel und Leitungen (NYM, H07RN-F) unter der Voraussetzung, dass die Rückleitung des Kurzschlussstroms allein über den vierten Leiter (Spalte a) oder über den vierten Leiter und Erde (Spalte c) erfolgt. In allen anderen Fällen, wie Rückleitung über den vierten Leiter und gleichzeitig Kabelmantel, Schirm und/oder Erde, sind die Tabellen aus DIN VDE 0102-2:1975-11 anzuwenden.

Aderzahl und Nennquerschnitt S in mm²	R_{0L}/R_0				X_{0L}/X_0			
	Kupfer		Aluminium		Kupfer		Aluminium	
	a	c	a	c	a	c	a	c
4 × 1,5	4,0	1,03	–	–	3,99	21,28	–	–
4 × 2,5	4,0	1,05	–	–	4,01	21,62	–	–
4 × 4	4,0	1,11	–	–	3,98	21,36	–	–
4 × 6	4,0	1,21	–	–	4,03	21,62	–	–
4 × 10	4,0	1,47	–	–	4,02	20,22	–	–
4 × 16	4,0	1,86	–	–	3,98	17,09	–	–
4 × 25	4,0	2,35	–	–	4,13	12,97	–	–
4 × 35	4,0	2,71	4,0	2,12	3,78	10,02	4,13	15,47
4 × 50	4,0	2,95	4,0	2,48	3,76	7,61	3,76	11,99
4 × 70	4,0	3,18	4,0	2,84	3,66	5,68	3,66	8,63
4 × 95	4,0	3,29	4,0	3,07	3,65	4,63	3,65	6,51
4 × 120	4,0	3,35	4,0	3,19	3,65	4,21	3,65	5,53
4 × 150	4,0	3,38	4,0	3,26	3,65	3,94	3,65	4,86
4 × 185	4,0	3,41	4,0	3,32	3,65	3,74	3,65	4,35
4 × 240	4,0	3,42	–	–	3,67	3,62	–	–
4 × 300	4,0	3,44	–	–	3,66	3,52	–	–

a Rückleitung über vierten Leiter   c Rückleitung über vierten Leiter und Erde

Tabelle A4 Quotienten für R_{0L}/R_L und X_{0L}/X_L für Kabel NYY und NAYY in Abhängigkeit von der Rückleitung bei $f = 50$ Hz (Quelle: DIN VDE 0102-2:1975-11; Norm ist durch DIN EN 60909-0 (VDE 0102):2002-07 ersetzt, allerdings ohne Tabelle)

23.1.2 Beispiel zur Berechnung des kleinsten Kurzschlussstroms

Aufgabe:
Für die in **Bild A1** skizzierte Anlage sollen der kleinste Kurzschlussstrom und die größten Dauerkurzschlussströme (siehe Abschnitt 23.4.2) sowie die verschiedenen Stoßkurzschlussströme (siehe Abschnitt 23.4.2) für die angenommene Kurzschlussstelle K1 ermittelt werden.

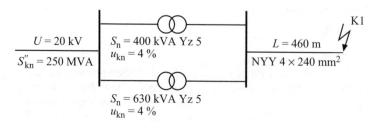

Bild A1 Beispiel zur Berechnung verschiedener Kurzschlussströme; Darstellung ohne Schalt- und Schutzeinrichtungen

Lösung:
Zur Ermittlung des kleinsten einpoligen Kurzschlussstroms an der Stelle K1 wird angenommen, dass ein Betriebszustand vorliegt, in dem nur der kleinere der beiden Transformatoren, also nur Transformator T1, in Betrieb ist (ungünstigster Fall).
Der kleinste einpolige Kurzschlussstrom ist nach Gl. (A1):

$$I_{k\,\text{min 1pol}} = \frac{\sqrt{3} \cdot c \cdot U}{\sqrt{\left(2R_Q + 2R_T + 2R_L + R_{0T} + R_{0L}\right)^2 + \left(2X_Q + 2X_T + 2X_L + X_{0T} + X_{0L}\right)^2}}$$

$$I_{k\,\text{min 1pol}} \; \frac{\sqrt{3} \cdot c \cdot U}{\sqrt{\Sigma R^2 + \Sigma X^2}}$$

Die verschiedenen Widerstände der Einzelkomponenten, bezogen auf die Niederspannungsseite (400 V), werden zunächst ermittelt:
Widerstände des vorgelagerten Netzes nach den Gl. (A2) und Gl. (A3):

$$X_Q \approx 0{,}95 \cdot Z_Q = \frac{1{,}0 \cdot U^2}{S_{kn}'' \cdot 10^6} = \frac{1{,}0 \cdot 400^2}{250 \cdot 10^6} \; \Omega = 0{,}00064 \; \Omega = 0{,}64 \; \text{m}\Omega$$

$R_Q = 0{,}1 \cdot X_Q = 0{,}1 \cdot 0{,}64 \; \text{m}\Omega = 0{,}064 \; \text{m}\Omega$

Widerstände von Transformator T1 nach Gl. (A4) und Gl. (A5) sowie Tabelle 1:

$$R_T = \frac{u_r \cdot U^2}{S_n \cdot 10^5} = \frac{1{,}15 \cdot 400^2}{400 \cdot 10^5} \; \Omega = 0{,}0046 \; \Omega = 4{,}6 \; \text{m}\Omega$$

$$X_T = \frac{u_s \cdot U^2}{S_n \cdot 10^5} = \frac{3{,}82 \cdot 400^2}{400 \cdot 10^5} \; \Omega = 0{,}01532 \; \Omega = 15{,}32 \; \text{m}\Omega$$

Widerstände des Leitungsnetzes (Kabel) bei 80 °C Leitertemperatur nach Gl. (A9) und Gl. (A10) sowie Tabelle A2b:

$R_L = r \cdot L \cdot 10^{-3} = 0{,}095 \; \Omega/\text{km} \cdot 460 \; \text{m} \cdot 10^{-3} = 0{,}0437 \; \Omega = 43{,}7 \; \text{m}\Omega$

$X_L = x \cdot L \cdot 10^{-3} = 0{,}079 \; \Omega/\text{km} \cdot 460 \; \text{m} \cdot 10^{-3} = 0{,}03634 \; \Omega = 36{,}34 \; \text{m}\Omega$

Nullwiderstände des Transformators T1 nach Tabelle A3:

$R_{0T} = 0{,}4 \cdot R_T = 0{,}4 \cdot 4{,}6 \; \text{m}\Omega = 1{,}84 \; \text{m}\Omega$

$X_{0T} = 0{,}1 \cdot X_T = 0{,}1 \cdot 15{.}32 \; \text{m}\Omega = 1{,}532 \; \text{m}\Omega$

Nullwiderstände des Leitungsnetzes (Kabel) nach Tabelle A4:

$R_{0L} = 4{,}0 \cdot R_L = 4{,}0 \cdot 43{,}7\ \mathrm{m\Omega} = 174{,}8\ \mathrm{m\Omega}$

$X_{0L} = 3{,}67 \cdot X_L = 3{,}67 \cdot 36{,}34\ \mathrm{m\Omega} = 133{,}368\ \mathrm{m\Omega}$

Summe der Widerstände nach Gl. (A1):

$\Sigma R = 2\,R_Q + 2\,R_T + 2\,R_L + R_{0T} + R_{0L}$

$\quad = 2 \cdot 0{,}064\ \mathrm{m\Omega} + 2 \cdot 4{,}6\ \mathrm{m\Omega} + 2 \cdot 43{,}7\ \mathrm{m\Omega} + 1{,}84\ \mathrm{m\Omega} + 174{,}8\ \mathrm{m\Omega}$

$\quad = 273{,}368\ \mathrm{m\Omega}$

$\Sigma X = 2X_Q + 2X_T + 2X_L + X_{0T} + X_{0L}$

$\quad = 2 \cdot 0{,}64\ \mathrm{m\Omega} + 2 \cdot 15{,}32\ \mathrm{m\Omega} + 2 \cdot 36{,}34\ \mathrm{m\Omega} + 1{,}532\ \mathrm{m\Omega} + 133{,}368\ \mathrm{m\Omega}$

$\quad = 239{,}5\ \mathrm{m\Omega}$

Der kleinste einpolige Kurzschlussstrom kann damit nach Gl. (A1) ermittelt werden:

$$I_{k\,\min 1\,pol} = \frac{\sqrt{3}\cdot c \cdot U}{\sqrt{\Sigma R^2 + \Sigma X^2}} = \frac{\sqrt{3}\cdot 0{,}95 \cdot 400\ \mathrm{V}}{\sqrt{(273{,}368\ \mathrm{m\Omega})^2 + (239{,}5\ \mathrm{m\Omega})^2}} = \frac{\sqrt{3}\cdot 0{,}95 \cdot 400\ \mathrm{V}}{363{,}442\ \mathrm{m\Omega}}$$

$\quad = 1{,}811\ \mathrm{kA}$

23.2 Anhang B: Maximal zulässige Stromkreislänge

Ein für den Praktiker leicht und schnell zu handhabendes Instrument, die maximal zulässige Stromkreislänge zu ermitteln, wird in DIN VDE 0100 Beiblatt 5 mit den Tabellen 3 bis 22 für verschiedene Anwendungsfälle angegeben. Vier dieser Tabellen wurden in Anhang B übernommen. Die hier dargestellten Tabellen gelten für Kupferleiter mit Querschnitten von 1,5 mm^2 bis 16 mm^2 und einer Isolierung aus PVC oder Gummi sowie für eine Nennspannung von 400 V.

- **Tabelle B1** gilt für Sicherungen der Betriebsklasse gG und eine Abschaltzeit von 5 s
- **Tabelle B2** gilt für Sicherungen der Betriebsklasse gG und eine Abschaltzeit von 0,4 s
- **Tabelle B3** gilt für Leitungsschutzschalter der Charakteristik B und eine Abschaltzeit von 0,1 s
- **Tabelle B4** gilt für Leitungsschutzschalter der Charakteristik C und eine Abschaltzeit von 0,1 s

Leiternenn-querschnitt mm²	Nennstrom der Schutz-einrichtung A	Mindest-kurzschluss-strom A	Schleifenimpedanz vor der Schutzeinrichtung in mΩ								
			10	50	100	200	300	400	500	600	700
			maximal zulässige Länge l_{max} in m								
1,5	6	27	270	269	267	264	261	258	255	252	249
1,5	10	47	155	154	152	149	146	143	140	137	134
1,5	16	65	112	111	109	106	103	100	97	94	91
1,5	20	126	58	57	55	52	49	46	43	40	36
1,5	25	135	54	53	51	48	45	42	39	36	32
2,5	10	47	253	251	249	244	239	234	229	224	219
2,5	16	65	183	181	178	173	169	164	159	154	148
2,5	20	85	139	138	135	130	125	120	115	110	105
2,5	25	110	108	106	103	98	93	88	83	78	73
2,5	32	165	72	70	67	63	57	52	47	42	36
4	16	65	297	294	290	282	274	266	258	250	241
4	20	85	227	224	220	212	204	196	187	179	171
4	25	110	175	172	168	160	152	144	135	127	118
4	32	150	128	125	121	113	105	96	88	79	71
4	40	190	101	98	94	86	77	69	60	51	42
4	50	280	68	65	61	53	45	36	27	18	8
6	20	85	342	337	331	319	307	294	282	270	257
6	25	110	264	259	253	241	229	216	204	191	178
6	32	150	193	188	182	170	158	145	132	119	106
6	40	190	152	147	141	129	116	104	91	77	64
6	50	260	111	106	100	87	75	62	48	35	20
6	63	330	87	82	76	64	57	38	24	10	0
10	25	110	441	433	423	403	382	361	340	319	298
10	32	150	323	315	305	284	264	242	221	199	178
10	40	190	255	246	236	216	195	173	152	130	107
10	50	260	185	177	167	146	125	103	81	58	34
10	63	320	150	142	132	111	89	67	44	20	0
10	80	440	108	100	90	69	46	23	0	0	0
16	32	150	512	499	483	450	417	384	350	315	280
16	40	190	404	391	374	341	308	274	240	205	169
16	50	260	294	281	265	231	198	163	127	91	54
16	63	320	238	225	209	175	141	106	69	32	0
16	80	440	172	159	143	109	73	37	0	0	0
16	100	580	130	117	100	65	29	0	0	0	0

Tabelle B1 Zulässige Kabel- und Leitungslängen für Kupferleiter, Isolierung aus PVC oder Gummi
Sicherung der Betriebsklasse gG nach DIN VDE 0636-10 (VDE 0636-10)
Nennspannung der Anlage: 400 V, 50 Hz
Abschaltung nach 5 s oder nach Erreichen der zulässigen Kurzschlusstemperatur
(Quelle: DIN VDE 0100 Bbl 5 (VDE 0100 Bbl 5):1995-11)

Leiternenn-querschnitt	Nennstrom der Schutz-einrichtung	Mindest-kurzschluss-strom	Schleifenimpedanz vor der Schutzeinrichtung in mΩ							
			10	50	100	200	300	400	500	600	700
mm²	A	A	maximal zulässige Länge l_{max} in m							
1,5	6	47	155	154	152	149	146	143	140	137	134
1,5	10	82	88	87	86	83	80	77	74	70	67
1,5	16	107	68	66	65	62	59	56	53	49	46
1,5	20	145	50	48	47	44	41	38	35	31	28
1,5	25	180	40	39	37	34	31	28	25	21	18
2,5	10	82	145	143	140	135	130	125	120	115	110
2,5	16	107	111	109	106	101	96	91	86	81	76
2,5	20	145	81	79	77	72	67	62	57	51	46
2,5	25	180	65	63	61	56	51	46	40	35	30
2,5	32	265	44	42	40	35	29	24	19	13	7
4	16	107	180	177	173	165	157	149	140	132	123
4	20	145	132	129	125	117	109	101	92	84	75
4	25	180	106	103	99	91	83	75	66	57	48
4	32	265	72	69	65	56	48	39	30	21	12
4	40	310	61	58	54	46	37	28	19	10	0
4	50	460	41	38	34	25	16	7	0	0	0
6	20	145	200	195	189	177	164	152	139	126	113
6	25	180	160	156	150	137	125	112	99	86	73
6	32	265	108	104	98	85	72	59	46	32	18
6	40	310	92	88	82	69	56	43	29	15	1
6	50	460	62	57	51	38	25	11	0	0	0
6	63	550	51	47	40	27	14	0	0	0	0
10	25	180	269	261	251	230	209	188	166	144	122
10	32	265	182	174	163	143	121	99	77	54	31
10	40	310	155	147	137	116	94	72	49	26	1
10	50	460	104	96	85	64	41	18	0	0	0
10	63	550	86	78	68	46	23	0	0	0	0
10	80	820	57	49	38	16	0	0	0	0	0
16	32	265	288	275	259	226	192	157	122	85	48
16	40	310	246	233	217	183	149	114	78	41	2
16	50	460	164	151	135	101	66	29	0	0	0
16	63	550	137	124	107	73	37	0	0	0	0
16	80	820	91	78	61	25	0	0	0	0	0
16	100	1000	74	60	43	7	0	0	0	0	0

Tabelle B2 Zulässige Kabel- und Leitungslängen für Kupferleiter, Isolierung aus PVC oder Gummi
Sicherung der Betriebsklasse gG nach DIN VDE 0636-10 (VDE 0636-10)
Nennspannung der Anlage: 400 V, 50 Hz
Abschaltung nach 0,4 s oder nach Erreichen der zulässigen Kurzschlusstemperatur
(Quelle: DIN VDE 0100 Bbl 5 (VDE 0100 Bbl 5):1995-11)

Leiternenn-querschnitt mm²	Nennstrom der Schutz-einrichtung A	Mindest-kurzschluss-strom A	Schleifenimpedanz vor der Schutzeinrichtung in mΩ							
			10	50	100	200	300	400	500	600	700
			maximal zulässige Länge l_{max} in m								
1,5	6	30	243	242	240	237	234	231	228	225	222
1,5	10	50	145	144	143	140	137	134	131	128	125
1,5	16	80	91	89	88	85	82	79	76	73	70
1,5	20	100	72	71	70	67	64	61	57	54	51
1,5	25	125	58	57	55	52	49	46	43	40	36
2,5	10	50	238	236	233	229	224	219	214	209	204
2,5	16	80	148	146	144	139	134	129	124	119	114
2,5	20	100	118	116	114	109	104	99	94	89	84
2,5	25	125	95	93	90	85	80	75	70	65	60
2,5	32	160	74	72	69	64	59	54	49	44	38
4	16	80	241	238	234	226	218	210	202	193	185
4	20	100	193	190	186	178	169	161	153	145	136
4	25	125	154	151	147	139	131	122	114	106	97
4	32	160	120	117	113	105	96	88	80	71	62
4	40	200	96	93	89	80	72	64	55	46	37
6	20	100	290	285	279	267	255	243	230	218	205
6	25	125	232	227	221	209	197	184	172	159	146
6	32	160	181	176	170	158	145	133	120	107	94
6	40	200	144	139	133	121	109	96	83	70	56
6	50	250	115	110	104	92	79	66	53	39	25
6	63	315	91	86	80	68	55	41	28	14	0
10	25	125	388	380	370	350	329	308	287	265	244
10	32	160	303	295	284	264	243	222	201	179	157
10	40	200	242	234	223	203	182	160	139	116	94
10	50	250	193	185	175	154	132	111	88	66	42
10	63	315	153	144	134	113	92	69	47	23	0
16	32	160	480	467	451	418	385	351	317	282	247
16	40	200	383	370	354	321	288	253	219	184	148
16	50	250	306	293	277	243	210	175	140	104	67
16	63	315	242	229	213	179	145	110	73	36	0

Tabelle B3 Zulässige Kabel- und Leitungslängen für Kupferleiter, Isolierung aus PVC oder Gummi
Leitungsschutzschalter nach DIN VDE 0641-11 (VDE 0641-11), Charakteristik B
Nennspannung der Anlage: 400 V, 50 Hz
Abschaltung nach 0,1 s oder nach Erreichen der zulässigen Kurzschlusstemperatur
Längenwerte für 0,4 s und 5 s Abschaltzeit sind gleich
(Quelle: DIN VDE 0100 Bbl 5 (VDE 0100 Bbl 5):1995-11)

Leiternenn-querschnitt	Nennstrom der Schutz-einrichtung	Mindest-kurzschluss-strom	Schleifenimpedanz vor der Schutzeinrichtung in $m\Omega$							
			10	50	100	200	300	400	500	600	700
mm^2	A	A	maximal zulässige Länge l_{max} in m								
1,5	6	60	121	120	118	115	112	109	106	103	100
1,5	10	100	72	71	70	67	64	61	57	54	51
1,5	16	160	45	44	42	39	36	33	30	27	23
1,5	20	200	36	35	33	30	27	24	20	17	14
1,5	25	250	28	27	26	23	20	16	13	10	6
2,5	10	100	118	116	114	109	104	99	94	89	84
2,5	16	160	74	72	69	64	59	54	49	44	38
2,5	20	200	59	57	54	49	44	39	34	28	23
2,5	25	250	47	45	42	37	32	27	21	16	10
2,5	32	320	36	34	32	27	22	16	10	5	0
4	16	160	120	117	113	105	96	88	80	71	62
4	20	200	96	93	89	80	72	64	55	46	37
4	25	250	76	73	69	61	53	44	35	26	17
4	32	320	59	56	52	44	35	26	17	8	0
4	40	400	47	44	40	32	23	14	4	0	0
6	20	200	144	139	133	121	109	96	83	70	56
6	25	250	115	110	104	92	79	66	53	39	25
6	32	320	90	85	79	66	53	40	26	12	0
6	40	400	71	66	60	48	35	21	7	0	0
6	50	500	57	52	46	33	19	5	0	0	0
6	63	630	45	40	34	20	7	0	0	0	0
10	25	250	193	185	175	154	132	111	88	66	42
10	32	320	150	142	132	111	89	67	44	20	0
10	40	400	120	111	101	80	58	35	11	0	0
10	50	500	95	87	77	55	33	9	0	0	0
10	63	630	75	67	56	34	11	0	0	0	0
16	32	320	238	225	209	175	141	106	69	32	0
16	40	400	190	177	160	126	92	55	18	0	0
16	50	500	151	138	121	87	52	14	0	0	0
16	63	630	119	106	89	55	18	0	0	0	0

Tabelle B4 Zulässige Kabel- und Leitungslängen für Kupferleiter, Isolierung aus PVC oder Gummi
Leitungsschutzschalter nach DIN VDE 0641-11 (VDE 0641-11), Charakteristik C
Nennspannung der Anlage: 400 V, 50 Hz
Abschaltung nach 0,1 s oder nach Erreichen der zulässigen Kurzschlusstemperatur
Längenwerte für 0,4 s und 5 s Abschaltzeit sind gleich
(Quelle: DIN VDE 0100 Bbl 5 (VDE 0100 Bbl 5):1995-11)

Als Parameter müssen bekannt sein und eingesetzt werden:
- die Schleifenimpedanz (Vorimpedanz) Z_V des Niederspannungsnetzes bis zur Anschlussstelle des zu berechnenden Stromkreises in mΩ
- Art und Bemessungsstrom der vorgesehenen oder vorhandenen Überstrom-Schutzeinrichtung in A
- Querschnitt der vorgesehenen Leitung/Kabel in mm^2
- einzuhaltende Abschaltzeit in s

Das Ergebnis, das der Tabelle entnommen werden kann, ist die maximal zulässige Länge l_{max} eines Drehstrom-Stromkreises. Für Wechselstromkreise ist der Tabellenwert mit 0,5 zu multiplizieren. Bei Zwischenwerten der Schleifenimpedanz Z_V vor der Überstrom-Schutzeinrichtung kann linear interpoliert werden.

Beispiel:
An einer vorhandenen Verteilung soll ein neuer Stromkreis ausgeführt werden. Die Schleifenimpedanz vom Transformator bis zum Verteiler beträgt Z_V = 340 mΩ. Der Leiterquerschnitt ist mit 6 mm^2 und die Sicherung der Betriebsklasse gG mit 40 A vorgesehen. Es ist eine Abschaltzeit von 5 s gefordert. Die maximal zulässige Stromkreislänge ist gesucht.

Lösung:
Zur Anwendung gelangt Tabelle B1. Zunächst ist abzulesen, dass bei einem Leiterquerschnitt von 6 mm^2 und einer Überstrom-Schutzeinrichtung von 40 A ein Strom von mindestens 190 A fließen muss, damit die Abschaltzeit von 5 s erreicht wird. Da die Schleifenimpedanz von Z_V = 340 mΩ nicht in der Tabelle gelistet ist, muss interpoliert werden. Hierfür werden die beiden benachbarten Werte aus der Tabelle ermittelt. Es ergeben sich für:

Z_1 = 300 mΩ eine Länge von l_1 = 116 m

Z_2 = 400 mΩ eine Länge von l_2 = 104 m

Die Interpolation ergibt dann die maximal zulässige Länge für den Stromkreis mit

$$l_{max} = l_2 + (Z_2 - Z_V)\frac{l_1 - l_2}{Z_2 - Z_1}$$

$$l_{max} = 104\,\text{m} + (400\,\text{m}\Omega - 340\,\text{m}\Omega)\frac{116\,\text{m} - 104\,\text{m}}{400\,\text{m}\Omega - 300\,\text{m}\Omega}$$

$$l_{max} = 104\,\text{m} + 60\,\text{m}\Omega\frac{12\,\text{m}}{100\,\text{m}\Omega} = 111{,}2\,\text{m}$$

23.3 Anhang C: Materialbeiwert k

23.3.1 Tabellen für Materialbeiwerte

Die Tabellen 2 bis 5 aus Teil 540 sind nachfolgend dargestellt (**Tabelle C1, Tabelle C2, Tabelle C3, Tabelle C4**):

	Werkstoff der Isolierung von Schutzleitern oder der Mäntel von Kabeln und Leitungen			
	NR, SR	PVC	VPE, EPR	IIK
ϑ_i in °C	30	30	30	30
ϑ_e in °C	200	160	250	220
	k in A$\sqrt{s}$/mm²			
Cu	159	143	176	166
Al	–	95	116	110
Fe	–	52	64	60

Tabelle C1 Materialbeiwerte k für:
- isolierte Leiter aus Cu oder Al außerhalb von Kabeln oder Leitungen
- blanke Leiter aus Cu, Al oder Fe, die mit Kabel- oder Leitungsmänteln in Berührung kommen

(Quelle: DIN VDE 0100-540:1991-11)

	Werkstoff der Isolierung		
	PVC	VPE, EPR	IIK
ϑ_a in °C	70	90	85
ϑ_e in °C	160	250	220
	k in A$\sqrt{s}$/mm²		
Cu	115	143	143
Al	76	94	89

Tabelle C2 Materialbeiwert k für isolierte Schutzleiter in einem mehradrigen Kabel oder in einer mehradrigen Leitung (Quelle: DIN VDE 0100-540:1991-11)

	Werkstoff der Isolierung			
	NR, SR	PVC	VPE, EPR	IIK
ϑ_a in °C	50	60	80	75
ϑ_e in °C	200	160	250	220
	k in A$\sqrt{s}$/mm²			
Fe und Fe, kupferplattiert	53	44	54	51
Al	97	81	98	93
Pb	27	22	27	25

Tabelle C3 Materialbeiwert k für Schutzleiter als Mantel oder Bewehrung eines Kabels bzw. einer Leitung (Quelle: DIN VDE 0100-540:1991-11)

Leitermaterial	Bedingungen	sichtbar und in abgegrenzten Bereichen[1]	normale Bedingungen	bei Feuergefährdung
Cu	ϑ_e in °C	500	200	150
	k in A$\sqrt{s}$/mm²	228	159	138
Al	ϑ_e in °C	300	200	150
	k in A$\sqrt{s}$/mm²	125	105	91
Fe	ϑ_e in °C	500	200	150
	k in A$\sqrt{s}$/mm²	82	58	50

Anmerkung: Die Anfangstemperatur ϑ_i am Leiter wird mit 30 °C angenommen.
[1] Die angegebenen Temperaturen gelten nur dann, wenn die Temperatur der Verbindungsstelle die Qualität der Verbindung nicht beeinträchtigt.

Tabelle C4 Materialbeiwert k für blanke Leiter in Fällen, in denen keine Gefährdung der Werkstoffe benachbarter Teile infolge der in der Tabelle angegebenen Temperatur entsteht (Quelle: DIN VDE 0100-540:1991-11)

In den Tabellen C1 bis C4 bedeuten:

ϑ_i Anfangstemperatur am Leiter in °C zu Beginn des Kurzschlussstroms
ϑ_a Betriebstemperatur bei normaler Belastung in °C
ϑ_e Zulässige Höchsttemperatur am Leiter in °C im Kurzschlussfall
NR   Natur-Kautschuk
SR   Synthetischer Kautschuk
VPE   Isolierung aus vernetztem Polyethylen
EPR   Isolierung aus Ethylen-Propylen-Kautschuk
IIK   Isolierung aus Butyl-Kautschuk
k Materialbeiwert in $A \cdot \sqrt{s}/mm^2$

23.3.2 Verfahren zur Ermittlung des Materialbeiwerts

Der Materialbeiwert wird durch folgende Gleichung bestimmt:

$$k = \sqrt{\frac{Q_c\,(B + 20\,°C)}{\rho_{20}} \cdot \ln\left(1 + \frac{\vartheta_e - \vartheta_a}{B + \vartheta_a}\right)} \qquad \text{(C1)}$$

Es bedeuten:
k Materialbeiwert in $A\sqrt{s}/mm^2$
Q_c Wärmekapazität des Leiterwerkstoffs in $J/(K\,mm^3)$ (siehe **Tabelle C5**)
B Reziprokwert des Temperaturkoeffizienten des spezifischen Widerstands bei 0 °C für den Leiterwerkstoff in K (siehe Tabelle C5)
ρ_{20} spezifischer Widerstand des Leiterwerkstoffs bei 20 °C in Ω mm (siehe Tabelle C5)
ϑ_a Anfangstemperatur des Leiters in °C
ϑ_e Endtemperatur (zulässige Höchsttemperatur) des Leiters in °C

Leiter- werkstoff	B in K	Q_c in $J/(°C\,mm^3)$	ρ_{20} in Ω mm	$\sqrt{\dfrac{Q_c\,(B+20\,°C)}{\rho_{20}}}$ in $A\sqrt{s}/mm^2$
Kupfer	234,5	$3{,}45 \cdot 10^{-3}$	$17{,}241 \cdot 10^{-6}$	226
Aluminium	228	$2{,}5 \cdot 10^{-3}$	$28{,}264 \cdot 10^{-6}$	148
Blei	230	$1{,}45 \cdot 10^{-3}$	$214 \cdot 10^{-6}$	42
Stahl	202	$3{,}8 \cdot 10^{-3}$	$138 \cdot 10^{-6}$	78

Tabelle C5 Rechenwerte für den Materialbeiwert k
(Quelle: DIN VDE 0100-540:1991-11)

In vorliegendem Fall wird – infolge internationaler Festlegungen – für ρ_{20} mit geringfügig anderen Werten gerechnet als national üblich:

- Für Kupfer wird in Anhang C mit

  $\rho_{20} = 1/58\ \Omega\ mm^2/m = 0{,}017241\ \Omega\ mm^2/m$

  gerechnet, während im nationalen Bereich mit

  $\rho_{20} = 1/56\ \Omega\ mm^2/m = 0{,}017857\ \Omega\ mm^2/m$

  gerechnet wird.

- Für Aluminium wird in Anhang C mit

  $\rho_{20} = 1/35{,}3\ \Omega\ mm^2/m = 0{,}028264\ \Omega\ mm^2/m$

  gerechnet, während im nationalen Bereich mit

  $\rho_{20} = 1/35{,}4\ \Omega\ mm^2/m = 0{,}028249\ \Omega\ mm^2/m$

für Freileitungen und

$\rho_{20} = 1/33 \ \Omega \ mm^2/m = 0{,}030303 \ \Omega \ mm^2/m$

für Kabel gerechnet wird.

Die Unterschiede sind unerheblich, wenn die in der Praxis übliche Genauigkeit betrachtet wird.

23.4 Anhang D: Berechnung des größten Kurzschlussstroms

23.4.1 Grundlagen

Die Ermittlung der höchsten Beanspruchung einer Anlage erfordert die Berechnung der größten Dauerkurzschlussströme und der Stoßkurzschlussströme, wobei je nach Art und Aufbau der Anlage der ein-, zwei- oder dreipolige Dauer- oder Stoßkurzschlussstrom die höchste Beanspruchung ergeben kann. Die verschiedenen Kurzschlussarten sind in **Bild D.1** dargestellt.

Bild D1 Kurzschlussarten

Die Grundlagen der Berechnung der verschiedenen Kurzschlussströme in Anlagen bis 1000 V sind in DIN VDE 0102-2 festgelegt; vergleiche hierzu auch die Berechnung des kleinsten einpoligen Kurzschlussstroms, die in Anhang A beschrieben ist. Die bei der Berechnung des kleinsten einpoligen Kurzschlussstroms eingeführte Vereinfachung einer „arithmetischen Addition" von Impedanzwerten

$Z = Z_T + Z_A + Z_{PEN}$

ist bei der Berechnung des größten Dauerkurzschlussstroms nicht zulässig. Ebenso ist es nicht zulässig, die Impedanz des vorgelagerten Netzes zu vernachlässigen.

Für die Berechnung der verschiedenen Dauerkurzschlussströme sind folgende Gln. (D1) bis (D6) anzuwenden:

- Für den größten einpoligen Dauerkurzschlussstrom

$$I_{k1pol} = \frac{c \cdot U}{\sqrt{3} \cdot Z_{k1pol}} \tag{D1}$$

$$Z_{k1pol} = \sqrt{R_k^2 + X_k^2} = \sqrt{(R_Q + R_T + R_A + R_{PEN})^2 + (X_Q + X_T + X_A + X_{PEN})^2} \tag{D2}$$

- Für den größten zweipoligen Dauerkurzschlussstrom

$$I_{k2pol} = \frac{c \cdot U}{2 \cdot Z_{k2pol}} \tag{D3}$$

$$Z_{k2pol} = \sqrt{R_k^2 + X_k^2} = \sqrt{(R_Q + R_T + R_A)^2 + (X_Q + X_T + X_A)^2} \tag{D4}$$

- Für den größten dreipoligen Dauerkurzschlussstrom

$$I_{k3pol} = \frac{c \cdot U}{\sqrt{3} \cdot Z_{k3pol}} \tag{D5}$$

$$Z_{k3pol} = Z_{k2pol} \tag{D6}$$

In den Gln. (D1) bis (D6) bedeuten:

I_k	größter Dauerkurzschlussstrom in A, kA (einpolig, zweipolig, dreipolig)
U	Spannung zwischen den Außenleitern in V
c	Faktor 1,0
Z_k	Kurzschlussimpedanz in Ω, mΩ (einpolig, zweipolig, dreipolig)
R_Q, X_Q	Ohm'scher, induktiver Widerstand des vorgelagerten Netzes in Ω, mΩ
R_T, X_T	Ohm'scher, induktiver Widerstand des Transformators in Ω, mΩ
	Die Ermittlung der Widerstände des vorgelagerten Netzes und der Transformatorenwiderstände ist in Anhang A beschrieben
R_A, X_A	Ohm'scher, induktiver Widerstand des Außenleiters in Ω, mΩ
R_{PEN}, X_{PEN}	Ohm'scher, induktiver Widerstand des PEN-Leiters in Ω, mΩ

Die Ohm'schen Widerstände für die Leitungen sind für eine Leitertemperatur von 20 °C zu ermitteln; für häufig vorkommende Kabel (NYY, NAYY) sind Ohm'sche und induktive Widerstände in Ω/km in **Tabelle D1** dargestellt.

Querschnitt S	NYY			NAYY		
	Resistanz	Reaktanz	Impedanz	Resistanz	Reaktanz	Impedanz
in mm^2	r	x	z	r	x	z
4 × 10	1,810	0,094	1,812	–	–	–
4 × 16	1,141	0,090	1,145	–	–	–
4 × 25	0,724	0,086	0,729	1,201	0,086	1,204
4 × 35	0,526	0,083	0,533	0,876	0,083	0,880
4 × 50	0,389	0,083	0,398	0,642	0,083	0,647
4 × 70	0,271	0,082	0,283	0,444	0,082	0,451
4 × 95	0,197	0,082	0,213	0,321	0,082	0,331
4 × 120	0,157	0,080	0,176	0,255	0,080	0,267
4 × 150	0,125	0,080	0,148	0,208	0,080	0,223
4 × 185	0,101	0,080	0,129	0,167	0,080	0,185
4 × 240	0,077	0,079	0,110	0,131	0,079	0,153
4 × 300	0,063	0,079	0,101	0,107	0,079	0,133
Die Umrechnung der Wirkwiderstandswerte auf andere Temperaturen ist in Abschnitt 22.6 (Anlage F) beschrieben						

Tabelle D1 Widerstände in Ω/km bei 20 °C Leitertemperatur für NYY und NAYY (Quelle: DIN EN 60909-0 (VDE 0102):2002-07)

Neben dem Querschnitt der Leiter sowie deren Anordnung hinsichtlich Abstand und Länge der Festpunkte ist der Stoßkurzschlussstrom von besonderer Wichtigkeit. **Bild D2** zeigt den prinzipiellen zeitlichen Verlauf des Kurzschlussstroms bei generatorfernem und generatornahem Kurzschluss.

Die Berechnung des Stoßkurzschlussstroms erfolgt nach der Beziehung:

$$i_p = \varkappa \cdot \sqrt{2} \cdot I_k \tag{D7}$$

Darin bedeuten:

i_p Stoßkurzschlussstrom in kA; größter auftretender Scheitelwert des Kurzschlussstroms (Bild D2)

I_k Dauerkurzschlussstrom in kA

$\varkappa$ Stoßziffer; Faktor zur Ermittlung des Stoßkurzschlussstroms, ergibt sich aus dem Verhältnis der Ohm'schen und induktiven Widerstände der Kurzschlussbahn **(Bild D3)**

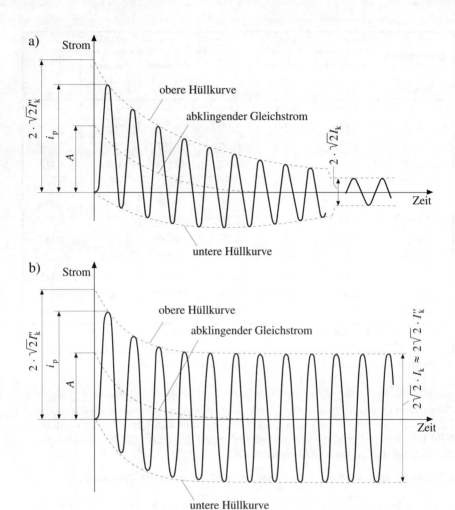

Bild D2 Verlauf des Kurzschlussstroms (Quelle: DIN EN 60909-0 (VDE 0102):2002-07)
a)   generatornaher Kurzschluss
b)   generatorferner Kurzschluss
I_k'' Anfangs-Kurzschlusswechselstrom
i_p Stoßkurzschlussstrom
I_k Dauerkurzschlussstrom
A Anfangswert des Gleichstroms

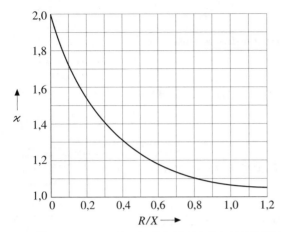

Bild D3 Stoßziffer (Quelle: DIN EN 60909-0 (VDE 0102):2002-07)

23.4.2 Beispiel zur Berechnung der größten Kurzschlussströme

Aufgabe:
Für die in Abschnitt 23.1.2 behandelte Anlage (siehe Bild A1) sollen die größten Kurzschlussströme (Dauerkurzschlussströme und Stoßkurzschlussströme) bei einpoligem, zweipoligem und dreipoligem Kurzschluss berechnet werden.

Lösung:
Die Widerstände der Sammelschienen und der Verbindungsleitungen von den Transformatoren zu den Sammelschienen werden vernachlässigt. Die verschiedenen Dauerkurzschlussströme werden nach den Gln. (D1) bis (D6) berechnet. Die Stoßkurzschlussströme werden nach Gl. (D7) und Bild D3 ermittelt.

Widerstände des vorgelagerten Netzes

Die Widerstände des vorgelagerten Netzes, bezogen auf die Niederspannung (400 V), werden, wie in Abschnitt 23.1.2 gezeigt, ermittelt. Es sind:

$X_Q = 0{,}64$ mΩ

$R_Q = 0{,}064$ mΩ

Widerstände der Transformatoren

Hier ist davon auszugehen, dass eine Parallelschaltung der Transformatoren T1 und T2 vorliegt. Die Einzelwiderstände sind nach den Gln. (A4) und (A5) sowie Tabelle A1 für:

- Transformator 1

$$R_{T1} = \frac{u_r \cdot U^2}{S_n \cdot 10^5} = \frac{1{,}15 \cdot 400^2}{400 \cdot 10^5} \Omega = 0{,}0046\,\Omega = 4{,}6\,m\Omega$$

$$X_{T1} = \frac{u_s \cdot U^2}{S_n \cdot 10^5} = \frac{3{,}83 \cdot 400^2}{400 \cdot 10^5} \Omega = 0{,}01532\,\Omega = 15{,}32\,m\Omega$$

- Transformator 2

$$R_T = \frac{u_r \cdot U^2}{S_n \cdot 10^5} = \frac{1{,}03 \cdot 400^2}{630 \cdot 10^5} \Omega = 0{,}002616\,\Omega = 2{,}616\,m\Omega$$

$$X_T = \frac{u_s \cdot U^2}{S_n \cdot 10^5} = \frac{3{,}86 \cdot 400^2}{630 \cdot 10^5} \Omega = 0{,}009803\,\Omega = 9{,}803\,m\Omega$$

- Transformator 1 parallel Transformator 2

$$R_T = \frac{R_{T1} \cdot R_{T2}}{R_{T1} + R_{T2}} = \frac{4{,}6\,m\Omega \cdot 2{,}616\,m\Omega}{4{,}6\,m\Omega + 2{,}616\,m\Omega} = 1{,}668\,m\Omega$$

$$X_T = \frac{X_{T1} \cdot X_{T2}}{X_{T1} + X_{T2}} = \frac{15{,}32\,m\Omega \cdot 9{,}803\,m\Omega}{15{,}32\,m\Omega + 9{,}803\,m\Omega} = 5{,}978\,m\Omega$$

Widerstände des Leitungsnetzes

Die Widerstände des Kabels werden für 20 °C Leitertemperatur nach den Gln. (A9) und (A10) sowie der Tabelle D1 ermittelt. Es sind:

$R_L = R_A = R_{PEN} = r \cdot L \cdot 10^{-3} = 0{,}077\ \Omega/\text{km} \cdot 460\ \text{m} \cdot 10^{-3}$
$= 0{,}03542\ \Omega = 35{,}42\ m\Omega$

$X_L = X_A = X_{PEN} = x \cdot L \cdot 10^{-3} = 0{,}079\ \Omega/\text{km}\ 460\ \text{m} \cdot 10^{-3}$
$= 0{,}03634\ \Omega = 36{,}34\ m\Omega$

Gesamtwiderstände der Kurzschluss-Strombahnen

Die Gesamtwiderstände der Kurzschluss-Strombahnen und die verschiedenen Kurzschlussströme werden nach den Gln. (D1) bis (D6) ermittelt.

- Für den einpoligen Kurzschluss gilt:

$$Z_{k1pol} = \sqrt{\left(R_Q + R_T + R_A + R_{PEN}\right)^2 + \left(X_Q + X_T + X_A + X_{PEN}\right)^2}$$
$$= \sqrt{\Sigma R_k^2 + \Sigma X_k^2}$$

Die Einzelsummen sind:

$\Sigma R_k = 0{,}064\,\text{m}\Omega + 1{,}668\,\text{m}\Omega + 35{,}42\,\text{m}\Omega + 35{,}42\,\text{m}\Omega = 72{,}572\,\text{m}\Omega$

$\Sigma X_k = 0{,}64\,\text{m}\Omega + 5{,}978\,\text{m}\Omega + 36{,}34\,\text{m}\Omega + 36{,}34\,\text{m}\Omega = 79{,}298\,\text{m}\Omega$

$Z_{k1\text{pol}} = \sqrt{(72{,}572\,\text{m}\Omega)^2 + (79{,}298\,\text{m}\Omega)^2} = 107{,}492\,\text{m}\Omega$

Damit wird der einpolige Dauerkurzschlussstrom nach Gl. (D1):

$I_{k1\text{pol}} = \dfrac{c \cdot U}{\sqrt{3} \cdot Z_{k1\text{pol}}} = \dfrac{1{,}0 \cdot 400\,\text{V}}{\sqrt{3} \cdot 107{,}492\,\text{m}\Omega} = 2{,}148\,\text{kA}$

Das Verhältnis R/X für den einpoligen Kurzschluss ist:

$\dfrac{R}{X} = \dfrac{72{,}572\,\text{m}\Omega}{79{,}298\,\text{m}\Omega} = 0{,}915$

womit nach Bild D3 die Stoßziffer $\varkappa = 1{,}09$ wird. Damit ist der einpolige Stoßkurzschlussstrom nach Gl. (D7):

$i_{k1\text{pol}} = \varkappa \cdot \sqrt{2} \cdot I_{k1\text{pol}} = 1{,}09 \cdot \sqrt{2} \cdot 2{,}148\,\text{kA} = 3{,}281\,\text{kA}$

- Für den zweipoligen Kurzschluss gilt:

$Z_{k2\text{pol}} = \sqrt{\left(R_Q + R_T + R_A\right)^2 + \left(X_Q + X_T + X_A\right)^2} = \sqrt{\Sigma R_k^2 + \Sigma X_k^2}$

Die Einzelsummen sind:

$\Sigma R_k = 0{,}064\,\text{m}\Omega + 1{,}668\,\text{m}\Omega + 35{,}42\,\text{m}\Omega = 37{,}152\,\text{m}\Omega$

$\Sigma X_k = 0{,}64\,\text{m}\Omega + 5{,}978\,\text{m}\Omega + 36{,}34\,\text{m}\Omega = 42{,}958\,\text{m}\Omega$

$Z_{k2\text{pol}} = \sqrt{(37{,}152\,\text{m}\Omega)^2 + (42{,}958\,\text{m}\Omega)^2} = 56{,}795\,\text{m}\Omega$

Damit wird der zweipolige Dauerkurzschlussstrom nach Gl. (D3):

$I_{k2\text{pol}} = \dfrac{c \cdot U}{2 \cdot Z_{k2\text{pol}}} = \dfrac{1{,}0 \cdot 400\,\text{V}}{2 \cdot 56{,}795\,\text{m}\Omega} = 3{,}521\,\text{kA}$

Das Verhältnis R/X für den zweipoligen Kurzschluss ist:

$$\frac{R}{X} = \frac{37{,}153\,\text{m}}{42{,}957\,\text{m}} = 0{,}865$$

womit nach Bild D3 eine Stoßziffer von $\varkappa = 1{,}09$ abgelesen wird. Der zweipolige Stoßkurzschlussstrom ist damit nach Gl. (D7):

$$i_{k2\,\text{pol}} = \varkappa \cdot \sqrt{2} \cdot I_{k2\,\text{pol}} = 1{,}09 \cdot \sqrt{2} \cdot 3{,}521\,\text{kA} = 5{,}428\,\text{kA}$$

- Für den dreipoligen Kurzschluss gilt:

$$Z_{k3\text{pol}} = Z_{k2\text{pol}} = 56{,}795\,\text{m}\Omega$$

Der dreipolige Dauerkurzschlussstrom nach Gl. (D5) ist:

$$I_{k3\,\text{pol}} = \frac{c \cdot U}{\sqrt{3} \cdot Z_{k3\,\text{pol}}} = \frac{1{,}0 \cdot 400\,\text{V}}{\sqrt{3} \cdot 56{,}795\,\text{m}\Omega} = 4{,}066\,\text{kA}$$

Das Verhältnis R/X beträgt, wie beim zweipoligen Kurzschluss, $R/X = 0{,}865$, womit sich der Wert für die Stoßziffer mit $\varkappa = 1{,}09$ ergibt. Der dreipolige Stoßkurzschlussstrom ist damit:

$$i_{k3\,\text{pol}} = \varkappa \cdot \sqrt{2} \cdot I_{k3\,\text{pol}} = 1{,}09 \cdot \sqrt{2} \cdot 4{,}066\,\text{kA} = 6{,}268\,\text{kA}$$

23.5 Anhang E: Spannungsfall

In Abschnitt 12.2 „Spannungsfall in Verbraucheranlagen" ist ein Berechnungsverfahren angegeben, das speziell auf 400/230-V-Anlagen zugeschnitten ist. Eine weitere Möglichkeit, den Spannungsfall für beliebige Spannungen bis 1000 V Wechselspannung und beliebige Ströme zu berechnen, bieten die Tabellen mit normierten Werten nach DIN VDE 0100 Beiblatt 5. Die in DIN VDE 0100 Beiblatt 5 angegebene Tabelle 25 für Kupferkabel ist hier als **Tabelle E1** und Tabelle 26 ist hier als **Tabelle E2** wiedergegeben. Die Tabellen geben normierte Werte für $U_n = 1$ V und $I_r = 1$ A für verschiedene vorgegebene Spannungsfälle an. Die für einen beliebigen Anwendungsfall abgelesenen normierten Werte können in die maximal zulässige Stromkreislänge für jede beliebige Spannung (bis 1000 V) und jede beliebige Stromstärke umgerechnet werden. Es gilt:

$$L_{\text{max}} = I_{\text{norm}} \frac{U_n}{I_r} \qquad (\text{E1})$$

Es bedeuten:
L_{max} maximal zulässige Stromkreislänge in m
l_{norm} normierter Wert in m nach den Tabellen E1 und E2
U_n Nennspannung in V
I_r Bemessungsstrom in A

Leiter-nenn-querschnitt	Bemessungs-strom I_r	Spannungsfall ε in %				
		3	4	5	8	10
mm²	A	Normierte Länge l_{norm} in m				
1,5	1	1,42	1,90	2,37	3,80	4,75
2,5	1	2,37	3,16	3,95	6,33	7,91
4	1	3,80	5,06	6,33	10,13	12,66
6	1	5,71	7,62	9,52	15,24	19,04
10	1	9,56	12,74	15,93	25,48	31,85
16	1	15,13	20,18	25,22	40,35	50,44
25	1	23,76	31,68	39,59	63,35	79,19
35	1	32,53	43,37	54,21	86,74	108,42
50	1	43,55	58,06	72,58	116,12	145,15
70	1	61,17	81,57	101,96	163,13	203,91
95	1	81,17	108,23	135,28	216,45	270,57
120	1	98,30	131,06	163,83	262,12	327,65
150	1	114,11	152,14	190,18	304,28	380,35

Die Tabelle kann mit hinreichender Genauigkeit auch für NYM-Leitungen verwendet werden.

Tabelle E1 Kabel- und Leitungslängen bei vorgegebenem Spannungsfall.
Normierte Werte für vieradrige NYY-Kabel nach DIN VDE 0271 (VDE 0271) mit Nennspannung 0,6/1 kV, Drehstrom, 50 Hz
Für den Einphasen-Wechselstromkreis ist L_{max} mit dem Faktor 0,5 zu multiplizieren.
(Quelle: DIN VDE 0100 Beiblatt 5:1995-11)

Leiter-nenn-querschnitt mm²	Bemessungs-strom I_r A	Spannungsfall ε in %				
		3	4	5	8	10
		Normierte Länge l_{norm} in m				
16	1	9,15	12,20	15,25	24,40	30,52
25	1	14,38	19,18	23,97	38,36	47,82
35	1	19,68	26,25	32,81	52,49	65,50
50	1	26,76	35,68	44,59	71,35	89,19
70	1	38,36	51,15	63,94	102,30	128,48
95	1	52,28	69,71	87,13	139,41	174,22
120	1	64,81	86,41	108,02	172,82	215,95
150	1	77,72	103,63	129,54	207,26	262,98

Tabelle E2 Kabel- und Leitungslängen bei vorgegebenem Spannungsfall.
Normierte Werte für vieradrige NAYY-Kabel nach DIN VDE 0271 (VDE 0271) mit Nennspannung 0,6/1 kV, Drehstrom, 50 Hz
Für den Einphasen-Wechselstromkreis ist L_{max} mit dem Faktor 0,5 zu multiplizieren.
(Quelle: DIN VDE 0100 Beiblatt 5:1995-11)

Beispiel:
Für eine Nennspannung von $U_n = 600$ V und einen Bemessungsstrom von $I_r = 200$ A ist die maximal zulässige Stromkreislänge bei einem Spannungsfall von $\varepsilon = 4$ % und NYY 4 × 150 mm² zu ermitteln.

Lösung:
Aus Tabelle E1 wird für die angegebenen Größen ein normierter Wert von $l_{norm} = 152,14$ m ermittelt. Damit errechnet sich eine maximal zulässige Stromkreislänge von:

$$L_{max} = 152,14\,\text{m}\,\frac{600}{200} = 456,42\,\text{m}$$

23.6 Anhang F: Umrechnung von Leiterwiderständen

Der Wirkwiderstand (Resistanz; Ohm'scher Widerstand) eines Leiters wird normalerweise für eine Leitertemperatur von 20 °C angegeben. Er errechnet sich nach der Beziehung:

$$R = \frac{L \cdot \rho}{S} = \frac{L}{\varkappa \cdot S} \tag{F1}$$

Es bedeuten:

R Wirkwiderstand in Ω
L Länge des Leiters in m
ρ spezifischer Widerstand des Leitermaterials in Ω mm²/m
$\varkappa$ Leitwert des Leitermaterials in m/(Ω mm²)
S Leiterquerschnitt in mm²

Die bei einer Leitertemperatur von 20 °C geltenden spezifischen Werte für ρ und $\varkappa$ sind in **Tabelle F1** dargestellt.

Leitermaterial	Freileitung		Kabel	
	ρ m/(Ω mm²)	$\varkappa$ Ω mm²/m	ρ m/(Ω mm²)	$\varkappa$ Ω mm²/m
Aluminium	35,4	0,02826	33,0	0,03030
Kupfer	56,0	0,01786	56,0	0,01786
E-AlMgSi[1)]	30,5	0,03280	–	–
Aluminium-Stahl	35,4	0,02826	–	–

[1)] E-AlMgSi = Aldrey

Tabelle F1 ρ- und $\varkappa$-Werte für Leitermaterialien bei 20 °C

Für die Temperaturabhängigkeit des spezifischen Widerstands gelten die Beziehungen:

Kupfer: $\quad\rho_\vartheta = \rho + 0{,}68 \cdot 10^{-4}\ \text{K}^{-1}\ (\vartheta - 20\ °\text{C})\quad$ in Ω mm²/m $\tag{F2}$

Aluminium: $\quad\rho_\vartheta = \rho + 1{,}1 \cdot 10^{-4}\ \text{K}^{-1}\ (\vartheta - 20\ °\text{C})\quad$ in Ω mm²/m $\tag{F3}$

Für die Praxis ist es ausreichend, den Wirkwiderstand eines Leiters bei einer anderen Temperatur nach folgender Beziehung umzurechnen:

$$R_\vartheta = R_{20}\,(1 + \alpha \cdot \Delta\vartheta), \tag{F4}$$

wobei:

R_ϑ Wirkwiderstand des Leiters bei der Temperatur ϑ in Ω
R_{20} Wirkwiderstand des Leiters bei 20 °C in Ω
α Temperaturkoeffizient bei 20 °C in 1/K (siehe **Tabelle F2**)

$\Delta\vartheta$ Temperaturdifferenz in K zwischen der Bezugstemperatur 20 °C und der Temperatur ϑ, für die der Wirkwiderstand ermittelt werden soll,

$$\Delta\vartheta = \vartheta - 20\ °C$$

Über die physikalischen Zusammenhänge kann mit der Beziehung

$$\alpha_\vartheta = \frac{1}{B+\vartheta} \quad \text{in 1/K} \tag{F5}$$

ein gemessener Leiterwiderstand von der während der Messung herrschenden Leitertemperatur auf die Bezugstemperatur von 20 °C umgerechnet werden:

Für Kupferleiter gilt:

$$R_{20} = R_\vartheta \frac{254{,}5\ °C}{234{,}5\ °C + \vartheta} \tag{F6}$$

Für Aluminiumleiter gilt:

$$R_{20} = R_\vartheta \frac{248\ °C}{228\ °C + \vartheta} \tag{F7}$$

In den Gln. (F5), (F6) und (F7) bedeuten:

R_{20} Wirkwiderstand des Leiters bei 20 °C in Ω

R gemessener Wirkwiderstand des Leiters bei der Temperatur ϑ in Ω

ϑ Temperatur des Leiters bei der Messung in K

α Temperaturkoeffizient bei der Temperatur ϑ in 1/K

B Reziprokwert des Temperaturkoeffizienten bei 0 °C in °C
     (siehe Tabelle F2),

$$B = 1/\alpha_0 \tag{F8}$$

α_0 Temperaturkoeffizient bei der Temperatur 0 °C in °C
     (siehe Tabelle F2)

Beispiel:
Die Umrechnung des Wirkwiderstands eines Kupferleiters von 20 °C auf 80 °C ergibt sich zu:

$$R_{80} = R_{20}\,(1 + \alpha \cdot \Delta\vartheta)$$

$$\Delta\vartheta = 80\ °C - 20\ °C = 60\ K$$

damit wird:

$$R_{80} = R_{20}\left(1 + 0{,}00393\,\frac{1}{K} \cdot 60\,K\right) = R_{20} \cdot 1{,}2358$$

$$R_{80} = 1{,}2358 \cdot R_{20}$$

Leitermaterial	α 1/K	α_0 °C	$B = \dfrac{1}{\alpha_0}$ 1/°C
Aluminium	$4{,}03 \cdot 10^{-3}$	$4{,}38 \cdot 10^{-3}$	228
Kupfer	$3{,}93 \cdot 10^{-3}$	$4{,}26 \cdot 10^{-3}$	234,5

Tabelle F2 Rechenwerte für Leitermaterialien

23.7 Literatur zu Kapitel 23

[1] Roeper, R.: Kurzschlussströme in Drehstromnetzen. Berlin/München: Siemens Aktiengesellschaft, 1984
[2] Pistora, G.: Berechnung von Kurzschluss-Strömen und Spannungsfällen. VDE-Schriftenreihe, Bd. 118. Berlin und Offenbach: VDE VERLAG, 2004

24 Abkürzungen

AC
Alternating current
de: Wechselstrom

AK
Arbeitskreis

Al
Aluminium

ARGEBAU
Arbeitsgemeinschaft der für Städtebau, Bau- und Wohnungswesen zuständigen Minister und Senatoren der 16 Länder in der Bundesrepublik Deutschland

BGB
Bürgerliches Gesetzbuch

CEN
Comité Européen de coordination des Normes
de: Europäisches Komitee für Normung

CENELEC
Comité Européen de Normalisation Electrotechnique
de: Europäisches Komitee für elektrotechnische Normung

CTI
Comparative Tracking Index

Cu
Cuprum
de: Kupfer

DC
Direct current
de: Gleichstrom

de
Deutsch

DI-Schalter
Differenzstrom-Schutzschalter

DIN
Deutsches Institut für Normung e.V.

DKE
Deutsche Kommission Elektrotechnik Elektronik Informationstechnik im DIN und VDE, früher: Deutsche Elektrotechnische Kommission im DIN und VDE

EG
Europäische Gemeinschaft

EKG
Elektrokardiogramm

ELV
Extra-low voltage
de: Kleinspannung

EMI
Electromagnetic Inferences
de: Elektromagnetische Störungen

EMV
Elektromagnetische Verträglichkeit

en
Englisch

EN
European Standard
de: Europäische Norm

ENEC
European Norms Electrical Certification
de: Europäische Normen für elektrotechnische Zertifizierung

EPR
Ethylen-Propylen-Rubber
de: Ethylen-Propylen-Kautschuk

ESD
Electrostatic discharge
de: Elektrostatische Entladungen

ETFE
Ethylen-Tetrafluorethylen

EU
Europäische Union

EVU
Elektrizitäts-Versorgungs-Unternehmen

FELV
Functional extra-low voltage
de: Funktionskleinspannung

Fe
Ferrum
de: Eisen

FI-Schalter
Fehlerstrom-Schutzschalter

G
Gummi

GDV
Gesamtverband der Deutschen Versicherungswirtschaft e.V. (früher VdS)

GPSG
Geräte- und Produktensicherheitsgesetz

Gs
Gleichspannung

GSG
Gerätesicherheitsgesetz

HAK
Hausanschlusskasten

HD
Harmonization Document
de: Harmonisierungs-Dokument

HV
Hauptverteilung

IEC
International Electrotechnical Commission
de: Internationale Elektrotechnische Kommission

IEV
International Electrotechnical Vocabulary
de: Internationales Elektrotechnisches Wörterbuch

IIK
Butyl-Kautschuk

IMD
Insulation Monitoring Device
de: Isolationsüberwachungsgerät

ISO
International Organization for Standardization
de: Internationale Organisation für Normung

K
Komitee

L
Außenleiter

LEMP
Lightning-electromagnetic pulse
de: Atmosphärische Entladung

LS-Schalter
Leitungsschutzschalter

MBO
Musterbauordnung

MLAR
Muster-Richtlinie über brandschutztechnische Anforderungen an Leitungsanlagen
Muster-Leitungsanlagen-Richtlinie

MSR-Anlagen
Mess-, Steuer- und Regelanlagen

N
Neutralleiter

NN
Normalnull (Meereshöhe)

NEMP
Nuclear-electromagnetic pulse
de: Nuklear-elektromagnetischer Impuls; Nuklearexplosion

NH-Sicherung
Niederspannungs-Hochleistungssicherung

NR
Natural-Rubber
de: Natur-Kautschuk (Natur-Gummi)

PA
Potentialausgleichsleiter

PAS
Potentialausgleichsschiene

Pb
Plumbum
de: Blei

PE
Polyethylen

PE
Schutzleiter

PELV
Protection extra-low voltage
de: Funktionskleinspannung

PEN
PEN-Leiter (Null-Leiter)

PRCD
Portable residual current protective device
de: Ortsveränderliche Differenzstrom-/Fehlerstrom-Schutzeinrichtung

PVC
Polyvinylchlorid

RCBO
Residual current operated circuit-breaker with integral overcurrent protection
de: FI- oder DI-Schalter mit eingebautem Überstromauslöser (FI/LS- oder DI/LS-Schalter)

RCCB
Residual current operated circuit-breaker without integral overcurrent protection
de: FI- oder DI-Schalter ohne eingebauten Überstromauslöser

RCD
Residual current protective device
de: Differenzstrom-Schutzeinrichtung/Fehlerstrom-Schutzeinrichtung

RCM
Residual current monitor for household and similar uses
de: Differenzstrom-Überwachungsgerät

SELV
Safety extra-low voltage
de: Schutzkleinspannung

SEMP
Switching-electromagnetic pulse
de: Schaltüberspannung

SIR oder SiR
Silicon-Rubber
de: Silikon-Kautschuk

SPD
Surge protective device
de: Überspannungsschutzgerät

SR
Synthetic-Rubber
de: Synthetischer Kautschuk (Synthetik-Gummi)

TÜV
Technischer Überwachungsverein

UC
Universal current
de: Allstrom

UK
Unterkomitee

ÜSE
Überspannungsschutzeinrichtung

ÜSE
Überstrom-Schutzeinrichtung

ÜSG
Überspannungsschutzgerät

VDE
Verband der Elektrotechnik Elektronik Informationstechnik e.V.

VDEW
heute: Verband der Elektrizitätswirtschaft e.V.
früher: Vereinigung Deutscher Elektrizitätswerke e.V.

VdS
heute: GDV, Gesamtverband der Deutschen Versicherungswirtschaft e.V.
früher: Verband der Sachversicherer e.V.

VdTÜV
Vereinigung der technischen Überwachungsvereine

VNB
Versorgungsnetzbetreiber

VPE
Vernetztes Polyethylen

Ws
Wechselspannung

ZVEH
Zentralverband der Deutschen Elektro- und Informationstechnischen Handwerke e.V.

ZVEI
Zentralverband der Elektrotechnik- und Elektronik-Industrie e.V.

25 Weiterführende Literatur

[1] Grütz, A. (Hrsg.): Jahrbuch Elektrotechnik. Erscheint seit 1982 jährlich. Berlin und Offenbach: VDE VERLAG

[2] Rudolph, W.: Safety of Electrical Installations up to 1000 V; Sicherheit für elektrische Anlagen bis 1000 V. Berlin und Offenbach: VDE VERLAG, 1990

[3] Deutsches Institut für Normung e.V. (Hrsg.): DIN Normen für das Handwerk Band 2, Elektrotechniker-Handwerk. 7. Aufl., Berlin/Köln: Beuth-Verlag GmbH, 2002

[4] VDE VERLAG (Hrsg.): Wo steht was im VDE-Vorschriftenwerk? VDE-Schriftenreihe, Bd. 1. 23. Aufl., Berlin und Offenbach: VDE VERLAG, 2005

[5] Verordnung über Allgemeine Bedingungen für die Elektrizitätsversorgung von Tarifkunden (AVBEltV) vom 21. Juni 1979. Frankfurt am Main: VWEW-Verlag

[6] VDEW (Hrsg.): Technische Anschlussbedingungen für den Anschluss an das Niederspannungsnetz, TAB 2000. Frankfurt am Main: VWEW-Verlag, 2000

[7] Vogt, D.: Elektro-Installation in Wohngebäuden. VDE-Schriftenreihe, Bd. 45. 6. Aufl., Berlin und Offenbach: VDE VERLAG, 2005

[8] Siemens Aktiengesellschaft (Hrsg.): Schalten, Schützen, Verteilen in Niederspannungsnetzen. 2. Aufl., Berlin und München: Siemens AG, 1990

[9] Warner, A.: Kurzzeichen an elektrischen Betriebsmitteln. VDE-Schriftenreihe, Bd. 15. 4. Aufl., Berlin und Offenbach: VDE VERLAG, 1992

[10] Cichowski, R. R.; Krefter, K.-H.: Lexikon der Installationstechnik. VDE-Schriftenreihe, Bd. 52. 2. Aufl., Berlin und Offenbach: VDE VERLAG, 1999

[11] Schröder, B.: Wo steht was in DIN VDE 0100? VDE-Schriftenreihe, Bd. 100. 3. Aufl., Berlin und Offenbach: VDE VERLAG, 2000

[12] Seip, G. G. (Hrsg.): Elektrische Installationstechnik. Teil 1: Energieversorgung und -verteilung; Teil 2: Installationsanlagen, -geräte und -systeme, Beleuchtungstechnik, Schutzmaßnahmen. 3. Aufl., Siemens Aktiengesellschaft, Berlin und München, 1993

[13] Rudolph, W.; Winter, O.: EMV nach VDE 0100. VDE-Schriftenreihe, Bd. 66. 3. Aufl., Berlin und Offenbach: VDE VERLAG, 2000

[14] Rudolph, W.: Einführung in DIN VDE 0100. VDE-Schriftenreihe, Bd. 39. 2. Aufl., Berlin und Offenbach: VDE VERLAG, 1999

[15] Krefter, K.-H.: DIN VDE 0100. VDE-Schriftenreihe, Bd. 105. 2. Aufl., Berlin und Offenbach: VDE VERLAG, 2005

[16] Kiefer, G.: VDE 0100 und die Praxis. 11. Aufl., Berlin und Offenbach: VDE VERLAG, 2003

[17] Müller, R.: Elektrotechnik, Lexikon für die Praxis. Berlin und Offenbach: VDE VERLAG, 2002

[18] Hösl, A.; Ayx, R.; Busch, H. W.: Die vorschriftsmäßige Elektroinstallation. 18. Aufl., Heidelberg: Hüthig Verlag

26 Stichwortverzeichnis

A

Abdeckungen 42
Abdeckungen, Schutz durch 86
abgeschlossene elektrische
  Betriebsstätten 52
Ableiter 378
Ableiterbemessungsspannungen 162
Ableitstrom 47
Abschaltzeiten
– in IT-Systemen 106
– in TN-Systemen 95
– in TT-Systemen 100
– RCCB und RCBO 356
Abschottung für Kabel- und
  Rohrsysteme 393
Abstand, Schutz durch 87
Aderleitungen 222
adiabatische Erwärmung 131, 262
aktive Teile 42
allstromsensitiver Fehlerstrom-
  Schutzschalter 354
aM-Sicherungen 316
Anbringung von Leuchten 286
Änderung elektrischer Geräte 295
Anfangskurzschlusswechsel-
  stromleistung 401
Anforderungen an
– Isolationsüberwachungsgeräte 370
– Niederspannungssicherungen 314
Anlagen 40
– im Freien 52
– im Wohnungsbereich 188

Anordnung
– der Kurzschluss-Schutz-
  einrichtungen 266
– von Kontaktbuchsen für
  Steckdosen 311
– von Neutralleiter und
  Schutzleiter 66
Anschlussstellen 236
Anwendungsbereich der
  DIN VDE 0100 33
Anwendungsbereiche von
  Leitungen 199
Anzeiger 321
Anzeigevorrichtungen 321
ARGEBAU 393
atmosphärische Entladungen 160
Aufschriften
– auf D- und D0-Sicherungen 334
– auf Isolationsüberwachungs-
  geräten 372
– auf Leuchten 290
– auf LS-Schaltern 343
– auf NH-Sicherungen 327
– auf Sicherungen 318
– von RCCB und RCBO 358
Aufteilung der PEN-Leiter 136
Ausbreitungswiderstand von
  Erdern 147
Auslöseregel 257
Auslösestrom 339
Ausschaltbereich von
  NH-Sicherungen 321
Ausschaltbereiche 315

441

Ausschaltcharakteristik für LS-
  Schalter 336
Ausschalten 51, 278 ff.
Ausschalten von Geräten 279
Ausschaltzeiten 317
– für LS-Schalter 341
– von D- und D0-Sicherungen 334
– von NH-Sicherungen 327
Außenleiter 49
äußere Einflüsse 70, 173
Auswahl der
  Schutzeinrichtungen 269
Auswahl elektrischer
  Betriebsmittel 171, 295

B

Basisisolierung 47, 74, 111
Basisschutz 43, 71, 85
Bauchkennmelder 321
bauliche
  Brandschutzmaßnahmen 393
Baustoffe 389
–, Brandverhalten 389
–, brennbare 390
–, nicht brennbare 390
Bauteile
–, Brandverhalten 391
Bearbeitungsmaschinen 214
Befestigung von Leuchten 291
Begriffe 39
Beharrungsstrom 43
Beharrungstemperatur 255
Beiblätter 24
Belastbarkeit
– von Kabeln 240

– von Leitungen 240
Belastungsgrad 241
Beleuchtungsanlagen 285
Beleuchtungsanlagen mit Niedervolt-
  Halogenlampen 294
Bemessung der Schutzleiter 129
Bemessung von Kabeln 239
Bemessung von Leitungen 239
Bemessungsausschaltvermögen 259,
  317
– von D- und D0-Sicherungen 333
– von NH-Sicherungen 326
Bemessungsdaten 39
Bemessungsfehlerschaltvermögen von
  RCCB und RCBO 357
Bemessungsfehlerstrom 352
Bemessungsnichtauslösefehlerstrom
  352
Bemessungsschaltvermögen
– für LS-Schalter 339
– von RCCB und RCBO 357
Bemessungsspannungen 44, 307, 314
Bemessungs-Stoßspannungen 178,
  181
Bemessungsstrom 46, 307, 315
Bemessungswerte 39, 314
– für D- und D0-Sicherungen 330
– für NH-Sicherungen 321
– von RCCB und RCBO 355
Benummerung von Normen 24
Berechnung
– des größten Kurzschlussstroms 417
– des kleinsten
  Kurzschlussstroms 401
– des Stoßkurzschlussstroms 419
– von Kurzschlussströmen in
  Drehstromnetzen 401
Berührungsschutz 64
Berührungsspannungen 45, 55, 57

Berührungsstrom 47, 75
Besichtigen 296
besondere Beleuchtungsanlagen 291
Betriebsbedingungen 172, 249
Betriebserder 141
Betriebserdung 51
betriebsfrequente
  Beanspruchungsspannungen 156
Betriebsisolierung 47, 111
Betriebsklasse von NH-
  Sicherungen 321
Betriebsklassen 315
betriebsmäßiges Schalten 52, 283
Betriebsmittel 40
Betriebsspannungen 45
Betriebsstätten
– , abgeschlossene elektrische 52
– , elektrische 52
– , feuergefährdete 395, 396
Betriebsstrom 46
Bildzeichen für Leuchten und
  Zubehör 288
Bleimantelleitungen 207
Bodenarten 142
Brandentstehung 392
Brandschutz 350, 353, 385
  – durch vorbeugende
    Installationstechnik 394
  – bei feuergefährdeten
    Betriebsstätten 396
Brandverhalten
– von Baustoffen 389
– von Bauteilen 391
brennbare Baustoffe 390

C

CENELEC 20
CE-Zeichen 32
Charakteristik für LS-Schalter 336

D

D- und D0-Sicherungen
– , Aufschriften 334
– , Ausschaltzeiten 334
– , Bemessungsausschalt-
  vermögen 333
– , Bemessungswerte 330
– , Durchlassstrom 334
– , Durchlassstromkennlinien 334
– , konventionelle Prüfzeiten 333
– , Leistungsabgabe 333
– , Prüfströme 333
– , Zeit-Strom-Bereiche 330
– , Zeit-Strom-Kennlinien 330
datierte Verweisung 30
Dauerkurzschlussstrom 417
– , dreipoliger 418
– , einpoliger 418
– , größter 418
– , zweipoliger 418
Dauerlast 241
Dauer-Strombelastbarkeit 46
Deutsche Kommission
  Elektrotechnik Elektronik Informati-
  onstechnik (DKE) 21
deutsche Normung 19
Deutsches Institut für Normung
  (DIN) 21

Differenzstrom 47
Differenzstrom-
 Schutzeinrichtungen 42, 349
Differenzstrom-Schutzschalter 349
– mit spannungsabhängiger
 Ausschaltung 351
DIN 21
direktes Berühren 43
DI-Schalter 349
DKE 21
D-Leuchte 289
Dokumentation der Prüfung 300
doppelte Isolierung 48, 74, 111
D0-Sicherungen 329
D0-System 329
D-Sicherungen 329
D-System 329
Durchlassenergie 341
Durchlassstrom 318
– von D- und D0-Sicherungen 334
– von NH-Sicherungen 327
Durchlassstrom-Kennlinien 318
– von D- und D0-Sicherungen 334
– von NH-Sicherungen 327
Durchlasswerte 346

E

einadrige mineralisolierte
 Leitungen 209
Einbau von Überspannungsschutz-
 einrichtungen 160
Einbaugerätestecker 312
Einbausteckdosen 312
eindrähtige Leiter 217
einfache Trennung 54

Einwirkungsdauer 55
elektrisch unabhängige Erder 50
elektrische Anlagen 40
– , Betriebsmittel 41
– , Betriebsstätten 52
– , Geräte als Zündquellen 387
– , Größen 64
– , Stromkreise 44
– , Verbrauchsmittel 41
elektrische Schutzschirmung 54
elektrischer Schlag 43
elektrischer Schutzschirm 54
elektrochemische Stromquellen 79
Elektro-Installationskanäle 226
Elektroinstallationsrohrsystem 223 ff.
elektromagnetische Auslöser 337
elektromagnetische Störungen,
 Schutz gegen 166
elektromechanische Schütze 313
elektrostatische Entladungen 160
elektrotechnische Begriffe 39
EMI 166
Endstromkreise 44
Endtemperatur 255
ENEC-Zeichen 31
Energiebegrenzungsklasse 341
Entladeenergie 43
Entladungslampen 286
Entstehungsbrand 392
Entwicklungsstufen eines
 Isolationsfehlers 387
Erdbodenwärmewiderstand 249
Erde 49
Erden 49
Erder 50
– , Materialien 152
– , Mindestquerschnitte 152
Erderarten 145
Erdschluss 53

Erdschlusskompensationen 157
erdschlusssicher 53
erdschlusssichere Verlegungen 234
Erdschlussstrom 156
Erdung 49
Erdungen 141
- in TN-Systemen 97
- in TT-Systemen 100
Erdungsanlagen 50, 141
Erdungsbedingungen
- der Körper 66
- der speisenden Stromquellen 66
- in IT-Systemen 105
Erdungsleiter 49, 137
Erdungsspannung 50
Erdungswiderstand 50
Ermittlung des Materialbeiwerts 416
Erproben 298
Erprobungen 295
Errichtung elektrischer
  Betriebsmittel 171, 295
Erstprüfungen 295
ETFE-Aderleitungen 208
Europäische Norm 20
europäische Normung 19
Europäisches Komitee für elektrotechnische Normung 20

F

fabrikfertige Schaltgeräte-
  Kombinationen 214
Farbe des Anzeigers 329
farbige Kennzeichnung
- von Kabeln 211
- von Leitungen 211

- von Steckvorrichtungen 310
Fassausleuchten und bewegliche
  Backofenleuchten 294
Fehlerarten 53
Fehlerschutz 43, 71, 91, 350, 353
Fehlerspannungen bei einem Erdschluss in Hochspannungsnetzen 159
Fehlerstrom 47
Fehlerstrom-Schutzeinrichtungen 42, 349
Fehlerstrom-Schutzschalter 349
Fehlerstrom-Schutzschalter mit netzspannungsunabhängiger
  Ausschaltung 351
feindrähtige Leiter 217
Feinschutz 382
feinstdrähtige Leiter 217
FELV 81
fest angebrachte Betriebsmittel 41
feuchte und nasse Räume 52
feuerbeständig 391
feuergefährdete Betriebsstätten 385, 395, 397
feuerhemmend 391
Feuerwiderstandsdauer 391
Feuerwiderstandsklassen 391
FI/LS-Schalter 349
Firmenkennfäden 210
FI-Schalter 349
F-Leuchte 289
flexible Leitungen 222
fremde leitfähige Teile 42
Fremdkörperschutz 64
Frequenzen 59, 173
Fundamenterder 50, 145, 151
Funkenstrecken 378
Funktionsisolierung 48

G

Ganzbereichssicherungen 315
Gefahren der Elektrizität 55
gefährliche aktive Teile 42
gefährlicher Körperstrom 47
Gehäuse 42
gemeinsame Erdungsanlagen 156
Generatoren 79
Geräte zum Trennen 277 f.
Geräteschutzschalter 313
Gerätesteckdosen 305
Gerätestecker 305
Gerätesteckvorrichtungen 306
Gesamterdungswiderstand 50
geschützte Anlagen im Freien 52
Gewitterhäufigkeit 165
gG-Sicherungen 316
Gleichspannung,
   oberschwingungsfreie 61
gleichzeitig berührbare Teile 42
Grenzwerte 39
GS-Zeichen 30
gTr-Sicherungen 316
Gummi-
– Aderleitungen 208
– Aderschnüre 206
– Flachleitungen 208
– Pendelschnüre 209
– Schlauchleitungen 207, 208
Gummi-isolierte
   Schweißleitungen 207
Gürtelkabel 194

H

Handbereich 43, 87
Handgeräte 41
harmonisierte Leitungen
– , Kurzzeichen 197
Harmonisierungsdokument 20
Haupterdungsklemmen 51
Haupterdungsschienen 51
Hauptpotentialausgleich 106
Hauptpotentialausgleichsleiter 137
Hauptstromkreise 44
Hausanschlusskästen 41
Hausinstallationen 41
Hautimpedanzen 57
Herzstromfaktor 60
Hilfsstromkreise 44
Hindernisse 43
– , Schutz durch 87
hochempfindliche RCD 121, 124
hochfeuerbeständig 391
Hochspannungsschutzerde 156
höchste Spannungen eines Netzes 44
homogenes Feld 179

I

IEC 20
IEV 39
Illuminationsleitungen 206
IMD 369
indirektes Berühren 43
induktiver Widerstand 403
inhomogenes Feld 179
Installation von Steckdosen 306

Installationsrohrsystem 223
Installationszonen 220
Instandhaltung 278 ff.
Instandsetzung elektrischer
 Geräte 295
Internationale Elektrotechnische Kommission (IEC) 20
internationale Normung 19
IP-Code 42
Isolationsfehler als Zündquellen 387
Isolationsfehlersucheinrichtung 373
Isolationskoordination für elektrische
 Betriebsmittel 177
Isolationsüberwachungs
 einrichtungen 369
Isolationsüberwachungsgeräte 369
–, Anforderungen 370
–, Aufschriften 372
Isolationsverschlechterungen 369
Isolierungen 47
IT-Gleichspannungsnetze 369
IT-Systeme 68, 101
IT-Wechselspannungsnetze 369

K

Kabel 187, 223
– an Decken 229
– auf Pritschen 229
– auf Wänden 229
– in Erde 229
–, Belastbarkeit 240
–, Bemessung 239
–, farbige Kennzeichnung 211
–, Kennzeichnung 209
–, Kurzzeichen 190

–, Lebensdauerkennlinien 251
–, Umrechnungsfaktoren für die
 Belastbarkeit 251
–, Verlegearten 223
–, Verlegen von 216
–, Zahlenaufdruck 212
–, Zugbeanspruchungen 230
Kabelverlegungen bei tiefen
 Temperaturen 231
kältebeständige PVC-
 Aderleitungen 205
Kennzeichnung 174
–, Neutralleiter 175
–, PEN-Leiter 175
–, Schutzleiter 175
Kennzeichnung von Kabeln 209
Kennzeichnung von Leitungen 209
Kleinspannung FELV 81
Kleinspannung PELV 75
Kleinspannung SELV 75
Kleinspannungen 73, 297
Klemmraumeinheit 236
kombinierte Ableiter 378
konventionelle Prüfströme
– für LS-Schalter 339
– für NH-Sicherungen 326
konventionelle Prüfzeiten und
 Prüfströme 317
konventionelle Prüfzeiten von D- und
 D0-Sicherungen 333
Konverter 289
Koordinieren des Schutzes bei Überlast
 und Kurzschluss 267
Koordinierung für den
 Überlastschutz 258
Kopplungsschleifen 166
Körper 42
Körperimpedanzen 57
Körperschluss 53

Körperstrom 56
Kreuzungen 237
Kriechstrecken 177, 185
Kunststoffkabel 195
Kupplungen 305
Kupplungsdosen 305
Kurzschluss 53
Kurzschlussarten 177
kurzschlussfest 53
Kurzschlussschutz 239
Kurzschluss-Schutzeinrichtungen,
   Anordnung 266
kurzschlusssicher 53
kurzschlusssichere Verlegungen 234
Kurzschlussstrom
– , Berechnung 401, 417
– , größter 417
– , kleinster 401
Kurzschlussströme 47, 176, 240
Kurzzeichen
– für harmonisierte Leitungen 197
– für Kabel 190
– für Leitungen nach nationalen
   Normen 196

L

Lage der Hilfsnase bei zwei- und dreipoligen Steckvorrichtungen 310
Lebensdauerkennlinien
– , Kabel 251
– , Leitungen 251
leicht entflammbare Baustoffe 286
leicht entzündlich 397
leichte Zwillingsleitungen 205
Leistung 173

Leistungsabgabe 317
– von D- und D0-Sicherungen 333
– von LS-Schaltern 337
– von NH-Sicherungen 325
Leiterarten 48
Leiterendtemperatur 256
Leiterschluss 53
Leitungen 187
– , Anwendungsbereiche 199
– , Belastbarkeit 240
– , Bemessung 239
– , farbige Kennzeichnung 211
– , Kennzeichnung 209
– , Kurzzeichen 196
– , Lebensdauerkennlinien 251
– , Umrechnungsfaktoren für die
   Belastbarkeit 251
– , Verlegearten 223
– , Verlegen von 216
– , Zahlenaufdruck 212
– , Zugbeanspruchungen 230
Leitungskupplungen 306
Leitungsschutzschalter 267
Leitungsschutzsicherungen 267
Leitungstrossen 208
Leitwert 403, 427
Leuchten 285
– auf Einrichtungsgegenständen 287
– auf Gebäudeteilen 286
– für Entladungslampen 285
– für Glühlampen 285
– für Vorführstände 291
Lichtbogen als Zündquellen 388
Löschzeiten 317
Loslassschwellen 57
LS/DI-Schalter 349
LS-Schalter
– , Aufschriften 343
– , Ausschaltcharakteristik 336

–, Ausschaltzeiten   341
–, Bemessungsschaltvermögen   339
–, Charakteristik   336
–, konventionelle Prüfströme   339
–, Leistungsabgabe   337
–, Prüfzeiten   339
–, Strombegrenzung   341
–, Verlustleistung   337
–, Zeit-Strom-Bereiche   337
–, Zeit-Strom-Kennlinien   337
Luftstrecken   177

M

Makro-Umgebung   179
Mantelleitungen   222
Materialbeiwert   131, 260, 414
–, Ermittlung   416
Materialien für Erder   152
Materialkonstante   264
maximal zulässige
   Stromkreislänge   408
maximal zulässiger
   Spannungsfall   188
maximale Abschaltzeiten einer
   RCD   122
mechanische Wartung   278, 279
mehrdrähtige Leiter   217
Messen   298
Messersicherungen   319
Messgeräte   299
Messungen   295
Mikro-Umgebung   178
Mindestkriechstrecken   184
Mindestluftstrecken   183
Mindestquerschnitte   187

– für Erder   152
– für Schutzleiter   133
– von Neutralleitern   187
Mittekennmelder   321
MLAR   393
Motorgeneratoren   78
Motorstarter   313

N

Näherungen   237
nationale Normung   19
natürliche Erder   50, 146, 151
Nennquerschnitte   190
Nennspannungen   44
– eines Netzes   44
Nennstrom   46
Nennstromregel   257
Nennwerte   39
Netze   40
– mit Erdschlusskompensationen   157
– mit isolierten Sternpunkten   157
Neutralleiter   49, 233
–, Kennzeichnung   175
–, Mindestquerschnitte   187
NH-Sicherungen
–, Aufschriften   327
–, Ausschaltzeiten   327
–, Bemessungsausschalt-
   vermögen   326
–, Bemessungswerte   321
–, Betriebsklasse   321
–, Durchlassstrom   327
–, Durchlassstromkennlinien   327
–, konventionelle Prüfzeiten   326
–, Leistungsabgabe   325

–, Prüfströme 326
–, Verlustleistung 325
–, Zeit-Strom-Bereiche 321
NH-Sicherungseinsätze 319
NH-Sicherungssysteme 319
nicht brennbare Baustoffe 286, 390
Nichtauslösestrom 339
Nichtauslösezeiten
– RCCB und RCBO 356
Niederspannungsbetriebserde 156
Niederspannungs-Hochleistungs-
 Sicherungen 319
Niederspannungsschaltgeräte 313
Niederspannungssicherungen 313
Niedervolt-Halogen-Glühlampen 286
normal entflammbare Baustoffe 286
Normspannung 46
Normung 19
Not-Aus-Schaltungen 51
Notfall, Schalthandlungen 280 ff.
Not-Halt 52, 281, 282
Nullwiderstände
– des Leitungsnetzes 405
– von Transformatoren 405

O

Oberflächenerder 145, 147
oberschwingungsfreie
 Gleichspannungen 61
Ohm'scher Widerstand 403
One Port SPD 378
ortsfeste Betriebsmittel 41
ortsveränderliche Betriebsmittel 41
ortsveränderliche Fehlerstromschutzeinrichtungen 363

ortsveränderliche FI-
 Schutzeinrichtungen 349

P

PELV 297
–, Stromkreise 79
–, Stromquellen 76
PEN-Leiter 49, 97, 134, 233
–, Kennzeichnung 175
Potentialanhebungen 155
Potentialausgleich 51, 106
–, zusätzlicher 107
Potentialausgleichsleiter 49, 137
Potentialsteuerungen 50
PRCD 363
Profilschienen
– als PEN-Leiter 135
– als Schutzleiter 136
Prüfen 296
Prüfgeräte 299
Prüfklasse für SPD 379
Prüfprotokoll 300
Prüfströme von D- und D0-
 Sicherungen 333
Prüfung
–, Dokumentation 300
Prüfungen 295
Prüfzeichen 30
Prüfzeiten für LS-Schalter 339
Prüfzeiten für NH-Sicherungen 326
pulsstromempfindliche FI-
 Schutzschalter 354
PVC
–, Aderleitungen 205
–, Lichterkettenleitung 205

–, Mantelleitungen 207
–, Schlauchleitungen 206
–, Verdrahtungsleitungen 205

Q

Querschnitte der Hauptpotentialausgleichsleiter 137

R

Rasiersteckdosen-Transformator 118
Raumarten 52
RCBO 349
RCCB 349
RCCB und RCBO
–, Abschaltzeiten 356
–, Aufschriften 358
–, Bemessungsfehlerschalt-
vermögen 357
–, Bemessungsschaltvermögen 357
–, Bemessungswerte 355
–, Nichtauslösezeiten 356
RCD 42, 121, 349
– mit Hilfsspannungsquelle 121
– ohne Hilfsspannungsquelle 121
Reaktionsschwellen 56
Rechenwerte von
Transformatoren 403
Referenzbedingungen 240
regionale Normung 19

S

Sammelschienen 239
Schalten 51, 275 ff.
Schalten und Trennen 275
Schalten, betriebsmäßiges 283
Schaltgeräte 52
Schalthandlungen im Notfall 280, 281
Schaltpläne einer Anlage 176
Schaltvorgänge
– in elektrischen Netzen 160
Schirm 53, 54
Schlauchleitungen mit
Polyurethanmantel 208
Schleifenimpedanz 413
Schmelzleiter 320
Schmelzzeiten 317
Schraubsicherungen 329
Schrittspannung 50
Schutz
– bei direktem Berühren 43
– bei indirektem Berühren 43, 73, 81,
91
– bei Kurzschluss 239, 259
– bei Überlast 239, 255
– bei Überspannungen 155
– durch Abdeckungen 86
– durch Abschaltung 92
– durch Abstand 87
– durch automatische Abschaltung der
Stromversorgung 92
– durch Begrenzung der Entladeenergie
43
– durch Begrenzung des
Beharrungsstroms 43
– durch erdfreien örtlichen Potentialausgleich 92
– durch Hindernisse 87
– durch Isolierung 86

- durch kleine Spannungen 73
- durch Kleinspannung 75
- durch Meldung 92
- durch nicht leitende Räume 92
- durch PELV 75
- durch Schutztrennung 115
- durch SELV 75
- durch Umhüllungen 86
- durch Verwendung von Betriebsmitteln der Schutzklasse II 109
- gegen direktes Berühren 43, 73, 80
- gegen elektrischen Schlag unter Fehlerbedingungen 91
- gegen elektromagnetische Störungen 166
- gegen thermische Einflüsse 385, 395
- gegen transiente Überspannungen 160
- gegen Verbrennungen 395
- von Niederspannungsanlagen bei Erdschlüssen in Netzen mit höherer Spannung 155
- , zusätzlicher durch RCD 88
Schutzarten 62
- für Leuchten 293
Schutzeinrichtungen 266
- für Kurzschluss 269
- für Überlast 269
- in TN-Systemen 94
- in TT-Systemen 99
- , Auswahl 269
Schutzerder 141
Schutzerdung 51
Schutzgrad gegen Feuchtigkeit 307
schutzisolierte Betriebsmittel 112
Schutzisolierung 48, 109
Schutzklassen 61
Schutzkontaktbuchsen 308

Schutzleiter 49, 97, 129, 234
- , Kennzeichnung 175
Schutzleiterquerschnitte 131
Schutzmaßnahmen 42, 70
- gegen direktes Berühren 297
- mit Schutzleiter 297
- ohne Schutzleiter 297
Schutzmaßnahmen gegen elektrischen Schlag 295
Schutzrohre 228
Schutzschirme 53, 54, 74
Schutzschirmung 54
Schutztrennung 54
Schutztrennung mit
- mehreren Verbrauchsmitteln 118, 297
- nur einem Verbrauchsmittel 118, 297
Schwellen für Herzkammerflimmern 57
schwer entflammbare Baustoffe 286
selektive Fehlerstrom-Schutzschalter 354
Selektivität 344
SELV 73, 297
- , Stromkreise 79
- , Stromquellen 76
Sicherheitszeichen für Leuchten und Zubehör 288
Silikon-Aderschnüre 208
Silikon-Fassungsadern 209
Silikon-Schlauchleitungen 209
Sonder-Gummi-Aderleitungen 209
Spannung 173
Spannungen 44
- gegen Erde 45
- im Beharrungszustand 74
spannungsabhängige Widerstände 378

spannungsbegrenzende Ableiter 378
Spannungsbereiche 45
Spannungsfall 424
– in Verbraucheranlagen 188
–, maximaler zulässiger 188
spannungsschaltende Ableiter 378
SPD 378
Speisepunkte einer elektrischen
   Anlage 41
spezifische Leitfähigkeit 189
spezifischer Erdungswiderstand 50
spezifischer Erdwiderstand 142
spezifischer Widerstand 427
spezifischer Widerstand für Beton und
   Wasser 143
Starkstromanlagen 40
Steckdosen 305
– mit integriertem FI-Schutzschalter
   349
Stecker 305
Steckvorrichtungen 305
– für den Hausgebrauch 306
– für industrielle Anwendungen 306
– mit Schutzkontakt 307
– ohne Schutzkontakt 308
Stegleitungen 207, 222
Steh-Stoßspannungen 178
Sternpunktbehandlungen in
   Hochspannungsnetzen 156
Steuererder 50
Steuergeräte 52
Stoßkurzschlussstrom
–, Berechnung 419
Stoßziffer 423
Strom 173
Stromänderungs-
   geschwindigkeiten 166
Stromarten 59

Strombegrenzung für LS-
   Schalter 341
Strombegrenzungen 318
Strombegrenzungsdiagramm 327
Strombegrenzungsklasse 341
Strombelastbarkeit 239
Ströme 46
Stromkreise 44
– mit unterschiedlicher
   Spannung 233
–, Kleinspannung 233
Stromkreislänge
–, maximal zulässige 408
–, zulässige 408
Stromquellen für PELV 76
Stromquellen für SELV 76
Stromschienensysteme 239
Stromtore 316
Stromversorgungssysteme 64
Stromversorgungssysteme nach der Art
   der Erdverbindung 66
Stromwege 57
Struktur der DIN VDE 0100 33
Summenstromwandler 351
symmetrische
   Isolationsverschlechterung 369

T

Tageslastspiel 241
Teilbereichssicherungen 315
Temperaturabhängigkeit des spezifi-
   schen Widerstands 427
Temperaturen im Kurzschlussfall 256
Temperaturen von Bränden 392

Temperaturgrenzen für berührbare
 Teile   396
Temperaturkoeffizient   427
Temperaturverlauf am Leiter
 – im Kurzschlussfall   262
 – im Normalbetrieb   262
Temperaturverlauf um ein Kabel   249
Testklasse für SPD   379
thermische Auslöser   336
thermische Einflüsse,
 Schutz gegen   395
Tiefenerder   145, 149
TN-Systeme   66, 93
totalisolierte Betriebsmittel   112
Transformatoren   77, 288
transiente Überspannungen   160
Trennen   51, 275 ff., 276
Trennen und Schalten   275
Trenntransformator   115, 116, 117,
 118 ff.
Trennung   53, 54
trockene Räume   52
TT-Systeme   68, 98
Two Port SPD   379

U

Übergabebericht   300
Überlastschutz   239
– , Koordinierung   258
Überlaststrom   47, 240
Überspannungen
– , transiente   160
Überspannungsableiter   377
Überspannungskategorien   161, 179
Überspannungsschutz-
 einrichtungen   160
– in Gebäuden   162
– in IT-Systemen   162
– in Niederspannungsnetzen   163
– in TN-Systemen   162
– in TT-Systemen   162
– in Verbraucheranlagen   162
Überspannungsschutzgeräte   377
– für den Einbau in
 Niederspannungsnetzen   381
– für den Einbau in
 Verbraucheranlagen   381
– für ortsveränderliche Geräte   382
Überstrom   46, 240
Überstrom-Schutzeinrichtungen   239,
 267, 313
Überstromüberwachungen   47
Umformer   78
Umgebungsbedingungen   74, 249
Umhüllungen   42
– , Schutz durch   86
Umrechnung von
 Leiterwiderständen   426
Umrechnungsfaktoren   249
– bei Häufung   252
– für abweichende spezifische
 Erdbodenwärmewiderstände   254
– für abweichende
 Umgebungstemperaturen   253
– für die Belastbarkeit von
 Kabeln   251
– für die Belastbarkeit von
 Leitungen   251
undatierte Verweisung   30
ungeschützte Anlagen im Freien   52
unsymmetrische
 Isolationsverschlechterung   369

unterirdische Kanäle 228
Unverwechselbarkeitsnut 308

V

VDE 21
VDE-Bestimmungen 23
VDE-EMV-Zeichen 32
VDE-Leitlinien 24
VDE-Vornormen 24
VDE-Vorschriftenwerk 23
VDE-Zeichen 30
Verarbeitungsmaschinen 214
Verband der Elektrotechnik Elektronik Informationstechnik (VDE) 21
Verbindungen 236
Verbraucheranlagen 40, 188
– , Spannungsfall 188
Verbraucheranlagen, Überspannungsschutzeinrichtungen 162
Verdrahtungsleitungen 222
vereinbarte Grenzen der Berührungsspannungen 45
vereinbarter Ansprechstrom 47
Verlauf des Kurzschlussstroms 420
Verlegebedingungen 240
Verlegen
– der Schutzleiter 133
– von Kabeln 216
– von Leitungen 216
Verlegungen
– , erdschlusssichere 234
– , kurzschlusssichere 234
Verlegungsbedingungen 249
Verlustleistung von LS-Schaltern 337

Verlustleistung von NH-Sicherungen 325
Vermeidung gegenseitiger nachteiliger Beeinflussungen 176
Verschmutzungsgrad 179
Versetzung der Schutzeinrichtungen für Überlast- und Kurzschlussschutz 272
verstärkte Isolierungen 48, 74, 111, 114
Verteilungsnetze 41
Verteilungsstromkreise 44
Verträglichkeit 173
Verweistechnik auf andere Norm 30
Verzicht auf Schutzeinrichtungen für Überlast- und Kurzschlussschutz 273
Vorschaltgeräte 287

W

Wahrnehmbarkeitsschwellen 56
wärmebeständige
– Gummiaderleitungen 206
– PVC-Aderleitungen 205
– PVC-Verdrahtungsleitungen 205
– Silikon-Aderleitungen 206
Wärmeenergie 386
Wärmequellen 386
Wartung 278 ff.
Wasserschutz 64
weltweite Normung 19
Widerstände
– der Transformatoren 421
– des Leitungsnetzes 403, 422
– des vorgelagerten Netzes 402, 421

– von Transformatoren 402
Widerstände in Ω/km 404, 419
Wiederholungsprüfungen 295

Z

Zeitkonstante 256
Zeit-Strom-Bereiche 316
– für D- und D0-Sicherungen 330
– für LS-Schalter 337
– von NH-Sicherungen 321
Zeit-Strom-Kennlinien 316
– für D- und D0-Sicherungen 330
– für LS-Schalter 337
Zertifizierungszeichen 30
zu erwartende Berührungsspannungen 45
Zugänglichkeit 174
Zugbeanspruchungen
– für Kabel 230
– für Leitungen 230
zulässige Berührungsspannungen 61
zulässige Betriebstemperaturen 240
zulässige Biegeradien
– für Kabel 218
– für Leitungen 218
zulässige Strombelastbarkeit 46
zulässiger maximaler Spannungsfall 188
Zündenergie 386
Zündquellen 386
Zuordnung der Schutzleiter zum Außenleiter 130
Zuordnungen der Überstrom-Schutzeinrichtungen 257
Zusammenfassen der Leiter verschiedener Stromkreise 232
zusätzliche Isolierungen 48, 111, 112
zusätzlicher Potentialausgleich 107, 139
zusätzlicher Schutz durch RCD 88, 121
Zusatzschutz 43, 71, 121, 350, 353
– bei Schutzisolierungen 127
– bei Schutztrennungen 127
– in IT-Systemen 125
– in TN-Systemen 125
– in TT-Systemen 125
zweifarbige Kennzeichnungen 213
Zwillingsleitungen 206